S0-ADO-428

MANUAL DE MATEMÁTICAS

palabras **importantes** *temas de* **actualidad**

New York, New York
Columbus, Ohio
Chicago, Illinois
Peoria, Illinois
Woodland Hills, California

The McGraw·Hill Companies

Envíe toda correspondencia a:
Glencoe/McGraw-Hill
8787 Orion Place
Columbus, OH 43240-4027

ISBN 0-07-860755-8 *Manual de matemáticas para Repaso breve, Curso 3*

Impreso en los Estados Unidos de América.

1 2 3 4 5 6 7 8 9 10 027 10 09 08 07 06 05 04

MANUAL

UN VISTAZO

MANUAL

CONTENIDO

INTRODUCCIÓN

¿Por qué usar este manual?

Usarás este manual de matemáticas como ayuda para recordar conceptos y destrezas.

¿Qué son las palabras importantes y cómo encontrarlas?

La sección de Palabras importantes incluye un glosario de términos, una colección de patrones matemáticos significativos o comunes y una lista de símbolos y fórmulas en orden alfabético. Con el propósito de que obtengas más información, muchas definiciones en el glosario hacen refierencia a los capítulos y a los temas de la sección de Temas de importancia.

4 adición

palabras importantes

A

adición la operaciónque se usa para combinar números en una suma *ver 1•3 Orden de las operaciones, 1•5 Operaciones con enteros, 2•3 Adición y sustracción de fracciones, 2•6 Operaciones con decimales, 3•4 Leyes de los exponentes, 9•1 Calculadora de cuatro funciones, 9•2 Calculadora científica, 9•4 Hojas de cálculos*

al cuadrado multiplicar un número por sí mismo; se muestra con el exponente 2 *ver exponente, 3•1 Potencias y exponentes*

Ejemplo: $4^2 = 4 \times 4 = 16$

al cubo multiplicar un número por sí mismo dos veces *ver 3•1 Potencias y exponentes*

Ejemplo: $2^3 = 2 \times 2 \times 2 = 8$

álgebra rama de las matemáticas en la que se usan símbolos para representar números y expresar relaciones matemáticas *ver Capítulo 6 El álgebra*

algoritmo proceso sistemático de cualquier operación matemática *ver 2•3 Suma y resta fracciones, 2•4 Multiplica y divide fracciones, 2•6 Operaciones decimales*

altura distancia perpendicular desde la base de una figura al vértice. La *altura* indica la extensión vertical de un cuerpo.

Ejemplo:

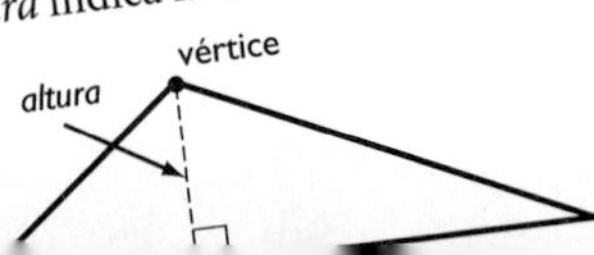

PALABRAS IMPORTANTES

¿Qué son los Temas de actualidad y cómo se usan?

La sección de Temas de actualidad consta de nueve capítulos. Cada capítulo contiene varios temas que te proveen explicaciones detalladas de conceptos matemáticos clave. Cada tema incluye uno o más conceptos, cada uno de los cuales va seguido de una sección titulada Practica tus conocimientos, donde se ofrecen problemas para que tengas la oportunidad de revisar tu comprensión del concepto. Al final de cada tema, se presenta una serie de ejercicios.

Al principio y al final de cada capítulo, encontrarás una serie de problemas y una lista de vocabulario que te ofrecen una sinopsis del capítulo y te ayudarán a repasar lo que has aprendido en el mismo.

¿Qué contiene el Solucionario?

El Solucionario te provee respuestas de fácil acceso para Que compruebes tu trabajo y Lo que has aprendido.

SOLUCI

SOLUCIONARIO

Capítulo
Números y cál

pág. 72 1. 600 2. 60,000,000
3. $(2 \times 10{,}000) + (4 \times 1{,}00$
$(3 \times 10) + (5 \times 1)$
4. 406,758; 396,758; 46,758; 4
5. 52,534,880; 52,535,000; 53,

pág. 73

1·1

pág. 74

pág. 7

pág. 7

84 Temas de ac

1·4 FACTORES Y MÚLTIPLOS

1·4 Facto

Factores

Supongamos que quier
crear un patrón rectang

$1 \times 12 = 12$

$2 \times 6 = 12$

$3 \times 4 = 12$

Cada uno de los números que
dar como resultado 12 es un fa
2, 3, 4, 6 y 12.

Para determinar si un número es
residuo es 0, entonces el número

CÓMO HALLAR LOS FAC

¿Cuáles son los factores de 18?
• Halla todos los pares de núme
como resultado ese producto.
$1 \times 18 = 18$ $2 \times 9 =$
• Haz una lista de los factores en c
Los factores de 18 son 1, 2, 3, 6, 9 y

Practica tus conocim
Escribe los factores de cada nú
1. 8

1 2 3 5
1

palabras importantes

La sección Palabras importantes incluye un glosario de términos, una recopilación de patrones matemáticos comunes o significativos y listas de símbolos y fórmulas. Gran parte de los términos del glosario hacen referencia a los capítulos y temas de la sección Temas de actualidad.

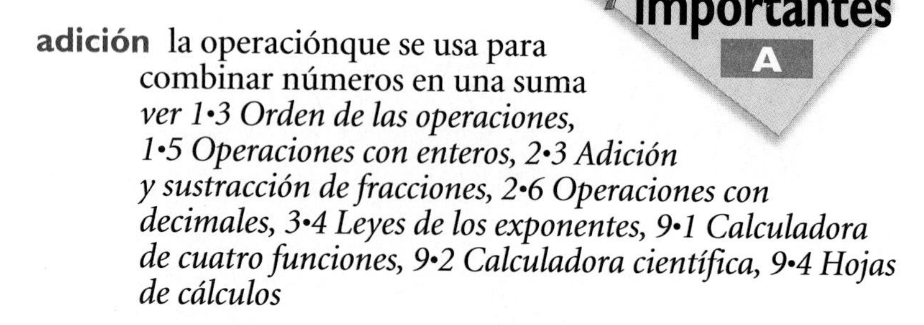

adición la operaciónque se usa para combinar números en una suma *ver 1•3 Orden de las operaciones, 1•5 Operaciones con enteros, 2•3 Adición y sustracción de fracciones, 2•6 Operaciones con decimales, 3•4 Leyes de los exponentes, 9•1 Calculadora de cuatro funciones, 9•2 Calculadora científica, 9•4 Hojas de cálculos*

al cuadrado multiplicar un número por sí mismo; se muestra con el exponente 2 *ver exponente, 3•1 Potencias y exponentes*

Ejemplo: $4^2 = 4 \times 4 = 16$

al cubo multiplicar un número por sí mismo dos veces *ver 3•1 Potencias y exponentes*

Ejemplo: $2^3 = 2 \times 2 \times 2 = 8$

álgebra rama de las matemáticas en la que se usan símbolos para representar números y expresar relaciones matemáticas *ver Capítulo 6 El álgebra*

algoritmo proceso sistemático de cualquier operación matemática *ver 2•3 Suma y resta fracciones, 2•4 Multiplica y divide fracciones, 2•6 Operaciones decimales*

altura distancia perpendicular desde la base de una figura al vértice. La *altura* indica la extensión vertical de un cuerpo.

Ejemplo:

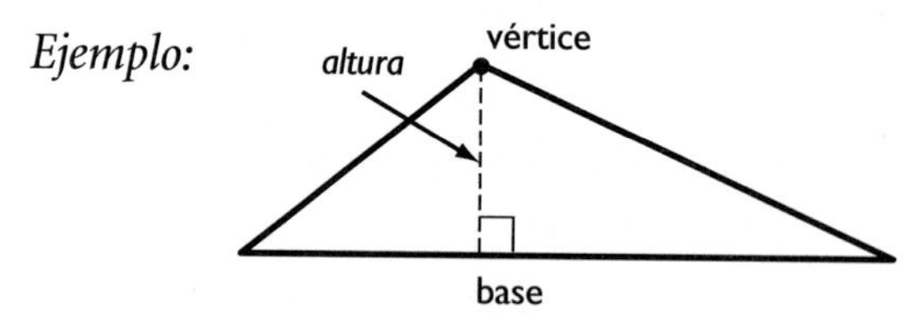

altura o alto distancia desde la base hasta la parte superior de una figura *ver 7•7 Volumen*

ancho medida de la distancia de un cuerpo de un lado al otro

ángulo dos rayos que se encuentran en un punto común *ver 7•1 Nombra y clasifica ángulos y triángulos*

Ejemplo:

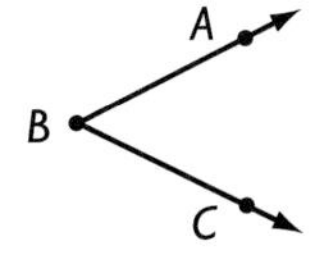

$\angle ABC$ está formado por $\overrightarrow{BA}$ y $\overrightarrow{BC}$

ángulo agudo cualquier ángulo que mide menos de 90° *ver 7•1 Nombra y clasifica ángulos y triángulos*

Ejemplo:

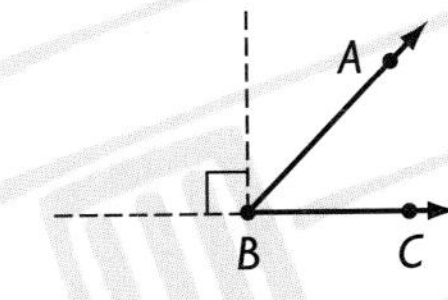

$\angle ABC$ es un *ángulo agudo*

$0° < m\angle ABC < 90°$

ángulo cóncavo cualquier ángulo que mide más de 180° y menos de 360°

Ejemplo:

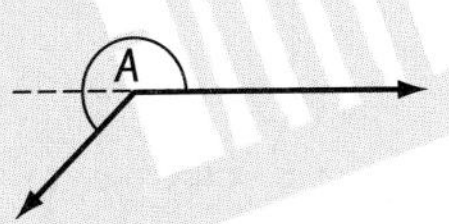

A es un *ángulo cóncavo*

ángulo de elevación ángulo formado por una línea visual ascendente y la horizontal

Ejemplo:

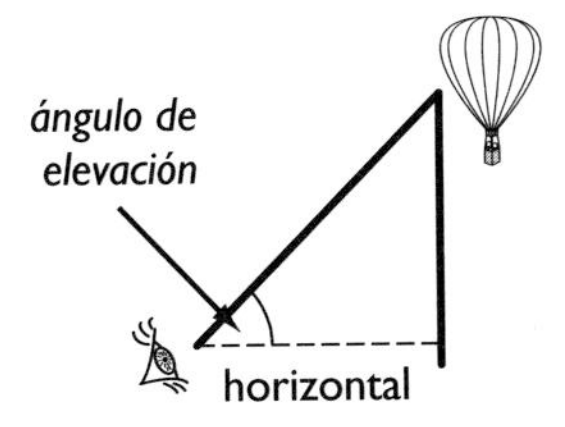

ángulo de la pendiente ángulo que forma una recta con el eje *x* o con otra recta horizontal

ángulo llano ángulo que mide 180°; una recta

ángulo obtuso cualquier ángulo que mide más de 90° y menos de 180° *ver 7•1 Nombra y clasifica ángulos y triángulos*

Ejemplo:

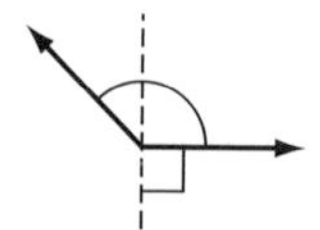

un *ángulo obtuso*

ángulo opuesto en un triángulo, se dice que un lado y un ángulo son opuestos si el lado no se usa para formar ese ángulo

Ejemplo:

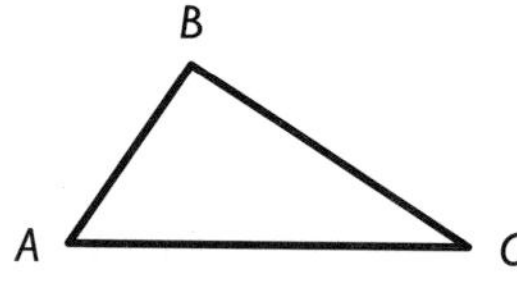

en $\triangle ABC$, $\angle A$ es el ángulo opuesto a $\overline{BC}$

ángulo recto ángulo que mide 90° *ver 7•1 Nombra y clasifica ángulos y triángulos*

Ejemplo:

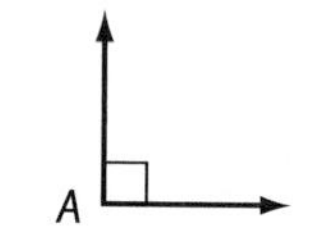

$\angle A$ es un *ángulo recto*

ángulos iguales ángulos cuya medida en grados es la misma *ver 7•1 Nombra y clasifica ángulos y triángulos*

antítesis equivalencia lógica de un enunciado condicional dado que generalmente se expresa en términos negativos *ver 5•1 Enunciados si...entonces*

Ejemplo: "si x, entonces y" es un enunciado condicional; "si no es y, entonces no es x" es un enunciado *antítesis*

apotema recta perpendicular desde el centro de un polígono regular hasta cualquiera de sus lados

Ejemplo:

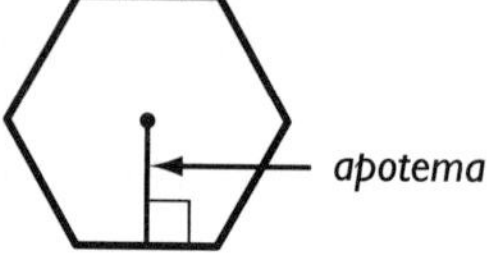

PALABRAS IMPORTANTES

aproximación estimado de un valor matemático que no es exacto pero suficientemente cercano como para ser útil

arco sección de un círculo *ver 7•8 Círculos*

Ejemplo:

$\overset{\frown}{QR}$ es un *arco*

área tamaño de una superficie, el cual se expresa comúnmente en unidades cuadradas *ver 7•5 Área, 7•6 Área de superficie, 7•8 Círculos, 8•3 Área, volumen y capacidad*

Ejemplo:

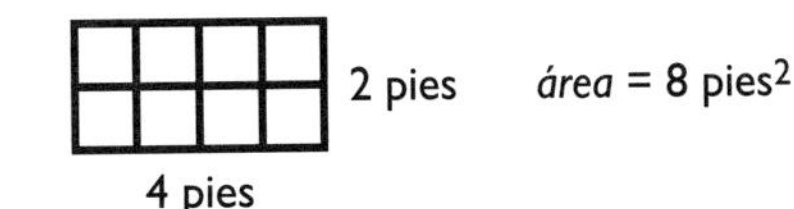

área de superficie suma de las áreas de todas la caras de un sólido, la cual se mide en unidades cuadradas *ver 7•6 Área de superficie*

Ejemplo:

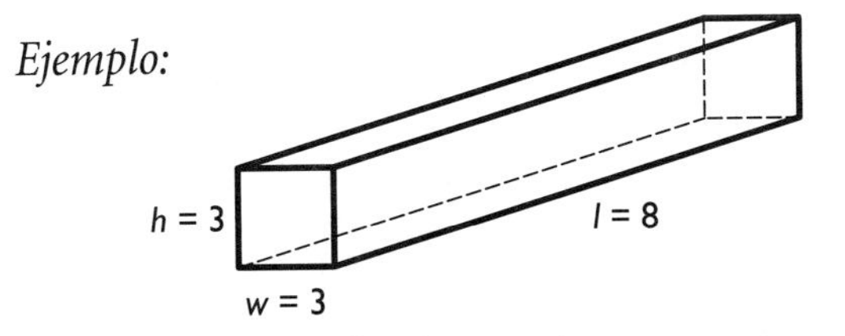

el *área de superficie* de este prisma rectangular es
$2(3 \times 3) + 4(3 \times 8) = 114$ unidades cuadradas

argumento matemático serie de pasos lógicos que se pueden seguir para determinar si un enunciado es correcto

arista recta sobre la cual se intersecan dos planos de un sólido *ver 7•2 Nombra y clasifica polígonos y poliedros*

avistamiento medir la longitud o ángulo de un objeto inaccesible alineando una herramienta para medir, con la línea visual de la persona que toma la medida

palabras importantes

B

base [1] el lado o la cara sobre la cual reposa una figura tridimensional; [2] el número de caracteres que hay en un sistema de numeración *ver 1•1 Valor de posición de números enteros, 7•6 Área de superficie, 7•7 Volumen*

bidimensional que tiene dos cualidades que se pueden medir: largo y ancho

binomio expresión algebraica que tiene dos términos

Ejemplo: $x^2 + y$; $x + 1$; $a - 2b$

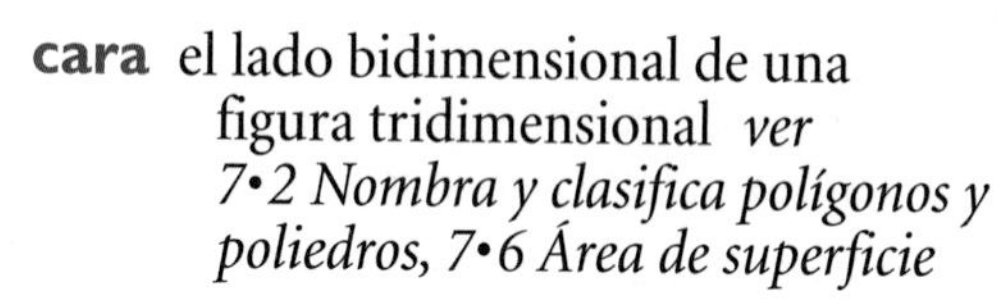

cara el lado bidimensional de una figura tridimensional *ver 7•2 Nombra y clasifica polígonos y poliedros, 7•6 Área de superficie*

carrera distancia horizontal entre dos puntos *ver 6•8 Pendiente e intersección*

casos especiales número o conjunto de números como 0, 1, fracciones y números negativos que se consideran para determinar si una regla se cumple o no se cumple siempre

catetos del triángulo los lados adyacentes al ángulo recto de un triángulo rectángulo

Ejemplo:

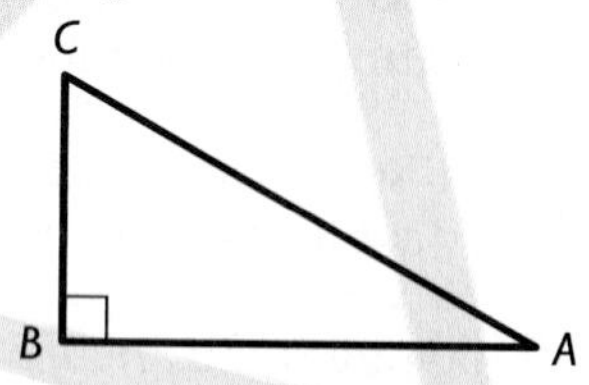

$\overline{AB}$ y $\overline{BC}$ son los *catetos del triángulo ABC*

celdas rectángulos pequeños presentes en una hoja de cálculos que contienen la información. Cada rectángulo puede contener un título, un número o una fórmula *ver 9•4 Hojas de cálculos*

centímetro cuadrado unidad que se usa para medir el tamaño de una superficie; equivale a un cuadrado que mide un centímetro de lado *ver 8•3 Área, volumen y capacidad*

centímetro cúbico cantidad que contiene un cubo cuyas aristas miden 1 cm de largo *ver 7•7 Volumen*

centro del círculo punto desde el cual equidistan todos los puntos en un círculo *ver 7•8 Círculos*

cilindro sólido con bases circulares paralelas *ver 7•6 Área de superficie*

Ejemplo:

un *cilindro*

círculo forma perfectamente redonda en que todos los puntos equidistan de un punto fijo o centro *ver 7•8 Círculos*

Ejemplo:

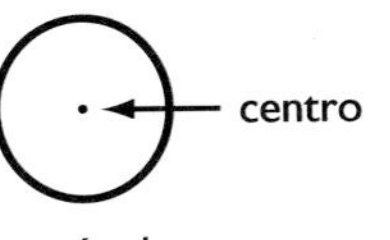

un *círculo*

circunferencia distancia alrededor de un círculo, la cual se calcula multiplicando el diámetro por el valor de pi *ver 7•8 Círculos*

clasificación agrupación de elementos en clases o conjuntos separados *ver 5•3 Conjuntos*

cociente resultado que se obtiene de dividir un número o variable (el divisor) entre otro número o variable (el dividendo)

Ejemplo:

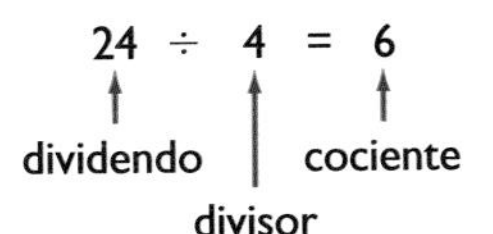

colineal conjunto de puntos que se hallan sobre la misma recta

Ejemplo:

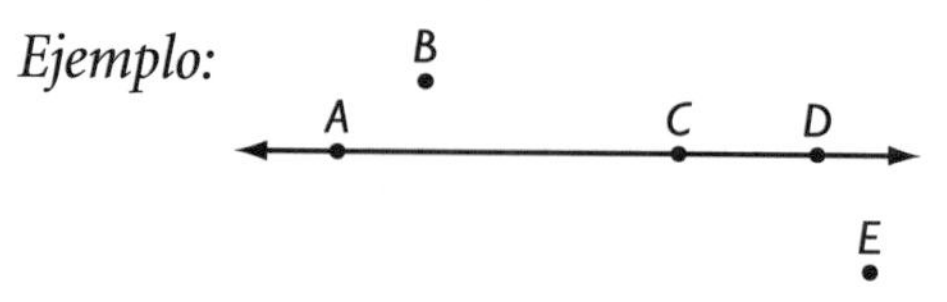

los puntos *A, C,* y *D* son *colineales*

columnas lista vertical de números o términos; en una hoja de cálculos, los nombres de las celdas que comienzan con la misma letra {A1, A2, A3, A4, . . .} *ver 9•4 Hojas de cálculos*

combinación selección de elementos a partir de un conjunto más grande en el que el orden no es importante *ver 4•5 Combinaciones y permutaciones*

Ejemplo: 456, 564 y 654 son una *combinación* de tres dígitos de 4567

condicional enunciado que dice que algo es verdadero o será verdadero siempre y cuando algo más es también verdadero *ver antítesis, recíproco, 5•1 Enunciados si...entonces*

Ejemplo: si un polígono tiene tres lados, entonces es un triángulo

cono sólido que consta de una base circular y un vértice

Ejemplo:

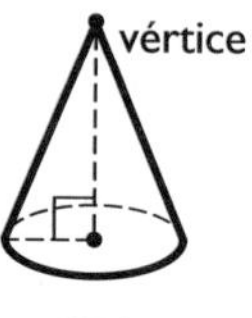

cono

continuos datos que relacionan un rango completo de valores en la recta numérica

Ejemplo: los tamaños posibles de las manzanas son datos *continuos*

contraejemplo ejemplo específico que prueba que un enunciado matemático general es falso *ver 5•2 Contraejemplos*

coordenadas un par ordenado de números que describe un punto en una gráfica de coordenadas. El primer número del par representa la distancia del punto desde el origen (0, 0), sobre el eje *x* y el segundo representa su distancia desde el origen sobre el eje *y*. *ver pares ordenados, 6•7 Grafica en el plano de coordenadas*

Ejemplo:

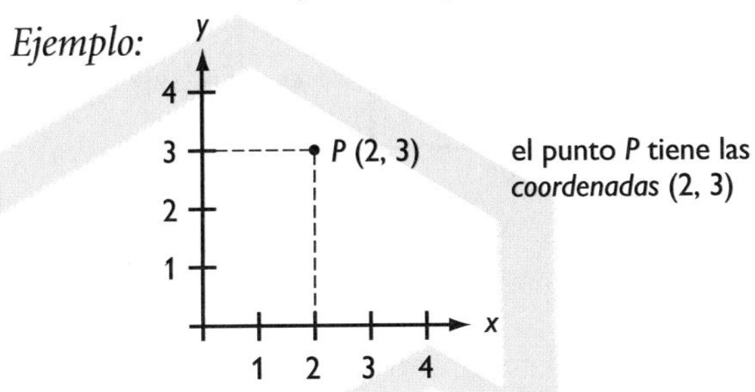

coplanar puntos o rectas que se hallan en el mismo plano

correlación la manera en que el cambio en una variable corresponde al cambio en otra variable

correlación directa relación entre dos o más elementos que aumentan o disminuyen juntos *ver 4•3 Analiza datos*

Ejemplo: En un sueldo que se paga por hora, un aumento en el número de horas trabajadas indica un aumento en la cantidad de sueldo, mientras que una disminución en el número de horas trabajadas indica una disminución en la cantidad de sueldo recibida.

corte transversal figura formada por la intersección de un sólido con un plano

Ejemplo:

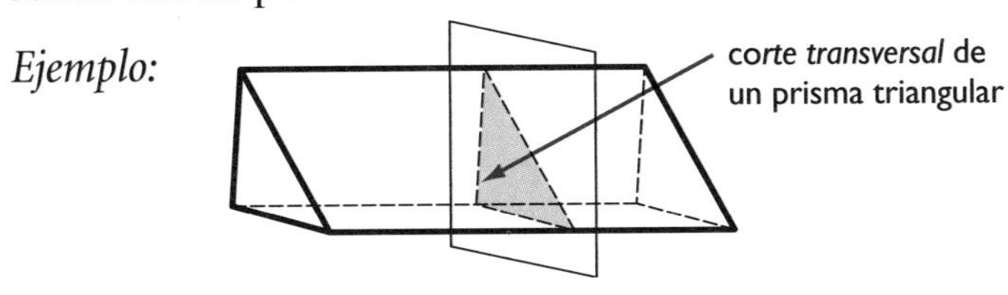

costo la cantidad que se paga o que se requiere como pago

costo unitario el costo de un elemento expresado en una medida estándar, por ejemplo: *por onza* o *por pinta* o *cada uno*

cuadrado un rectángulo con lados congruentes *ver 7•2 Nombra y clasifica polígonos y poliedros*

Ejemplo:

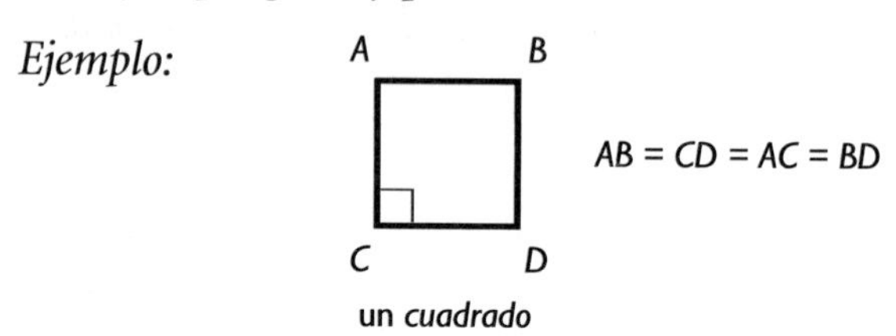

un *cuadrado*

cuadrado mágico *ver página 65*

cuadrado perfecto el cuadrado de un entero. Por ejemplo, el 25 es un *cuadrado perfecto* porque $25 = 5^2$.

cuadrante [1] una cuarta parte de la circunferencia de un círculo; [2] una de las cuatro regiones formadas por la intersección de los ejes *x* y *y*, en una gráfica de coordenadas *ver 6•7 Grafica en el plano de coordenadas*

cuadrícula de resultados modelo visual para analizar y representar probabilidades teóricas que muestra todos los resultados posibles de dos eventos independientes *ver 4•6 Probabilidad*

Ejemplo:

Se usa una cuadrícula para hallar el espacio muestral de lanzar un par de dados. Los resultados se escriben como pares ordenados.

	1	2	3	4	5	6
1	(1, 1)	(2, 1)	(3, 1)	(4, 1)	(5, 1)	(6, 1)
2	(1, 2)	(2, 2)	(3, 2)	(4, 2)	(5, 2)	(6, 2)
3	(1, 3)	(2, 3)	(3, 3)	(4, 3)	(5, 3)	(6, 3)
4	(1, 4)	(2, 4)	(3, 4)	(4, 4)	(5, 4)	(6, 4)
5	(1, 5)	(2, 5)	(3, 5)	(4, 5)	(5, 5)	(6, 5)
6	(1, 6)	(2, 6)	(3, 6)	(4, 6)	(5, 6)	(6, 6)

Hay 36 resultados posibles.

cuadrilátero polígono que tiene cuatro lados *ver 7•2 Nombra y clasifica polígonos y poliedros*

Ejemplo:

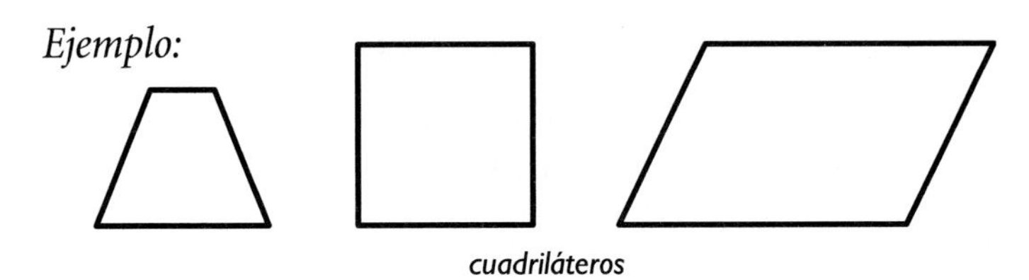

cuadriláteros

cubo sólido con seis caras cuadradas *ver 7•2 Nombra y clasifica polígonos y poliedros*

Ejemplo:

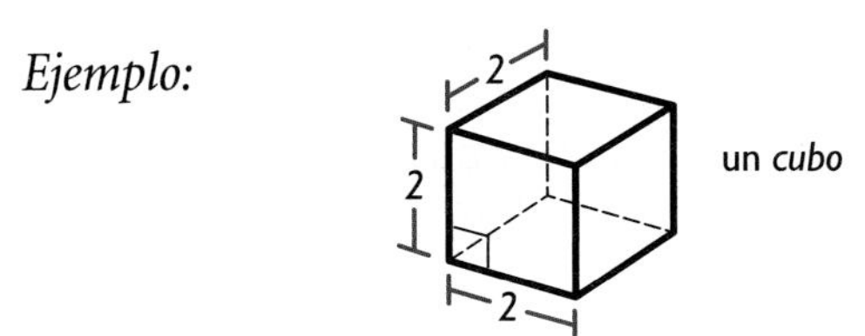

cubo perfecto el cubo de un entero. Por ejemplo, 27 es un *cubo perfecto* porque $27 = 3^3$.

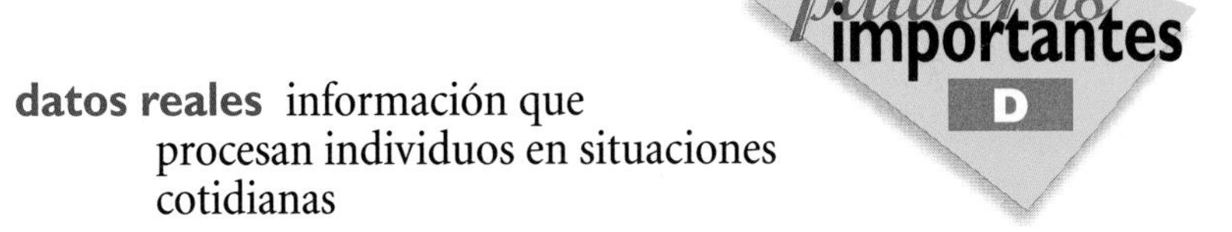

datos reales información que procesan individuos en situaciones cotidianas

decágono polígono sencillo con diez lados y diez ángulos

decimal no periódico infinito números irracionales como π y $\sqrt{2}$, que son decimales con dígitos que continúan indefinidamente sin repetirse

decimal periódico decimal en que un dígito o un conjunto de dígitos se repite indefinidamente

Ejemplo: 0.121212 ...

decimal terminal decimal con un número finito de dígitos

denominador el número en la parte inferior de una fracción *ver 2•1 Fracciones y fracciones equivalentes*

Ejemplo: en $\frac{a}{b}$, b es el *denominador*

denominador común número entero que es el denominador de todos los miembros de un grupo de fracciones *ver 2•3 Suma y resta fracciones*

Ejemplo: el *denominador común* de las fracciones $\frac{5}{8}$ y $\frac{7}{8}$ es 8

descuento cantidad de reducción del precio normal de un producto o servicio *ver 2•8 Usa y calcula porcentajes*

desigualdad enunciado que usa los símbolos $>$ (mayor que), $<$ (menor que), $\geq$ (mayor que o igual a) y $\leq$ (menor que o igual a) para indicar que una cantidad es mayor o menor que otra *ver 6•6 Desigualdades*

Ejemplos: $5 > 3$; $\frac{4}{5} < \frac{5}{4}$; $2(5 - x) > 3 + 1$

deslizamiento mover una figura a otra posición sin rotarla o reflejarla *ver traslación, 7•3 Simetría y transformaciones*

Ejemplo:

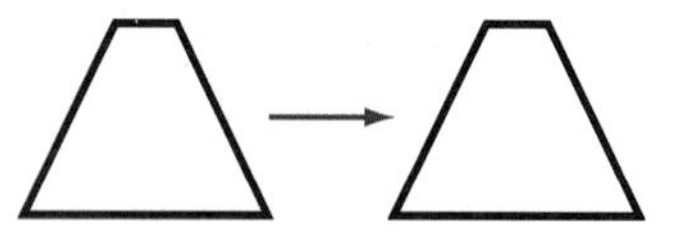

el *deslizamiento* de un trapecio

diagonal segmento de recta que une un vértice con otro, (pero no con el vértice consecutivo) de un polígono *ver 7•2 Nombra y clasifica polígonos y poliedros*

Ejemplo:

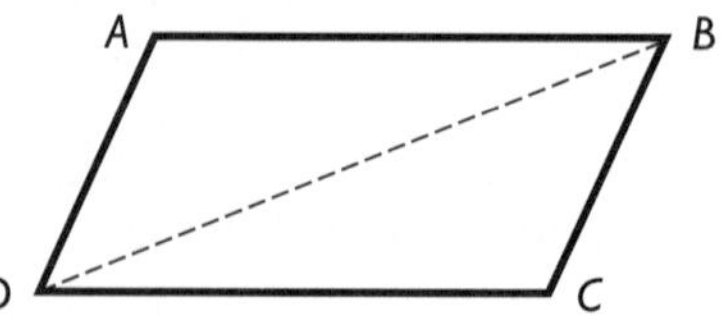

$\overline{BD}$ es la *diagonal* del paralelogramo *ABCD*

diagrama de árbol gráfica conectada y ramificada que se usa para diagramar probabilidades o factores *ver 1•4 Factores y múltiplos, 4•5 Combinaciones y permutaciones*

Ejemplo:

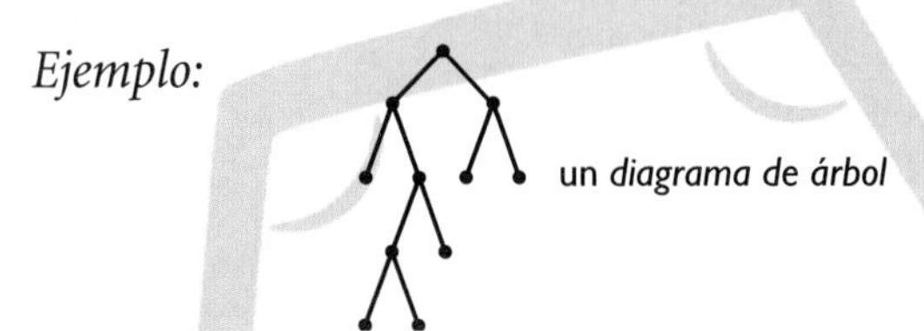

un *diagrama de árbol*

diagrama de caja diagrama que se construye a partir de un conjunto de datos numéricos, el cual muestra en una caja el 50% central de las estadísticas ordenadas, además de las estadísticas máxima, mínima y media *ver 4•2 Presenta los datos*

diagrama de dispersión gráfica bidimensional en que los puntos que corresponden a dos factores relacionados (por ejemplo, fumar cigarrillos y expectativa de vida) se grafican y se observa su correlación *ver 4•3 Analiza datos*

Ejemplo:

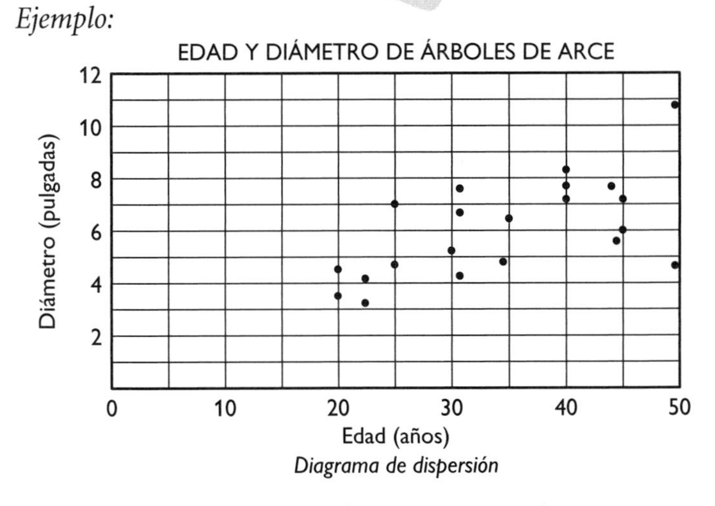

Diagrama de dispersión

diagrama de tallo y hojas método para mostrar datos numéricos entre 1 y 99, en que cada número se separa en sus decenas (tallo) y sus unidades (hojas) y luego los

PALABRAS IMPORTANTES

dígitos de las decenas se organizan de manera ascendente *ver 4•2 Presenta los datos*

Ejemplo:

tallo	hojas
0	6
1	1 8 2 2 5
2	6 1
3	7
4	3
5	8

un *diagrama de tallo y hojas* para el conjunto de datos **11, 26, 18, 12, 12, 15, 43, 37, 58, 6 y 21**

diagrama de Venn representación visual de las relaciones entre los conjuntos *ver 5•3 Conjuntos*

Ejemplo:

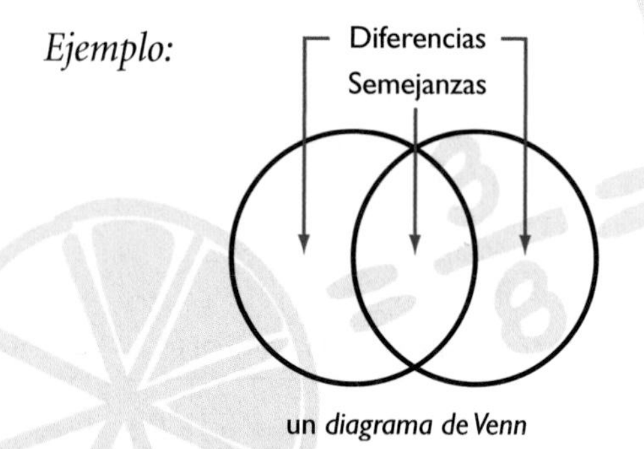

un *diagrama de Venn*

diámetro segmento de recta que pasa a través del centro de un círculo y lo divide en dos mitades *ver 7•8 Círculos*

Ejemplo:

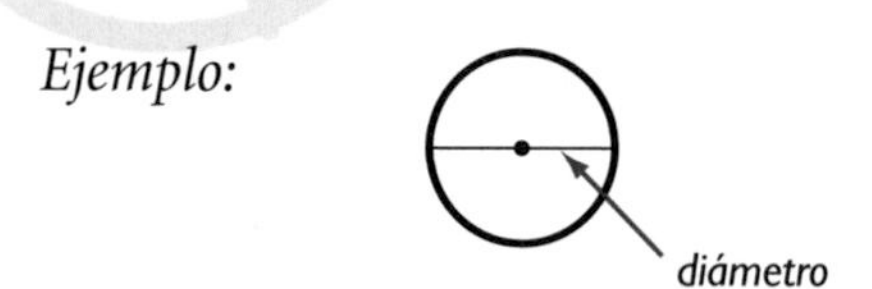

dibujo a escala dibujo proporcionalmente correcto de un objeto o área que se traza de tamaño real, o que se amplía o se reduce de tamaño *ver 8•6 Tamaño y escala*

dibujo isométrico representación bidimensional de un cuerpo tridimensional cuyas aristas paralelas se dibujan como rectas paralelas

Ejemplo:

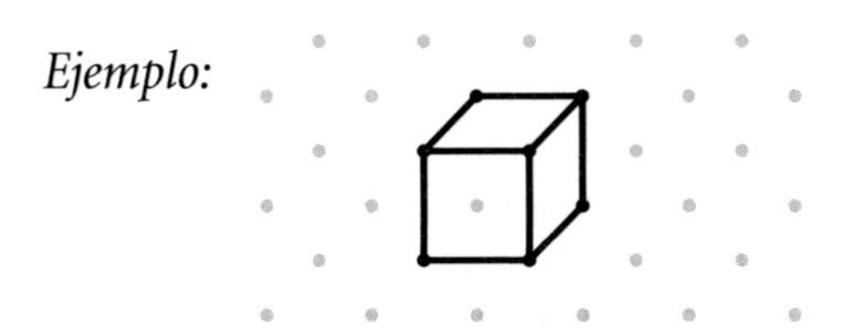

diferencia resultado que se obtiene cuando se resta un número de otro

diferencia común la diferencia entre dos términos consecutivos cualesquiera de una sucesión aritmética *ver sucesión aritmética*

dígito significativo el dígito de un número que indica su magnitud exacta

Ejemplo: 297,624 redondeado a 3 dígitos significativos es 298,000; 2.97624 redondeado a 3 dígitos significativos es 2.98

dimensión el número de medidas que se necesitan para describir una figura geométricamente

Ejemplo: Un punto tiene 0 *dimensiones.*
Una recta o curva tiene 1 *dimensión.*
Una figura plana tiene 2 *dimensiones.*
Un sólido tiene 3 *dimensiones.*

discretos datos que pueden describirse mediante números enteros o decimales. Lo opuesto de datos *discretos* son los datos continuos.

Ejemplo: el número de naranjas en un árbol es un dato *discreto*

distancia longitud del segmento de recta más corto entre dos puntos, rectas, planos, y así sucesivamente *ver 8•2 Longitud y distancia*

distancia total la cantidad de espacio entre un punto de partida y un punto de llegada se representa con d en la ecuación $d = r$ (rapidez) $\times$ t (tiempo)

distribución patrón de frecuencia de un conjunto de datos *ver 4•3 Analiza los datos*

distribución alabeada es una curva de distribución que no tiene forma simétrica y que representa datos estadísticos que no se distribuyen equitativamente alrededor de la media *ver 4•3 Analiza los datos*

Ejemplo:

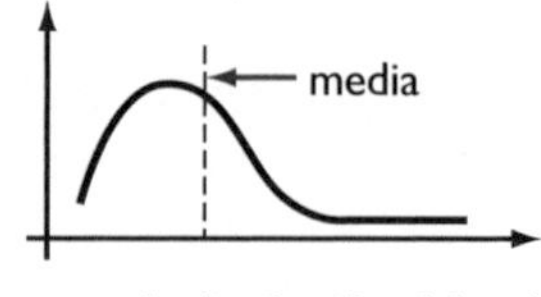

curva de *distribución alabeada*

distribución bimodal modelo estadístico con dos puntos máximos de distribución de frecuencia *ver 4•3 Analiza los datos*

distribución normal se representa con una curva de campana, la distribución más común de la mayoría de las cualidades a lo largo de una población *ver 4•3 Analiza los datos*

Ejemplo:

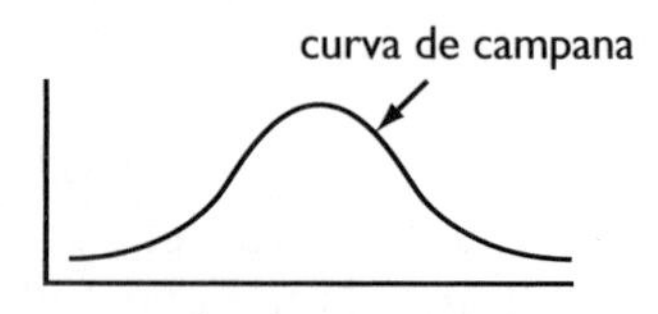

una *distribución normal*

distribución uniforme es una gráfica de frecuencias que muestra pequeñas diferencias entre las distintas respuestas *ver 4•3 Analiza los datos*

Ejemplo:

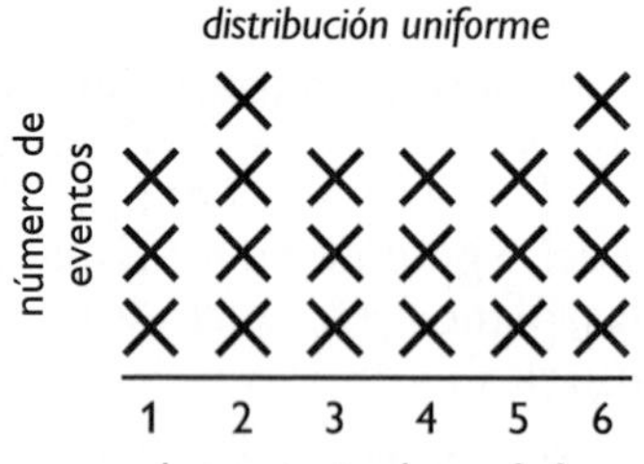

división la operación en que el dividendo se divide entre el divisor para obtener un cociente *ver 1•5 Operaciones* *con enteros, 2•4 Multiplicación y división de fracciones, 2•6 Operaciones con decimales, 3•1 Potencias y exponentes*

Ejemplo:

$12 \div 3 = 4$

dividendo — divisor — cociente

ecuación enunciado matemático que indica la igualdad de dos expresiones *ver 6•1 Escribe expresiones y ecuaciones, 6•8 Pendiente e intersección*

Ejemplo: $3 \times (7 + 8) = 9 \times 5$

ecuación cuadrática ecuación polinomial de segundo grado, la cual se expresa generalmente como $ax^2 + bx + c = 0$, donde a, b y c son números reales y a no es igual a cero *ver grados*

ecuación lineal ecuación con dos variables (x y y) que toma la forma general $y = mx + b$, donde m es la pendiente de la recta y b es la intersección y *ver 6•4 Resuelve ecuaciones lineales*

eje [1] una de las líneas de referencia para localizar un punto en un plano de coordenadas; [2] línea imaginaria a través de la cual se dice que un cuerpo puede ser simétrico (*eje* de simetría); [3] línea sobre la cual se puede rotar un cuerpo (*eje* de rotación) *ver 6•7 Grafica en el plano de coordenadas, 7•3 Simetría y transformaciones*

eje de simetría recta sobre la cual una figura se puede doblar creando dos mitades que coinciden exactamente *ver 7•3 Simetría y transformaciones*

Ejemplo:

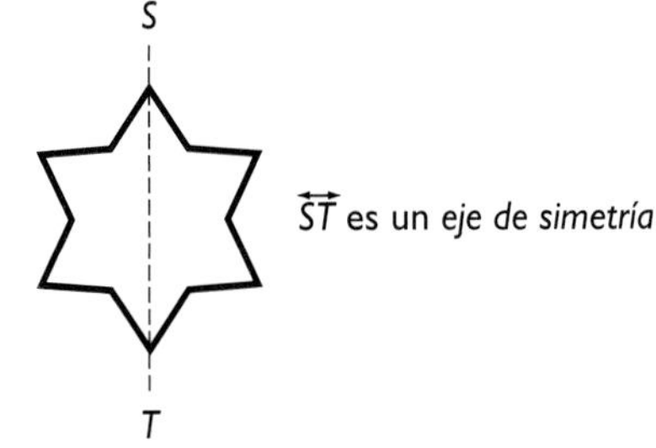

PALABRAS IMPORTANTES

eje *x* la recta horizontal de referencia en la gráfica de coordenadas *ver 6•7 Grafica en el plano de coordenadas*

eje *y* la recta vertical de referencia en la gráfica de coordenadas *ver 6•6 Grafica en el plano de coordenadas*

elevación cantidad de aumento vertical entre dos puntos *ver 6•8 Pendiente e intersección*

elipse figura que tiene forma de óvalo

Ejemplo:

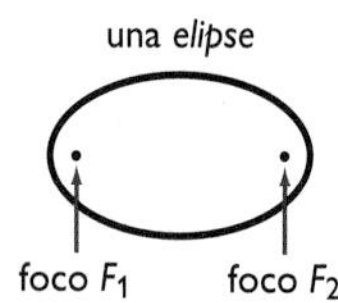

encuesta método para recopilar datos estadísticos en que se les hacen preguntas a las personas *ver 4•1 Recopila datos*

enteros los números enteros y sus inversos aditivos $\{\ldots -5, -4, -3, -2, -1, 0, 1, 2, 3, 4, 5 \ldots\}$

enteros negativos conjunto de todos los números enteros menores que cero

Ejemplo: $-1, -2, -3, -4, -5, \ldots$

enteros positivos conjunto de todos los números enteros positivos $\{1, 2, 3, 4, 5, \ldots\}$ *ver números de contar*

equiángulo que tiene más de un ángulo y cada ángulo tiene la misma medida

equilátero figura que tiene más de un lado y todos ellos son de la misma longitud

equiprobable describe resultados y eventos con la misma posibilidad de ocurrir *ver 4•6 Probabilidad*

equivalente de igual valor

escala razón entre el tamaño real de un objeto y su representación proporcional *ver 8•6 Tamaño y escala*

esfera sólido geométrico perfectamente redondo que consiste en un conjunto de puntos equidistantes de un punto central

Ejemplo:

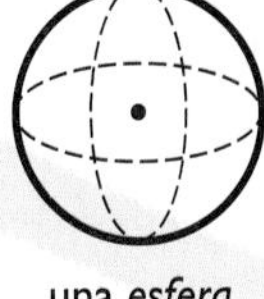

una *esfera*

espiral *ver página 67*

estadística rama de las matemáticas que se encarga de la recopilación y el análisis de datos *ver 4•4 Estadística*

estimado aproximación o un cálculo aproximado

estimado de costo cantidad aproximada que se debe pagar o que se requiere como pago

evento cualquier suceso al que se le pueden asignar probabilidades *ver 4•6 Probabilidad*

evento independiente evento cuyo resultado no afecta el resultado de otros eventos *ver 4•6 Probabilidad*

eventos dependientes grupo de eventos, cada uno de los cuales afecta la probabilidad de que ocurran los otros eventos *ver 4•6 Probabilidad*

exponente número que indica las veces que un número o expresión se multiplica por sí mismo *ver 1•3 El orden de las operaciones, 3•1 Potencias y exponentes, 3•3 Notación científica, 3•4 Leyes de exponentes*

Ejemplo: en la ecuación $2^3 = 8$, el *exponente* es 3

expresión combinación matemática de números, variables y operaciones; por ejemplo, $6x + y^2$ *ver 6•1 Escribe expresiones y ecuaciones, 6•2 Reduce expresiones, 6•3 Evalúa expresiones y fórmulas*

expresión aritmética relación matemática que se expresa como un número o dos o más números con signos de operación *ver 6•1 Escribe expresiones y ecuaciones*

expresiones equivalentes expresiones que siempre resultan en el mismo número o que tienen el mismo significado matemático para todos los valores de reemplazo de sus variables *ver 6•2 Reduce expresiones*

Ejemplos: $\frac{9}{3} + 2 = 10 - 5$
$2x + 3x = 5x$

factor número o expresión que se multiplica por otro y que resulta en un producto *ver 1•4 Factores y múltiplos*

Ejemplo: 3 y 11 son *factores* de 33

factor común número entero que es factor de cada número en un conjunto de números *ver 1•4 Factores y múltiplos*

Ejemplo: 5 es un *factor común* de 10, 15, 25 y 100

factor de escala factor en que todos los componentes de un objeto se multiplican con el propósito de crear una reducción o ampliación proporcional *ver 8•6 Tamaño y escala*

factorial se representa con el símbolo !, el producto de todos los números naturales entre 1 y un número entero positivo dado *ver 4•5 Combinaciones y permutaciones*

Ejemplo: $5! = 1 \times 2 \times 3 \times 4 \times 5 = 120$

factorización prima expresar un número compuesto como el producto de sus factores primos *ver 1•4 Factores y múltiplos*

Ejemplos: $504 = 2^3 \times 3^2 \times 7$
$30 = 2 \times 3 \times 5$

figura inscrita figura que se encuentra dentro de otra, como se muestra a continuación

Ejemplos:

el triángulo está *inscrito* en el círculo

el círculo está *inscrito* en el triángulo

figuras congruentes figuras que tienen la misma forma y tamaño. El símbolo $\cong$ se usa para indicar congruencia.

Ejemplo:

los triángulos *ABC* y *DEF* son *congruentes*

figuras semejantes las que tienen la misma forma pero no necesariamente el mismo tamaño *ver 8•6 Tamaño y escala*

Ejemplo:

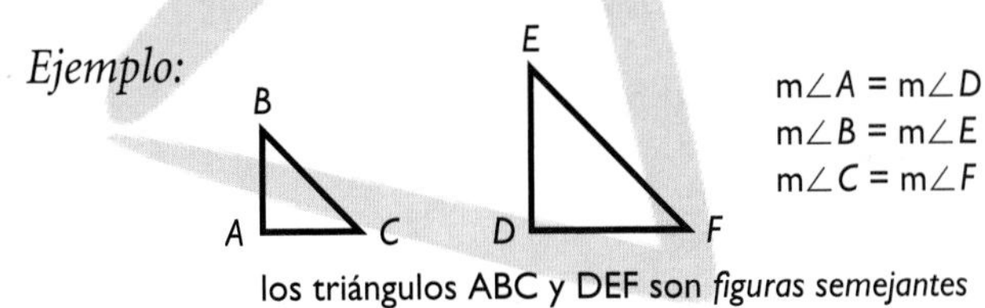

los triángulos ABC y DEF son *figuras semejantes*

forma regular figura con todos los lados y todos los ángulos iguales

fórmula ecuación que muestra la relación entre dos o más cantidades; cálculo que se realiza con una hoja de cálculos *ver páginas 62–63, 6•3 Evalúa expresiones y fórmulas, 9•4 Hojas de cálculos*

Ejemplo: $A = \pi r^2$ es la *fórmula* para calcular el área del círculo; *A*2 × *B*2 es una *fórmula* en la hoja de cálculos

fracción número que representa una parte del todo; un cociente en la forma $\frac{a}{b}$ *ver 2•1 Fracciones y fracciones equivalentes*

fracción impropia fracción en que el numerador es mayor que el denominador *ver 2•1 Fracciones y fracciones equivalentes*

Ejemplos: $\frac{21}{4}, \frac{4}{3}, \frac{2}{1}$

fracciones equivalentes fracciones que representan el mismo cociente pero tienen distinto numerador y denominador *ver 2•1 Fracciones y fracciones equivalentes*

Ejemplo: $\frac{5}{6} = \frac{15}{18}$

función asigna un único valor de salida a cada valor de entrada

Ejemplo: Manejas a 50 mi/hr. Existe una relación entre la cantidad de tiempo que manejas y la distancia que recorres. Es decir, la distancia es una *función* del tiempo.

palabras **importantes** G

ganancia el beneficio que se obtiene de un negocio; lo que queda cuando el costo de los bienes y los gastos de funcionamiento de un negocio se sustraen del dinero que se recibe

gasto cantidad de dinero pagada; costo

geometría rama de las matemáticas que estudia las propiedades de las figuras *ver Capítulo 7 La geometría, 9•3 Instrumentos de geometría*

girador aparato que sirve para determinar el resultado en un experimento probabilístico

Ejemplo:

un *girador*

giro mover una figura geométrica al rotarla sobre un punto *ver rotación, 7•3 Simetría y transformaciones*

Ejemplo:

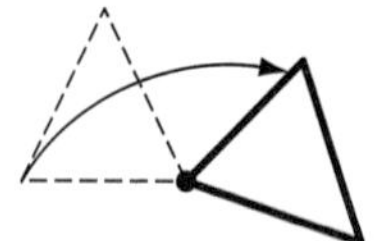
la *rotación* de un triángulo

grado [1] (algebraico) el exponente de una sola variable de un término algebraico simple; [2] (algebraico) la suma de los exponentes de todas la variables de un término algebraico más complejo; [3] (algebraico) el grado más alto de cualquier término en una ecuación; [4] (geométrico) unidad de medida de un ángulo o arco, que se representa con el símbolo ° *ver [1] 3•1 Potencias y exponentes, 3•4 Leyes de exponentes, [4] 7•1 Nombra y clasifica ángulos y triángulos, 7•8 Círculos, 9•2 Calculadora científica*

Ejemplos: [1] En el término $2x^4y^3z^2$, x tiene *grado* 4, y tiene *grado* 3 y z tiene *grado* 2.

[2] El término $2x^4y^3z^2$ en su totalidad tiene *grado* $4 + 3 + 2 = 9$.

[3] La ecuación $x^3 = 3x^2 + x$ es una ecuación de tercer *grado.*

[4] Un ángulo agudo es un ángulo que mide menos de 90°.

gráfica circular manera de mostrar datos estadísticos, en la cual se divide un círculo en "rebanadas" o sectores de tamaño proporcional *ver 4•2 Presenta los datos*

Ejemplo:

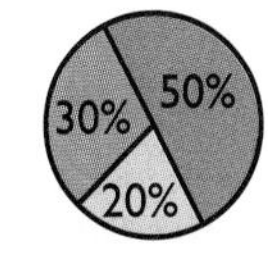

COLOR PRIMARIO FAVORITO

gráfica cuantitativa gráfica que, a diferencia de la cualitativa, tiene números específicos

gráfica de barras manera de mostrar datos usando barras horizontales o verticales *ver 4•2 Presenta los datos*

gráfica de barras dobles gráfica que usa pares de barras horizontales o verticales para mostrar la relación entre los datos *ver 4•2 Presenta los datos*

Ejemplo:

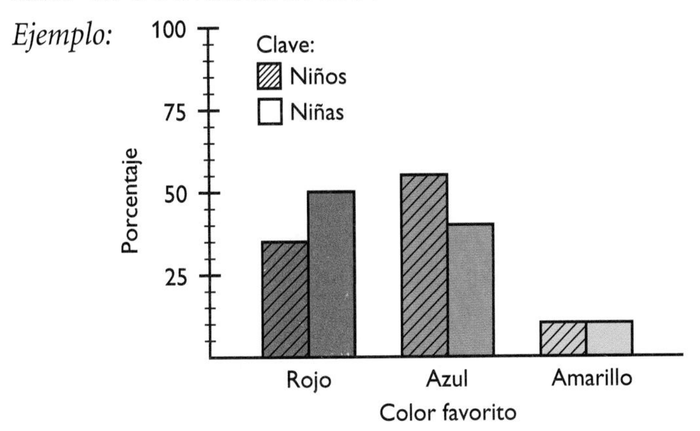

PALABRAS IMPORTANTES

gráfica de barras simples forma de mostrar datos relacionados y la cual usa una barra horizontal o vertical para representar cada elemento *ver 4•2 Presenta los datos*

gráfica de coordenadas representación de puntos en el espacio en relación con rectas de referencia; por lo general, un eje *x* horizontal y un eje *y* vertical *ver coordenadas, 6•7 Grafica en el plano de coordenadas*

gráfica de distancia gráfica de coordenadas que muestra la distancia desde un punto específico como una función del tiempo

gráfica de distancia total gráfica de coordenadas que muestra la distancia cumulativa recorrida como una función del tiempo

gráfica de frecuencias gráfica que muestra las similitudes entre resultados; facilita la interpretación de lo que es un resultado típico y un resultado poco común *ver 4•2 Presenta los datos*

gráfica de líneas punteadas tipo de gráfica lineal que se usa para mostrar cambio durante un período de tiempo *ver 4•2 Presenta los datos*

Ejemplo:

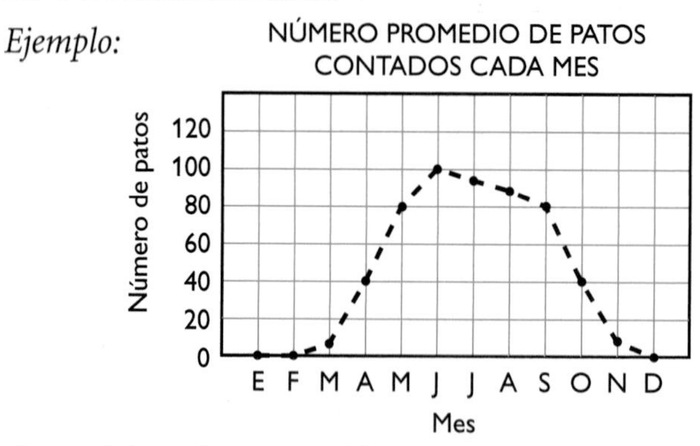

gráfica de rapidez-tiempo gráfica que se usa para mostrar cómo cambia la velocidad de un cuerpo durante un tiempo

gráfica lineal presentación visual gráfica para mostrar cambio a lo largo del tiempo *ver 4•2 Presenta los datos*

PALABRAS IMPORTANTES

Ejemplo:

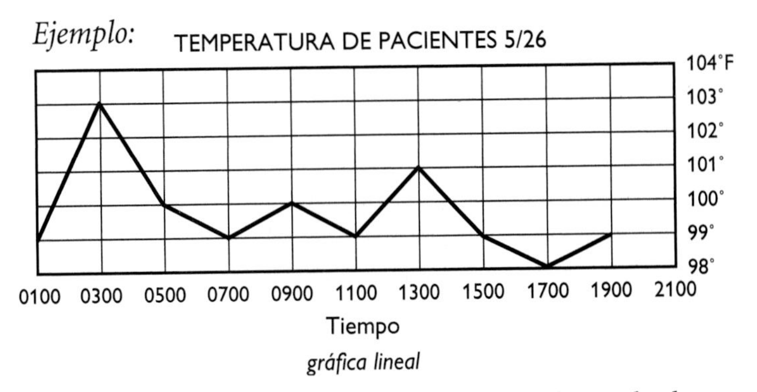

gráfica lineal

gráfica de trazos gráfica que indica la sucesión de resultados. La *gráfica de trazos* ayuda a resaltar las diferencias entre resultados individuales y además provee una representación visual del concepto de aleatoriedad.

Ejemplo:

Resultados de lanzar una moneda

C = cara S = sello

C	C	S	C	S	S	S	

una *gráfica de trazos*

gráficas cualitativas gráfica que contiene palabras que describen tendencias generales de ganancias, ingresos y costos durante un período de tiempo. No tiene números específicos.

gramo unidad métrica de medida que se usa para medir la masa *ver 8•3 Área, volumen y capacidad*

heptágono polígono de siete lados

Ejemplo:

un *heptágono*

hexaedro poliedro con seis caras

Ejemplo:

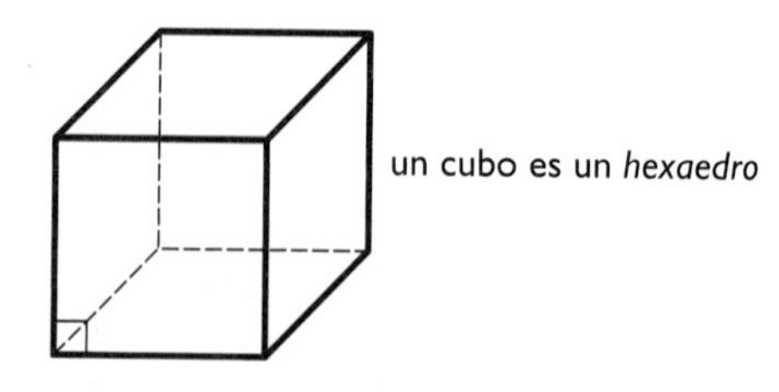

hexágono polígono de seis lados

Ejemplo:

hilera lista horizontal de números o términos. En una hoja de cálculos, todos los nombres de las celdas en una *hilera* terminan con el mismo número, en (A3, B3, C3, D3 . . .) *ver 9•4 Hojas de cálculos*

hipérbola la curva de una función de variación inversa, como $y = \frac{1}{x}$, es una hipérbola

Ejemplo:

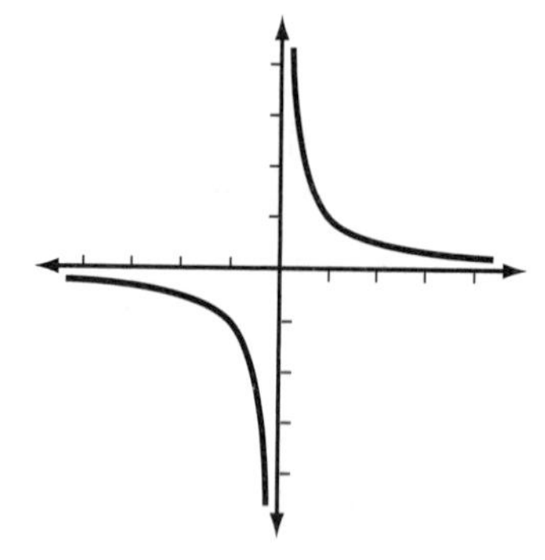

hipotenusa el lado de un triángulo rectángulo, opuesto al ángulo recto *ver 7•1 Nombra y clasifica ángulos y triángulos*

Ejemplo:

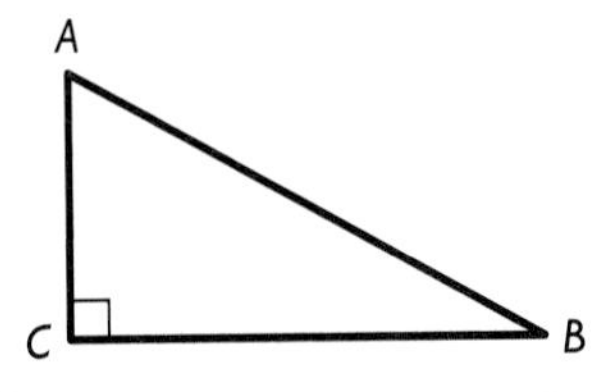

el lado $\overline{AB}$ la *hipotenusa* de este triángulo rectángulo

histograma gráfica que presenta los datos estadísticos mediante rectángulos de áreas de tamaño proporcional *ver 4•2 Presenta los datos*

hojas el dígito de las unidades de un artículo de datos numéricos entre 1 y 99

hoja de cálculos herramienta de computación donde la información se organiza en celdas dentro de una cuadrícula y se realizan cálculos dentro de esas celdas. Cuando se cambia una celda, todas las que dependen de ella cambian automáticamente. *ver 9•4 Hojas de cálculos*

horizontal línea o plano nivelado y llano

huella profundidad horizontal del escalón de una escalera

PALABRAS IMPORTANTES

igualmente improbable describe resultados y eventos con la misma posibilidad de no ocurrir *ver 4•6 Probabilidad*

imparcial describe una situación en la cual la probabilidad teórica de cada resultado es idéntica *ver 4•6 Probabilidad*

inclinación manera de describir el grado de declive (o pendiente) de una rampa, colina, recta, y así sucesivamente

ingreso cantidad de dinero que se recibe por trabajo, servicio o venta de bienes o propiedades

injusto cuando la probabilidad de cada resultado no es igual

intersecar [1] cortar una recta, curva o superficie por otra recta, curva o superficie; [2] el punto en que una recta o curva atraviesa un eje dado

intersección conjunto de elementos que pertenecen a dos conjuntos cuando se sobreponen los conjuntos *ver 6•8 Pendiente e intersección*

Ejemplo:

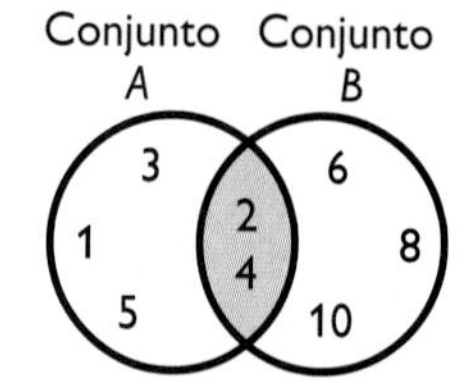

el área sombreada es la *intersección* del conjunto A (números 1 al 5) y del conjunto B (números pares hasta el 10)

intersección *x* punto donde una recta o curva atraviesa el eje x

intersección y punto donde una recta o curva atraviesa el eje y *ver 6•8 Pendiente e intersección*

inverso en un enunciado condicional, es la negación de la idea después de *si* y después de *entonces* *ver 5•1 Enunciados si...entonces*

inverso aditivo número que cuando se suma a un número dado resulta en una suma de cero

Ejemplo: $(+3) + (-3) = 0$
(-3) es el *inverso aditivo* de 3

inverso multiplicativo cuando un número se multiplica por su inverso multiplicativo el resultado es 1; lo mismo que el recíproco

Ejemplo: $10 \times \frac{1}{10} = 1$
$\frac{1}{10}$ es el *inverso multiplicativo* de 10

PALABRAS IMPORTANTES

lado segmento de recta que forma un ángulo o que une los vértices de un polígono *ver 7•4 Perímetro*

ley de los números grandes cuando repites un experimento un gran número de veces, te acercas cada vez más a cómo "deberían" ser las cosas teóricamente. Por ejemplo, cuando lanzas un dado repetidamente, la proporción de sacar 1 se acercará cada vez más a $\frac{1}{6}$ (que es la proporción teórica del número 1 en un montón de lanzamientos de un dado).

línea de probabilidad línea que se usa para ordenar eventos desde el menos probable hasta el más probable de que ocurra *ver 4•6 Probabilidad*

litro unidad métrica básica de capacidad *ver 8•3 Área, volumen y capacidad*

lógica principios matemáticos que usan teoremas ya existentes para probar nuevos principios *ver Capítulo 5 La lógica*

longitud o largo medida de distancia de un cuerpo de extremo a extremo *ver 8•2 Longitud y distancia*

palabras importantes

M

marcas de conteo marcas que se hacen para llevar la cuenta de cierto número de objetos. Por ejemplo, 𝍸 /// = 8

máximo común divisor (MCD) el número mayor que es factor de dos o más números *ver 1•4 Factores y múltiplos*

Ejemplo: 30, 60, 75
el *máximo común divisor* es 15

media el cociente que se obtiene cuando la suma de los números de un conjunto de datos se divide entre el número de sumandos *ver promedio, 4•4 Estadísticas*

Ejemplo: la *media* de 3, 4, 7 y 10 es $(3 + 4 + 7 + 10) \div 4 = 6$

mediana el número central de un conjunto de números ordenados *ver 4•4 Estadísticas*

Ejemplo: 1, 3, 9, 16, 22, 25, 27
16 es la *mediana*

medida estándar medidas que se usan comúnmente; por ejemplo el metro para medir la longitud, el kilogramo para medir la masa y el segundo para medir el tiempo *ver Capítulo 8 La medición*

medida lineal medida de la distancia entre dos puntos en una recta

mejor posibilidad en un conjunto de valores, el evento con más oportunidad de ocurrir *ver 4•6 Probabilidad*

metro unidad básica de longitud del sistema métrico

metro cuadrado unidad que se usa para medir el tamaño de una superficie; equivale a un cuadrado que mide un metro de lado *ver 8•3 Área, volumen y capacidad*

metro cúbico cantidad que contiene un cubo cuyas aristas miden 1 metro de largo *ver 7•7 Volumen*

mínimo común denominador (mcd) el menor múltiplo común de los denominadores de dos o más fracciones *ver 2•3 Suma y resta fracciones*

Ejemplo: 12 es el *mínimo común denominador* de $\frac{1}{3}$, $\frac{2}{4}$ y $\frac{3}{6}$

mínimo común múltiplo (mcm) el menor de los múltiplos comunes no nulos de dos o más números enteros *ver 1•4 Factores y múltiplos , 2•3 Suma y resta fracciones*

Ejemplo: el *mínimo común múltiplo* de 3, 9 y 12 es 36

PALABRAS IMPORTANTES

moda el número o elemento que aparece con más frecuencia en un conjunto de datos *ver 4•4 Estadística*

Ejemplo: 1, 1, 1, 2, 2, 3, 5, 5, 6, 6, 6, 6, 8
6 es la *moda*

modelo de crecimiento descripción de la manera en que cambia la información con el tiempo

monomio expresión algebraica que consta de un solo término. $5x3y$, xy y $2y$ son tres *monomios.*

muestra subconjunto finito de una población que se usa para el análisis estadístico *ver 4•6 Probabilidad*

muestra aleatoria muestra que se elige de una población de tal manera que cada miembro tiene la misma probabilidad de ser escogido *ver 4•1 Recopila datos*

muestra aleatoria estratificada serie de muestras aleatorias, en que cada muestra se elige de una parte específica de la población. Por ejemplo, una muestra en dos partes podría requerir la elección de muestras separadas entre hombres y mujeres.

muestra con reemplazo muestra que se escoge de modo que cada elemento tenga la posibilidad de ser elegido más de una vez *ver 4•6 Probabilidad*

Ejemplo: Se saca una carta de una baraja, se devuelve al mazo y se saca una segunda carta. Como la carta que se sacó primero se devuelve al mazo, el número de cartas se mantiene constante.

muestra de conveniencia muestra que se obtiene al encuestar a personas en la calle, en un centro comercial o de otra manera conveniente, en lugar de usar muestras aleatorias *ver 4•1 Recopila datos*

multiplicación una de las cuatro operaciones aritméticas básicas y la cual involucra la adición repetida de números

múltiplo el producto de un número dado y un entero
ver 1•4 Factores y múltiplos

Ejemplos: 8 es un *múltiplo* de 4
3.6 es un *múltiplo* de 1.2

palabras importantes
N

no colineal que no se halla en la misma recta

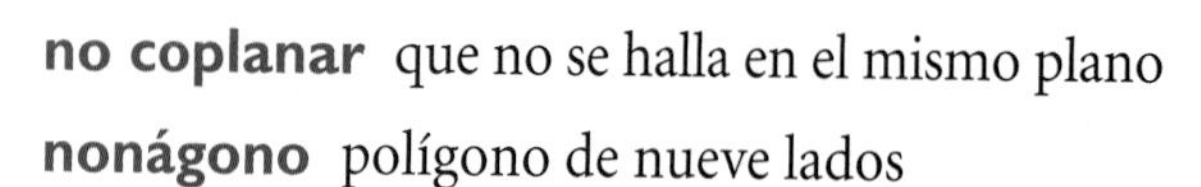

no coplanar que no se halla en el mismo plano

nonágono polígono de nueve lados

Ejemplo:

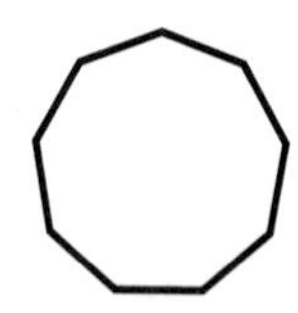

un *nonágono*

notación científica sistema para escribir números, en el cual se usan exponentes y potencias de 10. Un número en notación científica se escribe como un número entre 1 y 10 multiplicado por una potencia de diez. *ver 3•3 Notación científica*

Ejemplos: $9{,}572 = 9.572 \times 10^3$ y $0.00042 = 4.2 \times 10^4$

notación desarrollada método para escribir un número, el cual resalta el valor de cada dígito *ver 1•1 Valor de posición de números enteros*

Ejemplo: $867 = 800 + 60 + 7$

numerador número de la parte superior de una fracción. En la fracción $\frac{a}{b}$, *a* es el *numerador*. *ver 2•1 Fracciones y fracciones equivalentes*

número al cuadrado *ver página 65*

Ejemplos: 1, 4, 9, 16, 25, 36

número compuesto número divisible exactamente entre por lo menos otro número entero diferente de sí mismo y 1
ver 1•4 Factores y múltiplos

número con signo número que es precedido por un signo positivo o negativo *ver 1•5 Operaciones con enteros*

número de crecimiento de la multiplicación número que cuando se multiplica por un número dado cierto número de veces resulta en un número meta dado

Ejemplo: Haz crecer 10 hasta 40 en dos pasos multiplicándolo
$(10 \times 2 \times 2 = 40)$
2 es el *número de crecimiento de la multiplicación*

número mixto número compuesto por un número entero y una fracción *ver 2•3 Suma y resta fracciones*

Ejemplo: $5\frac{1}{4}$

número par cualquier número entero que es múltiplo de 2 {2, 4, 6, 8, 10, 12, . . .}

número perfecto entero que equivale a la suma de todos sus divisores positivos enteros, excepto el número mismo

Ejemplo: $1 \times 2 \times 3 = 6$ y $1 + 2 + 3 = 6$
6 es un *número perfecto*

número primo número entero mayor que 1 cuyos únicos factores son 1 y sí mismo *ver 1•4 Factores y múltiplos*

Ejemplo: 2, 3, 5, 7, 11

números arábicos (o números indo-arábigos) símbolos numéricos que usamos hoy en día {0, 1, 2, 3, 4, 5, 6, 7, 8, 9}

números de contar conjunto de números que se usan para contar objetos; por consiguiente, sólo los números enteros y positivos {1, 2, 3, 4. . .} *ver enteros positivos*

números de Fibonacci *ver página 65*

números de Lucas *ver página 66*

números enteros conjunto de números de contar, más el cero

Ejemplos: 0, 1, 2, 3, 4, 5

números impares conjunto de todos los enteros que no son múltiplos del 2

números irracionales conjunto de números que no se pueden expresar como números finitos o decimales periódicos

Ejemplo: $\sqrt{2}$ (1.414214 . . .) y π (3.141592 . . .) son *números irracionales*

números negativos conjunto de todos los números reales menores que cero

Ejemplos: $-1, -1.36, -\sqrt{2}, -\pi$

números positivos conjunto de todos los números mayores que cero

Ejemplos: $1, 1.36, \sqrt{2}, \pi$

números racionales conjunto de números que se pueden escribir en la forma $\frac{a}{b}$, donde a y b son enteros y b no es igual a cero

Ejemplos: $1 = \frac{1}{1}$, $\frac{2}{9}$, $3\frac{2}{7} = \frac{23}{7}$, $-.333 = -\frac{1}{3}$

números reales conjunto que consta de cero, todos los números positivos y todos los números negativos. Los *números reales* incluyen todos los números racionales e irracionales.

números romanos sistema de numeración que consta de símbolos I (1), V (5), X (10), L (50), C (100), D (500) y M (1,000). Cuando un símbolo de igual o de mayor valor precede un símbolo romano, los valores del símbolo se suman (XVI = 16). Cuando un símbolo de menor valor precede un símbolo romano, los valores se restan (IV = 4).

números triangulares *ver página 67*

PALABRAS IMPORTANTES

octágono polígono de ocho lados

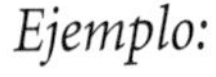

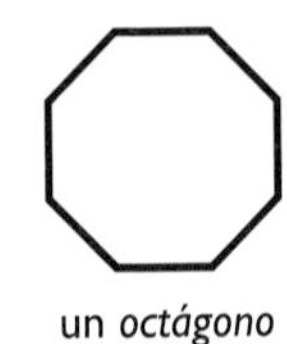

un *octágono*

operaciones funciones aritméticas que se realizan con números, matrices o vectores

operaciones inversas operaciones que se anulan entre sí

Ejemplos: La adición y la sustracción son operaciones inversas: $5 + 4 = 9$ y $9 - 4 = 5$.
La multiplicación y la división son operaciones inversas: $5 \times 4 = 20$ y $20 \div 4 = 5$.

orden en una muestra estadística, la posición en una lista de datos con base en algún criterio

orden de las operaciones para resolver una ecuación, sigue estos cuatro pasos: 1) realiza primero todas las operaciones dentro de paréntesis; 2) reduce todos los números con exponentes; 3) multiplica y divide en orden de izquierda a derecha; 4) suma y resta en orden de izquierda a derecha *ver 1•3 El orden de las operaciones*

ordenar organizar los datos de una muestra estadística con base en algún criterio, como por ejemplo, en orden numérico ascendente o descendente *ver 4•4 Estadística*

origen el punto (0, 0) en una gráfica de coordenadas, donde se intersecan el eje x y el eje y

par de factores dos números únicos multiplicados entre sí, que resultan en un producto, como $2 \times 3 = 6$
ver 1•4 Factores y múltiplos

par nulo cubo positivo y negativo que se usa para modelar en aritmética de números con signos

par ordenado dos números que indican la coordenada x y la coordenada y de un punto *ver 6•7 Grafica en el plano de coordenadas*

Ejemplo: Las coordenadas (3, 4) forman un *par ordenado.* La coordenada x es 3 y la coordenada y es 4.

parábola la curva formada por una ecuación cuadrática como por ejemplo, $y = x^2$

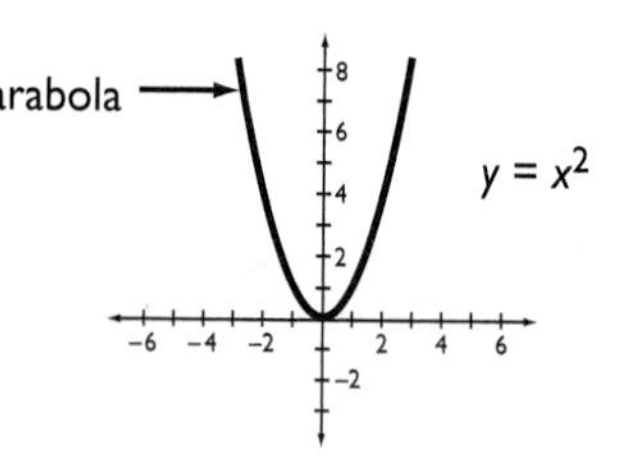

paralela(o) rectas o planos que permanecen a una distancia constante uno del otro, nunca se intersecan y se representan con el símbolo ||

Ejemplo:

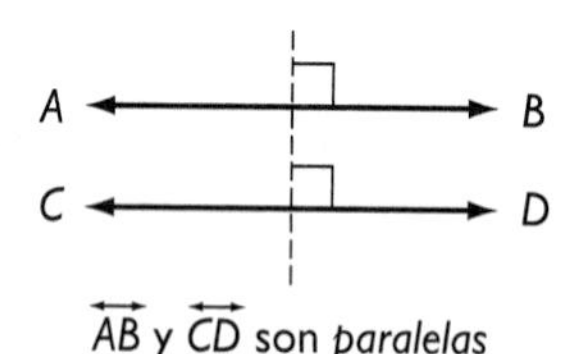

$\overleftrightarrow{AB}$ y $\overleftrightarrow{CD}$ son *paralelas*

paralelogramo cuadrilátero con dos pares de lados paralelos *ver 7•2 Nombra y clasifica polígonos y poliedros*

Ejemplo:

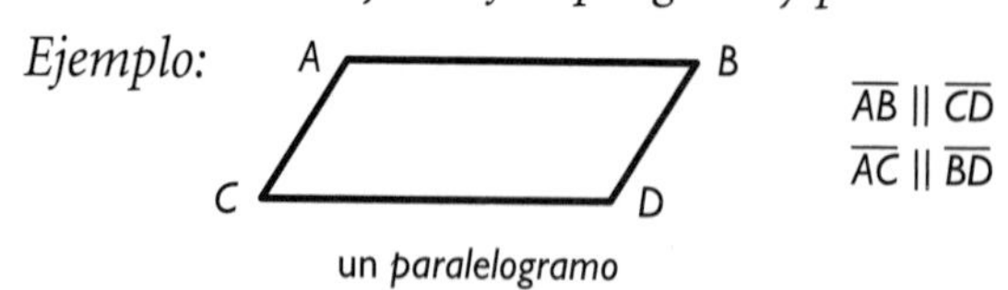

un *paralelogramo*

paréntesis símbolos que se usan para encerrar, (), los cuales indican que los términos entre ellos son una unidad; por ejemplo, $(2 + 4) \div 2 = 3$

patrón diseño regular que se repite o una sucesión de formas o números *ver Patrones, páginas 65–67*

PEMDSR (PEMDAS) acrónimo para recordar el orden de las operaciones: 1) realiza primero todas las operaciones en **p**aréntesis; 2) reduce todos los números con **e**xponentes; 3) **m**ultiplica y **d**ivide en orden de izquierda a derecha; 4) **s**uma y **r**esta en orden de izquierda a derecha
ver 1•3 El orden de las operaciones

pendiente [1] manera de describir el grado de inclinación de una recta, rampa, colina, etc.; [2] la razón de la elevación (cambio vertical) a la carrera (cambio horizontal)

pentágono polígono que tiene cinco lados

Ejemplo:

un *pentágono*

pérdida cantidad de dinero que se pierde

perímetro distancia alrededor del exterior de una figura cerrada
ver 7•4 Perímetro

Ejemplo:

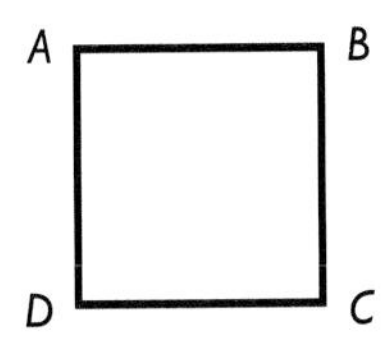

$AB + BC + CD + DA =$ *perímetro*

permutación un arreglo posible de un grupo de cosas. El número de arreglos de *n* cosas se expresa con el término *n*!
ver factoriales, 4•5 Combinaciones y permutaciones

perpendicular dos rectas o planos que se intersecan para formar un ángulo recto

Ejemplo:

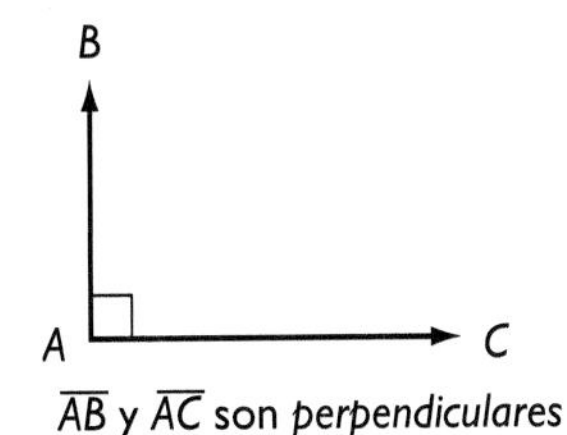

$\overline{AB}$ y $\overline{AC}$ son *perpendiculares*

PALABRAS IMPORTANTES

pi razón de la circunferencia de un círculo a su diámetro. *Pi* se escribe con el símbolo π, y es aproximadamente igual a 3.14. *ver 7•8 Círculos*

pictograma gráfica que usa láminas o símbolos para representar números

pie cuadrado unidad que se usa para medir el tamaño de una superficie; equivale a un cuadrado que mide un pie de lado *ver 8•3 Área, volumen y capacidad*

pie cúbico cantidad que contiene un cubo cuyas aristas miden 1 pie de largo *ver 7•7 Volumen*

pirámide sólido con base poligonal y caras triangulares que se encuentran en un vértice común *ver 7•2 Nombra y clasifica polígonos y poliedros*

Ejemplos:

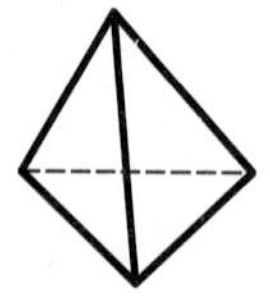

pirámides

pirámide cuadrada pirámide con una base cuadrada

población conjunto universal de donde se eligen los datos estadísticos

poliedro sólido que tiene cuatro o más caras planas *ver 7•2 Nombra y clasifica polígonos y poliedros*

Ejemplos:

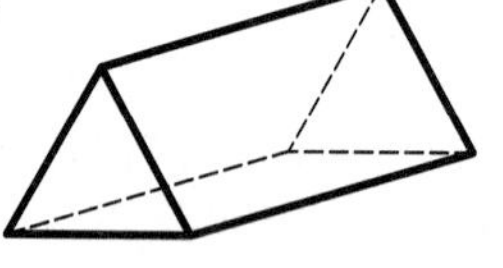

poliedros

polígono figura plana cerrada simple, cuyos lados constan de tres o más segmentos de recta *ver 7•2 Nombra y clasifica polígonos y poliedros*

Ejemplos:

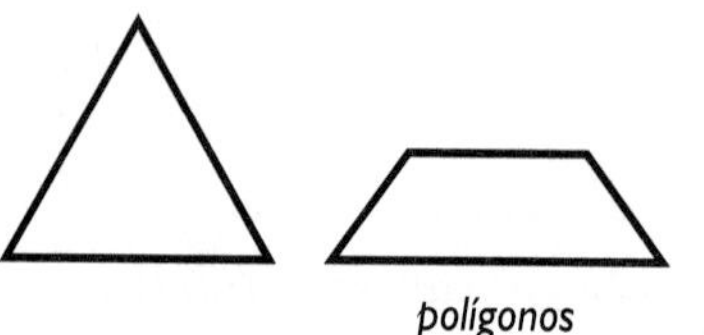

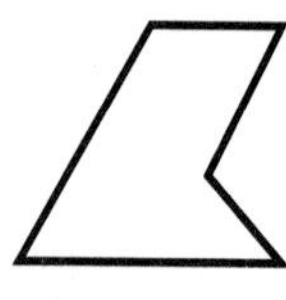

polígonos

polígono cóncavo polígono que tiene un ángulo interior mayor que 180°

Ejemplo:

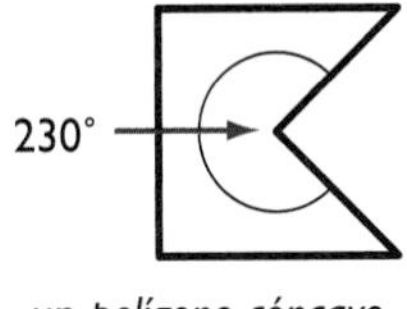

un *polígono cóncavo*

polígono convexo polígono sin ningún ángulo interior mayor que 180° *ver 7•2 Nombra y clasifica polígonos y poliedros*

Ejemplo:

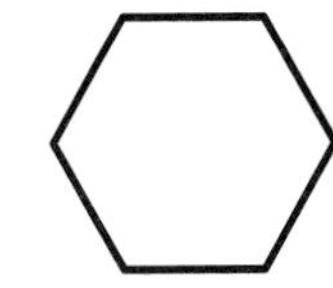

un hexágono rectangular es un *polígono convexo*

polígono regular polígono con todos los lados y todos los ángulos iguales

porcentaje número expresado con relación a 100, se representa con el símbolo % *ver 2•7 El significado de porcentaje*

Ejemplo: 76 de 100 alumnos usan computadoras
76 *por ciento* de los alumnos usan computadoras

porcentaje de la pendiente razón del cambio vertical al cambio horizontal de una colina, rampa o declive escrita como porcentaje

Ejemplo:

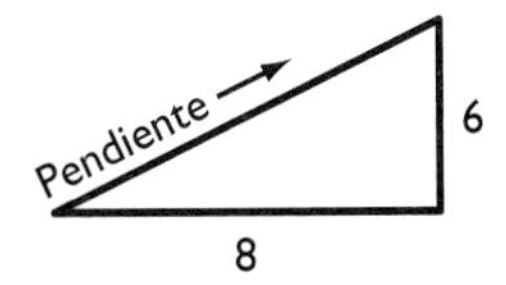

porcentaje de la pendiente = 75% ($\frac{6}{8}$)

posibilidad probabilidad de que ocurra un evento, generalmente se expresa en forma de fracción, decimal, porcentaje o razón *ver 2•9 Fracciones, decimales y relaciones porcentuales, 4•6 Probabilidad, 6•4 Razones y proporciones*

posibilidad oportunidad de que ocurra un resultado
ver 4•6 Probabilidad

potencia se representa con el exponente *n* y al cual se eleva un número multiplicándolo por sí mismo *n* veces
ver 3•1 Potencias y exponentes

Ejemplo: 7 se eleva a la cuarta *potencia*
$7^4 = 7 \times 7 \times 7 \times 7 = 2{,}401$

precio cantidad de dinero o bienes que se exigen o que se entregan a cambio de algo más

precisión grado de exactitud de un número. Por ejemplo, un número como 62.42812 se puede redondear a tres lugares decimales (62.428), a dos lugares decimales (62.43), a un lugar decimal (62.4) o al número entero más cercano (62). La primera aproximación es más precisa que la segunda, la segunda es más precisa que la tercera y así sucesivamente.
ver 2•5 Nombra y ordena decimales, 8•1 Sistemas de medidas

predecir anticipar una tendencia mediante el estudio de datos estadísticos *ver tendencias, 4•3 Analiza datos*

preguntas qué tal si preguntas que se hacen para formular, guiar o extender un problema

presupuesto plan de gastos que se basa en un estimado de ingresos y gastos *ver 9•4 Hojas de cálculos*

prisma sólido con dos caras poligonales paralelas congruentes (llamadas bases) *ver 7•2 Nombra y clasifica polígonos y poliedros*

Ejemplos:

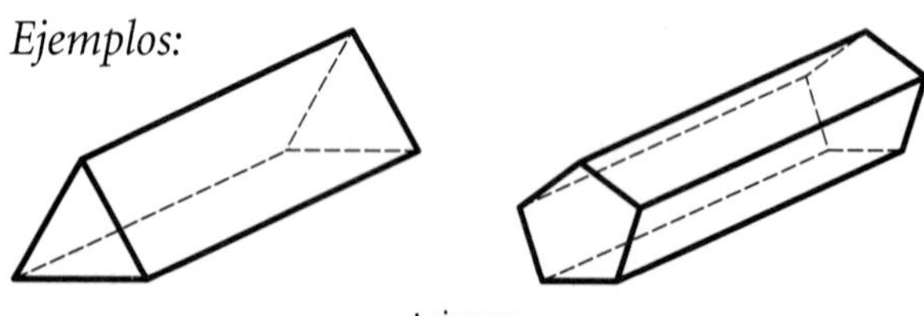

prismas

prisma hexagonal prisma con dos bases hexagonales y seis lados rectangulares

Ejemplo:

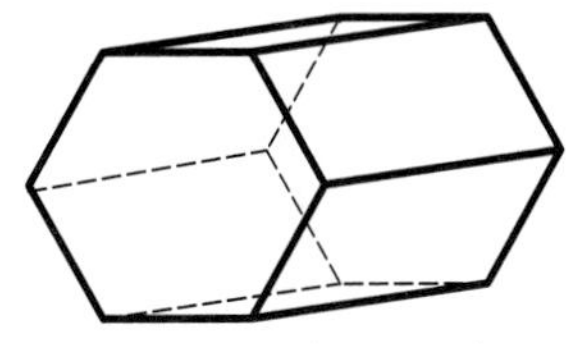

un *prisma hexagonal*

prisma octagonal prima con dos bases octagonales y ocho caras rectangulares

Ejemplo:

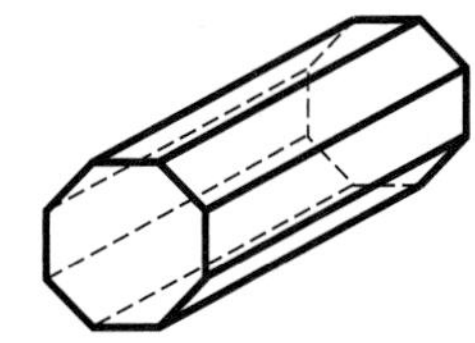

un *prisma octagonal*

prisma rectangular prisma cuyas bases y sus cuatro caras son rectangulares *ver 7•2 Nombra y clasifica polígonos y poliedros*

prisma triangular prisma con dos bases triangulares y tres lados rectangulares *ver prisma*

probabilidad estudio de la posibilidad u oportunidad que describe las posibilidades de que ocurra un evento *ver 4•6 Probabilidad*

probabilidad de eventos posibilidad de que ocurra un evento

probabilidad experimental razón que compara el número total de veces que ocurrió un evento favorable al número total de veces que se realizó el experimento *ver 4•6 Probabilidad*

probabilidad teórica la razón del número de resultados favorables al número total de resultados posibles *ver 4•6 Probabilidad*

probabilidades a favor razón del número de resultados favorables al número de resultados desfavorables *ver 4•6 Probabilidad*

probabilidades desiguales que tienen diferentes posibilidades de ocurrir. Dos eventos tienen *probabilidades desiguales* si una es más propensa a ocurrir que la otra.

probabilidades en contra razón del número de resultados desfavorables al número de resultados favorables *ver 4•6 Probabilidad*

producto resultado que se obtiene de multiplicar dos números o variables

producto cruzado método que se usa para resolver proporciones y probar la igualdad de razones: $\frac{a}{b} = \frac{c}{d}$ si $ad = bc$ *ver 6•5 Razones y proporciones*

promedio suma de un conjunto de valores dividida entre el número de valores *ver 4•4 Estadísticas*

Ejemplo: el *promedio* de 3, 4, 7 y 10 es $(3 + 4 + 7 + 10) \div 4 = 6$

promedio ponderado promedio estadístico en que cada elemento en la muestra tiene cierta importancia relativa, o peso. Por ejemplo, para calcular el porcentaje promedio exacto de personas con carro en tres pueblos con distintos números de habitantes, el porcentaje del pueblo más grande tendría que ser *ponderado. ver 4•4 Estadística*

pronosticar anticipar una tendencia, basándose en datos estadísticos *ver 4•3 Analiza los datos*

propiedad aditiva regla matemática que establece que si el mismo número se suma a cada lado de una ecuación, la expresión no se altera

propiedad asociativa regla que establece que la suma o el producto de un conjunto de números no se altera, sea cual sea la manera de agruparlos *ver 1•2 Propiedades, 6•2 Reduce expresiones*

Ejemplos: $(x + y) + z = x + (y + z)$
$x \times (y \times z) = (x \times y) \times z$

propiedad conmutativa regla matemática que establece que el orden en que se suman o multiplican los números no afecta la suma o producto *ver 1•2 Propiedades*

Ejemplos: $x + y = y + x$
$x \cdot y \cdot z = y \cdot x \cdot z$

propiedad distributiva de la multiplicación con respecto a la adición la multiplicación es *distributiva* con respecto a la suma.
Para cualquier número x, y y z,
$x(y + z) = xy + xz$
ver 1•2 Propiedades

proporción enunciado que indica la igualdad de dos razones *ver 6•5 Razones y proporciones*

proyección ortogonal la que siempre muestra tres vistas de un cuerpo: vista superior, vista lateral y vista frontal. Las vistas se proyectan en línea recta.

Ejemplo:

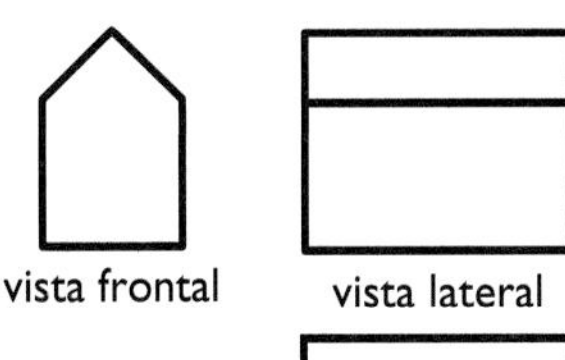

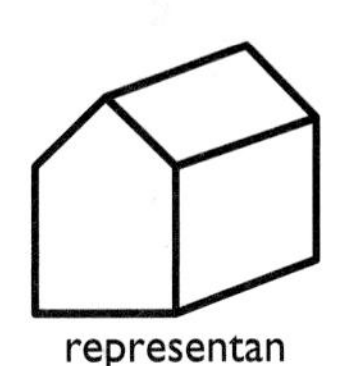

vista superior

proyectar (v.) extender un modelo numérico a un mayor o a un menor valor para poder estimar cantidades probables en una situación desconocida

pulgada cuadrada unidad que se usa para medir el tamaño de una superficie; equivale a un cuadrado que mide una pulgada de lado *ver 8•3 Área, volumen y capacidad*

pulgada cúbica cantidad que contiene un cubo cuyas aristas miden 1 pulgada de largo *ver 7•7 Volumen*

punto uno de los cuatro términos básicos en geometría; se usa para definir todos los otros términos. El *punto* carece de tamaño. *ver 6•7 Grafica en el plano de coordenadas*

punto de referencia dato o punto que se usa como referencia y del cual se pueden tomar medidas *ver 2•7 El significado de porcentaje*

punto medio punto que divide un segmento de recta en dos partes iguales

Ejemplo:

A —— M —— B

$AM = MB$

M es el *punto medio* de $\overline{AB}$

radical indica la raíz de una cantidad *ver 3•2 Raíces cuadradas*

Ejemplos: $\sqrt{3}$, $\sqrt[4]{14}$, $\sqrt[12]{-23}$

radio segmento de recta que se traza desde el centro de un círculo a cualquier punto de su circunferencia *ver 7•8 Círculos*

raíz [1] inverso de un exponente; [2] el signo radical $\sqrt{\ }$ indica una raíz cuadrada *ver 3•2 Raíces cuadradas y cúbicas*

raíz cuadrada número que cuando se multiplica por sí mismo resulta en un número dado. Por ejemplo, 3 es la *raíz cuadrada* de 9. *ver 3•2 Raíces cuadradas*

Ejemplo: $3 \times 3 = 9$; $\sqrt{9} = 3$

raíz cúbica número que debe multiplicarse por sí mismo tres veces para producir un número dado *ver 3•2 Raíces cuadradas y cúbicas*

Ejemplo: $\sqrt[3]{8} = 2$

rango en estadística, la diferencia entre el valor más grande y el más pequeño en una muestra *ver 4•4 Estadística*

rapidez tasa a la que se mueve un cuerpo

rapidez promedio tasa promedio a la cual se mueve un cuerpo

rayo parte de una recta que se extiende infinitamente en una dirección desde un punto fijo *ver 7•1 Nombra y clasifica ángulos y triángulos*

Ejemplo:

un *rayo*

razón comparación de dos números *ver 6•5 Razones y proporciones*

Ejemplo: la *razón* de consonantes a vocales en el abecedario inglés es 21:5

razón común razón entre dos términos consecutivos cualesquiera de una sucesión geométrica *ver sucesión geométrica*

razón de la pendiente la pendiente de una recta como una razón de la elevación (cambio vertical) a la carrera (cambio horizontal)

razón tangente la razón entre la longitud del lado opuesto en el ángulo agudo de un triángulo rectángulo y la longitud del lado adyacente *ver 7•10 La razón tangente*

Ejemplo:

$$\tan S = \frac{\text{longitud del lado opuesto } \angle S}{\text{longitud del lado adyacente } \angle S}$$

$\tan S = \frac{3}{4}$ ó 0.75

La *razón tangente* de *S* es $\frac{3}{4}$ ó 0.75

S
5
4
R
T
3

razones equivalentes razones iguales *ver 6•5 Razones y proporciones*

Ejemplo: $\frac{5}{4} = \frac{10}{8}$; 5:4 = 10:8

recíproco resultado de dividir una cantidad dada entre 1 *ver 2•4 Multiplica y divide fracciones*

Ejemplos: el *recíproco* de 2 es $\frac{1}{2}$; de $\frac{3}{4}$ es $\frac{4}{3}$; de x es $\frac{1}{x}$

recíproco enunciado condicional en que los términos se expresan en orden inverso *ver 5•1 Enunciados si...entonces*

Ejemplo: "si *x*, entonces *y*" es un enunciado condicional; "si *y*, entonces *x*" es un enunciado *recíproco*

recta conjunto de puntos conectados entre sí que se extiende indefinidamente en ambas direcciones *ver 7•1 Nombra y clasifica ángulos y triángulos*

recta de ajuste óptimo es una recta en una gráfica de dispersión que pasa lo más cerca posible de los diferentes puntos para representar de la mejor manera la tendencia que siguen los puntos

Ejemplo:

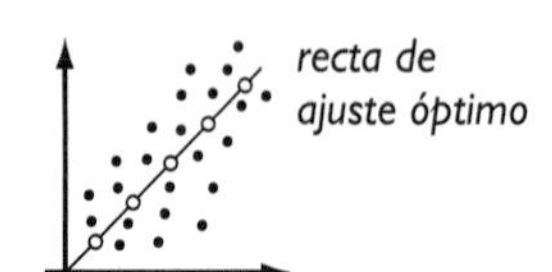

recta numérica recta que muestra números en intervalos regulares, donde se puede encontrar cualquier número real *ver 6•5 Desigualdades*

Ejemplo:

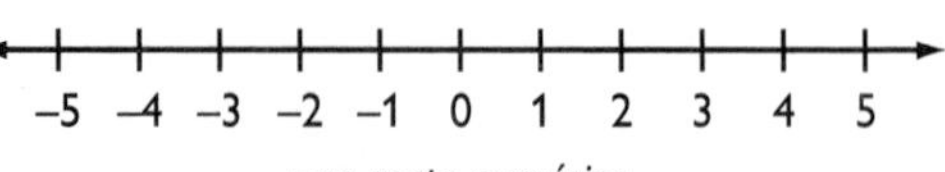

una *recta numérica*

rectángulo paralelogramo con cuatro ángulos rectos *ver 7•2 Nombra y clasifica polígonos y poliedros*

Ejemplo:

un *rectángulo*

red plano bidimensional que se puede doblar para formar el modelo tridimensional de un sólido *ver 7•6 Área de superficie*

Ejemplo:

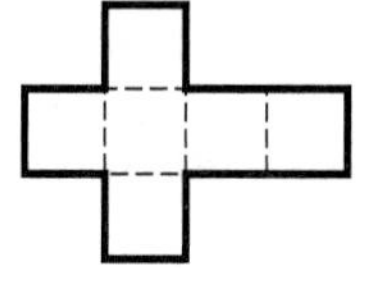

la *red* de un cubo

redondear aproximar el valor de un número a un lugar decimal dado

Ejemplos: 2.56 redondeado en décimas es 2.6;
2.54 redondeado en décimas es 2.5;
365 redondeado en centenas es 400

reflejar darle vuelta a una figura *ver reflexión, 7•3 Simetría y transformaciones*

Ejemplo:

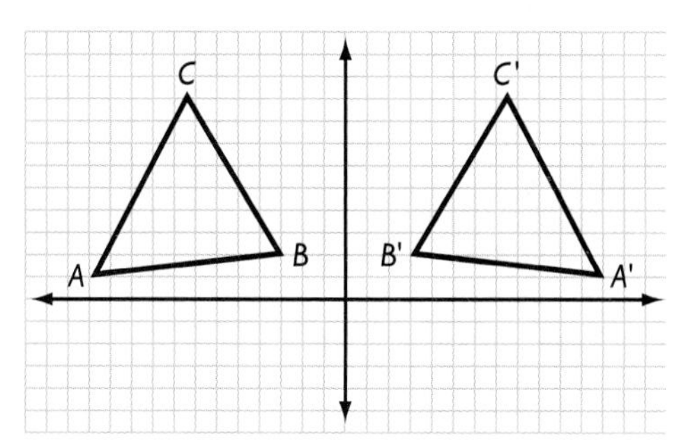

△A'B'C' es la *reflexión* de △ABC

reflexión *ver reflejar, 7•3 Simetría y transformaciones*

Ejemplo:

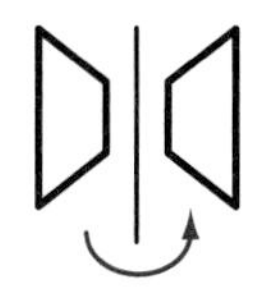

la *reflexión* de un trapecio

regla enunciado que describe la relación entre números y objetos

relación conexión entre dos o más objetos, números o conjuntos. Una *relación* matemática puede expresarse en palabras o con números y letras

resultado lo que es posible en un experimento probabilístico

rombo paralelogramo cuyos lados son todos de la misma longitud *ver 7•2 Nombra y clasifica polígonos y poliedros*

Ejemplo:

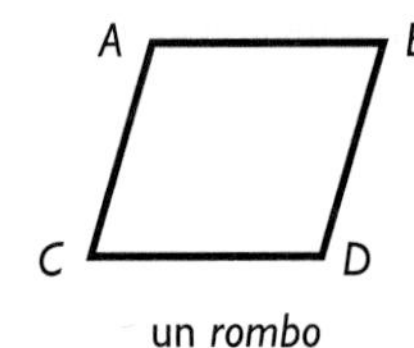

AB = CD = AC = BD

un *rombo*

rotación transformación en que una figura se hace girar cierto número de grados alrededor de un punto fijo o recta *ver giro, 7•3 Simetría y transformaciones*

Ejemplo:

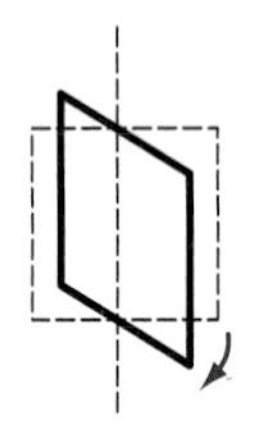

rotación de un cuadrado

palabras importantes S

sección cónica figura curva que resulta cuando un plano interseca una superficie cónica

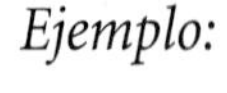

Ejemplo:

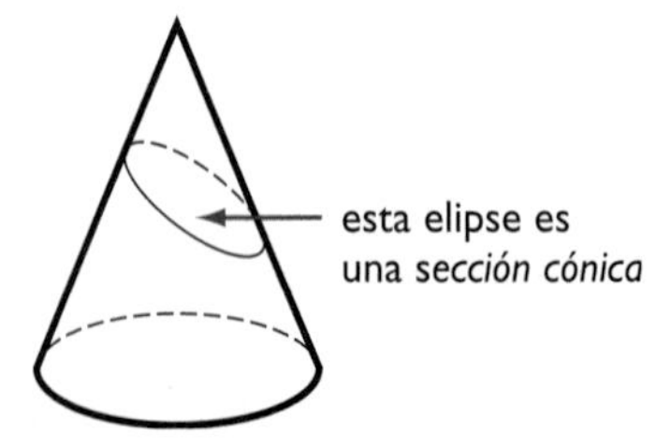

segmento dos puntos en una recta y todos los puntos entre estos dos puntos *ver 7•1 Nombra y clasifica ángulos y triángulos*

segmento de recta sección de una recta entre dos puntos *ver 7•1 Nombra y clasifica ángulos y triángulos*

Ejemplo: A ——— B

$\overline{AB}$ *es un segmento de recta*

semejanza *ver figuras semejantes*

serie *ver página 66*

signo radical el signo matemático $\sqrt{\ }$ *ver 3•2 Raíces cuadradas y cúbicas*

símbolos de números símbolos que se usan para contar y medir

Ejemplos: $1, -\frac{1}{4}, 5, \sqrt{2}, -\pi$

simetría *ver eje de simetría*

Ejemplo:

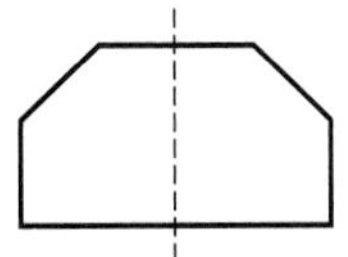

este hexágono tiene *simetría* alrededor de la recta punteada

simulacro experimento matemático que aproxima los procesos del mundo real

sistema aditivo un sistema matemático en el cual los valores de cada símbolo individual se suman para calcular el valor de una sucesión de símbolos

Ejemplo: El sistema de numeración romana, el cual usa símbolos como I, V, D y M, es un sistema aditivo muy conocido.

Este es otro ejemplo de un sistema aditivo:

▽▽□

Si □ es igual a 1 y ▽ es igual a 7,

entonces ▽▽□ es igual a 7 + 7 + 1 = 15

PALABRAS IMPORTANTES

sistema binario sistema de numeración de base dos, en el cual las combinaciones de los dígitos 1 y 0 representan diferentes números y valores

sistema de base diez sistema de numeración que contiene diez símbolos de un solo dígito {0, 1, 2, 3, 4, 5, 6, 7, 8 y 9} donde el número 10 representa la cantidad diez *ver 1•1 Valor de posición de números enteros, 2•5 Nombra y ordena decimales*

sistema de base dos sistema de numeración que contiene dos símbolos de un solo dígito {0 y 1} donde el número 10 representa la cantidad dos *ver Sistema binario*

sistema de numeración un método de escribir números. El *sistema de numeración* arábigo es el que más se usa en la actualidad.

sistema de valor de posición sistema numérico en que se asignan valores a los lugares que pueden ocupar los dígitos en un numeral. En el sistema decimal, el valor de cada posición es 10 veces mayor que el valor de la posición a su derecha. *ver 1•1 Valor de posición de números enteros*

sistema decimal sistema de numeración más utilizado en el cual los números enteros y las fracciones se representan mediante la base diez *ver 2•5 Nombra y ordena decimales*

Ejemplo: los números decimales incluyen 1230, 1.23, 0.23 y -123

sistema inglés de medidas unidades de medida que se usan en EE.UU. para medir la longitud en pulgadas, pies, yardas y millas; la capacidad en tazas, pintas, cuartos y galones; el peso en onzas, libras y toneladas; la temperatura en grados Fahrenheit *ver 8•1 Sistemas de medidas*

sistema métrico sistema decimal de pesos y medidas basado en el metro como su unidad de longitud, el kilogramo como su unidad de masa y el litro como su unidad de capacidad *ver 8•1 Sistemas de medidas*

sólido figura tridimensional

solución respuesta a un problema matemático. En álgebra, la *solución* generalmente consta de un valor o conjunto de valores para la variable.

sucesión *ver página 66*

sucesión aritmética progresión matemática en la cual la diferencia entre cualquier par de números consecutivos en la sucesión es la misma *ver página 65*

Ejemplo: 2, 6, 10, 14, 18, 22, 26
la diferencia común de esta *sucesión aritmética* es 4

sucesión armónica *ver página 66*

sucesión geométrica sucesión en que la razón entre cualquier par de términos consecutivos es la misma *ver razón común y la página 67*

Ejemplo: 1, 4, 16, 64, 256, . . .
la razón común de esta *sucesión geométrica* es 4

suma resultado de la adición de dos números o cantidades

Ejemplo: $6 + 4 = 10$
10 es la *suma* de los sumandos, 6 y 4

sustracción una de las cuatro operaciones aritméticas básicas, la cual quita un número o cantidad de otro

tabla colección organizada de datos que facilita su interpretación *ver 4•2 Presenta los datos*

tallo dígito de las decenas de un elemento de datos numéricos entre 1 y 99 *ver 4•2 Presenta los datos*

tamaño a escala tamaño proporcional de una representación reducida o ampliada de un objeto o área *ver 8•6 Tamaño y escala*

tamaño real el tamaño verdadero de un objeto representado en un modelo o dibujo a escala *ver 8•6 Tamaño y escala*

tangente [1] recta que interseca a un círculo en un solo punto; [2] La *tangente* de un ángulo agudo de un triángulo rectángulo es igual a la razón de la longitud del lado opuesto entre la longitud del lado adyacente *ver razón tangente*

Ejemplo:

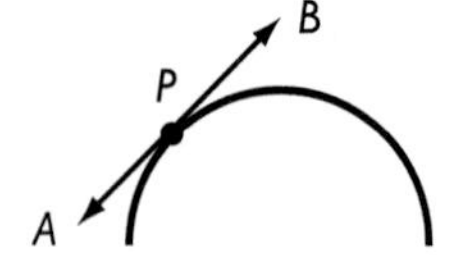

$\overleftrightarrow{AB}$ es la *tangente* de la curva en el punto P

tasa [1] razón fija entre dos cosas; [2] comparación de dos tipos de unidades diferentes, como por ejemplo, millas por hora o dólares por hora *ver 6•5 Razones y proporciones*

tasa unitaria tasa en términos reducidos

Ejemplo: 120 millas en dos horas equivale a una *tasa unitaria* de 60 millas por hora

tendencia cambio consistente a lo largo del tiempo en los datos estadísticos que representan una población en particular

teorema de Pitágoras idea matemática que establece que la suma de los cuadrados de las longitudes de los dos catetos más cortos de un triángulo rectángulo es igual al cuadrado de la longitud de la hipotenusa *ver 7•9 El teorema de Pitágoras*

Ejemplo:

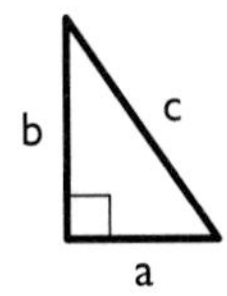

en un triángulo rectángulo, $a^2 + b^2 = c^2$

término producto de números y variables; x, ax^2, $2x^4y^2$; y $-4ab$ son cuatro ejemplos de un *término*

términos semejantes términos que contienen las mismas variables elevadas a la misma potencia. Los *términos semejantes* se pueden combinar. *ver 6•2 Reduce expresiones*

Ejemplo: $5x^2$ y $6x^2$ son términos semejantes; $3xy$ y $3zy$ no son términos semejantes

teselado *ver página 67*

Ejemplos:

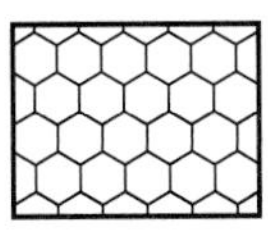

teselados

teselar cubrir completamente un plano con figuras geométricas *ver teselado página 67*

tetraedro sólido geométrico que tiene cuatro caras triangulares *ver 7•2 Nombra y clasifica polígonos y poliedros*

Ejemplo:

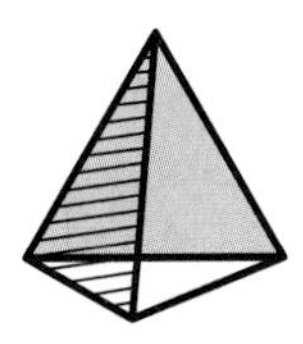

un *tetraedro*

tiempo en matemáticas, los elementos de duración, se representan por lo general con la variable t *ver 8•5 Tiempo*

tiempo total duración de un evento, se representa con t en la ecuación $t = d$ (distancia) / r (rapidez)

transformación proceso matemático en el cual se cambia la forma o la posición de una figura geométrica *ver reflexión, rotación, traslación, 7•3 Simetría y transformaciones*

trapecio cuadrilátero con un solo par de lados paralelos *ver 7•2 Nombra y clasifica polígonos y poliedros*

Ejemplo:

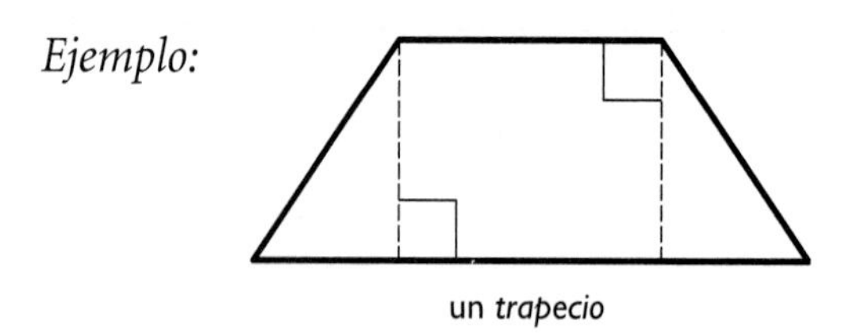

un *trapecio*

trapecio isósceles trapecio cuyo par de lados no paralelos tiene la misma longitud

Ejemplo:

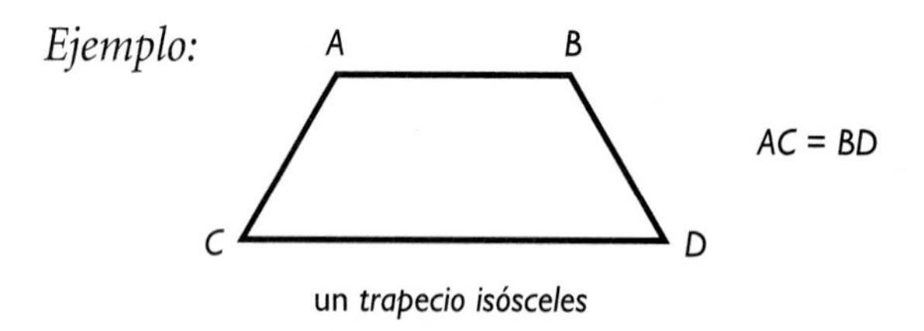

un *trapecio isósceles*

traslación transformación en la cual una figura geométrica se desliza hacia otra posición sin rotarla o reflejarla *ver deslizamiento, 7•3 Simetría y transformaciones*

triángulo polígono que tiene tres lados *ver 7•1 Nombra y clasifica ángulos y triángulos*

triángulo acutángulo triángulo con tres ángulos que miden menos de 90° *ver 7•1 Nombra y clasifica ángulos y triángulos*

Ejemplo:

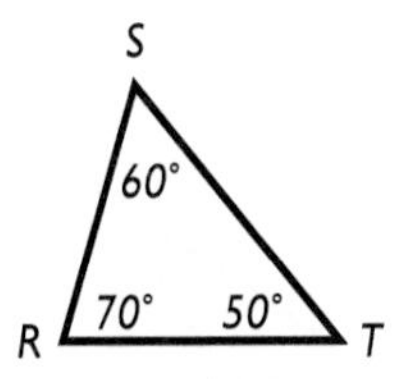

$\triangle$*RST* es un *triángulo acutángulo*

triángulo equiángulo triángulo en que cada ángulo mide 60° *ver triángulo equilátero, 7•1 Nombra y clasifica ángulos y triángulos*

triángulo equilátero triángulo cuyos lados tienen la misma longitud *ver Triángulo equiángulo, 7•1 Nombra y clasifica ángulos y triángulos*

Ejemplo:

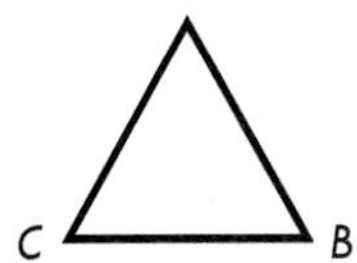

$AB = BC = AC$

$m\angle A = m\angle B = m\angle C = 60°$

$\triangle ABC$ es *equilátero*

triángulo escaleno triángulo cuyos lados tienen diferentes longitudes

Ejemplo:

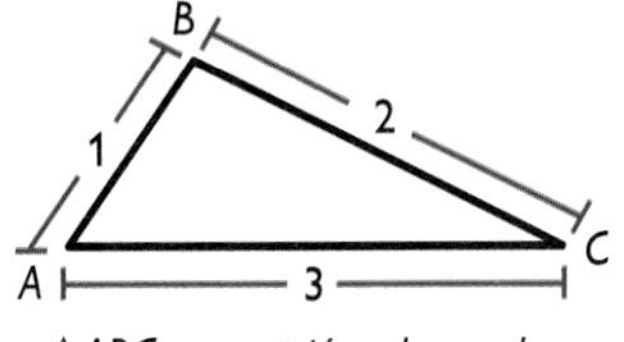

$\triangle$*ABC* es un *triángulo escaleno*

triángulo isósceles triángulo que tiene por lo menos dos lados de igual longitud *ver 7•1 Nombra y clasifica ángulos y triángulos*

Ejemplo:

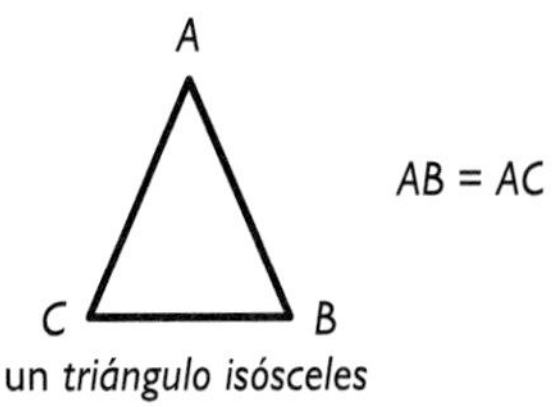

$AB = AC$

un *triángulo isósceles*

triángulo obtusángulo triángulo que tiene un ángulo obtuso *ver 7•1 Nombra y clasifica ángulos y triángulos*

Ejemplo:

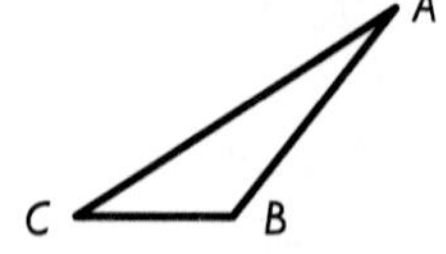

$\triangle ABC$ es un *triángulo obtusángulo*

triángulo rectángulo triángulo con un ángulo recto *ver 7•1 Nombra y clasifica ángulos y triángulos*

Ejemplo:

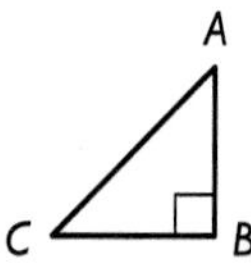

$\triangle ABC$ es un *triángulo rectángulo*

tridimensional que tiene tres cualidades que se pueden medir: largo, alto y ancho

triplete de Pitágoras es un conjunto de tres enteros positivos a, b y c, tal que $a^2 + b^2 = c^2$ *ver 7•9 Teorema de Pitágoras*

Ejemplo: *triplete de Pitágoras* {3, 4, 5}
$3^2 + 4^2 = 5^2$
$9 + 16 = 25$

palabras importantes U

unidades de medida medidas estándares, como el metro, el litro, el gramo, el pie, el cuarto de galón o la libra *ver 8•1 Sistemas de medidas*

unidimensional que tiene una sola característica que se puede medir

Ejemplo: una recta y una curva son *unidimensionales*

unión conjunto formado por la combinación de miembros de dos o más conjuntos, se representa con el símbolo ∪. La *unión* contiene todos los miembros que antes pertenecían a ambos conjuntos. *Ver 5•3 Conjuntos*

Ejemplo:

Conjunto *A*: 3, 6, 9, 12
Conjunto *B*: 4, 8, 12, 16
Conjunto A∪B: 3, 4, 6, 8, 9, 12, 16

la *unión* de los conjuntos *A* y *B*

valor absoluto distancia que un número dista de cero en la recta numérica *ver 1•5 Operaciones con enteros*

Ejemplo:

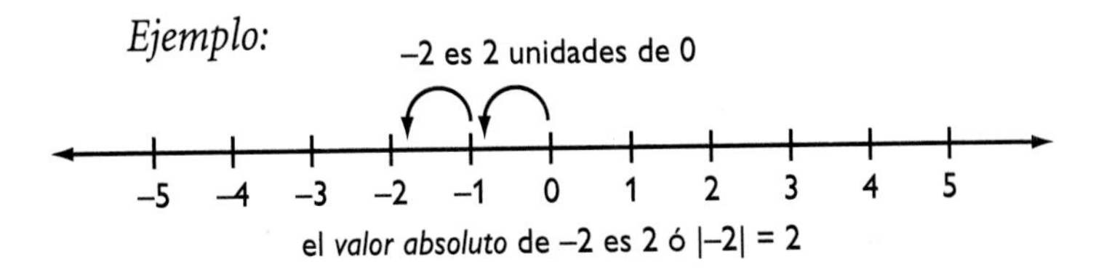

el *valor absoluto* de −2 es 2 ó |−2| = 2

valor de posición valor que se le da al lugar que puede ocupar un dígito en un numeral *ver 1•1 Valor de posición de números enteros*

valor máximo valor mayor de una función o de un conjunto de números

valor mínimo valor menor de una función o conjunto de números

variabilidad natural diferencia entre los resultados de un número pequeño de experimentos y las probabilidades teóricas

variable letra u otro símbolo que representa un número o conjunto de números en una expresión o ecuación *ver 6•1 Escribe expresiones y ecuaciones*

Ejemplo: en la ecuación $x + 2 = 7$, la variable es x

variación relación entre dos variables. La variación directa, representada por la ecuación $y = kx$, existe cuando un aumento en el valor de una de las variables resulta en un aumento del valor de la otra variable. La variación inversa, representada por la ecuación $y = \frac{k}{x}$, existe cuando un aumento en el valor de una de las variables resulta en una disminución del valor de la otra variable.

vertical recta perpendicular a una recta horizontal

Ejemplo:

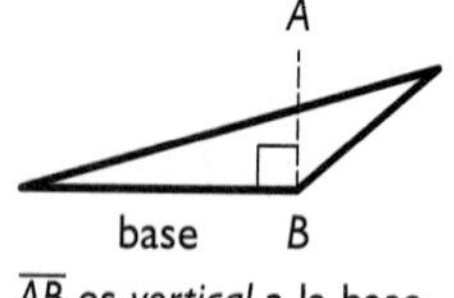

$\overline{AB}$ es *vertical* a la base de este triángulo

vértice punto común de dos rayos de un ángulo, dos lados de un polígono o tres o más caras de un poliedro

Ejemplos:

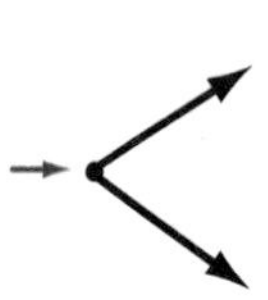

vértice de un ángulo

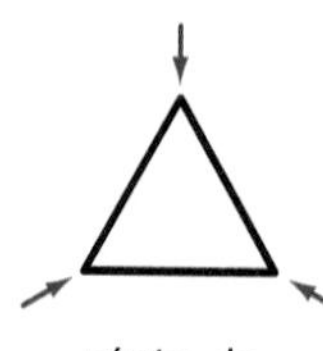

vértice de un triángulo

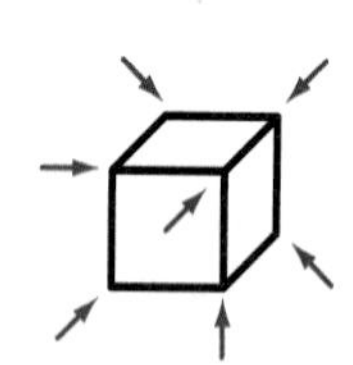

vértice de un cubo

PALABRAS IMPORTANTES

vértice de un teselado punto donde se unen tres o más figuras teseladas

Ejemplo:

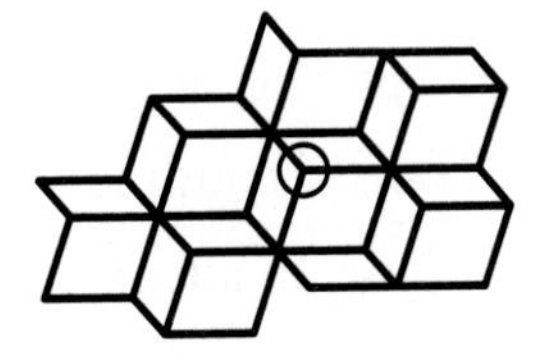

vértice de teselado
(dentro del círculo)

volumen espacio que ocupa un sólido, el cual se mide en unidades cúbicas *ver 7•7 Volumen*

Fórmulas

Área (ver 7•5)

círculo $A = \pi r^2$ (pi × cuadrado del radio)

cuadrado $A = s^2$ (lado al cuadrado)

paralelogramo $A = bh$ (base × altura)

rectángulo $A = lw$ (largo × ancho)

trapecio $A = \frac{1}{2} h (b_1 + b_2)$
($\frac{1}{2}$ × altura × la suma de las bases)

triángulo $A = \frac{1}{2} bh$ ($\frac{1}{2}$ × base × altura)

Volumen (ver 7•7)

cilindro $V = \pi r^2 h$
(pi × cuadrado del radio × altura)

cono $V = \frac{1}{3}\pi r^2 h$
($\frac{1}{3}$ × pi × cuadrado del radio × altura)

esfera $V = \frac{4}{3} \pi r^3$ ($\frac{4}{3}$ × pi × cubo del radio)

pirámide $V = \frac{1}{3} Bh$ ($\frac{1}{3}$ × área de la base × altura)

prisma $V = Bh$ (área de la base × altura)

prisma rectangular $V = lwh$ (largo × ancho × alto)

Perímetro (ver 7•4)

cuadrado $P = 4s$ (4 × lado)

paralelogramo $P = 2a + 2b$ (2 × lado a + 2 × lado b)

rectángulo $P = 2l + 2w$
(dos veces el largo + dos veces el ancho)

triángulo $P = a + b + c$ (lado a + lado b + lado c)

Circunferencia (ver 7•8)

círculo $C = \pi d$ (pi × diámetro)
o
$C = 2\pi r$ (2 × pi × radio)

Fórmulas

Probabilidad (ver 4•6)

La *probabilidad experimental* de un evento es igual al número total de veces que ocurre un resultado favorable, dividido entre el número total de veces que se realiza el experimento.

$$\textit{Probabilidad experimental} = \frac{\textit{resultados favorables que ocurren}}{\textit{número total de veces que se realiza el experimento}}$$

La *probabilidad teórica* de un evento es igual al número de veces que ocurre un resultado favorable, dividido entre el número total de resultados posibles.

$$\textit{Probabilidad teórica} = \frac{\textit{resultados favorables}}{\textit{resultados posibles}}$$

Otros

Distancia	$d = rt$ (tasa × tiempo)
Interés	$i = prt$ (capital × tasa (rédito) × tiempo)
UIG	Utilidad = Ingreso − Gastos

Símbolos

- $\{\ \}$ conjunto
- $\varnothing$ conjunto vacío
- $\subseteq$ es un subconjunto de
- $\cup$ unión
- $\cap$ intersección
- $>$ es mayor que
- $<$ es menor que
- $\geq$ es mayor que o igual a
- $\leq$ es menor que o igual a
- $=$ es igual a
- $\neq$ no es igual a
- $^{\circ}$ grado
- % porcentaje
- $f(n)$ función, f de n
- $a:b$ razón de a a b, $\frac{a}{b}$
- $|a|$ valor absoluto de a
- $P(E)$ probabilidad de un evento E
- π pi
- $\perp$ es perpendicular a
- $\parallel$ es paralelo a
- $\cong$ es congruente a
- $\sim$ es semejante a
- $\approx$ es aproximadamente igual a
- $\angle$ ángulo
- $\llcorner$ ángulo recto
- $\triangle$ triángulo
- $\overline{AB}$ segmento AB
- AB rayo AB
- AB recta AB
- $\triangle ABC$ triángulo ABC
- $\angle ABC$ ángulo ABC
- $m\angle ABC$ medida del ángulo ABC
- AB o $m\overline{AB}$ longitud del segmento AB
- $\overset{\frown}{AB}$ arco AB
- ! factorial
- ${}_nP_r$ permutaciones de n cosas tomadas r a la vez
- ${}_nC_r$ combinación de n cosas tomadas r a la vez
- $\sqrt{\ }$ raíz cuadrada
- $\sqrt[3]{\ }$ raíz cúbica
- ' pie
- " pulgada
- $\div$ dividir
- / división
- * multiplicación
- $\times$ multiplicación
- $\cdot$ multiplicación
- $+$ suma
- $-$ resta

Patrones

cuadrado mágico arreglo de cuadrados de distintos números en que todas las hileras, las columnas y las diagonales suman lo mismo

Ejemplo:

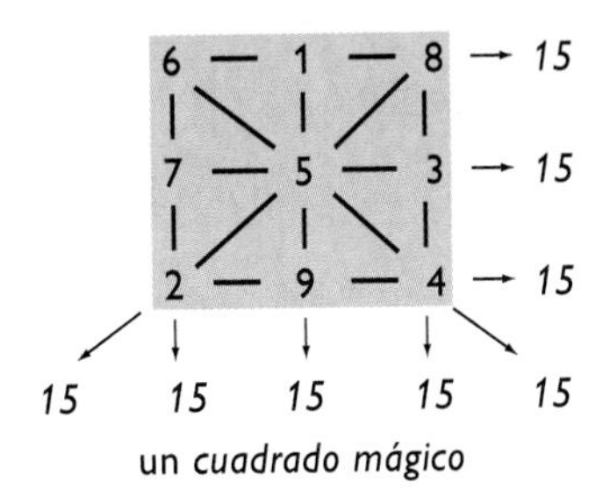

un *cuadrado mágico*

espiral plano curvo formado por un punto que se mueve alrededor de un punto fijo y que aumenta o disminuye continuamente su distancia de éste

Ejemplo:

La forma de la concha de un caracol es un *espiral.*

números cuadrados sucesión de números que se puede representar con puntos ordenados en forma de cuadrado. Puede expresarse como x^2. La sucesión comienza por 1, 4, 9, 16, 25, 36, 49, . . .

Ejemplo:

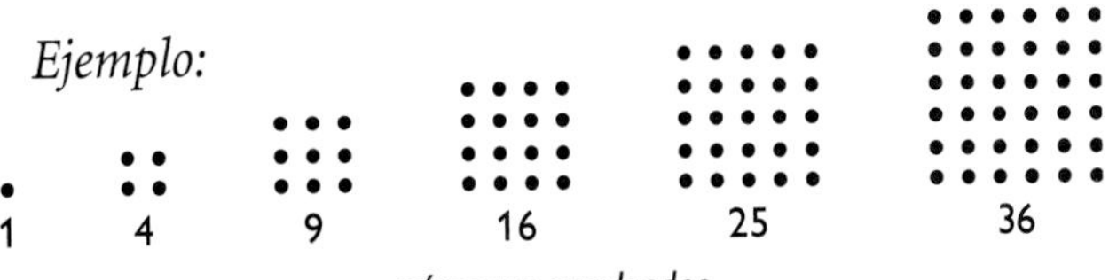

números cuadrados

números de Fibonacci sucesión en que cada número es la suma de los dos números anteriores. Puede expresarse

PATRONES

como $x_n = x_{n-2} + x_{n-1}$. La sucesión comienza: 1, 1, 2, 3, 5, 8, 13, 21, 34, 55, . . .

Ejemplo: 1, 1, 2, 3, 5, 8, 13, 21, 34, 55 . . .

1 + 1 = 2

1 + 2 = 3

2 + 3 = 5

3 + 5 = 8

números de Lucas sucesión en que cada número es la suma de los dos números anteriores. Se puede expresar como $x_n = x_{n-2} + x_{n-1}$

La sucesión comienza: 1, 3, 4, 7, 11, 18, 29, 47, . . .

números triangulares sucesión de números que se puede representar con puntos ordenados en forma de triángulo. Cualquier número en la sucesión puede expresarse como $x_n = x_{n-1} + n$. La sucesión comienza con 1, 3, 6, 10, 15, 21, . . .

Ejemplo:

números triangulares

serie suma de los términos de una sucesión

sucesión conjunto de elementos, especialmente números, que se organizan según alguna regla

sucesión aritmética sucesión de números o términos que tienen una diferencia común entre cualquier término y el siguiente en la sucesión. En la siguiente sucesión, la diferencia común es siete, de modo que $8 - 1 = 7$; $15 - 8 = 7$; $22 - 15 = 7$, y así sucesivamente.

Ejemplo: 1, 8, 15, 22, 29, 36, 43, . . .

sucesión armónica una progresión $a_1, a_2, a_3, \ldots$ para la cual el recíproco de los términos, $\frac{1}{a_1}, \frac{1}{a_2}, \frac{1}{a_3}, \ldots$, forman una sucesión aritmética. Por ejemplo, en la mayoría de los tonos musicales, las frecuencias de las ondas sonoras son múltiplos enteros de la frecuencia fundamental.

sucesión geométrica una sucesión de términos en que cada término es un múltiplo constante, llamado *razón común,* del que lo precede. Por ejemplo, en la naturaleza, la reproducción de muchos organismos unicelulares se representa con una progresión de células que se dividen y forman dos células, en una progresión de crecimiento de 1, 2, 4, 8, 16, 32, . . ., que es una sucesión geométrica con una razón común de 2.

teselado patrón formado por polígonos que se repiten y llenan completamente un plano, sin dejar espacios vacíos

Ejemplo:

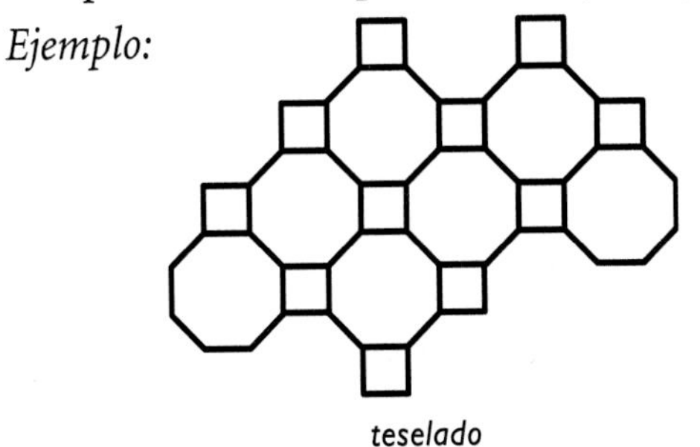

teselado

triángulo de Pascal arreglo de números en forma piramidal. Blaise Pascal (1623–1662) desarrolló técnicas para aplicar este triángulo aritmético al patrón de probabilidades.

Ejemplo:

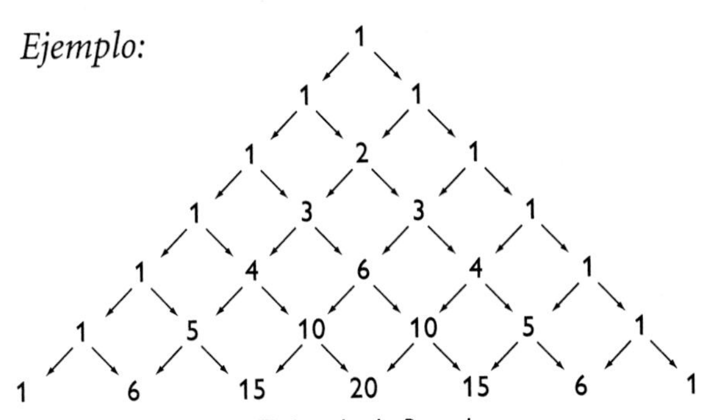

Triángulo de Pascal

SEGUNDA **PARTE**

temas de actualidad

-2 -1 0 1 2 3 4 5 6
6
2

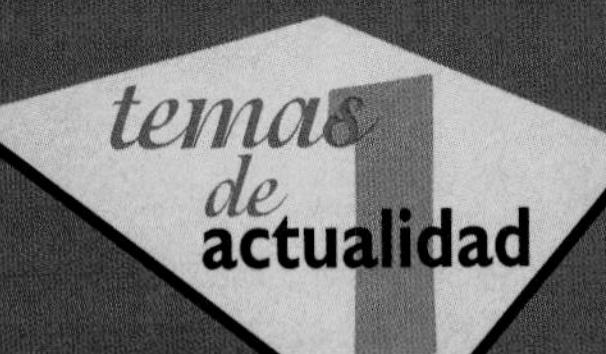

Números y cálculos

¿Qué sabes ya?

Puedes usar los siguientes problemas y la lista de palabras para averiguar lo que ya sabes sobre este capítulo. Las respuestas a los problemas se encuentran en el Solucionario, ubicado al final del libro y puedes consultar las definiciones de las palabras en la sección Palabras importantes ubicada al comienzo del libro. Puedes averiguar más acerca de un problema o palabra en particular al consultar el número de tema en negrilla (por ejemplo, **1•2**).

Serie de problemas

Indica el valor del 6 en cada uno de estos números. **1•1**

1. 237,614
2. 765,134,987

3. Escribe 24,735 en notación desarrollada.
4. Escribe en orden de mayor a menor: 46,758; 406,758; 4,678; 396,758.
5. Redondea 52,534,883 en decenas, unidades de millar y unidades de millón.

Resuelve. **1•2**

6. 236×0
7. $(4 \times 3) \times 1$
8. $5{,}889 + 0$
9. 1×0

Resuelve. Si te es posible, calcula mentalmente. **1•2**

10. $6 \times (32 + 68)$
11. $25 \times 17 \times 4$

Utiliza paréntesis para hacer verdadera cada expresión. **1•3**

12. $4 + 7 \times 3 = 33$
13. $30 + 15 \div 5 + 5 = 14$

¿Es éste un número primo? Escribe Sí o No. **1•4**

14. 77
15. 111
16. 131
17. 301

Escribe la factorización prima de cada número. **1•4**

18. 40
19. 110
20. 230

Escribe el MCD de cada par de números. **1•4**

21. 12 y 40
22. 15 y 50
23. 18 y 171

Escribe el mcm de cada par de números. **1•4**

24. 5 y 12
25. 15 y 8
26. 18 y 30

27. Un número desconocido es múltiplo común de 2, 4 y 15. También es factor de 120, pero no es igual a 120. ¿Cuál es el número? **1•4**

Escribe el valor absoluto de cada entero. Luego escribe su opuesto. **1•5**

28. -7
29. 15
30. -12
31. 10

Suma o resta. **1•5**

32. $9 + (-7)$
33. $4 - 8$
34. $-5 + (-6)$
35. $8 - (-8)$
36. $-6 - (-6)$
37. $-3 + 9$

Calcula. **1•5**

38. $-6 \times (-7)$
39. $48 \div (-12)$
40. $-56 \div (-8)$
41. $(-4 \times 3) \times (-2)$
42. $3 \times [-8 + (-4)]$
43. $-5\,[4 - (-6)]$

44. ¿Qué se puede afirmar sobre el producto de un entero negativo por un entero positivo? **1•5**
45. ¿Qué se puede afirmar sobre la suma de dos enteros positivos? **1•5**

CAPÍTULO 1

palabras importantes

aproximación **1•1**
entero negativo **1•5**
entero positivo **1•5**
exponente **1•4**
factor **1•4**
factor común **1•4**
factorización prima **1•4**
máximo común divisor **1•4**
mínimo común múltiplo **1•4**
múltiplo **1•4**
notación desarrollada **1•1**
número compuesto **1•4**
número negativo **1•5**
número primo **1•4**
operación **1•3**
PEMDAS **1•3**
propiedad asociativa **1•2**
propiedad conmutativa **1•2**
propiedad distributiva **1•2**
redondeo **1•1**
sistema numérico **1•1**
valor absoluto **1•5**
valor de posición **1•1**

1·1 Valor de posición de números enteros

Entiende nuestro sistema numérico

Nuestro **sistema numérico** está basado en el número 10 y el valor de cada posición es 10 veces el valor de la posición a su derecha. El valor de un dígito es el producto de ese dígito por su **valor de posición.** Por ejemplo en el número 6,400, el 6 tiene un valor de seis millares y el 4 tiene un valor de cuatro centenas.

El diagrama de *valor de posición* te puede ayudar a leer los números. Cada grupo de tres dígitos en el diagrama se conoce como *periodo;* los periodos están separados por comas. El diagrama siguiente muestra la velocidad de la luz, equivalente a cerca de 186,282 millas por segundo.

PERIODO DE TRILLONES			PERIODO DE BILLONES			PERIODO DE MILLONES			PERIODO DE MILLARES			PERIODO DE UNIDADES		
Centenas de trillón	Decenas de trillón	Unidades de trillón	Centenas de billón	Decenas de billón	Unidades de billón	Centenas de millón	Decenas de millón	Unidades de millón	Centenas de millar	Decenas de millar	Unidades de millar	Centenas	Decenas	Unidades
		,			,			,	1	8	6,	2	8	2

Para leer un número muy grande piensa en los periodos. En cada coma, pronuncia el nombre del periodo.

186,282 se lee: ciento ochenta y seis mil, doscientos ochenta y dos.

Practica tus conocimientos

Indica el valor del 4 en cada número.

1. 41,083
2. 824,000,297

Escribe cada número en palabras.

3. 40,376,500
4. 57,320,100,000,000

Usa notación desarrollada

Para mostrar el valor de posición de los dígitos de un número, puedes escribir el número en **notación desarrollada.**

Escribe 86,082 en notación desarrollada.

86,082 = 80,000 + 6,000 + 80 + 2

- Escribe las decenas de millar. (8 × 10,000)
- Escribe las unidades de millar. (6 × 1,000)
- Escribe las centenas. (0 × 100)
- Escribe las decenas. (8 × 10)
- Escribe las unidades. (2 × 1)

Por lo tanto 86,082 = (8 × 10,000) + (6 × 1,000) + (8 × 10) + (2 × 1)

Practica tus conocimientos

Escribe cada número en notación desarrollada.

5. 98,025
6. 400,637

Compara y ordena números

Cuando se comparan números existen sólo tres posibilidades: el primer número es mayor que el segundo (3 > 2); el segundo número es mayor que el primero (3 < 4); o los dos números son iguales (5 = 5).

Cuando se ordenan muchos números, se deben comparar de dos en dos.

CÓMO COMPARAR NÚMEROS

Compara 54,186 con 52,998.

- Ordena los dígitos comenzando con las unidades.

  54,186
  52,998

- Observa los dígitos en orden empezando desde la izquierda. Encuentra la primera posición donde son diferentes.

  Los dígitos en la posición de las unidades de millar son diferentes.

- El número con el dígito más grande es el mayor.

Por lo tanto, 4 > 2, 54,186 es mayor que 52,998.

Practica tus conocimientos

Escribe > , < o =.

7. 438,297 ___ 439,366
8. 51,006 ___ 50,772

Escribe en orden de menor a mayor.

9. 77,302; 72,617; 7,520; 740,009

Usa aproximaciones

En muchas situaciones es apropiado usar una **aproximación.** Por ejemplo, es razonable usar un número redondeado para expresar una población. Podrás decir que la población de un lugar es "más o menos de 50,000 habitantes", en vez de decir que es de "49,889".

Usa esta regla para **redondear** números. Observa el dígito a la derecha de la posición que quieres redondear. Si el dígito es 5 ó mayor que 5, redondea hacia arriba. Si es menor que 5, redondea hacia abajo.

Redondea 618,762 a la unidad de millar más cercana.

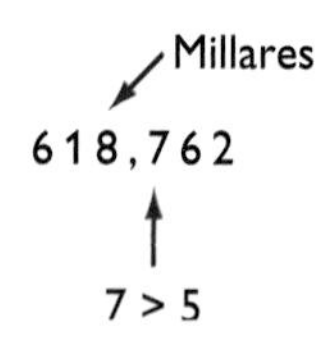

Por lo tanto 618,762 se redondea a 619,000.

Practica tus conocimientos

Redondea los siguientes números.

10. Redondea 37,318 a la centena más cercana.
11. Redondea 488,225 a la decena de millar más cercana.
12. Redondea 2,467,000 a la unidad de millón más cercana.
13. Redondea 764,335 a la centena de millar más cercana.

1•1 EJERCICIOS

Escribe el valor del 7 en cada número.

1. 741,066
2. 624,010,297

Escribe cada número en palabras.

3. 31,306,700
4. 5,020,460,000,000

Usa notación desarrollada para escribir cada número.

5. 37,024
6. 2,800,134

Escribe $>$, $<$ o $=$.

7. 638,297 ___ 638,366
8. 82,106 ___ 28,775

Ordena de menor a mayor.

9. 57,388; 52,725; 15,752; 570,019

Redondea 68,253,522 a la posición indicada.

10. en decenas
11. en unidades de millar
12. en centenas de millar
13. en decenas de millón

Resuelve.

14. En su primera exhibición, una película taquillera obtuvo $238,560,000. Diez años después, la película fue exhibida de nuevo y obtuvo $281,895,900. ¿La película obtuvo más o menos dinero en su segunda exhibición? ¿Cómo lo sabes?

15. Al redondear sus ventas a la unidad de millón más cercana, un grupo musical se dio cuenta que habían vendido aproximadamente 4,000,000 de discos compactos. ¿Cuál es el mayor número de CD que pudieron haber vendido? ¿Cuál es el número menor?

1·2 Propiedades

Propiedad conmutativa y asociativa

Las operaciones de adición y multiplicación comparten propiedades especiales porque la multiplicación es la repetición de la suma.

Tanto la adición como la multiplicación son **conmutativas.** Es decir, el orden no altera la suma ni el producto.
Si a, b y c son cualquier número entero, entonces

$7 + 4 = 4 + 7$ y $7 \times 4 = 4 \times 7$
$a + b = b + a$ y $a \times b = b \times a$

Tanto la adición como la multiplicación son **asociativas.** Esto significa que la agrupación de los sumandos o los factores no altera la suma o el producto.

$(5 + 8) + 6 = 5 + (8 + 6)$ y $(5 \times 2) \times 4 = 5 \times (2 \times 4)$
$(a + b) + c = a + (b + c)$ y $(a \times b) \times c = a \times (b \times c)$

La sustracción y la división no comparten estas propiedades. Por ejemplo:

$7 - 4 = 3$, pero $4 - 7 = -3$; por lo tanto $7 - 4 \neq 4 - 7$
$7 \div 4 = 1.75$, pero $4 \div 7$ es aproximadamente 0.57; por lo tanto $7 \div 4 \neq 4 \div 7$

$(5 - 8) - 6 = -9$, pero $5 - (8 - 6) = 3$; por lo tanto $(5 - 8) - 6 \neq 5 - (8 - 6)$
$(5 \div 2) \div 4 = 0.625$, pero $5 \div (2 \div 4) = 10$; por lo tanto $(5 \div 2) \div 4 \neq 5 \div (2 \div 4)$

Practica tus conocimientos

Escribe Sí o No.

1. $6 \times 4 = 4 \times 6$
2. $15 - 5 = 5 - 15$
3. $(12 \div 2) \div 4 = 12 \div (2 \div 4)$
4. $7 + (8 + 3) = (7 + 8) + 3$

Propiedades del uno y del cero

Cuando sumas 0 a cualquier número, la suma es el mismo número que sumas. Esto se llama *propiedad del cero (o identidad) de la adición.* Cuando multiplicas cualquier número por 1, el producto es el mismo número que multiplicas. Esto se llama *propiedad uno (o identidad) de la multiplicación.* Sin embargo, el producto de cualquier número por 0 es 0. Esto se llama *propiedad cero de la multiplicación.*

Practica tus conocimientos

Resuelve.

5. $28{,}407 \times 1$
6. $299 + 0$
7. $8 \times (9 \times 0)$
8. $(6 \times 0.8) \times 1$

Propiedad distributiva

La **propiedad distributiva** es importante porque combina la adición y la multiplicación. Esta propiedad establece que multiplicar una suma por un número es lo mismo que multiplicar cada sumando por ese mismo número y luego sumar los dos productos.

$$3(8 + 2) = (3 \times 8) + (3 \times 2)$$

Si *a*, *b* y *c* son cualquier número entero, entonces:

$$a(b + c) = ab + ac$$

Practica tus conocimientos

Vuelve a escribir cada expresión usando la propiedad distributiva.

9. $3 \times (2 + 5)$
10. $(6 \times 8) + (6 \times 4)$

Atajos para la adición y la multiplicación

Usa las propiedades como ayuda al calcular mentalmente.

$$77 + 56 + 23 = (77 + 23) + 56 = 100 + 56 = 156$$

Usa las propiedades conmutativa y asociativa.

$$4 \times 9 \times 25 = (4 \times 25) \times 9 = 100 \times 9 = 900$$

$$8 \times 340 = (8 \times 300) + (8 \times 40) = 2,400 + 320 = 2,720$$

Usa la propiedad distributiva.

Palíndromos numéricos

¿Notas algo extraño en esta palabra, nombre u oración?

oso Otto

Acaso hubo búhos acá.

Cada una es un *palíndromo:* una palabra, nombre u oración que se lee igual de atrás para adelante que de adelante hacia atrás. Es muy fácil crear palíndromos numéricos con tres o más dígitos, como 323 ó 7227. Pero es más difícil crear enunciados numéricos que tengan el mismo resultado en cualquier dirección, por ejemplo 10989 x 9 = 98901. ¡Inténtalo y verás!

1·2 EJERCICIOS

Escribe Sí o No.

1. $7 \times 41 = 41 \times 7$
2. $3 \times 4 \times 5 = 3 \times 5 \times 4$
3. $6 \times 120 = (6 \times 100) + (6 \times 20)$
4. $m \times (n + p) = mn + mp$
5. $(4 \times 6 \times 5) = (4 \times 6) + (4 \times 5)$
6. $a \times (b + c + d) = ab + ac + ad$
7. $15 - 8 = 8 - 15$
8. $12 \div 3 = 3 \div 12$

Resuelve.

9. $32{,}450 \times 1$
10. $688 + 0$
11. $7 \times (0 \times 6)$
12. $0 \times 5 \times 12$
13. 0×1
14. $2.7 + 0$
15. 8.22×1
16. $(3 + 6 + 5) \times 1$

Escribe cada expresión de nuevo usando la propiedad distributiva.

17. $4 \times (7 + 5)$
18. $(8 \times 13) + (8 \times 4)$
19. 6×250

Resuelve. Intenta resolverlo mentalmente.

20. $5 \times (54 + 6)$
21. $8 \times (26 + 74)$
22. 7×520
23. 15×12
24. $17 + 87 + 83$
25. $150 + 350 + 250$
26. 130×8
27. $12 \times 25 \times 4$
28. Escribe un ejemplo que muestre que la sustracción no es conmutativa.
29. Escribe un ejemplo que muestre que la división no es asociativa.
30. Piensa en las propiedades numéricas. ¿Cómo describirías la propiedad cero (o identidad) de la sustracción?

1·3 El orden de las operaciones

Entiende el orden de las operaciones

A veces debemos usar más de una **operación** para resolver un problema. Tu respuesta depende del orden en que realices esas operaciones.

Por ejemplo, tomemos la expresión $3^2 + 5 \times 7$.

$3^2 + 5 \times 7$ → $9 + 5 \times 7$ → $14 \times 7 = 98$

6

$3^2 + 5 \times 7$ → $9 + 35 = 44$

El orden de las operaciones es muy importante.

Para estar seguros de que sólo haya una respuesta para una serie de cálculos, los matemáticos se han puesto de acuerdo en el orden de las operaciones.

CÓMO USAR EL ORDEN DE LAS OPERACIONES

¿Cómo se puede reducir $(4 + 5) \times 3^2 - 5$?

- Reduce la expresión dentro del paréntesis. $= (9) \times 3^2 - 5$
- Evalúa el exponente. $= 9 \times (9) - 5$
- Multiplica y divide de izquierda a derecha. $= (81) - 5$
- Suma y resta de izquierda a derecha. $= (76)$

Por lo tanto, $(4 + 5) \times 3^2 - 5 = 76$

Practica tus conocimientos

Reduce.

1. $24 - 4 \times 3$
2. $3 \times (4 + 5^2)$

1·3 EJERCICIOS

¿Es verdadera cada expresión? Escribe Sí o No.

1. $7 \times 4 + 5 = 33$
2. $3 + 4 \times 8 = 56$
3. $6 \times (4 + 6 \div 2) = 30$
4. $4^2 - 1 = 9$
5. $(3 + 5)^2 = 64$
6. $(2^3 + 3 \times 4) + 5 = 49$
7. $25 - 4^2 = 9$
8. $(4^2 \div 2)^2 = 64$

Reduce.

9. $24 - (4 \times 5)$
10. $2 \times (6 + 5^2)$
11. $2^4 \times (12 - 8)$
12. $5^2 + (5 - 3)^2$
13. $(16 - 10)^2 \times 5$
14. $12 + 4 \times 3^2$
15. $(4^2 + 4)^2$
16. $60 \div (12 + 3)$
17. $30 - (10 - 7)^2$
18. $44 + 5 \times (4^2 \div 8)$

Usa paréntesis para hacer verdadera cada expresión.

19. $5 + 5 \times 6 = 60$
20. $4 \times 25 + 75 = 400$
21. $36 \div 6 + 3 = 4$
22. $20 + 20 \div 4 - 4 = 21$
23. $12 \times 3^2 + 7 = 192$
24. $6^2 - 15 \div 3 \times 2^2 = 124$

25. Usa cinco veces el número 2, un grupo de paréntesis (cuantos sean necesarios) y cualquiera de las operaciones matemáticas, para obtener los números del 1 al 5.

Paréntesis
Exponentes
Multiplicación y
División
Adición y
Sustracción

1·4 Factores y múltiplos

Factores

Supongamos que quieres organizar 12 cuadrados pequeños para crear un patrón rectangular.

$1 \times 12 = 12$

$2 \times 6 = 12$

$3 \times 4 = 12$

Cada uno de los números que se multiplica por otro número para dar como resultado 12 es un **factor** de 12. Así, factores de 12 son 1, 2, 3, 4, 6 y 12.

Para determinar si un número es factor de otro, divide. Si el residuo es 0, entonces el número es un factor.

CÓMO HALLAR LOS FACTORES DE UN NÚMERO

¿Cuáles son los factores de 18?

- Halla todos los pares de números que al multiplicarse den como resultado ese producto.

  $1 \times 18 = 18 \qquad 2 \times 9 = 18 \qquad 3 \times 6 = 18$

- Haz una lista de los factores en orden, comenzando con 1.

Los factores de 18 son 1, 2, 3, 6, 9 y 18.

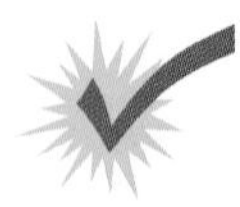

Practica tus conocimientos

Escribe los factores de cada número.

1. 8
2. 48

Factores comunes

Los factores que son iguales para dos o más números se llaman **factores comunes.**

CÓMO HALLAR FACTORES COMUNES

¿Qué números son factores de 12 y 40?

- Haz una lista de los factores del primer número.

  1, 2, 3, 4, 6, 12

- Haz una lista de los factores del segundo número.

  1, 2, 4, 5, 8, 10, 20, 40

- Los factores comunes son los números que aparecen en ambas listas.

  1, 2, 4

Los factores comunes de 12 y 40 son 1, 2 y 4.

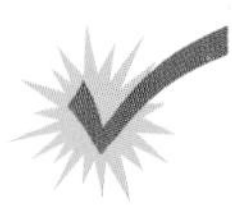

Practica tus conocimientos

Escribe la lista de los factores comunes de estos conjuntos de números.

3. 8 y 18
4. 10, 30 y 45

Máximo común divisor

El **máximo común divisor** (MCD) de dos números enteros es el número mayor que es factor de ambos números.

Una manera de calcular el MCD es seguir estos pasos:

- Halla los factores comunes.
- Escoge el máximo común divisor.

¿Cuál es el MCD de 24 y de 60?

- Los factores de 24 son: 1, 2, 3, 4, 6, 8, 12 y 24.
- Los factores de 60 son: 1, 2, 3, 4, 5, 6, 10, 12, 15, 20, 30 y 60.
- Factores comunes en ambas listas: 1, 2, 3, 4, 6 y 12.

El máximo común divisor de 24 y 60 es 12.

Practica tus conocimientos

Encuentra el MCD de cada par de números.

5. 8 y 18
6. 12 y 30

Reglas de la divisibilidad

A veces deseamos saber si un número es un factor de otro número mucho más grande. Por ejemplo, si quieres formar equipos de 3 de un grupo de 246 jugadores de baloncesto para competir en un torneo, necesitarías saber si 3 es un factor de 246.

Puedes averiguar fácilmente si 246 es divisible entre 3, si conoces la regla de divisibilidad del 3. Un número es divisible entre 3 si la suma de sus dígitos es divisible entre 3. Por ejemplo, 246 es divisible entre 3 porque $2 + 4 + 6 = 12$ y 12 es divisible entre 3.

Es muy útil conocer las reglas de divisibilidad de otros números. Un número es divisible entre:

2, si el dígito de las unidades es par.
3, si la suma de sus dígitos es divisible entre 3.
4, si el número formado por los últimos dos dígitos es divisible entre 4.
5, si el dígito de las unidades es 0 ó 5.
6, si el número es divisible entre 2 y 3.
8, si el número formado por los tres últimos dígitos es divisible entre 8.
9, si la suma de los dígitos es divisible entre 9.

Y…

Cualquier número es divisible entre **10** si el dígito de las unidades es 0.

Practica tus conocimientos

Comprueba usando las reglas de divisibilidad.

7. ¿Es 424 divisible entre 4?
8. ¿Es 199 divisible entre 9?
9. ¿Es 534 divisible entre 6?
10. ¿Es 1,790 divisible entre 5?

Números primos y compuestos

Un **número primo** es un número entero mayor que uno que tiene exactamente dos factores: 1 y él mismo número. Los 10 primeros números primos son:

2, 3, 5, 7, 11, 13, 17, 19, 23, 29

Los primos gemelos son pares de primos cuya diferencia es 2. (3, 5), (5, 7) y (11, 13) son ejemplos de primos gemelos.

Un número con más de dos factores se llama **número compuesto.** Cuando dos números compuestos no tienen factores comunes se dice que son *relativamente primos.* Los números 12 y 25 son relativamente primos.

Una forma de averiguar si un número es primo o compuesto es usar la "criba de Eratóstenes", la cual funciona de la siguiente manera.

- Usa un diagrama de números escritos en orden. Primero, sáltate el número 1, porque no es primo ni compuesto.
- Dibuja un círculo alrededor del 2 y tacha con una raya los múltiplos de 2.
- Dibuja un círculo alrededor del 3 y tacha con una raya los múltiplos de 3.
- Luego continúa este proceso con 5, 7, 11 y todos los números que no estén tachados.
- Los números primos son todos los números encerrados dentro de círculos y los tachados son los compuestos.

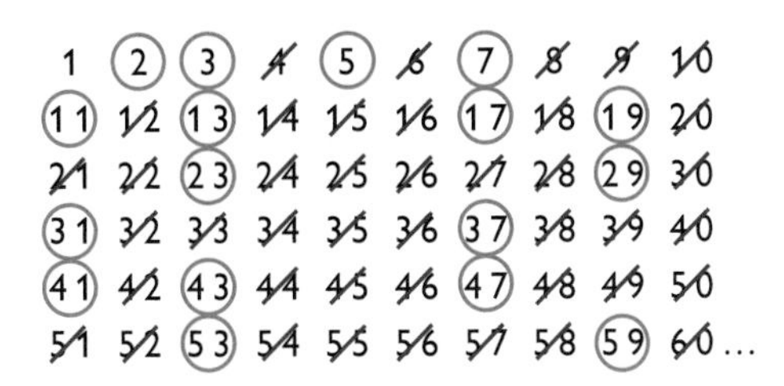

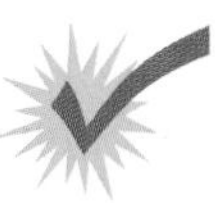

Practica tus conocimientos

¿Es primo el número? Puedes utilizar el método de la criba de Eratóstenes para contestar.

11. 61
12. 77
13. 83
14. 91
15. Escribe un par de números primos gemelos que sean mayores que 13.

Factorización prima

Todos los números compuestos pueden expresarse como el producto de sus factores primos.

Usa un diagrama de árbol para hallar los factores primos. El siguiente árbol muestra la **factorización prima** de 60.

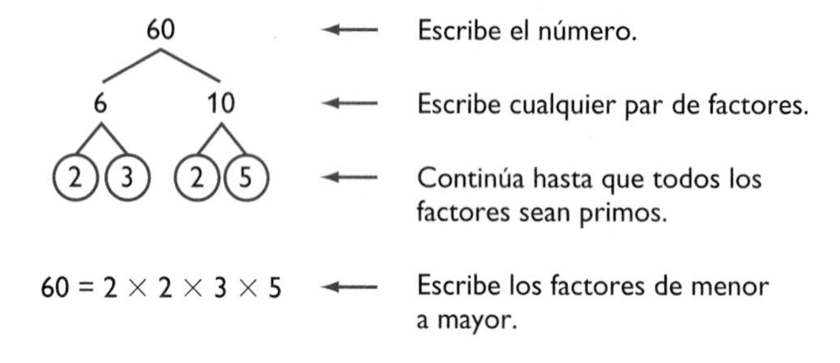

Aunque el orden de los factores sea diferente porque puedes empezar con diferentes pares de factores, todo diagrama de árbol para el número 60 presenta la misma factorización prima. También puedes usar **exponentes** para escribir la factorización prima.

$$60 = 2^2 \times 3 \times 5$$

Practica tus conocimientos

Escribe la factorización de cada número.

16. 80
17. 120

Atajo para calcular el MCD

Usa la factorización prima para calcular el máximo común divisor.

CÓMO USAR LA FACTORIZACIÓN PRIMA PARA CALCULAR EL MCD

Encuentra el máximo común divisor de 12 y 20.

- Escribe los factores primos de cada número. Usa un diagrama de árbol, si te es de ayuda.

  $12 = 2 \times 2 \times 3$

  $20 = 2 \times 2 \times 5$

- Busca los factores primos comunes de ambos números.

  2 y 2

- Escribe su producto.

  $2 \times 2 = 4$

El MCD de 12 y 20 es 2^2 ó 4.

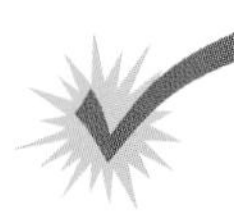

Practica tus conocimientos

Usa la factorización prima para calcular el MCD de cada par de números.

18. 6 y 24
19. 24 y 56

Múltiplos y el mínimo común múltiplo

Los **múltiplos** de un número son los productos que son números enteros, cuando ese número es un factor. En otras palabras, puedes hallar el múltiplo de un número al multiplicarlo por -3, -2, -1, 0, 1, 2, 3 y así sucesivamente.

El **mínimo común múltiplo** (mcm) de dos números es el número positivo menor que es múltiplo de ambos números. Una manera de calcular el mcm de un par de números es hallar primero la lista de múltiplos positivos de cada uno y luego identificar el menor número común a ambos. Por ejemplo, para hallar el mcm de 6 y 8:

- Haz una lista de los múltiplos de 6: 6, 12, 18, 24, 30, …
- Haz una lista de los múltiplos de 8: 8, 16, 24, 32, …
- El mcm de 6 y 8 es 24.

Otra forma de averiguar el mcm es usando la factorización prima.

CÓMO USAR LA FACTORIZACIÓN PRIMA PARA CALCULAR EL MCM

Veamos cómo se puede usar la factorización prima para calcular el mínimo común múltiplo de 6 y 8.

- Halla los factores primos de cada número.

  $6 = 2 \times 3$

  $8 = 2 \times 2 \times 2$

- Multiplica los factores primos del número menor por los factores primos del número mayor que no sean factores primos del número menor.

  $2 \times 3 \times 2 \times 2 = 24$

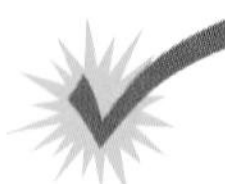

Practica tus conocimientos

Usa cualquiera de los dos métodos para calcular el mcm.

20. 6 y 9

21. 20 y 35

1·4 EJERCICIOS

Escribe los factores de cada número.

1. 16
2. 21
3. 36
4. 54

¿Es primo el número? Escribe Sí o No.

5. 71
6. 87
7. 103
8. 291

Escribe la factorización prima de cada número.

9. 50
10. 130
11. 180
12. 320

Calcula el MCD para cada par de números.

13. 12 y 30
14. 8 y 40
15. 18 y 60
16. 20 y 25
17. 16 y 50
18. 15 y 32

Calcula el mcm para cada par de números.

19. 6 y 9
20. 12 y 60
21. 18 y 24
22. 20 y 35
23. ¿Cuál es la regla de divisibilidad para el 9? ¿Es 118 divisible entre 9?
24. ¿Cómo se usa la factorización prima para hallar el MCD de dos números?
25. Hay un número que es factor de 100 y es común múltiplo de 2 y 5. La suma de sus dígitos es igual a 5. ¿Cuál es el número?

1•5 Operaciones con enteros

Enteros positivos y negativos

De un vistazo al periódico puedes notar que muchas cantidades se expresan con **números negativos.** Por ejemplo, los números negativos indican las temperaturas bajo cero, las caídas del valor de las acciones y las pérdidas en los negocios.

Los números enteros menores que cero se llaman **enteros negativos.** Los números enteros mayores que cero se llaman **enteros positivos.**

Este es el conjunto de todos los enteros:

$\ldots, -5, -4, -3, -2\ -1, 0, 1, 2, 3, 4, 5, \ldots$

Practica tus conocimientos

Escribe un entero que describa cada situación.

1. 6° bajo cero
2. una ganancia de $200

Opuestos de los enteros y valor absoluto

Los enteros pueden describir ideas opuestas. Cada entero tiene un opuesto.

El opuesto de ganar 4 pulgadas es perder 4 pulgadas.
El opuesto de $+4$ es -4.
El opuesto de gastar $5 es ganar $5.
El opuesto de -5 es $+5$.

El **valor absoluto** de un entero es la distancia desde 0 en la resta numérica. El valor absoluto de -7 se escribe como $|-7|$.

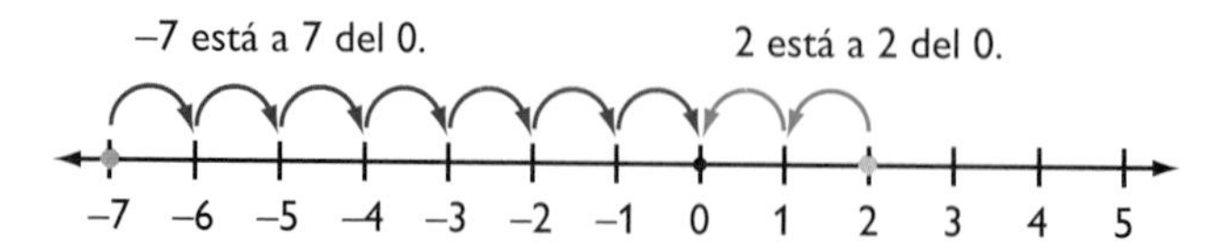

El valor absoluto de 2 es 2 y se escribe $|2| = 2$.
El valor absoluto de -7 es 7 y se escribe $|-7| = 7$.

Practica tus conocimientos

Escribe el valor absoluto de cada entero. Después, escribe el opuesto del número original.

3. -12
4. 5
5. -9
6. 0

Suma y resta enteros

Usa una recta numérica para demostrar la suma y resta de enteros.

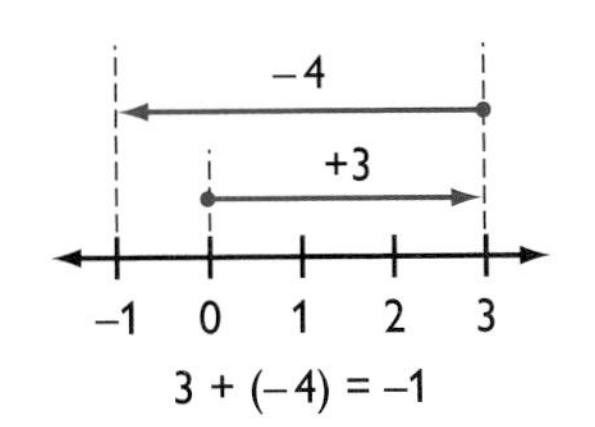

3 + (–4) = –1

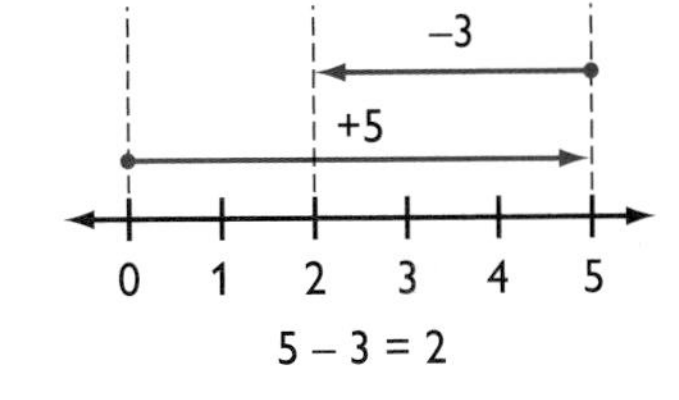

5 – 3 = 2

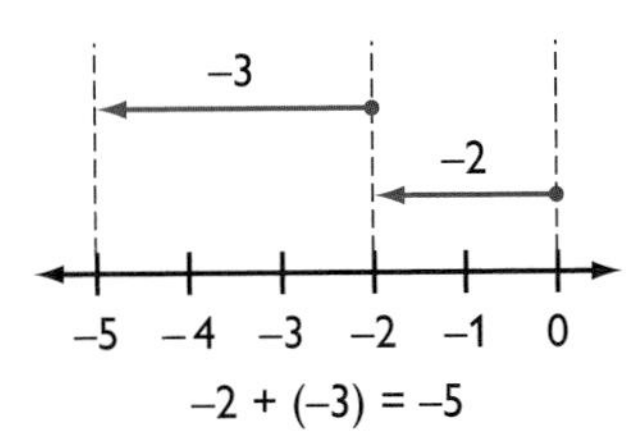

–2 + (–3) = –5

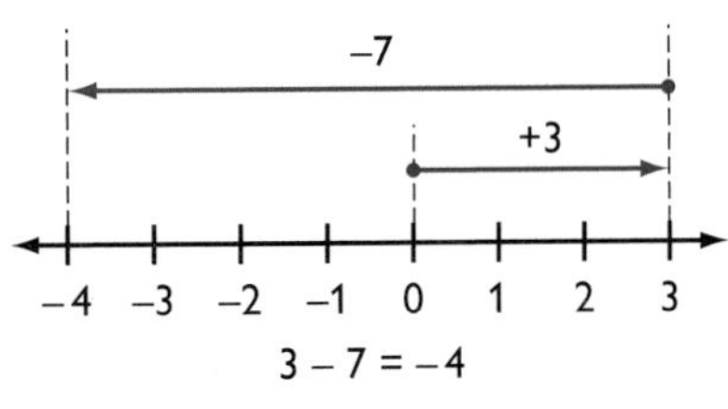

3 – 7 = –4

Reglas para sumar y restar enteros		
Para	Resolución	Ejemplo
Sumar con el mismo signo	Suma los valores absolutos. Usa el signo original en el resultado.	$-3 + (-3)$: $\|-3\| + \|-3\| = 3 + 3 = 6$ Por lo tanto, $-3 + (-3) = -6$.
Sumar con signos diferentes	Resta los valores absolutos. Usa en el resultado el signo del sumando con el mayor valor absoluto.	$-6 + 4$: $\|-6\| - \|4\| = 6 - 4 = 2$ $\|-6\| > \|4\|$ Por lo tanto, $-6 + 4 = -2$.
Restar	Suma el opuesto.	$-4 - 2 = -4 + (-2) = -6$

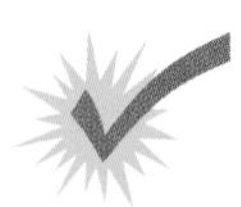

Practica tus conocimientos

Resuelve.

7. $5 - 7$
8. $4 + (-4)$
9. $-9 - (-4)$
10. $0 + (-3)$

Multiplica y divide enteros

Multiplica y divide enteros de igual manera que cualquier otro número entero. Luego usa estas reglas para escribir el signo del resultado.

El producto, o el cociente, de dos enteros con el mismo signo es positivo.

$$-4 \times (-3) = 12 \quad \text{ó} \quad -24 \div (-4) = 6$$

Cuando dos enteros tienen distintos signos el producto o el cociente es negativo.

$$-8 \div 2 = -4 \quad \text{ó} \quad -3 \times 6 = -18$$

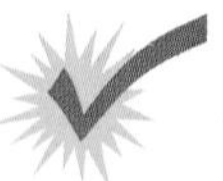

Practica tus conocimientos

Encuentra el producto o el cociente.

11. $-2 \times (-5)$
12. $9 \div (-3)$
13. $-15 \div (-5)$
14. -6×8

¿Cómo?

Colin Rizzio, de 17 años, tomó el examen SAT y encontró un error en la parte de matemáticas. Una de las preguntas usaba la letra *a* para representar un número. Los que prepararon el examen supusieron que *a* era un número positivo, pero Colin Rizzio pensó que podía representar cualquier entero. Y Rizzio tenía razón.

Él notificó por correo electrónico a los creadores del examen y ellos tuvieron que cambiar las calificaciones de 45,000 alumnos.

Explica cómo cambia $2 + a > 2$ si *a* puede ser positiva, negativa o igual a cero. Consulta la respuesta en el Solucionario, ubicado al final del libro.

1•5 EJERCICIOS

Indica el valor absoluto de cada entero. Luego escribe su opuesto.

1. -14
2. 6
3. -8
4. 1

Suma o resta.

5. $5 - 3$
6. $4 + (-6)$
7. $-7 - (-4)$
8. $0 + (-5)$
9. $-2 + 6$
10. $0 - 8$
11. $0 - (-8)$
12. $-2 - 8$
13. $4 + (-4)$
14. $-9 - (-5)$
15. $-5 - (-5)$
16. $-7 + (-8)$

Calcula cada producto o cociente.

17. $-2 \times (-6)$
18. $8 \div (-4)$
19. $-15 \div 5$
20. -6×7
21. $4 \times (-9)$
22. $-24 \div 8$
23. $-18 \div (-3)$
24. $3 \times (-7)$

Calcula.

25. $[-3 \times (-2)] \times 4$
26. $6 \times [3 \times (-4)]$
27. $[-2 \times (-5)] \times -3$
28. $-4 \times [3 + (-5)]$
29. $(-8 - 2) \times 3$
30. $-4 \times [6 - (-3)]$
31. ¿El valor absoluto de un entero negativo es positivo o negativo?
32. Si sabes que el valor absoluto de un entero es 4, ¿cuáles son los posibles valores del entero?
33. ¿Qué puedes decir acerca de la suma de dos enteros negativos?
34. ¿Qué puedes decir acerca del producto de dos enteros negativos?
35. La temperatura al mediodía era 18°F, en las siguientes 4 horas bajó a una tasa de 3 grados por hora. Primero, escribe este cambio como un entero. Luego, indica cuál era la temperatura a las 4:00 P.M.

¿Qué has aprendido?

Puedes utilizar los siguientes problemas y la lista de palabras para averiguar lo que has aprendido en este capítulo. Puedes aprender más acerca de un problema o palabra en particular al consultar el número del tema en negrilla (por ejemplo, **1•2**).

Serie de problemas

Escribe el valor del 4 en cada número. **1•1**

1. 247,617
2. 784,122,907

3. Escribe 28,356 en notación desarrollada. **1•1**
4. Escribe en orden de mayor a menor: 346,258; 386,258; 3,258; 396,258. **1•1**
5. Redondea 65,434,486 en decenas, unidades de millar y unidades de millón, respectivamente. **1•1**

Resuelve. **1•2**

6. 516×0
7. $(6 \times 3) \times 1$
8. $7{,}243 + 0$
9. 0×1

Resuelve. Si te es posible, calcula mentamente. **1•2**

10. $4 \times (39 + 61)$
11. $50 \times 14 \times 2$

Utiliza paréntesis para hacer verdadera cada expresión. **1•3**

12. $4 + 9 \times 2 = 26$
13. $25 + 10 \div 2 + 7 = 37$

¿Es primo el número? Escribe Sí o No. **1•4**

14. 87
15. 102
16. 143
17. 401

Escribe la factorización prima de cada número. **1•4**

18. 35
19. 150
20. 320

Calcula el MCD de cada par de números. **1•4**

21. 16 y 30
22. 12 y 50
23. 10 y 160

Calcula el mcm de cada par de números. **1•4**

24. 5 y 12
25. 15 y 8
26. 18 y 30

27. ¿Cuál es la regla de divisibilidad del 6? ¿Es 246 múltiplo de 6? **1•4**

Escribe el valor absoluto del entero. Después, escribe el opuesto del entero original. **1•5**

28. -9
29. 13
30. -10
31. 20

Suma o resta. **1•5**

32. $9 + (-8)$
33. $6 - 7$
34. $-8 + (-9)$
35. $5 - (-5)$
36. $-7 - (-7)$
37. $-4 + 12$

Calcula. **1•5**

38. $-8 \times (-9)$
39. $64 \div (-32)$
40. $-36 \div (-9)$
41. $(-4 \times 5) \times (-3)$
42. $4 \times [-3 + (-8)]$
43. $-6\,[5 - (-8)]$
44. ¿Qué puedes decir acerca del producto de dos enteros positivos? **1•5**
45. ¿Qué puedes decir acerca de la diferencia de dos enteros negativos? **1•5**

ESCRIBE LAS DEFINICIONES DE LAS SIGUIENTES PALABRAS.

palabras importantes

aproximación **1•1**
entero negativo **1•5**
entero positivo **1•5**
exponente **1•4**
factor **1•4**
factor común **1•4**
factorización prima **1•4**
máximo común divisor **1•4**
mínimo común múltiplo **1•4**
múltiplo **1•4**
notación desarrollada **1•1**
número compuesto **1•4**
número negativo **1•5**
número primo **1•4**
operación **1•3**
PEMDAS **1•3**
propiedad asociativa **1•2**
propiedad conmutativa **1•2**
propiedad distributiva **1•2**
redondeo **1•1**
sistema numérico **1•1**
valor absoluto **1•5**
valor de posición **1•1**

= 3/8 =
=.375=37.5%
7

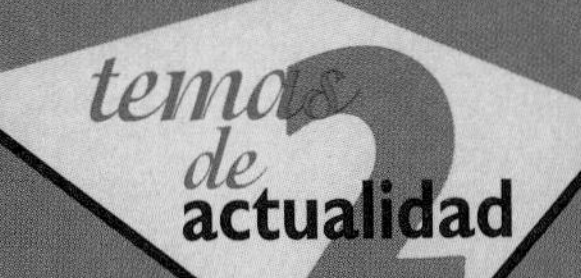

Fracciones, decimales y porcentajes

¿Qué sabes ya?

Puedes usar los siguientes problemas y la lista de palabras para averiguar lo que ya sabes sobre este capítulo. Las respuestas a los problemas se encuentran en la sección de respuestas, ubicada al final del libro y puedes consultar las definiciones de las palabras en la sección Palabras importantes ubicada al comienzo del libro. Puedes averiguar más acerca de un problema o palabra en particular al consultar el número de tema en negrilla (por ejemplo **2•2**).

Serie de problemas

1. En un juego de baloncesto, Julián anotó $\frac{3}{7}$ de sus tiros libres. En un segundo juego, logró anotar $\frac{1}{2}$ de sus tiros libres. ¿En cuál de los dos juegos tuvo mejor desempeño? **2•2**
2. El señor Chen tarda casi $1\frac{1}{2}$ días de trabajo en instalar el piso de loseta de una cocina de tamaño promedio. ¿Cuántos días tardará en instalar los pisos de 6 cocinas? **2•4**
3. Leslie cocinó $7\frac{1}{2}$ tazas de pasta y quiere que la ración de cada persona consista en $\frac{3}{4}$ de taza. ¿Cuántas raciones tiene? **2•4**
4. Nalani contestó 17 preguntas correctas en una prueba de ciencias de 20 preguntas. ¿Qué porcentaje contestó correctamente? **2•8**
5. ¿Qué fracción no es equivalente a $\frac{9}{12}$? **2•1**
   A. $\frac{3}{4}$ B. $\frac{6}{8}$ C. $\frac{8}{11}$ D. $\frac{75}{100}$

Suma o resta según se indica. Expresa las respuestas en forma reducida. **2•3**

6. $\frac{2}{3} + \frac{1}{2}$
7. $3\frac{3}{8} - 1\frac{5}{8}$
8. $6 - 2\frac{3}{4}$
9. $3\frac{1}{2} + 4\frac{4}{5}$

10. Encuentra la fracción impropia y exprésala en forma de número mixto. **2•1**

    A. $\frac{6}{12}$ B. $\frac{4}{3}$ C. $3\frac{5}{6}$

Multiplica o divide. **2•4**

11. $\frac{4}{5} \times \frac{1}{2}$
12. $\frac{3}{4} \div 1\frac{1}{2}$
13. $3\frac{3}{8} \times \frac{2}{9}$
14. $7\frac{1}{2} \div 2\frac{1}{2}$
15. Indica el valor de posición del 6 en 35.063. **2•5**
16. Expresa 3.003 en notación desarrollada. **2•5**

17. Escribe en forma decimal: cuatrocientos con cuatrocientos cuatro milésimas. **2•5**

18. Escribe los siguientes números en orden de menor a mayor: 1.650; 1.605; 1.065; 0.165. **2•5**

Resuelve. **2•6**

19. $3.604 + 12.55$
20. $11.4 - 10.08$
21. 6.05×5.1
22. $67.392 \div 9.6$

Usa una calculadora. Redondea en décimas. **2•8**

23. ¿Qué porcentaje de 80 es 24?
24. Calcula el 23% de 121.
25. ¿De qué número es 44 el 80%?

CAPÍTULO 2

palabras importantes

decimal periódico **2•9**
decimal terminal **2•9**
denominador **2•1**
denominador común **2•2**
descuento **2•8**
estimar **2•6**
factor **2•4**
fracción **2•1**
fracción impropia **2•1**
fracciones equivalentes **2•1**
máximo común divisor **2•1**
numerador **2•1**
número entero **2•1**
número mixto **2•1**
porcentaje **2•7**
producto **2•4**
producto cruzado **2•1**
recíproco **2•4**
referencia **2•7**
valor de posición **2•5**

2•1 Fracciones y fracciones equivalentes

Clasifica fracciones

Se puede usar una **fracción** para nombrar una parte de un todo. Por ejemplo, la bandera de Francia está dividida en tres partes iguales: rojo, blanco y azul. Cada parte o color de la bandera francesa representa $\frac{1}{3}$ de toda la bandera. $\frac{3}{3}$ ó 1 representa toda la bandera.

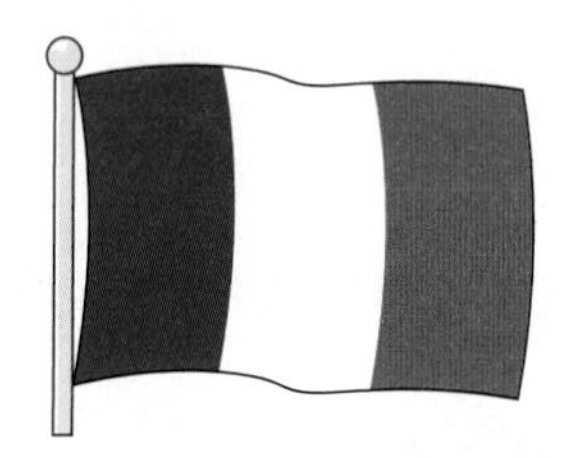

Con una fracción también se puede nombrar parte de un conjunto.

Hay cinco pelotas en el conjunto y cada pelota es $\frac{1}{5}$ del conjunto. $\frac{5}{5}$ ó 1 es igual al conjunto completo. Tres de las pelotas son de béisbol y representan $\frac{3}{5}$ del conjunto. Dos de las cinco pelotas son de fútbol y representan $\frac{2}{5}$ del conjunto.

Las fracciones se nombran según su **numerador** y **denominador**.

CÓMO CLASIFICAR FRACCIONES

Escribe una fracción para el número de triángulos sombreados.

- El denominador de la fracción indica el número de partes del conjunto total.

    Hay 7 triángulos en total.

- El numerador de la fracción indica el número de partes que se toman.

    Hay 4 triángulos sombreados.

- Escribe la fracción:

$$\frac{\text{partes tomadas en cuenta}}{\text{partes del conjunto completo}} = \frac{\text{numerador}}{\text{denominador}}$$

La fracción para el número de triángulos sombreados es $\frac{4}{7}$.

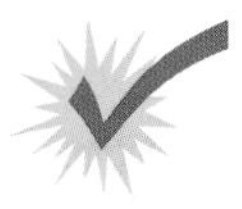

Practica tus conocimientos

Escribe una fracción para cada dibujo.

1. ___ del círculo está sombreado.

2. ___ de las figuras están sombreadas.

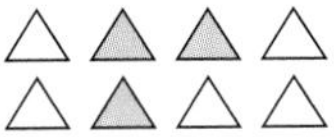

3. Haz dos dibujos que representen la fracción $\frac{3}{5}$. Usa regiones y conjuntos.

Métodos para calcular fracciones equivalentes

Las **fracciones equivalentes** son fracciones que describen la misma cantidad de una región. Puedes mostrar partes de un todo para mostrar fracciones equivalentes.

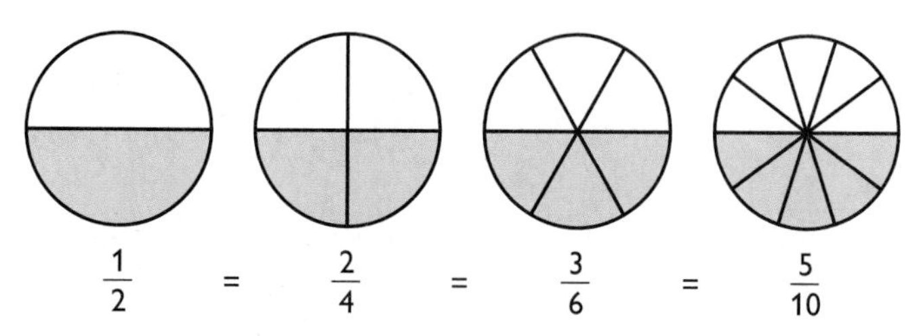

Representaciones de un todo

Hay un número infinito de fracciones que son igual a uno.

Representaciones de un todo

$$\frac{4}{4} \quad \frac{5}{5} \quad \frac{123}{123} \quad \frac{8}{8}$$

Dado que cualquier número multiplicado por uno siempre es igual a dicho número, conocer diferentes maneras de nombrar el todo te puede ayudar a determinar fracciones equivalentes.

Para hallar una fracción equivalente a otra, puedes multiplicar la fracción original por una forma del todo. Puedes también dividir el numerador y denominador entre el mismo número para hallar una fracción equivalente.

MÉTODOS PARA HALLAR FRACCIONES EQUIVALENTES

Escribe una fracción igual a $\frac{6}{12}$.

- Multiplica la fracción por una forma del todo o divide el numerador y el denominador entre el mismo número.

Multiplica	O	Divide
$\frac{6}{12} \times \frac{5}{5} = \frac{30}{60}$		$\frac{6 \div 2}{12 \div 2} = \frac{3}{6}$
$\frac{6}{12} = \frac{30}{60}$		$\frac{6}{12} = \frac{3}{6}$

Practica tus conocimientos

Escribe dos fracciones equivalentes a cada fracción.

4. $\frac{1}{4}$ 5. $\frac{10}{20}$ 6. $\frac{4}{5}$

7. Escribe tres fracciones que representen un todo.

Cómo saber si dos fracciones son equivalentes

Se considera que dos fracciones son equivalentes si ambas fracciones expresan la misma cantidad.

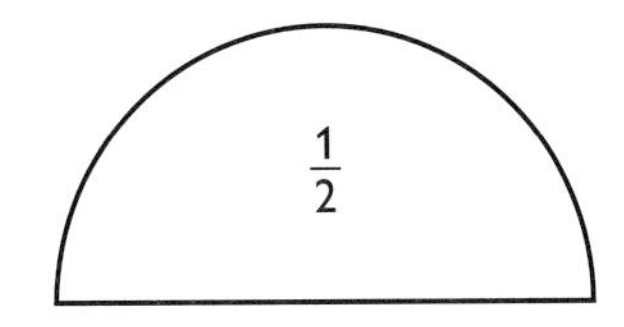

La fracción representa $\frac{1}{2}$ del círculo total.

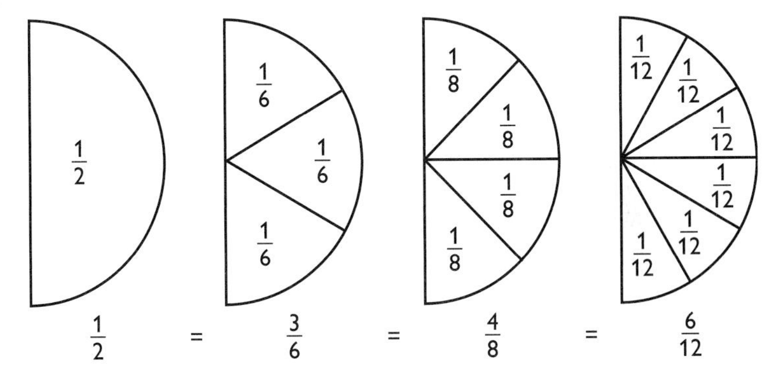

Hay muchos nombres de fracciones para la misma cantidad.

Un método que puedes usar para identificar fracciones equivalentes es con los **productos cruzados** de las fracciones.

CÓMO DECIDIR SI DOS FRACCIONES SON EQUIVALENTES

Determina si $\frac{2}{4}$ es equivalente a $\frac{10}{20}$.

- Halla los productos cruzados de las fracciones.

$$\frac{2}{4} \overset{?}{=} \frac{10}{20}$$

- Compara los productos cruzados.

  40 = 40

- Si los productos son iguales, entonces las fracciones son equivalentes.

  Por lo tanto, $\frac{2}{4} = \frac{10}{20}$.

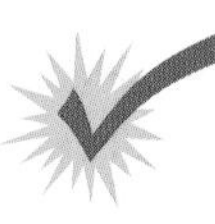

Practica tus conocimientos

Usa el método de productos cruzados para determinar si cada par es una fracción equivalente.

8. $\frac{15}{20}, \frac{30}{20}$ 9. $\frac{4}{5}, \frac{24}{30}$ 10. $\frac{3}{4}, \frac{15}{24}$

Escribe fracciones en forma reducida

Cuando el único factor común del numerador y denominador de una fracción es 1, la fracción está en *términos reducidos.*

Puedes usar partes de un todo para mostrar fracciones en términos reducidos.

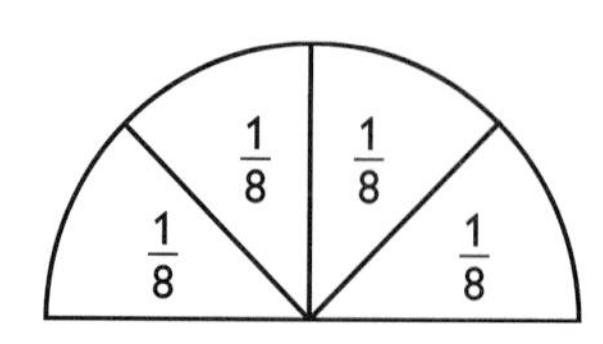

Las partes representan la fracción $\frac{4}{8}$.

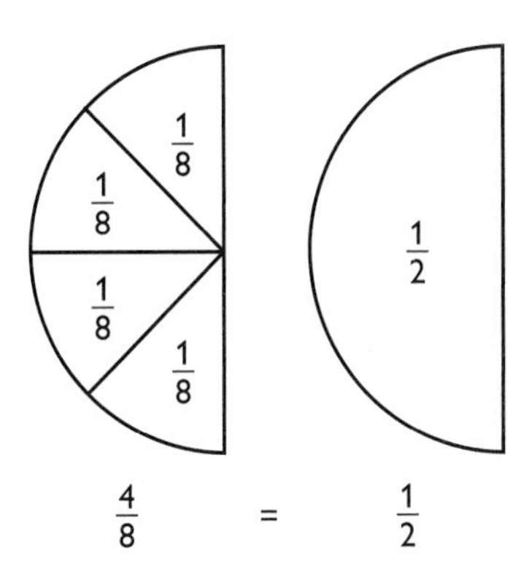

$\frac{4}{8} = \frac{1}{2}$

El número menor de partes de un todo necesarias para mostrar el equivalente a $\frac{4}{8}$ es $\frac{1}{2}$. Por lo tanto, en su forma reducida la fracción $\frac{4}{8}$ es igual a $\frac{1}{2}$.

Para expresar fracciones en forma reducida, puedes dividir el numerador y denominador entre el **máximo común divisor** (MCD).

CÓMO REDUCIR FRACCIONES

Expresa $\frac{18}{24}$ en forma reducida.

- Escribe la lista de los factores del numerador.

  Los factores de 18 son:

  1, 2, 3, 6, 9, 18
- Enumera los factores del denominador.

  Los factores de 24 son:

  1, 2, 3, 6, 8, 12, 24
- Escribe el máximo común divisor (MCD).

  El MCD es 6.
- Divide el numerador y el denominador de la fracción entre el MCD.

  $18 \div 6 = 3 \qquad 24 \div 6 = 4$
- Escribe la fracción en forma reducida.

  $\frac{3}{4}$

Practica tus conocimientos

Escribe cada fracción en forma reducida.

11. $\frac{8}{10}$ 12. $\frac{12}{16}$ 13. $\frac{24}{60}$

¡Hay que hacerlo!

¡Llamando a todos los teleadictos! Para estar en forma tienes que realizar alguna actividad de tipo aeróbico (como caminar, correr, montar en bicicleta o nadar) por lo menos tres veces por semana.

La meta es lograr que el corazón lata entre $\frac{1}{2}$ y $\frac{3}{4}$ del ritmo cardiaco máximo y mantenerlo así el tiempo suficiente para lograr un buen entrenamiento. Puedes calcular tu ritmo cardiaco máximo restando tu edad de 220.

Ritmo cardiaco (porcentaje máximo)	Número de minutos que necesitas hacer ejercicio
50%	45
55%	40
60%	35
65%	30
70%	25
75%	20

Escribe fracciones impropias y números mixtos

Puedes escribir fracciones de cantidades mayores que 1. Las fracciones cuyo numerador es mayor o igual a su denominador se llaman **fracciones impropias.**

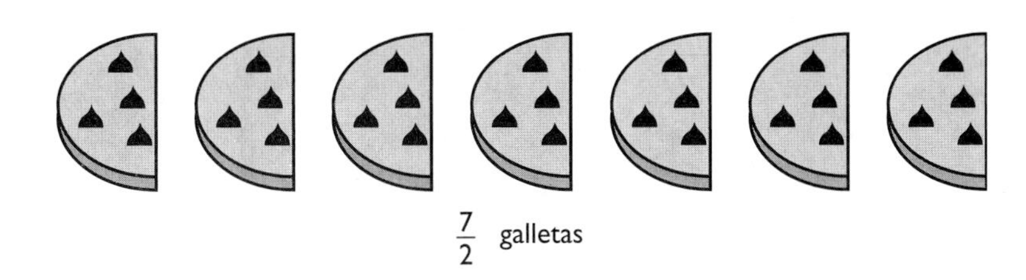

$\frac{7}{2}$ galletas

$\frac{7}{2}$ es una fracción impropia.

Un número entero y una fracción componen un **número mixto.**

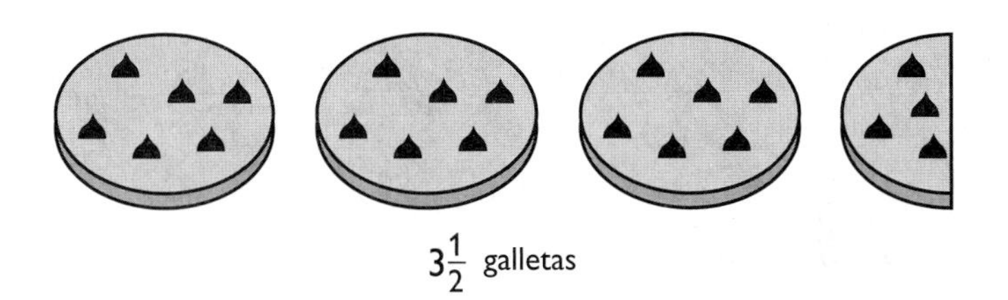

$3\frac{1}{2}$ galletas

$3\frac{1}{2}$ es un número mixto.

Puedes escribir cualquier número mixto como fracción impropia y cualquier fracción impropia como número mixto. Puedes usar la división para convertir una fracción impropia en un número mixto.

CÓMO CONVERTIR UNA FRACCIÓN IMPROPIA EN UN NÚMERO MIXTO

Convierte $\frac{17}{5}$ en un número mixto.

- Divide el numerador entre el denominador.

$$\frac{17}{5} \qquad \text{divisor} \longrightarrow 5\overline{)17} \quad (3 \longleftarrow \text{cociente}; \; 15; \; 2 \longleftarrow \text{residuo})$$

- Escribe el número mixto.

$$\text{cociente} \longrightarrow 3\frac{2}{5} \quad (2 \longleftarrow \text{residuo}; \; 5 \longleftarrow \text{divisor})$$

Puedes usar la multiplicación para convertir un número mixto en una fracción impropia. Para comenzar, convierte la parte del número entero en una fracción impropia con el mismo denominador fraccionario y luego suma las dos partes.

CÓMO CONVERTIR UN NÚMERO MIXTO EN UNA FRACCIÓN IMPROPIA

Convierte $3\frac{1}{4}$ en una fracción impropia.

- Multiplica el número entero por una forma del todo que tenga el mismo denominador que la parte fraccionaria.

  $3 \times \frac{4}{4} = \frac{12}{4}$

- Suma ambas partes.

  $3\frac{1}{4} = \frac{12}{4} + \frac{1}{4} = \frac{13}{4}$

Practica tus conocimientos

Escribe como número mixto cada fracción impropia.

14. $\frac{43}{6}$ 15. $\frac{34}{3}$

16. $\frac{32}{5}$ 17. $\frac{37}{4}$

Escribe una fracción impropia para cada número mixto.

18. $4\frac{5}{8}$ 19. $12\frac{5}{6}$

20. $24\frac{1}{2}$ 21. $32\frac{2}{3}$

2·1 EJERCICIOS

Escribe la fracción que representa cada dibujo.

1. ___ de las manzanas están verdes.

2. ___ partes del círculo son azules.

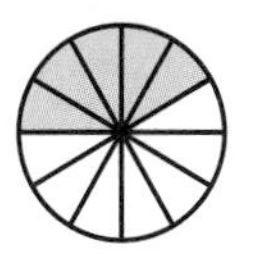

3. ___ de las estrellas son amarillas.

4. ___ de las pelotas son de baloncesto.

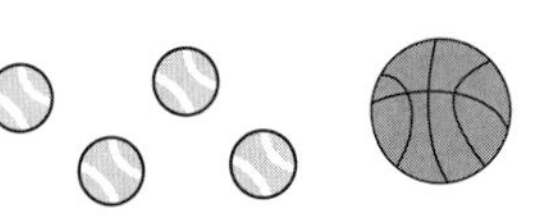

Escribe la fracción.

5. tres décimos
6. doce diecisieteavos

Escribe una fracción equivalente a la fracción dada.

7. $\frac{1}{2}$
8. $\frac{7}{8}$
9. $\frac{40}{60}$
10. $\frac{18}{48}$

Escribe cada fracción en forma reducida.

11. $\frac{45}{90}$
12. $\frac{24}{32}$
13. $\frac{12}{34}$
14. $3\frac{12}{60}$
15. $\frac{38}{14}$
16. $\frac{82}{10}$

Calcula el MCD de cada par de números.

17. 16, 21
18. 81, 27
19. 18, 15

Escribe cada número mixto como fracción impropia.

20. $\frac{25}{4}$
21. $\frac{12}{10}$
22. $\frac{11}{4}$

Escribe cada fracción impropia como número mixto.

23. $5\frac{1}{6}$
24. $8\frac{3}{5}$
25. $13\frac{4}{9}$

2•2 Compara y ordena fracciones

Compara fracciones

Puedes usar las partes de un todo para comparar fracciones.

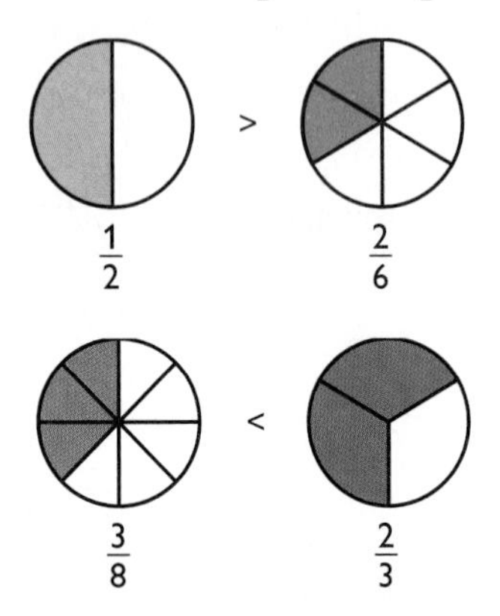

También puedes comparar fracciones si calculas *fracciones equivalentes* (pág. 104) y comparas los numeradores.

CÓMO COMPARAR FRACCIONES

Compara las fracciones $\frac{3}{4}$ y $\frac{2}{3}$.

- Observa los denominadores.

$$\frac{3}{④} \text{ y } \frac{2}{③}$$

los denominadores son diferentes

- Escribe fracciones equivalentes con denominador común.

$$\frac{3}{4} \times \frac{3}{3} = \frac{9}{12} \qquad \frac{2}{3} \times \frac{4}{4} = \frac{8}{12}$$

- Compara los numeradores.

  $9 > 8$

- Para comparar las fracciones, sólo se comparan los numeradores.

  $\frac{9}{12} > \frac{8}{12}$, por lo tanto $\frac{3}{4} > \frac{2}{3}$.

Practica tus conocimientos

Compara las fracciones. Usa $>$, $<$ o $=$.

1. $\frac{3}{4} \square \frac{9}{16}$ 2. $\frac{1}{6} \square \frac{1}{10}$ 3. $\frac{6}{8} \square \frac{18}{24}$ 4. $\frac{1}{3} \square \frac{5}{9}$

Compara números mixtos

Para comparar *números mixtos* (pág. 109) compara primero los números enteros. Después compara las fracciones, si es necesario.

CÓMO COMPARAR NÚMEROS MIXTOS

Compara $2\frac{1}{5}$ y $2\frac{2}{3}$.

- Asegúrate de que no sean fracciones impropias.

  $\frac{1}{5}$ y $\frac{2}{3}$ no son impropias.

- Compara la parte de los números enteros. Si son diferentes, la parte mayor será el número mixto mayor. Si son iguales, continúa.

  $2 = 2$

- Compara la parte de la fracción convirtiéndola de modo que tengan un *denominador común.*

  15 es el mínimo común múltiplo de 5 y 3.
  Usa 15 como el denominador común.

  $$\frac{1}{5} = \frac{3}{15} \qquad \frac{2}{3} = \frac{10}{15}$$

- Compara las fracciones.

  $\frac{3}{15} < \frac{10}{15}$, por lo tanto $2\frac{1}{5} < 2\frac{2}{3}$.

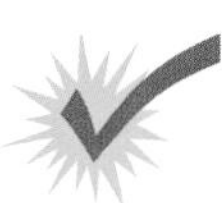

Practica tus conocimientos

Compara cada número mixto. Usa $<$, $>$ o $=$.

5. $4\frac{1}{2} \square 3\frac{5}{8}$ 6. $5\frac{1}{3} \square 5\frac{2}{5}$ 7. $4\frac{7}{16} \square 4\frac{7}{9}$

Ordena fracciones

Para comparar y ordenar fracciones puedes hallar fracciones equivalentes y luego comparar los numeradores de las fracciones.

CÓMO ORDENAR FRACCIONES CON DISTINTOS DENOMINADORES

Ordena las fracciones $\frac{3}{4}$, $\frac{5}{8}$ y $\frac{2}{3}$ de menor a mayor.

- Calcula el *mínimo común múltiplo* (mcm) (pág. 90) de 4, 8 y 3.

Múltiplos de 4: 4, 8, 12, 16, 20, (24), 28, 32…
Múltiplos de 8: 8, 16, (24), 32…
Múltiplos de 3: 3, 6, 9, 12, 15, 18, 21, (24)

24 es el mcm de 4, 8 y 3.

- Escribe las fracciones equivalentes con el mcm como denominador común.

$$\frac{3}{4} = \frac{3}{4} \times \frac{6}{6} = \frac{18}{24}$$
$$\frac{5}{8} = \frac{5}{8} \times \frac{3}{3} = \frac{15}{24}$$
$$\frac{2}{3} = \frac{2}{3} \times \frac{8}{8} = \frac{16}{24}$$

- Para comparar las fracciones, se comparan los numeradores.

$\frac{15}{24} < \frac{16}{24} < \frac{18}{24}$ ó $\frac{5}{8} < \frac{2}{3} < \frac{3}{4}$

Practica tus conocimientos

Ordena las fracciones de menor a mayor.

8. $\frac{3}{5}; \frac{1}{2}; \frac{1}{4}; \frac{2}{5}$
9. $\frac{2}{3}; \frac{13}{18}; \frac{7}{9}; \frac{5}{6}$
10. $\frac{4}{7}; \frac{5}{8}; \frac{11}{12}; \frac{1}{2}; \frac{2}{3}$

2·2 EJERCICIOS

Compara cada fracción. Usa $<$, $>$ o $=$.

1. $\frac{3}{4} \square \frac{9}{16}$
2. $\frac{2}{3} \square \frac{12}{16}$
3. $\frac{9}{36} \square \frac{1}{4}$
4. $\frac{12}{20} \square \frac{16}{30}$
5. $\frac{18}{44} \square \frac{9}{34}$
6. $\frac{5}{10} \square \frac{9}{18}$

Compara cada número mixto. Usa $<$, $>$ o $=$.

7. $2\frac{1}{2} \square 2\frac{2}{3}$
8. $3\frac{3}{4} \square 3\frac{5}{16}$
9. $8\frac{1}{2} \square 9\frac{12}{16}$
10. $6\frac{9}{10} \square 6\frac{3}{4}$
11. $7\frac{11}{25} \square 7\frac{23}{50}$
12. $7\frac{1}{5} \square 6\frac{4}{5}$

Ordena las fracciones y los números mixtos de menor a mayor.

13. $\frac{1}{2}; \frac{3}{8}; \frac{5}{8}; \frac{1}{4}$
14. $\frac{2}{3}; \frac{9}{10}; \frac{7}{8}; \frac{3}{4}$
15. $\frac{5}{6}; \frac{5}{7}; \frac{3}{4}; \frac{2}{3}; \frac{9}{11}; \frac{3}{7}$
16. $2\frac{1}{2}; \frac{7}{2}; 2\frac{1}{3}; 2\frac{4}{5}; 2\frac{3}{8}$

Usa la siguiente información para responder las preguntas 17 a la 20.

TIROS LIBRES EN EL PARTIDO DE BALONCESTO

Ryan $\frac{8}{12}$	Gwen $\frac{7}{9}$
Tomás $\frac{5}{6}$	Roberto $\frac{4}{7}$

numerador = canastas logradas
denominador = intentos

17. ¿Quién tuvo mejor puntería en los tiros libres, Gwen o Tomás?
18. Ordena a los jugadores del más preciso hasta el menos preciso.
19. ¿Quién intentó el mayor número de tiros?
20. ¿Quién logró marcar más puntos?

2·3 Suma y resta fracciones

Suma y resta fracciones con el mismo denominador

Cuando sumes o restes fracciones que tengan el mismo denominador, sólo tienes que sumar o restar los numeradores. El denominador permanece igual.

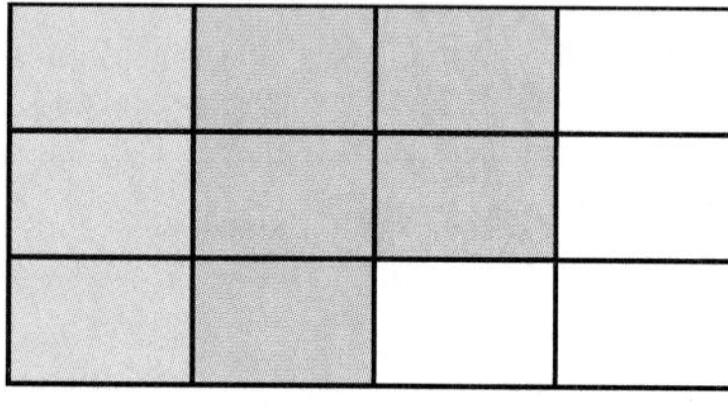

$$\frac{3}{12} + \frac{5}{12} = \frac{8}{12}$$

Puedes usar dibujos y fraccionarlos para representar la suma y resta de fracciones con el mismo denominador.

CÓMO SUMAR Y RESTAR FRACCIONES CON EL MISMO DENOMINADOR

Suma $\frac{3}{4} + \frac{2}{4}$.

- Suma o resta los numeradores.

  $3 + 2 = 5$

- Escribe el resultado sobre el denominador.

  $\frac{3}{4} + \frac{2}{4} = \frac{5}{4}$

- Reduce si es posible.

  $\frac{5}{4} = 1\frac{1}{4}$

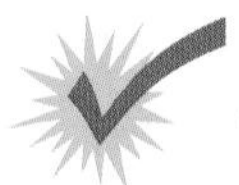

Practica tus conocimientos

Suma o resta. Reduce, si es posible.

1. $\frac{12}{15} + \frac{6}{15}$
2. $\frac{24}{34} + \frac{13}{34}$
3. $\frac{11}{12} - \frac{5}{12}$
4. $\frac{7}{10} - \frac{2}{10}$

Suma y resta fracciones con distinto denominador

Puedes usar modelos para sumar fracciones con distinto denominador.

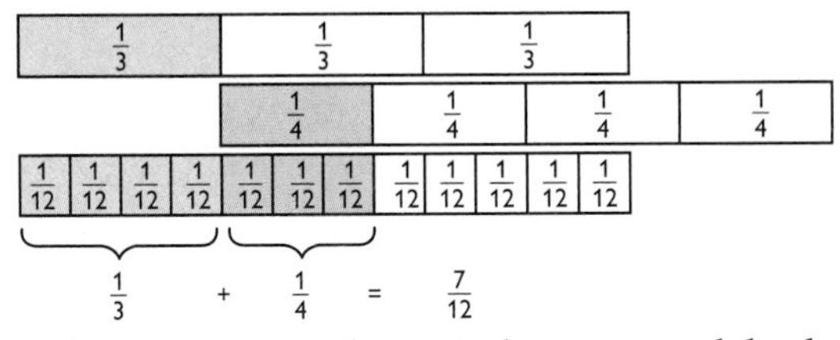

También puedes usar partes de un todo para modelar la resta de fracciones con distinto denominador.

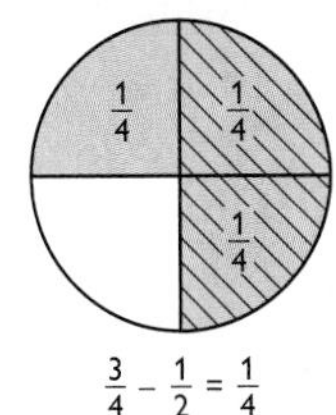

Para sumar o restar fracciones con distinto denominador, debes convertir las fracciones en fracciones equivalentes con denominadores comunes o iguales, antes de sumar o restar.

CÓMO SUMAR Y RESTAR FRACCIONES CON DISTINTO DENOMINADOR

Suma $\frac{4}{5} + \frac{3}{4}$.

- Calcula el mínimo común denominador de las fracciones.

  20 es el mcd de 4 y 5.

- Escribe las fracciones equivalentes usando el mcd.

  $\frac{4}{5} = + \frac{16}{20}$ y $\frac{3}{4} = \frac{15}{20}$

- Suma o resta los numeradores. Escribe el resultado sobre el denominador común.

  $\frac{16}{20} + \frac{15}{20} = \frac{31}{20}$

- Reduce si es posible.

  $\frac{1}{20} = 1\frac{11}{20}$

Practica tus conocimientos

Suma o resta. Reduce si es posible.

5. $\frac{9}{10} + \frac{1}{2}$
6. $\frac{1}{2} + \frac{5}{7}$
7. $\frac{4}{5} - \frac{3}{4}$
8. $\frac{5}{8} - \frac{1}{6}$

Suma y resta números mixtos

La suma y la resta de números mixtos son similares a la suma y resta de fracciones. A veces tendrás que convertir el número antes de restar. Otras veces tendrás que reducir una fracción impropia.

Suma números mixtos con el mismo denominador

Para sumar *números mixtos* (pág. 109) con denominadores comunes, sólo tienes que escribir la suma de los numeradores sobre el denominador común. Después, suma los números enteros.

CÓMO SUMAR NÚMEROS MIXTOS CON EL MISMO DENOMINADOR

Suma $5\frac{3}{8} + 2\frac{3}{8}$.

Suma los números enteros. Suma las fracciones.

$$\begin{array}{r} 5\frac{3}{8} \\ +\ 2\frac{3}{8} \\ \hline 7\frac{6}{8} \end{array}$$

Reduce si es posible. $7\frac{6}{8} = 7\frac{3}{4}$

Practica tus conocimientos

Suma. Reduce si es posible.

9. $4\frac{2}{6} + 5\frac{3}{6}$
10. $21\frac{7}{8} + 12\frac{6}{8}$
11. $23\frac{7}{10} + 37\frac{3}{10}$

Suma números mixtos con distinto denominador

Es posible usar partes del todo para simular la suma de números mixtos con distinto denominador.

	1	1	$\frac{1}{2}$ $\frac{1}{2}$	$2\frac{1}{2}$
		1	$\frac{1}{4}$ $\frac{1}{4}$ $\frac{1}{4}$ $\frac{1}{4}$	$+\ 1\frac{1}{4}$
1	1	1	$\frac{1}{4}$ $\frac{1}{4}$ $\frac{1}{4}$	$3\frac{3}{4}$

Para sumar números mixtos con distinto denominador, debes escribir fracciones equivalentes con un denominador común.

CÓMO SUMAR NÚMEROS MIXTOS CON DISTINTO DENOMINADOR

Suma $4\frac{2}{3} + 1\frac{3}{5}$.

- Escribe fracciones equivalentes con un denominador común.

  $\frac{2}{3} = \frac{10}{15}$ y $\frac{3}{5} = \frac{9}{15}$

- Suma.

  Suma los números enteros.

  $$\begin{array}{r} 4\frac{10}{15} \\ +1\frac{9}{15} \\ \hline 5\frac{19}{15} \end{array}$$

  Suma las fracciones.

  Reduce si es posible. $5\frac{19}{15} = 6\frac{4}{15}$

Practica tus conocimientos

Suma. Reduce si es posible.

12. $4\frac{3}{8} + 19\frac{3}{5}$
13. $15\frac{2}{3} + 4\frac{3}{8}$
14. $11\frac{2}{3} + 10\frac{4}{5}$

Resta números mixtos

Puedes simular la resta de *números mixtos* (pág. 109) con distinto denominador.

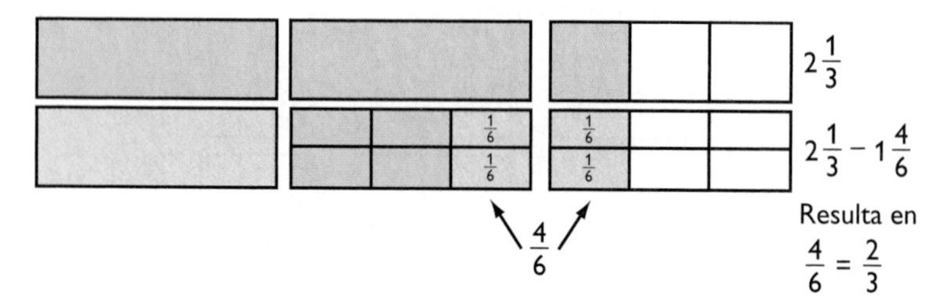

Para restar números mixtos, debes tener denominadores comunes o convertir para obtener *denominadores comunes.*

CÓMO RESTAR NÚMEROS MIXTOS

Resta $6\frac{1}{2} - 1\frac{5}{6}$.

- Si los denominadores son diferentes, escribe fracciones equivalentes con un denominador común.

  $6\frac{1}{2} = 6\frac{3}{6}$ y $1\frac{5}{6} = 1\frac{5}{6}$

- Ahora sí puedes restar.

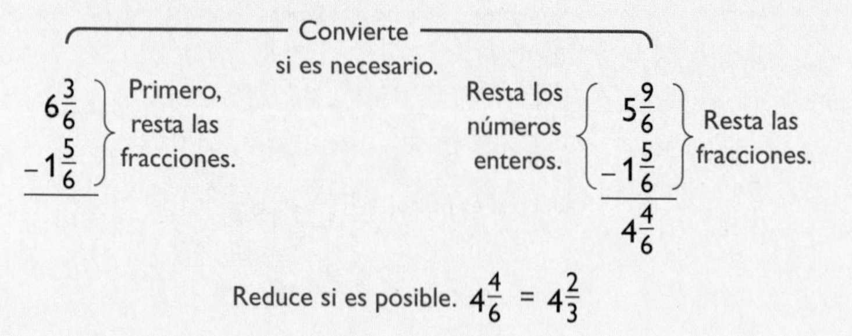

Practica tus conocimientos

Resta.

15. $12 - 4\frac{1}{2}$
16. $9\frac{1}{10} - 5\frac{4}{7}$
17. $14\frac{7}{8} - 3\frac{3}{4}$

2·3 EJERCICIOS

Suma o resta.

1. $\frac{2}{8} + \frac{3}{8}$
2. $\frac{7}{9} - \frac{4}{9}$
3. $\frac{3}{8} - \frac{1}{4}$
4. $\frac{1}{9} + \frac{1}{5}$
5. $\frac{5}{6} + \frac{3}{4}$
6. $\frac{2}{3} - \frac{5}{8}$
7. $\frac{7}{12} + \frac{9}{16}$
8. $\frac{9}{8} - \frac{1}{2}$
9. $1\frac{1}{2} + \frac{1}{6}$
10. $8\frac{3}{8} + 2\frac{1}{3}$
11. $12 - 11\frac{5}{9}$
12. $4\frac{1}{2} + 2\frac{1}{2}$
13. $4\frac{3}{4} - 2\frac{1}{4}$
14. $13\frac{7}{12} - 2\frac{5}{8}$
15. $7\frac{3}{8} - 2\frac{2}{3}$
16. La semana pasada durante una venta de galletas, los estudiantes de séptimo grado vendieron $3\frac{3}{4}$ docenas de galletas de chispas de chocolate y $3\frac{1}{3}$. ¿Cuál fue la diferencia entre el mayor y el menor de sus saltos?
17. Durante la competencia de escuelas secundarias Rita saltó en la prueba de salto de longitud: 9′ $8\frac{1}{2}$″, 10′ $1\frac{1}{4}$″ y 9′ $11\frac{7}{8}$″. ¿Cuál fue la diferencia entre el mayor y el menor de sus saltos?
18. La semana pasada Gabriel trabajó $9\frac{1}{4}$ horas cuidando niños y $6\frac{1}{2}$ horas dando clases de gimnasia. ¿Cuántas horas trabajó en total?
19. El "Bill's Burger Palace" celebró su gran inauguración el martes. Para este día almacenaron $164\frac{1}{2}$ lb de carne molida y sólo les sobraron $18\frac{1}{4}$ lb al final del día. Cada hamburguesa requiere $\frac{1}{4}$ lb de carne molida. ¿Cuántas hamburguesas vendieron?
20. Rebeca está envolviendo regalos para los residentes de un asilo de ancianos y tiene $8\frac{1}{2}$ yardas de cinta. Usó $2\frac{1}{3}$ yardas de cinta para envolver un regalo. Necesita envolver dos regalos más del mismo tamaño. ¿Tiene suficiente cinta?

2·4 Multiplica y divide fracciones

Multiplica fracciones

Sabes que 3×2 significa hacer "3 grupos de 2". La multiplicación de fracciones involucra el mismo concepto: $3 \times \frac{1}{2}$ significa hacer "3 grupos de $\frac{1}{2}$". Quizá te resulte más fácil pensar que *por* significa *de.*

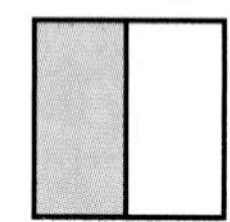

Un grupo de $\frac{1}{2}$

$1 \times \frac{1}{2} = \frac{1}{2}$

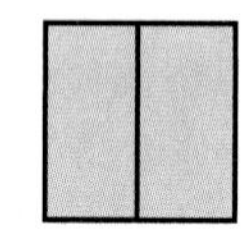

Dos grupos de $\frac{1}{2}$

$2 \times \frac{1}{2} = \frac{2}{2} = 1$

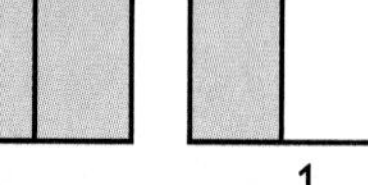

Tres grupos de $\frac{1}{2}$

$3 \times \frac{1}{2} = \frac{3}{2} = 1\frac{1}{2}$

Esto es igualmente verdadero cuando multiplicas una fracción por una fracción. Por ejemplo, $\frac{1}{2} \times \frac{1}{3}$ significa que calculas $\frac{1}{2}$ de $\frac{1}{3}$.

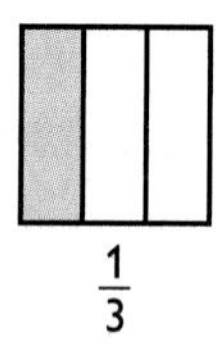

$\frac{1}{3}$

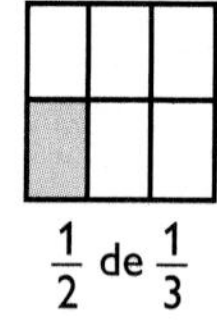

$\frac{1}{2}$ de $\frac{1}{3}$

Cuando no uses modelos para multiplicar fracciones, debes multiplicar los numeradores y luego los denominadores. No se necesita un denominador común.

$$\frac{1}{2} \times \frac{1}{4} = \frac{1}{8}$$

CÓMO MULTIPLICAR FRACCIONES

Multiplica $\frac{3}{4}$ por $2\frac{2}{5}$.

- Si los hay, convierte los números mixtos a *fracciones impropias* (pág. 109).

  $$\frac{3}{4} \times 2\frac{2}{5} = \frac{3}{4} \times \frac{12}{5}$$

- Multiplica los numeradores y los denominadores.

  $$\frac{3}{4} \times \frac{12}{5} = \frac{3 \times 12}{4 \times 5} = \frac{36}{20}$$

- Escribe los **productos** en *forma reducida* (pág. 106), si es necesario.

  $$\frac{36}{20} = 1\frac{16}{20} = 1\frac{4}{5}$$

Practica tus conocimientos

1. $\frac{2}{5} \times \frac{5}{6}$ 2. $\frac{3}{8} \times \frac{2}{9}$ 3. $5\frac{1}{3} \times \frac{3}{8}$

Atajo para multiplicar fracciones

Puedes usar un atajo para multiplicar fracciones. En vez de multiplicar directamente y luego reducir, puedes reducir los **factores** primero.

CÓMO REDUCIR FACTORES

Multiplica $\frac{5}{8}$ por $1\frac{1}{5}$.

$\frac{5}{8} \times 1\frac{1}{5}$

$= \frac{5}{8} \times \frac{6}{5}$

$= \frac{\cancel{5}^{1}}{\cancel{2}_{1} \times 4} \times \frac{\cancel{2}^{1} \times 3}{\cancel{5}_{1}}$

$= \frac{3}{4}$

- Convierte los números mixtos en fracciones impropias, si los hay.
- Reduce los factores, si es posible.
- Multiplica.
- Escribe los productos en forma reducida, si es necesario.

El resultado es $\frac{3}{4}$.

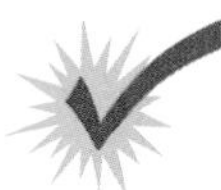

Practica tus conocimientos

4. $\frac{3}{5} \times \frac{1}{6}$ 5. $\frac{4}{7} \times \frac{14}{15}$ 6. $1\frac{1}{2} \times 1\frac{1}{3}$

Halla el recíproco de un número

Para hallar el **recíproco** de un número, invierte el numerador y el denominador.

Número	*Recíproco*
$\frac{3}{5}$	$\frac{5}{3}$
$2 = \frac{2}{1}$	$\frac{1}{2}$
$3\frac{1}{2} = \frac{7}{2}$	$\frac{2}{7}$

Cuando multiplica un número por su recíproco, el producto es 1.

$\frac{3}{8} \times \frac{8}{3} = \frac{24}{24} = 1$

El número 0 no tiene recíproco.

Practica tus conocimientos

Escribe el recíproco de cada número.

7. $\frac{3}{7}$ 8. 3 9. $4\frac{2}{5}$

Divide fracciones

Al dividir una fracción entre otra fracción, por ejemplo $\frac{1}{2} \div \frac{1}{4}$, en realidad lo que estás tratando de hallar es cuántos $\frac{1}{4}$ hay en $\frac{1}{2}$. Por eso la respuesta es 2. Para dividir fracciones debes reemplazar el divisor con su recíproco y luego multiplicar para obtener el resultado.

$$\frac{1}{2} \div \frac{1}{4} = \frac{1}{2} \times \frac{4}{1} = 2$$

CÓMO DIVIDIR FRACCIONES

Divide $\frac{5}{8} \div 3\frac{3}{4}$.

- Convierte los números mixtos en fracciones impropias.

  $\frac{5}{8} \div \frac{15}{4}$

- Reemplaza el divisor por su recíproco y cancela los factores.

  $\frac{5}{8} \times \frac{4}{15} = \frac{\overset{1}{\cancel{5}}}{\underset{2}{\cancel{8}}} \times \frac{\overset{1}{\cancel{4}}}{\underset{3}{\cancel{15}}} = \frac{1}{2} \times \frac{1}{3}$

- Multiplica.

  $\frac{1}{2} \times \frac{1}{3} = \frac{1}{6}$

El resultado es $\frac{1}{6}$.

Practica tus conocimientos

10. $\frac{3}{4} \div \frac{1}{2}$
11. $\frac{5}{7} \div 10$
12. $1\frac{1}{8} \div 4\frac{1}{2}$

Oseola McCarty

Oseola McCarty tuvo que dejar la escuela después del sexto grado. Al principio, ella cobraba $1.50 por bulto de ropa para lavar y después llegó a cobrar $10.00. Ella siempre lograba ahorrar dinero. A la edad de 86 años había acumulado $250,000. En 1995 decidió donar $150,000 para una beca escolar. Su recomendación fue: "El secreto de acumular una fortuna es el interés compuesto. Tienes que dejar tu inversión sin tocarla el tiempo suficiente para que crezca".

2·4 EJERCICIOS

Multiplica.

1. $\frac{3}{7} \times \frac{2}{3}$
2. $\frac{1}{2} \times \frac{8}{9}$
3. $\frac{2}{5} \times 3$
4. $4\frac{1}{5} \times \frac{5}{6}$
5. $3\frac{2}{3} \times 6$
6. $1\frac{5}{6} \times \frac{3}{4}$
7. $1\frac{3}{4} \times 2\frac{1}{7}$
8. $3\frac{2}{5} \times 2\frac{1}{2}$
9. $6 \times 2\frac{1}{2}$
10. $\frac{5}{6} \times 1\frac{1}{5}$
11. $2\frac{2}{3} \times 3\frac{1}{2}$
12. $4\frac{3}{8} \times 1\frac{3}{5}$

Calcula el recíproco de cada número.

13. $\frac{5}{8}$
14. 2
15. $3\frac{1}{5}$
16. $2\frac{2}{5}$
17. $\frac{7}{9}$

Divide.

18. $\frac{3}{4} \div \frac{3}{2}$
19. $\frac{1}{3} \div 2$
20. $\frac{1}{2} \div 1\frac{1}{2}$
21. $\frac{1}{4} \div \frac{1}{2}$
22. $2 \div 2\frac{1}{3}$
23. $3\frac{1}{2} \div 1\frac{3}{4}$
24. $0 \div \frac{1}{4}$
25. $3\frac{1}{5} \div \frac{1}{10}$
26. $1\frac{2}{3} \div 3\frac{1}{5}$
27. $4\frac{2}{3} \div 7$
28. $\frac{2}{9} \div 2\frac{2}{3}$

29. Las niñas representan $\frac{5}{8}$ del total de los alumnos de octavo grado en la escuela secundaria Marshall. Si $\frac{1}{5}$ de las niñas participan en las prácticas para elegir el equipo de baloncesto, ¿a qué fracción del total de alumnos de octavo grado equivalen?

30. En la cafetería, $\frac{1}{3}$ de los postres son productos horneados. Todos los días, antes del almuerzo, los trabajadores de la cafetería dividen los postres de modo que en ambas líneas de servicio haya el mismo número de productos horneados. ¿Qué fracción de todos los postres, en cada línea, son productos horneados?

2·5 Clasifica y ordena decimales

Valor de posición decimal: Décimas y centésimas

Puedes usar lo que ya sabes del **valor de posición** de números enteros para leer y escribir decimales.

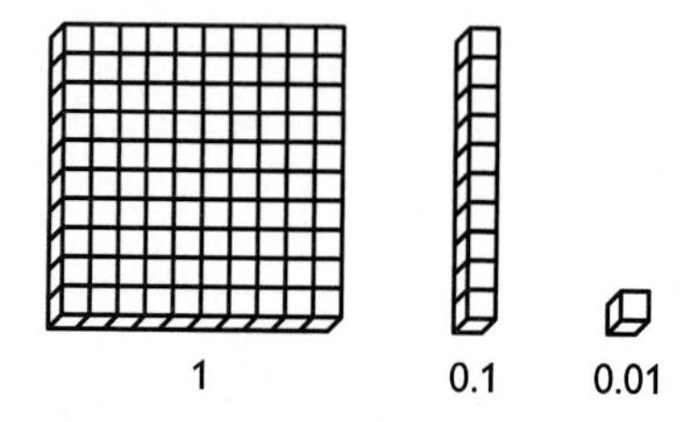

Los bloques de base diez muestran que:
Un entero (1) es 10 veces más grande que 1 décima (0.1).
Una décima (0.1) es 10 veces más grande que una centésima (0.01).

Puedes usar un diagrama de valor de posición para leer y escribir números decimales.

decenas de millar	unidades de millar	centenas	decenas	unidades	décimas	centésimas	
			3	5 .	2	6	treinta y cinco con veintiséis centésimas
	1 ,	0	2	0 .	0	2	mil veinte con dos centésimas
			7	0 .	7		setenta con siete décimas
			7	0 .	7	0	setenta con setenta centésimas
				0 .	3		tres décimas

Para leer el decimal, lee el número entero a la izquierda del punto decimal de la manera normal. Luego di "con" para el punto decimal y busca el último dígito decimal para usar el nombre adecuado.

Puedes escribir un decimal escribiendo el número entero, poniendo un punto decimal, y luego colocando el último dígito del número decimal en la posición que le corresponde.

1,000 + 20 + .02 es 1,020.02 escrito en notación desarrollada. El diagrama de valor de posición puede ayudarte cuando escribas decimales en forma de notación desarrollada. Escribe cada posición que no sea cero, como un número y los sumas.

Practica tus conocimientos

Escribe el decimal.

1. uno con cincuenta centésimas
2. treinta con dos centésimas
3. dieciséis con sesenta y tres centésimas
4. tres centésimas

Valor de posición decimal: Milésimas

Se usan las milésimas como una medida precisa en estadísticas deportivas y estudios científicos. El número 1 equivale a 1,000 milésimas y una centésima es igual a 10 milésimas ($\frac{1}{100} = \frac{10}{1{,}000}$).

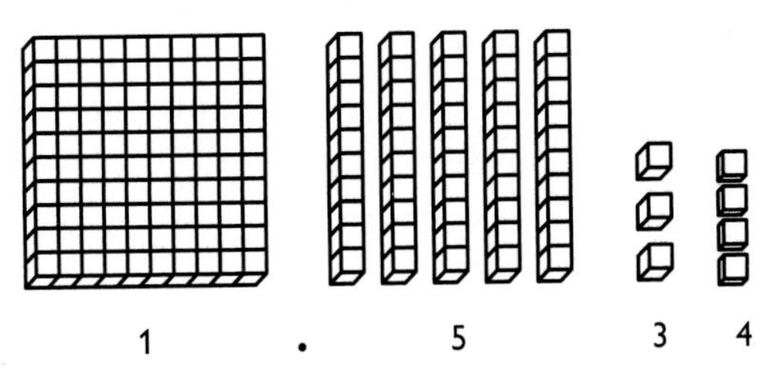

Los bloques de base diez muestran el número decimal 1.534.

- Lee el número:
  "uno *con* quinientos treinta y cuatro milésimas"
- El número decimal en forma desarrollada es:
  1 + 0.5 + 0.03 + 0.004

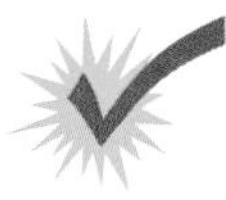

Practica tus conocimientos

Escribe el decimal en palabras.

5. 0.365
6. 1.102
7. 0.054

Nombra decimales mayores y menores que uno

Los números decimales se basan en unidades de diez.

decenas de millar 10,000
unidades de millar 1,000
COMA (para separar los millares)
centenas 100
decenas 10
unidades 1
PUNTO DECIMAL
décimas 0.1 $\frac{1}{10}$
centésimas 0.01 $\frac{1}{100}$
milésimas 0.001 $\frac{1}{1,000}$
diezmilésimas 0.0001 $\frac{1}{10,000}$
cienmilésimas 0.00001 $\frac{1}{100,000}$

El diagrama muestra el valor para algunos de los dígitos de un decimal. Puedes usar un diagrama de valor de posición como ayuda al nombrar decimales mayores y menores que uno.

CÓMO NOMBRAR DECIMALES

Determina el valor de los dígitos en 36.7542.

- Los valores a la izquierda del punto decimal son mayores que uno.

  36 es igual a 3 decenas y 6 unidades.

- Lee el decimal. El nombre del decimal depende del valor de posición del último dígito.

  El último dígito (2) está en la posición de las diezmilésimas.

36.7542 se lee como treinta y seis *con* siete mil quinientas cuarenta y dos diezmilésimas.

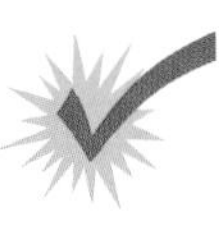

Practica tus conocimientos

Usa el diagrama de valor de posición para determinar que significa cada dígito en negrillas. Luego escribe el número en palabras.

8. **5**.306
9. 0.05**8**
10. 6.00**1**5
11. 0.0020**6**

Compara decimales

Los ceros se pueden añadir a la derecha del decimal de la siguiente manera, sin cambiar su valor.

$$1.039 = 1.0390 = 1.03900 = 1.039000...$$

Para comparar decimales, puedes comparar su valor de posición.

CÓMO COMPARAR DECIMALES

Compara 21.6032 y 21.6029.

- Comienza por la izquierda. Halla la primera posición en que los números son diferentes.

  21.6032 y 21.6029

  ↑ ↑

  El lugar de las milésimas es diferente.

- Compara los dígitos que son diferentes.

  $3 > 2$

- La comparación de los números equivale a la comparación de los dígitos.

$21.6032 > 21.6029$

Practica tus conocimientos

Escribe $>$, $<$ o $=$.

12. 0.2678 □ 0.2695
13. 24.95 □ 23.95
14. 0.007 □ 0.070

Ordena decimales

Para escribir los decimales de menor a mayor y al revés, tienes que comparar primero los números, de dos en dos.

Por ejemplo, ordena los decimales: 2.143; 0.214; y 2.14:

- Compara los números de dos en dos.
  2.143 > 2.140 2.140 > 0.214
- Ordénalos de menor a mayor.
  0.214; 2.14; 2.143

Practica tus conocimientos

Ordena de menor a mayor.

15. 0.7539; 0.754; 0.753; 0.759
16. 12.427; 12.0427; 12.4273; 12.00427

Redondea decimales

El redondeo de decimales es similar al redondeo de números enteros.

CÓMO REDONDEAR DECIMALES

Redondea 15.067 en centésimas.

- Halla la posición a redondear. 15.067 ↑ centésimas
- Observa el dígito a la derecha de la posición a redondear. 15.067
- Si es menor que 5, no cambies el dígito de la posición a redondear. Si es mayor que o igual a 5, aumenta el dígito por 1. 7 > 5
- Escribe el número redondeado.

15.067 redondeado en centésimas es 15.07.

Practica tus conocimientos

Redondea cada decimal en centésimas.

17. 2.115
18. 38.412

2·5 NOMBRA Y ORDENA DECIMALES

2·5 EJERCICIOS

Escribe el valor de cada dígito en negrillas.

1. 7.0**8**9
2. 4.6999**5**
3. 1.**2**34
4. 34.49**8**

Escribe el decimal.

5. tres con cincuenta y seis milésimas
6. nueve décimas
7. ochocientas noventa con cuatro diezmilésimas
8. veintitrés con seiscientos cuarenta y tres cienmilésimas

Escribe el decimal en palabras.

9. 0.342
10. 43.9
11. 0.9999

Compara. Usa <, > o =.

12. 1.407 □ 1.470
13. 276.4 □ 276.40
14. 0.82991 □ 0.82909
15. 3.966 □ 3.960

Ordena de menor a mayor.

16. 12.444; 12.140; 12.404; 12,400
17. 0.96; 10.96; 0.96666; 109.6
18. 0.5; 0.55; 0.505; 0.055
19. 5.01; 50.1; 0.51; 0.15

Redondea cada decimal a la posición indicada.

20. 7.931, décimas
21. 1.9316, milésimas
22. 67.006, centésimas
23. 4.98745, diezmilésimas

24. La familia Wong viajó 433.44 millas el sábado, 403.41 millas el domingo y 433.43 millas el lunes. ¿Cuál de esos días recorrieron una mayor distancia?

25. Sonja depositó las siguientes cantidades en su cuenta de ahorros: $484.59; $386.90; $566.89; y $345.45. Ordena los depósitos de menor a mayor.

2·6 Operaciones decimales

Suma y resta decimales

La suma y resta de decimales es muy parecida a la suma de números enteros.

CÓMO SUMAR Y RESTAR DECIMALES

Suma 6.75 + 29.49 + 16.9.

- Alinea los puntos decimales.

$$\begin{array}{r} 6.75 \\ +29.49 \\ \underline{16.9} \end{array}$$

- Suma o resta la posición más hacia la derecha. Convierte, si es necesario.

$$\begin{array}{r} 1 \\ 6.75 \\ 29.49 \\ \underline{+16.9} \\ 4 \end{array}$$

- Suma o resta la siguiente posición hacia la izquierda. Convierte, si es necesario.

$$\begin{array}{r} 2 \\ 6.75 \\ 29.49 \\ \underline{+16.9} \\ 14 \end{array}$$

- Continúa hasta finalizar con los números enteros. Escribe el punto decimal en el resultado.

$$\begin{array}{r} 6.75 \\ 29.49 \\ \underline{+16.9} \\ 53.14 \end{array}$$

Practica tus conocimientos

Resuelve.

1. 1.387 + 2.3444 + 3.45
2. 0.7 + 87.8 + 8.174
3. 56.13 − 17.59
4. 826.7 − 24.6444

Estima sumas y restas de decimales

Una de las formas de **estimar** la suma y resta de decimales es usando números compatibles. Los números compatibles son números que se acercan al número verdadero del problema, pero que facilitan el cálculo mental.

CÓMO ESTIMAR LA SUMA Y RESTA DE DECIMALES

Estima la suma de 4.344 + 7.811.

- Reemplaza los números por números compatibles.

  $4.344 \rightarrow 4$

  $7.811 \rightarrow 8$

- Suma los números.

  $4 + 8 = 12$

Calcula la diferencia de 19.8 − 11.2.

$19.8 \rightarrow 20$

$11.2 \rightarrow 10$

$20 - 10 = 10$

Practica tus conocimientos

Estima cada suma o diferencia.

5. 4.63 + 7.71
6. 12.4 − 10.66
7. 19.055 − 4.41
8. 124.95 + 59.50 + 100.40

Multiplica decimales

La multiplicación de decimales es muy parecida a la multiplicación de números enteros. Puedes usar una plantilla de 10 × 10 para visualizar la multiplicación de decimales. Cada cuadradito es igual a una centésima.

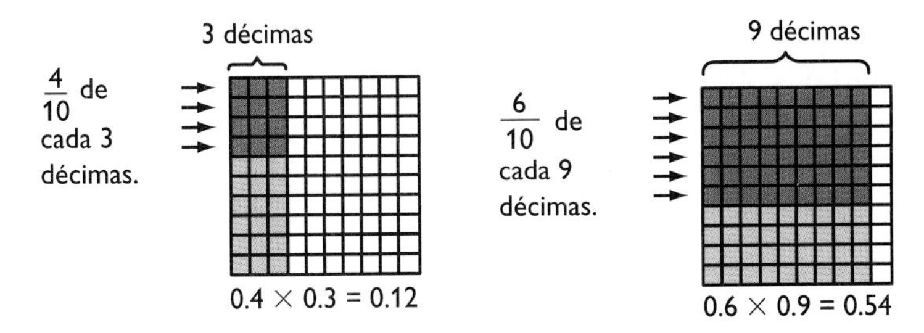

CÓMO MULTIPLICAR DECIMALES

Multiplica 42.8×0.06.

- Multiplica cómo si fueran **números enteros.**

$$\begin{array}{r} 42.8 \\ \times\ 0.06 \\ \hline 2568 \end{array} \qquad \begin{array}{r} 428 \\ \times\ 6 \\ \hline 2568 \end{array}$$

- Añade el número de lugares decimales para los factores.

$$\begin{array}{rl} 42.8 & \leftarrow 1 \text{ lugar decimal} \\ \underline{\times\ 0.06} & \leftarrow 2 \text{ lugares decimales} \\ & 1 + 2 = 3 \text{ lugares decimales} \end{array}$$

- Escribe el punto decimal en el producto.

$$\begin{array}{rl} 42.8 & \leftarrow 1 \text{ lugar decimal} \\ \times\ 0.06 & \leftarrow 2 \text{ lugares decimales} \\ \hline 2.568 & \leftarrow 3 \text{ lugares decimales} \end{array}$$

$42.8 \times 0.06 = 2.568$

Practica tus conocimientos

Multiplica.

9. 22.03×2.7

10. 9.655×8.33

Estima productos decimales

Para estimar productos decimales, puedes reemplazar números dados con números compatibles. Los números compatibles son números estimados que se eligen porque son más apropiados para el cálculo mental.

Estima 26.2×52.3.

- Reemplaza los factores con números compatibles.

  $26.2 \rightarrow 30 \quad 52.3 \rightarrow 50$

- Multiplica mentalmente.

  $30 \times 50 = 1{,}500$

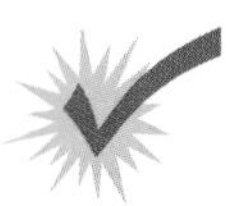

Practica tus conocimientos

Estima cada producto mediante números compatibles.

11. 12.75 × 91.3 12. 3.76 × 0.61

Multiplica decimales con ceros en el producto

Algunas veces, al multiplicar decimales tienes que agregar ceros en el producto.

CEROS EN EL PRODUCTO

Multiplica 0.2 × 0.375.

- Multiplica como si fueran números enteros.

$$\begin{array}{r} 0.375 \\ \underline{\times\ 0.2} \end{array} \qquad \begin{array}{r} 375 \\ \underline{\times\ 2} \\ 750 \end{array}$$

- Cuenta los lugares decimales de los factores.

$$\begin{array}{rl} 0.375 & \leftarrow \text{3 lugares decimales} \\ \underline{\times\ 0.2} & \leftarrow \text{1 lugar decimal} \\ 750 & \end{array}$$

- El producto debe tener el mismo número de lugares decimales que los factores. Agrega ceros en el producto, de ser necesario.

  Como se necesitan 4 lugares decimales en el producto, escribe un cero a la izquierda del 7.

0.2 × 0.375 = 0.0750 = 0.075

Practica tus conocimientos

Multiplica.

13. 0.24 × 0.3 14. 0.0007 × 4.033

Divide decimales

La división de decimales se parece a la división de números enteros. Puedes usar un modelo como ayuda para dividir decimales. Por ejemplo, 0.8 ÷ 0.2 significa, ¿cuántos grupos de 0.2 hay en 0.8? Hay 4 grupos de 0.2 en 0.8, por lo tanto 0.8 ÷ 0.2 = 4.

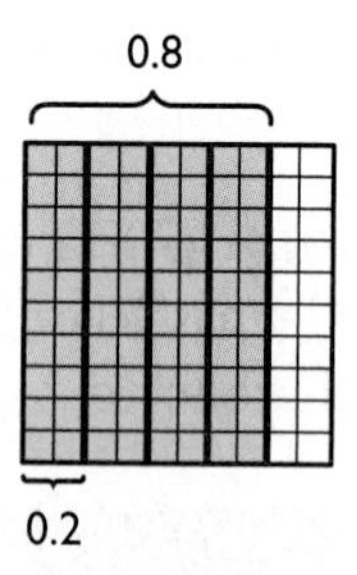

CÓMO DIVIDIR DECIMALES

Divide 38.35 ÷ 6.5.

- Multiplica el divisor por una potencia de diez para que se convierta en un número entero.
  $6.5\overline{)38.35}$
  6.5 × 10 = 65
- Multiplica el dividendo por la misma potencia de diez.
  $65.\overline{)383.5}$
  38.35 × 10 = 383.5
- Escribe el punto decimal en el cociente.
  $65.\overline{)383.5}$
- Divide.

$$\begin{array}{r} \mathbf{5.9} \\ 65.\overline{)383.5} \\ \underline{325} \\ 58\,5 \\ \underline{58\,5} \\ 0 \end{array}$$

38.35 ÷ 6.5 = 5.9

Practica tus conocimientos

Divide.

15. 211.68 ÷ 9.8
16. 42.363 ÷ 8.1
17. 444.36 ÷ 4.83
18. 1.548 ÷ 0.06

Ceros en la división

Al dividir decimales, puedes usar ceros para mantener las posiciones en el dividendo.

CEROS EN LA DIVISIÓN

Divide 375.1 ÷ 6.2.

- Multiplica el divisor y el dividendo por una potencia de diez. Escribe el punto decimal.

$$6.2\overline{)375.1}$$
$$6.2 \times 10 = 62$$
$$375.1 \times 10 = 3751$$

- Divide.

$$\begin{array}{r} 60. \\ 62.\overline{)3751.} \\ \underline{372} \\ 31 \\ \underline{0} \\ 31 \end{array}$$

- Usa ceros para mantener las posiciones en el dividendo. Continúa dividiendo hasta que el residuo sea cero.

$$\begin{array}{r} 60.5 \\ 62.\overline{)3751.0} \\ \underline{372} \\ 31 \\ \underline{0} \\ 310 \\ \underline{310} \\ 0 \end{array}$$

375.1 ÷ 6.2 = 60.5

Practica tus conocimientos

Divide hasta que el residuo sea cero.

19. 0.7042 ÷ 0.07

20. 37.2 ÷ 1.5

Redondea cocientes decimales

Puedes usar una calculadora para dividir decimales y redondear cocientes. Divide 6.3 entre 2.6. Redondea en centésimas.

- Usa tu calculadora para dividir.

  6.3 [÷] 2.6 [=] [2.4230769]

- Para redondear el cociente, mira la posición a la derecha del lugar a redondear. Luego redondea.

  2.4230769 se redondea en 2.42.

SAlgunas calculadoras tienen la función "fix". Presiona [FIX] y el número de lugares decimales que desees. La calculadora redondeará todos los números a ese número de lugares decimales.

Practica tus conocimientos

Usa una calculadora para calcular cada cociente. Redondea en centésimas.

21. 0.0258 ÷ 0.345

22. 0.817 ÷ 1.25

¿Lujos o necesidades?

China tiene una de las economías más prósperas del mundo. Después de años de trabajo arduo, el país no ha podido todavía proveer de ciertas comodidades a su gran población de casi 1,200,000,000.

	China	Estados Unidos
Número de personas por teléfono	**36.4**	**1.3**
Número de personas por TV	**6.7**	**1.2**

Cuando China tenga el mismo número de teléfonos por persona que Estados Unidos, ¿cuántos tendrá? Consulta la respuesta en el Solucionario.

2·6 EJERCICIOS

Estima cada suma o diferencia.

1. $7.61 - 0.82$
2. $9.34 - 5.82$
3. $\$25.55 + \$195.38$
4. $4.972 + 3.548$
5. $6.42 - 0.81$

Suma.

6. $256.3 + 0.624$
7. $78.239 + 38.6$
8. $7.02396 + 4.88$
9. $\$250.50 + \$385.16$
10. $2.9432 + 1.9 + 3 + 1.975$

Resta.

11. $43 - 28.638$
12. $58.543 - 0.768$
13. $435.2 - 78.376$
14. $38.3 - 16.254$
15. $11.01 - 2.0063$

Multiplica.

16. 0.66×17.3
17. 0.29×6.25
18. 7.526×0.33
19. 37.82×9.6
20. 22.4×9.4

Divide hasta que el residuo sea cero.

21. $29.38 \div 0.65$
22. $62.55 \div 4.5$
23. $84.6 \div 4.7$
24. $0.657 \div 0.6$

Divide. Redondea en centésimas.

25. $142.7 \div 7$
26. $2.55 \div 1.6$
27. $22.9 \div 6.2$
28. $15.25 \div 2.3$

29. La Luna recorre su órbita alrededor de la Tierra en 27.3 días. ¿Cuántas veces recorre su órbita en 365.25 días? Redondea la respuesta en centésimas.

30. Los astronautas Scott e Irwin, del *Apollo 11*, recorrieron alrededor de 26.4 km en la superficie de la Luna con el vehículo lunar. Su velocidad promedio fue de 3.3 km/hr. ¿Cuánto tiempo viajaron en el vehículo lunar?

2·7 El significado de porcentaje

Nombra porcentajes

Un **porcentaje** es la razón de un número entre 100. Porcentaje significa *de cada cien* y se representa con el símbolo %.

Puedes usar papel cuadriculado para modelar porcentajes. Hay 100 cuadrados en una planilla de 10 por 10. Puedes usar la planilla para representar 100%. Dado que porcentaje significa "de cada 100", es fácil ver qué porcentaje de la planilla de 100 cuadrados está sombreado.

25 de 100 son azules (25% son azules).

10 de 100 son rojos (10% son rojos).

50 de 100 son blancos (50% son blancos).

15 de 100 son amarillos (15% son amarillos).

Practica tus conocimientos

¿Qué porcentaje de cada cuadrado está sombreado?

1. 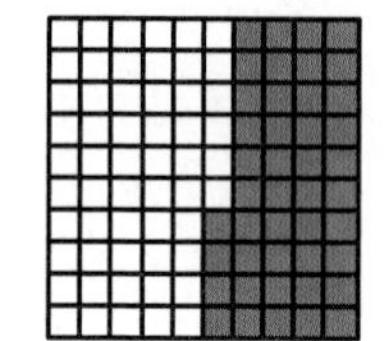

2. 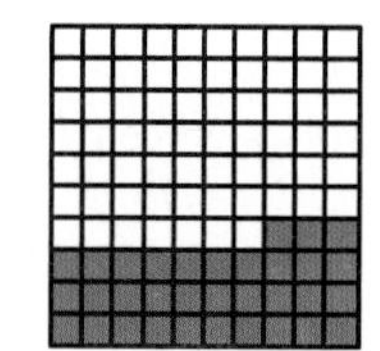

Entiende el significado de porcentaje

Cualquier *razón* con 100 como el segundo número se puede expresar de tres maneras. Puedes escribir la razón como fracción, como decimal o como porcentaje.

> Una moneda de 25¢ es el 25% de $1.00. Puedes expresar esto como 25¢, $0.25, $\frac{1}{4}$ de un dólar, $\frac{25}{100}$ de un dólar y 25% de un dólar.

Una manera de pensar en porcentajes es familiarizándote con algunos puntos de referencia. Puedes basar tus conocimientos sobre porcentajes en algunos de estos **puntos de referencia.** Los puntos de referencia te pueden servir para estimar porcentajes de otras cosas.

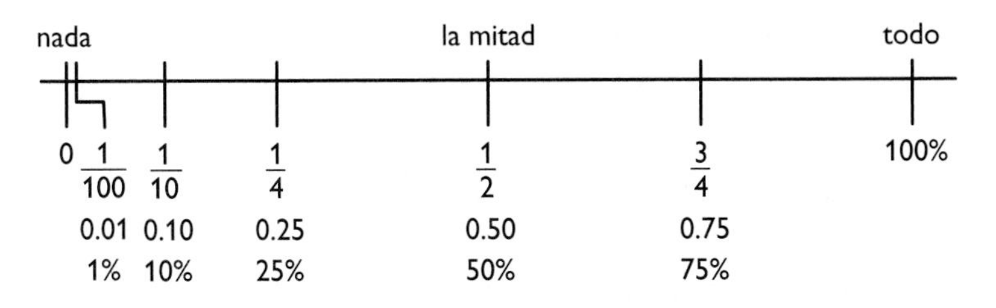

CÓMO ESTIMAR PORCENTAJES

Estima el 26% de 200.

- Escoge una referencia o combinación de referencias cercanas al porcentaje que buscas.

  26% es acerca a 25%.

- Halla la fracción o decimal equivalente a la referencia del porcentaje.

  $\frac{1}{4}$ es igual al 25%.

- Usa el equivalente para estimar el porcentaje.

  $\frac{1}{4}$ de 200 es 50.

26% de 200 es aproximadamente 50.

Practica tus conocimientos

Usa referencias fraccionarias para estimar los porcentajes.

3. 47% de 300
4. 22% de 400
5. 72% de 200
6. 99% de 250

Estima porcentajes mentalmente

Puedes usar referencias fraccionarias o decimales en situaciones reales como ayuda para estimar el porcentaje de algo, como por ejemplo, la propina en un restaurante.

Estima el 15% de una propina para una cuenta de \$5.45.

- Redondea a un número conveniente.

  \$5.45 se redondea a \$5.50.

- Piensa en una referencia porcentual o en una combinación de referencias.

  $15\% = 10\% + 5\%$ $10\% = 0.10 = \frac{1}{10}$ 5% = mitad de 10%

- Multiplica mentalmente.

  10% de \$5.50 $= 0.10 \times 5.50 = .55$

  5% de \$5.50 = mitad de 10% = mitad de 0.55 = cerca de 0.25

  $0.55 + 0.25$ = alrededor de 0.80

La propina es de aproximadamente \$0.80.

Practica tus conocimientos

Estima la cantidad de cada propina.

7. 20% de \$4.75

8. 15% de \$40

La honradez paga

En el asiento trasero de su taxi, David Hacker, un taxista, se encontró una billetera con \$25,000, cantidad más o menos equivalente a su salario de un año.

El nombre del dueño estaba en la cartera. Hacker se acordó a donde lo había llevado, se fue directo al hotel y se encontró con el hombre. El dueño de la cartera era un hombre de negocios quien, al darse cuenta que había perdido su cartera, pensó que nunca más la volvería a ver. ¡Nunca pensó que hubiera alguien tan honesto! En recompensa, allí mismo le dio al taxista cincuenta billetes de \$100.

¿Qué porcentaje del dinero recibió Hacker como recompensa? Consulta la respuesta en el Solucionario, ubicado al final del libro.

2•7 EJERCICIOS

Escribe el porcentaje correspondiente a la parte sombreada.

1. 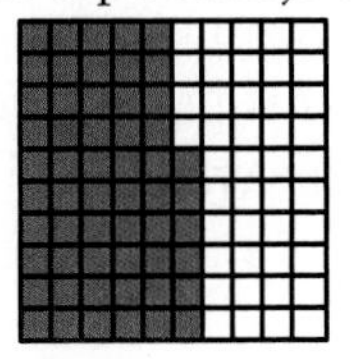

2. 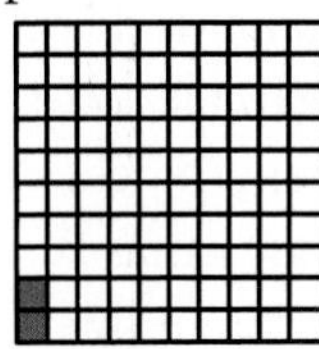

3. 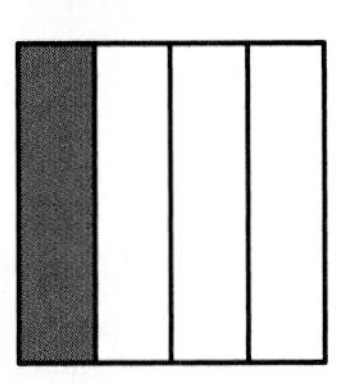

4. 

5. 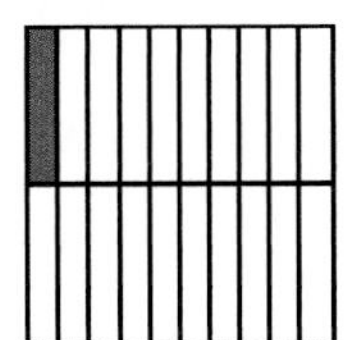

6. 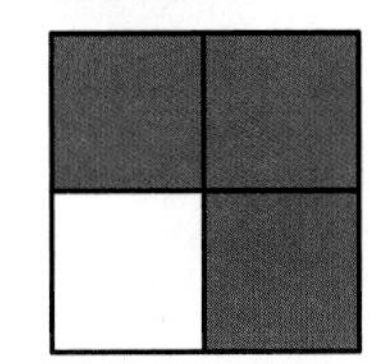

7. Si encestaste la mitad de tus tiros libres, ¿qué porcentaje de aciertos tuviste?

Usa las referencias fraccionarias para estimar el porcentaje de cada número.

8. 15% de 200
9. 49% de 800
10. 2% de 50
11. 76% de 200
12. Estima el 15% de propina para una cuenta de $65.
13. Estima el 20% de propina para una cuenta de $49.
14. Estima el 10% de propina para una cuenta de $83.
15. Estima el 18% de propina para una cuenta de $79.

2·8 Usa y calcula porcentajes

Calcula el porcentaje de un número

Hay muchas maneras de calcular el porcentaje de un número. Puedes usar decimales o fracciones. Para calcular el porcentaje de un número, primero debes convertir el porcentaje en decimal o fracción. A veces es más fácil convertir en decimal y otras veces es más fácil convertir en fracción.

Para calcular el 30% de 80, puedes usar el método de fracción o el método decimal.

DOS MÉTODOS PARA CALCULAR EL PORCENTAJE DE UN NÚMERO

Calcula el 30% de 80.

MÉTODO DECIMAL

- Convierte el porcentaje a decimal.

  $30\% = 0.3$

- Multiplica.

  $80 \times .3 = 24$

MÉTODO FRACCIONARIO

- Convierte el porcentaje a una fracción reducida.

  $30\% = \frac{30}{100} = \frac{3}{10}$

- Multiplica.

  $80 \times \frac{3}{10} = 24$

Por lo tanto, 30% de 80 = 24.

Practica tus conocimientos

Calcula el porcentaje de cada número.

1. 80% de 75
2. 95% de 700
3. 21% de 54
4. 75% de 36

Calcula el porcentaje de un número: Método proporcional

Puedes usar proporciones como ayuda en el cálculo del porcentaje de un número.

CÓMO CALCULAR EL PORCENTAJE DE UN NÚMERO: MÉTODO PROPORCIONAL

Pei trabaja en una tienda de artículos deportivos. Ella recibe una comisión del 12% en sus ventas. El mes pasado vendió $9,500 en artículos deportivos. ¿Cuánto fue su comisión?

- Usa una proporción para calcular el porcentaje de un número.

  P = Parte (de la base o total) R = Tasa (porcentaje)

  B = Base (total) $\frac{P}{R} = \frac{B}{100}$

- Identifica qué información tienes, antes de despejar la incógnita.

  P es la incógnita conocida como x. R es el 12%. B es el $9,500.

- Establece la proporción.

  $\frac{P}{R} = \frac{B}{100}$ $\frac{x}{12} = \frac{9{,}500}{100}$

- Halla los productos cruzados.

  $100x = 114{,}000$

- Divide ambos lados de la ecuación entre el valor de x.

  $\frac{114{,}000}{100} = \frac{100x}{100}$ $1{,}140 = x$

Pei recibió una comisión de $1,140.

Practica tus conocimientos

Usa una proporción para calcular el porcentaje de cada número.

5. 95% de 700
6. 150% de 48
7. 65% de 200
8. 85% de 400

Calcula porcentajes y bases

Puede ser un poco confuso calcular qué porcentaje un número es de otro, y qué número es cierto porcentaje de otro número. Puedes facilitar el proceso al establecer y resolver una proporción.

Usa la razón $\frac{P}{B} = \frac{R}{100}$ donde P = Parte (de la base), B = Base (total) y R = Tasa (porcentaje).

CÓMO CALCULAR EL PORCENTAJE

¿Qué porcentaje de 70 es 14?

- Usa la siguiente fórmula para establecer una proporción.

  $\frac{\text{Parte}}{\text{Base}} = \frac{\text{Tasa}}{100}$

  $\frac{14}{70} = \frac{n}{100}$

  (El número después de la palabra *de* es la base.)
- Escribe los productos cruzados de la proporción.

  $14 \times 100 = 70 \times n$
- Calcula los productos.

  $1{,}400 = 70n$
- Divide ambos lados de la ecuación entre el coeficiente de n.

  $\frac{1{,}400}{70} = \frac{70n}{70}$

  $n = 20$

14 es el 20% de 70.

Practica tus conocimientos

Resuelve.

9. ¿Qué porcentaje de 240 es 80?
10. ¿Qué porcentaje de 64 es 288?
11. ¿Qué porcentaje de 2 es 8?
12. ¿Qué porcentaje de 55 es 33?

CÓMO CALCULAR LA BASE

¿De qué número es 12 el 48%?

- Establece una proporción porcentual usando esta fórmula.

  $\frac{\text{Parte}}{\text{Base}} = \frac{\text{Porcentaje}}{100}$

  (La expresión *qué número* después de la palabra *de* es la base.)

  $\frac{12}{n} = \frac{48}{100}$

- Escribe los productos cruzados de la proporción.

  $12 \times 100 = 48 \times n$

- Calcula los productos.

  $1200 = 48n$

- Divide ambos lados de la ecuación entre el coeficiente de n.

  $\frac{1200}{48} = \frac{48n}{48}$

  $n = 25$

12 es el 48% de 25.

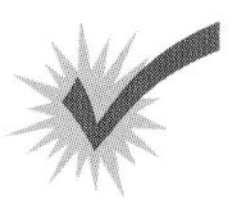

Practica tus conocimientos

13. ¿De qué número es 52 el 50%?
14. ¿De qué número es 15 el 75%?
15. ¿De qué número es 40 el 160%?
16. ¿De qué número es 84 el 7%?

Porcentaje de aumento o disminución

A veces, es útil llevar un registro de tus gastos mensuales. Mantener este registro te permitirá ver el porcentaje de aumento o disminución de tus gastos. Puedes hacer una tabla para registrar tus gastos.

GASTOS	SEPTIEMBRE	OCTUBRE	AUMENTO O DISMINUCIÓN (CANTIDAD)	(%)
Alimentos	225	189	36	16%
Viajes	75	93	18	
Renta	360	375	15	4%
Ropa	155	62	93	60%
Varios	135	108	27	20%
Diversiones	80	44		
Total	1,030	871	159	15%

Puede usar una calculadora para calcular el porcentaje de aumento o disminución.

CÓMO CALCULAR EL PORCENTAJE DE AUMENTO

Durante el mes de noviembre se gastaron $75 en viajes. En octubre el gasto fue de $93.

- Usa una calculadora para ingresar lo siguiente.

  nueva cantidad [−] cantidad original [=] cantidad de aumento

  93 [−] 75 [=] [18.]

- Deja la respuesta en la calculadora.

  [18.]

- Usa la calculadora para dividir la cantidad de aumento entre la cantidad original.

  $\frac{\text{cantidad de aumento}}{\text{cantidad original}}$ [=] porcentaje de aumento

  [18.] [÷] 75 [%] [=] [0.24]

- Redondea en centésimas y convierte a porcentaje.

  0.24 = 24%

El porcentaje de aumento de $75 a $93 es 24%.

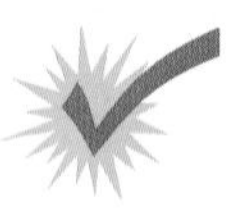

Practica tus conocimientos

Usa una calculadora para calcular el porcentaje de aumento.

17. 56 a 70
18. 20 a 39
19. 45 a 99
20. 105 a 126

CÓMO CALCULAR EL PORCENTAJE DE DISMINUCIÓN

Durante el mes de septiembre se gastaron \$80 en diversiones. En octubre, el gasto fue de \$44. Puedes usar una calculadora para calcular el porcentaje de disminución.

- Usa una calculadora para ingresar lo siguiente.

80 [−] 44 [=] [36.]

- Deja la respuesta en la calculadora.

[36.]

- Usa la calculadora para dividir la cantidad de disminución entre la cantidad original.

$\frac{\text{cantidad de disminución}}{\text{cantidad original}}$ [=] % de disminución

[36.] [÷] 80 [%] [=] [0.45]

- Redondea en centésimas y convierte el decimal a porcentaje.

0.45 = 45%

El porcentaje de disminución de \$80 a \$44 es 45%.

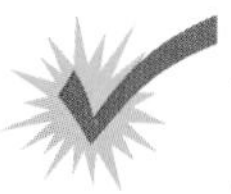

Practica tus conocimientos

Usa tu calculadora para calcular el porcentaje de disminución.

21. 72 a 64
22. 46 a 23
23. 225 a 189
24. 120 a 84

Descuentos y precios de oferta

Un **descuento** es la cantidad que se le reduce al precio regular de un artículo. El precio de oferta es el precio regular menos el descuento. Los precios regulares en las tiendas de descuento son menores que el sugerido por el fabricante. Puedes usar porcentajes para calcular el descuento y el precio de oferta resultante.

El reproductor de cedés tiene un precio regular de $109.99. Ahora está en oferta con 25% de descuento. ¿Cuánto dinero ahorrarías si compraras el artículo en oferta?

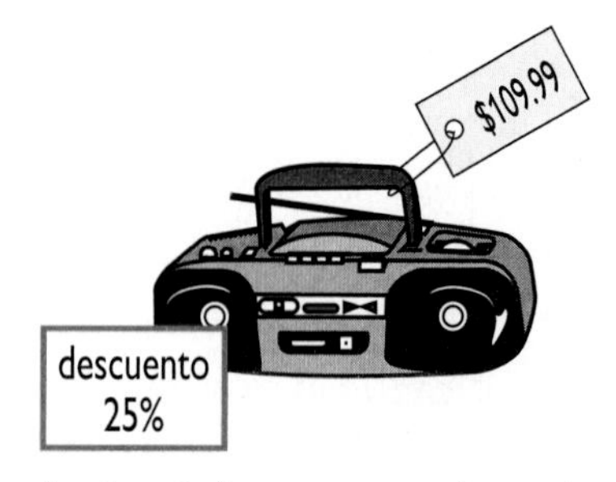

Puedes usar una calculadora para calcular el descuento y el precio de oferta de un artículo.

CÓMO CALCULAR DESCUENTOS Y PRECIOS DE OFERTA

El precio regular de un artículo es $109.99. El porcentaje de descuento es 25%. Calcula el descuento y el precio de oferta.

- Usa una calculadora para multiplicar el precio regular por el porcentaje de descuento.

  precio regular [×] porcentaje de descuento [=] descuento

  109.99 [×] 25 [%] [=] [27.4975]

- Si es necesario, redondea el descuento en centésimas.

  27.4975 = 27.50

  El descuento es de $27.50.

- Usa la calculadora para restar el descuento del precio regular. Esto te dará el precio de oferta.

  precio regular [−] descuento [=] precio de oferta

  109.99 [−] 27.50 [=] [82.49]

El precio de oferta es $82.49.

Practica tus conocimientos

Usa una calculadora para calcular el descuento y el precio de oferta.

25. Precio regular: $813.25, porcentaje de descuento: 20%
26. Precio regular: $18.90, porcentaje de descuento: 30%

Estima el porcentaje de un número

Para estimar el porcentaje de un número, puedes usar lo que ya sabes sobre números compatibles y fracciones simples. Puedes usar esta tabla como ayuda para estimar el porcentaje de un número.

Porcentaje	1%	5%	10%	20%	25%	$33\frac{1}{3}$%	50%	$66\frac{2}{3}$%	75%	100%
Fracción	$\frac{1}{100}$	$\frac{1}{20}$	$\frac{1}{10}$	$\frac{1}{5}$	$\frac{1}{4}$	$\frac{1}{3}$	$\frac{1}{2}$	$\frac{2}{3}$	$\frac{3}{4}$	1

ESTIMA EL PORCENTAJE DE UN NÚMERO

Estima el 17% de 46.

- Calcula el porcentaje que esté más cercano al porcentaje que necesitas.

  17% está cerca de 20%.

- Halla la fracción equivalente para el porcentaje.

  20% es equivalente a $\frac{1}{5}$.

- Halla un número compatible para el número para el cual necesitas calcular el porcentaje.

  46 es casi 50.

- Usa la fracción para calcular el porcentaje.

  $\frac{1}{5}$ de 50 es 10.

17% de 46 es aproximadamente 10.

Practica tus conocimientos

Usa números compatibles para estimar.

27. 67% de 150
28. 35% de 6
29. 27% de 54
30. 32% de 89

Calcula el interés simple

Cuando tienes una cuenta de ahorros, el banco te paga por usar tu dinero. Cuando pides un préstamo, le pagas al banco por el uso de su dinero. En ambas situaciones el pago se llama *interés.* La cantidad de dinero que pides prestada o que ahorras se llama *capital.*

Quieres pedir prestado $5,000 al 7% de interés por 3 años. Para saber cuánto interés tendrás que pagar, puedes usar la fórmula $I = P \times R \times T$. La siguiente tabla te ayudará a entender la fórmula.

P	Capital: la cantidad de dinero que pides prestado o que ahorras
R	Tasa de interés o rédito: un porcentaje del capital que pagas o ganas
T	Tiempo: el periodo de tiempo que debes o ahorras el dinero
I	Interés total: interés que pagas o que ganas durante todo el tiempo
A	Cantidad: monto total (capital más intereses) que pagas o ganas

CÓMO CALCULAR EL INTERÉS SIMPLE

Usa una calculadora para calcular la cantidad total que pagarás, si pides un préstamo de $5,000 al 7% de interés simple por un periodo de 3 años.

- Multiplica el capital (P) por la tasa de interés (R) por el tiempo (T) para calcular el interés (I) que pagarás.

  $P \times R \times T = I$

  5000 [×] 7 [%] [×] 3 [=] [1050.]

  $1,050 es el interés.

- Para calcular la cantidad total que pagarás, suma el capital y el interés.

  $P + I = A$

  5000 [+] 1050 [=] [6050.]

$6,050 es la cantidad total de dinero que pagarás.

Practica tus conocimientos

Calcula el interés (I) y la cantidad total (A).

31. Capital: $4,800
    Tasa de interés: 12.5%
    Tiempo: 3 años

32. Capital: $2,500
    Tasa de interés: 3.5%
    Tiempo: $1\frac{1}{2}$ años

2·8 EJERCICIOS

Calcula el porcentaje de cada número.

1. 2% de 50
2. 42% de 700
3. 125% de 34
4. 4% de 16.3

Resuelve.

5. ¿Qué porcentaje de 60 es 48?
6. ¿Qué porcentaje de 70 es 14?
7. ¿Qué porcentaje de 20 es 3?
8. ¿Qué porcentaje de 8 es 6?

Resuelve.

9. ¿De qué número es 492 el 82%?
10. ¿De qué número es 18 el 24%?
11. ¿De qué número es 4.68 el 3%?
12. ¿De qué número es 24 el 80%?

Calcula el porcentaje de aumento y disminución. Redondea al porcentaje más cercano.

13. 20 a 39
14. 175 a 91
15. 112 a 42

Estima el porcentaje de cada número.

16. 48% de 70
17. 34% de 69

18. Mariko necesitaba un casco para poder usar su tobogán para nieve en la rampa tubular del Holiday Mountain. Compró con 45% de descuento un casco cuyo precio regular es $39.50. ¿Cuánto ahorró? ¿Cuánto pagó?
19. Un tobogán para nieve está en oferta con un descuento de 20% sobre su precio regular de $389.50. Calcula el descuento y el precio de oferta del tobogán.

Calcula el descuento y el precio de oferta.

20. Precio regular: $80
    Porcentaje de descuento: 20%
21. Precio regular: $17.89
    Porcentaje de descuento: 10%
22. Precio regular: $1,200
    Porcentaje de descuento: 12%
23. Precio regular: $250
    Porcentaje de descuento: 18%

Calcula el interés. Usa una calculadora.

24. $P = \$9{,}000$
    $R = 7.5\%$ anual
    $T = 2\frac{1}{2}$ años
25. $P = \$1{,}500$
    $R = 9\%$ anual
    $T = 2$ años

2•9 Relaciones entre fracciones, decimales y porcentajes

Porcentajes y fracciones

Los porcentajes y las fracciones describen una razón con respecto a 100. La siguiente tabla te ayudará a entender la relación entre porcentajes y fracciones.

Porcentaje	Fracción
50 de 100 = 50%	$\frac{50}{100} = \frac{1}{2}$
$33\frac{1}{3}$ de 100 = $33\frac{1}{3}$%	$\frac{33.\overline{3}}{100} = \frac{1}{3}$
25 de 100 = 25%	$\frac{25}{100} = \frac{1}{4}$
20 de 100 = 20%	$\frac{20}{100} = \frac{1}{5}$
10 de 100 = 10%	$\frac{10}{100} = \frac{1}{10}$
1 de 100 = 1%	$\frac{1}{100} = \frac{1}{100}$
$66\frac{2}{3}$ de 100 = $66\frac{2}{3}$%	$\frac{66.\overline{6}}{100} = \frac{2}{3}$
75 de 100 = 75%	$\frac{75}{100} = \frac{3}{4}$

Puedes escribir fracciones como porcentajes y porcentajes como fracciones.

CÓMO CONVERTIR FRACCIONES EN PORCENTAJES

Expresa $\frac{2}{5}$ como porcentaje.

- Establece una proporción. $\frac{2}{5} = \frac{n}{100}$
- Resuelve la proporción. $2 \times 100 = 5n$

  $\frac{2 \times 100}{5} = n$

  $n = 40$
- Expresa en forma de porcentaje. 40%

  $\frac{2}{5} = 40\%$

Practica tus conocimientos

Convierte cada fracción en porcentaje.

1. $\frac{4}{5}$
2. $\frac{13}{20}$
3. $\frac{180}{400}$
4. $\frac{19}{50}$

Convierte porcentajes a fracciones

Para convertir un porcentaje en fracción, escribe el porcentaje como numerador de una fracción cuyo denominador es 100 y reduce la fracción.

CÓMO CONVERTIR PORCENTAJES EN FRACCIONES

Expresa 45% como fracción.

- Convierte el porcentaje directamente en una fracción cuyo denominador es 100. El número del porcentaje se convierte en el numerador de la fracción.

  $45\% = \frac{45}{100}$

- Reduce si es posible (pág. 106).

  $\frac{45}{100} = \frac{9}{20}$

45% expresado como fracción es $\frac{9}{20}$.

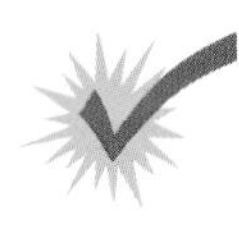

Practica tus conocimientos

Convierte cada porcentaje en una fracción en forma reducida.

5. 55%
6. 29%
7. 85%
8. 92%

Convierte porcentajes de números mixtos a fracciones

Para convertir el *número mixto* (pág. 109) $54\frac{1}{2}\%$ a fracción, primero tienes que convertir el número mixto en una *fracción impropia* (pág. 110).

- Convierte el número mixto en una fracción impropia.

  $54\frac{1}{2}\% = \frac{109}{2}\%$

- Multiplica el porcentaje por $\frac{1}{100}$.

  $\frac{109}{2} \times \frac{1}{100} = \frac{109}{200}$

- Reduce si es posible.

  $54\frac{1}{2}\% = \frac{109}{200}$

Practica tus conocimientos

Convierte cada porcentaje de número mixto en una fracción.

9. $44\frac{1}{2}\%$

10. $34\frac{2}{5}\%$

Porcentajes y decimales

Los porcentajes pueden expresarse como decimales y los decimales como porcentajes. *Porcentaje* significa parte de cada cien o centésimas.

CÓMO CONVERTIR DECIMALES EN PORCENTAJES

Convierte 0.8 en porcentaje.

- Multiplica el decimal por 100.

  $0.8 \times 100 = 80$

- Agrega el signo de porcentaje.

  $0.8 \rightarrow 80\%$

Atajo para convertir decimales en porcentajes

Convierte 0.5 a un porcentaje.

- Mueve el punto decimal dos lugares a la derecha. Añade ceros, si es necesario. $0.5 \rightarrow 50.$
- Agrega el signo de porcentaje. $0.5 \rightarrow 50\%$

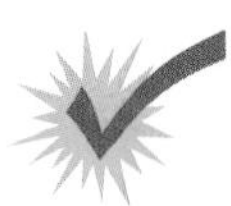

Practica tus conocimientos

Escribe cada decimal como porcentaje.

11. 0.08
12. 0.66
13. 0.398
14. 0.74

Dado que *porcentaje* quiere decir de cada cien, los porcentajes se pueden convertir directamente en decimales.

CÓMO CONVERTIR PORCENTAJES EN DECIMALES

Convierte 3% en decimal.

- Expresa el porcentaje como fracción con 100 como denominador.

  $3\% = \frac{3}{100}$

- Divide el numerador entre 100.

  $3 \div 100 = 0.03$

$3\% = 0.03$

Un atajo para convertir porcentajes en decimales

Convierte 8% a un decimal.

- Mueve el punto decimal dos lugares a la izquierda.

  $8\% \rightarrow .\,8.$

- Añade ceros, si es necesario.

  $8\% = 0.08$

Practica tus conocimientos

Expresa cada porcentaje como decimal.

15. 14.5%
16. 0.01%
17. 23%
18. 35%

Altibajos de la bolsa de valores

Una corporación gana dinero vendiendo sus acciones: certificados que representan parte de la propiedad de una corporación. La página del periódico de las acciones tiene una lista de los precios altos, bajos y finales de cada acción del día anterior. Allí también aparece la cantidad fraccionaria por la cual cambió el precio de cada acción. Un signo más (+) indica que el valor de la acción subió; un signo menos (–) indica que el precio de la acción bajó.

Supongamos que el precio de cierre del día de una acción es $21\frac{3}{4}$ con $+\frac{1}{4}$ al lado. ¿Qué quieren decir esas fracciones? Primero, esto te indica que el precio de la acción fue $21\frac{3}{4}$ dólares o $21.75. El $+\frac{1}{4}$ quiere decir que el precio subió $\frac{1}{4}$ de dólar del día anterior. Dado que $\frac{1}{4} \times \$1.00 = \$0.25$, la acción subió 25¢. Para hallar el aumento porcentual del precio de la acción primero tienes que saber el precio original de la acción. La acción subió $\frac{1}{4}$, por lo tanto, el precio original era $21\frac{3}{4} - \frac{1}{4} = 21\frac{1}{2}$. ¿Cuál es el aumento porcentual del precio redondeado en enteros? Consulta la respuesta en el Solucionario, ubicado al final del libro.

Fracciones y decimales

Las fracciones se pueden escribir como decimales **terminales** o como **decimales periódicos.**

Fracciones	Decimales	Terminales o periódicos
$\frac{1}{2}$	0.5	terminal
$\frac{1}{3}$	$0.333333\overline{3}$	periódico
$\frac{1}{6}$	$0.16666\overline{6}$	periódico
$\frac{2}{3}$	$0.6666\overline{6}$	periódico
$\frac{1}{11}$	$0.0909\overline{09}$	periódico
$\frac{3}{22}$	$0.13636\overline{36}$	periódico

CÓMO CONVERTIR FRACCIONES EN DECIMALES

Escribe $\frac{3}{25}$ en forma decimal.

- Divide el numerador de la fracción entre el denominador.

  $3 \div 25 = 0.12$

$\frac{3}{25} = 0.12$. El residuo es cero. Se trata de un decimal terminal.

Escribe $\frac{1}{6}$ y $\frac{5}{22}$ como decimales.

- Divide el numerador de la fracción entre el denominador.

  $1 \div 6 = 0.1666\ldots \quad 5 \div 22 = 0.22727\ldots$

- Coloca una barra sobre cualquier dígito o dígitos que se repitan.

  $0.1\overline{6} \qquad 0.2\overline{27}$

$\frac{1}{6} = 0.1\overline{6}$ y $\frac{5}{22} = 0.2\overline{27}$. Ambos decimales son decimales periódicos.

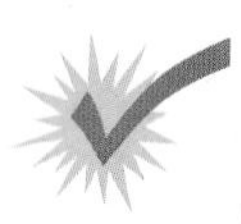

Practica tus conocimientos

Usa una calculadora para hallar la forma decimal de cada fracción.

19. $\frac{4}{5}$
20. $\frac{11}{20}$
21. $\frac{28}{32}$
22. $\frac{5}{12}$

CÓMO CONVERTIR DECIMALES EN FRACCIONES

Escribe 0.55 como una fracción.

- Escribe el decimal como una fracción.

$0.55 = \frac{55}{100}$

- Expresa la fracción en forma reducida (pág. 106).

$\frac{55}{100} = \frac{55 \div 5}{100 \div 5} = \frac{11}{20}$

$0.55 = \frac{11}{20}$

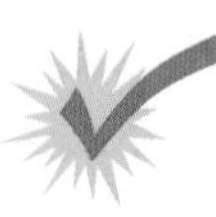

Practica tus conocimientos

Escribe cada decimal como fracción.

23. 2.4
24. 0.056
25. 0.14
26. 1.2

2·9 EJERCICIOS

Convierte cada fracción a un porcentaje.

1. $\frac{17}{100}$
2. $\frac{19}{20}$
3. $\frac{13}{100}$
4. $\frac{19}{50}$
5. $\frac{24}{25}$

Convierte cada porcentaje en fracción reducida.

6. 42%
7. 60%
8. 44%
9. 12%
10. 80%

Escribe cada decimal como porcentaje.

11. 0.4
12. 0.41
13. 0.105
14. 0.83
15. 3.6

Escribe cada porcentaje como decimal.

16. 35%
17. 13.6%
18. 18%
19. 4%
20. 25.4%

Convierte cada fracción en decimal. Usa notación de barra para mostrar los decimales periódicos.

21. $\frac{3}{18}$
22. $\frac{30}{111}$
23. $\frac{4}{18}$
24. $\frac{7}{15}$

Escribe cada decimal o número mixto como fracción.

25. 0.4
26. 2.004
27. 3.42
28. 0.27

29. Una encuesta realizada en una escuela secundaria reveló que 40% de los estudiantes de octavo grado preferían pizza para almorzar. Otra encuesta indicó que $\frac{2}{5}$ de los estudiantes del octavo grado preferían pizza para el almuerzo. ¿Es posible que los resultados de ambas encuestas sean correctos? Explica.

30. Blades on Second, está ofreciendo 33% de descuento en patinetas cuyo precio es $109. Skates on Seventh, anuncia el mismo tipo de patineta con $\frac{1}{3}$ de descuento. ¿Cuál es la mejor oferta?

¿Qué has aprendido?

Puedes utilizar los siguientes problemas y la lista de palabras para averiguar lo que has aprendido en este capítulo. Puedes aprender más acerca de un problema o palabra en particular al consultar el número del tema en negrilla (por ejemplo, **2•2**).

Serie de problemas

1. Doce de las 16 muchachas que forman el equipo de sóftbol juegan con regularidad. ¿Qué porcentaje juega con regularidad? **2•8**
2. Itay se equivocó en 6 de 25 preguntas durante una prueba. ¿Qué porcentaje de preguntas contestó correctamente? **2•8**
3. El Parque Fenway de Boston tiene una capacidad de 34,450 asientos. El 27% de los asientos están reservados para quienes compran un boleto que cubre toda la temporada. ¿Cuántos asientos corresponden a los boletos que cubren toda la temporada? **2•8**
4. ¿Qué fracción equivale a $\frac{14}{21}$? **2•1**

   A. $\frac{2}{7}$ B. $\frac{7}{7}$ C. $\frac{2}{3}$ D. $\frac{3}{2}$

5. ¿Qué fracción es mayor: $\frac{1}{12}$ ó $\frac{3}{35}$? **2•2**

Suma o resta. Escribe tus resultados en forma reducida. **2•3**

6. $\frac{5}{8} + \frac{3}{4}$
7. $2\frac{1}{5} - 1\frac{1}{2}$
8. $3 - 1\frac{1}{8}$
9. $7\frac{3}{4} + 2\frac{7}{8}$
10. Escribe la fracción impropia $\frac{11}{4}$ como número mixto. **2•1**

En los ejercicios 11 a 14 multiplica o divide según se indique. **2•4**

11. $\frac{4}{5} \times \frac{5}{6}$
12. $\frac{3}{10} \div 4\frac{1}{2}$
13. $2\frac{5}{8} \times \frac{4}{7}$
14. $5\frac{1}{3} \div 2\frac{1}{6}$
15. ¿Cuál es el valor de posición de 2 en 455.021? **2•5**
16. Escribe 6.105 en forma desarrollada. **2•5**
17. Escribe en forma decimal: Trescientos dos con veintitrés milésimas. **2•5**
18. Escribe los siguientes números en orden, del menor al mayor: 0.990; 0.090; 0.099; 0.909. **2•5**

Resuelve. **2•6**

19. 10.55 + 3.884
20. 13.4 − 2.08
21. 8.05 × 6.4
22. 69.69 ÷ 11.5

Usa una calculadora. Redondea en décimas. **2•8**

23. ¿Qué porcentaje de 125 es 30?
24. Calcula el 18% de 85.
25. ¿De qué número es 36 el 40%?

ESCRIBE LAS DEFINICIONES DE LAS SIGUIENTES PALABRAS.

palabras importantes

decimal periódico **2•9**
decimal terminal **2•9**
denominador **2•1**
denominador común **2•2**
descuento **2•8**
estimar **2•6**
factor **2•4**
fracción **2•1**
fracción impropia **2•1**
fracciones equivalentes **2•1**
máximo común divisor **2•1**
numerador **2•1**
número entero **2•1**
número mixto **2•1**
porcentaje **2•7**
producto **2•4**
producto cruzado **2•1**
recíproco **2•4**
referencia **2•7**
valor de posición **2•5**

9
4
√9 = 3

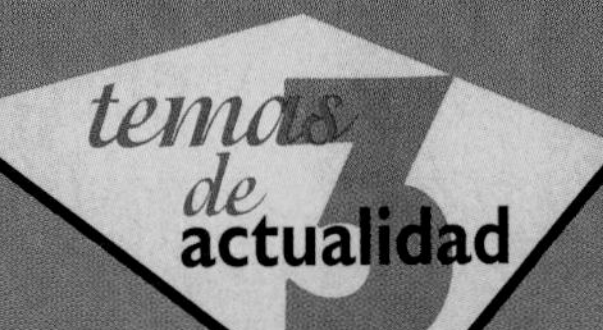

Potencias y raíces

¿Qué sabes ya?

Puedes usar los siguientes problemas y la lista de palabras para averiguar lo que ya sabes sobre este capítulo. Las respuestas a los problemas se encuentran en el Solucionario, ubicado al final del libro y puedes consultar las definiciones de las palabras en la sección Palabras importantes ubicada al comienzo del libro. Puedes averiguar más acerca de un problema o palabra en particular al consultar el número de tema en negrilla (por ejemplo **3•2**).

Serie de problemas

Escribe cada multiplicación usando exponentes. **3•1**

1. $5 \times 5 \times 5 \times 5 \times 5 \times 5 \times 5$
2. $a \times a \times a \times a \times a$

Eleva cada número al cuadrado. **3•1**

3. 2^2
4. 9^2
5. 6^2

Eleva cada número al cubo. **3•1**

6. 2^3
7. 5^3
8. 7^3

Calcula cada potencia. **3•1**

9. 6^4
10. 3^7
11. 2^9

Calcula cada potencia de 10. **3•1**

12. 10^3
13. 10^7
14. 10^{11}

Extrae cada raíz cuadrada. **3•2**

15. $\sqrt{16}$
16. $\sqrt{49}$
17. $\sqrt{121}$

Estima entre qué par de números consecutivos se encuentra cada raíz cuadrada. **3•2**

18. $\sqrt{33}$
19. $\sqrt{12}$
20. $\sqrt{77}$

Estima cada raíz cuadrada en milésimas. **3•2**

21. $\sqrt{15}$
22. $\sqrt{38}$

Calcula la raíz cúbica de cada número. **3•2**

23. $\sqrt[3]{8}$
24. $\sqrt[3]{64}$
25. $\sqrt[3]{343}$

Indica si cada número es muy grande o muy pequeño. **3•3**

26. 0.00014
27. 205,000,000

Expresa cada número en notación científica. **3•3**

28. 78,000,000
29. 200,000
30. 0.0028
31. 0.0000302

Expresa cada número en forma estándar. **3•3**

32. 8.1×10^6
33. 2.007×10^8
34. 4×10^3
35. 8.5×10^{-4}
36. 9.06×10^{-6}
37. 7×10^{-7}

Calcula cada expresión. **3•4**

38. $8 + (9 - 5)^2 - 3 \cdot 4$
39. $3^2 + 6^2 \div 9$
40. $(10 - 8)^3 + 4 \cdot 3 - 2$

CAPÍTULO 3

palabras importantes

área **3•1**
base **3•1**
cuadrado **3•1**
cuadrado perfecto **3•2**
cubo **3•1**
exponente **3•1**
factor **3•1**
notación científica **3•3**
orden de las operaciones **3•4**
potencia **3•1**
raíz cuadrada **3•2**
raíz cúbica **3•2**
volumen **3•1**

3·1 Potencias y exponentes

Exponentes

Como ya sabes, la multiplicación es un atajo para presentar una adición que se repite muchas veces: $5 \times 3 = 3 + 3 + 3 + 3 + 3$. Una manera de abreviar la multiplicación $3 \times 3 \times 3 \times 3 \times 3$ es escribir 3^5. El número 3 es el factor que se multiplica y se conoce como **base.** El número 5 es el **exponente** e indica el número de veces que se multiplica la base. La expresión se lee como "3 elevado a la quinta **potencia**". El exponente se escribe con un número más pequeño, a la derecha y un poco más arriba de la base.

PARA MULTIPLICAR CON EXPONENTES

Expresa la multiplicación $2 \times 2 \times 2 \times 2 \times 2 \times 2 \times 2$ usando exponentes.

- Verifica que se use el mismo **factor** en la multiplicación.
  Todos los factores son iguales a 2.
- Cuenta el número de veces que 2 se multiplica.
  Hay 7 factores de 2.
- Expresa la multiplicación usando exponentes.

Dado que el factor 2 se multiplica 7 veces, escribe 2^7.

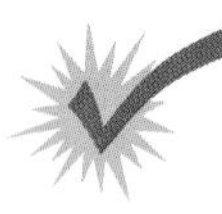

Practica tus conocimientos

Escribe cada multiplicación usando exponentes.

1. $4 \times 4 \times 4$
2. $6 \times 6 \times 6 \times 6 \times 6 \times 6 \times 6 \times 6$
3. $x \times x \times x \times x$
4. $y \times y \times y \times y \times y \times y$

Calcula el cuadrado de un número

Elevar un número el **cuadrado** significa aplicar el exponente 2 a la base. Por lo tanto, el cuadrado de 4 es 4^2. Para calcular 4^2 identifica el 4 como la base y el dos como el exponente. Recuerda que el exponente te indica cuántas veces debes usar la base como factor. Por consiguiente, 4^2 significa que debes usar 2 veces el 4 como factor:

$$4^2 = 4 \times 4 = 16$$

La expresión 4^2 se puede leer como "4 elevado a la segunda potencia" o como "4 al cuadrado".

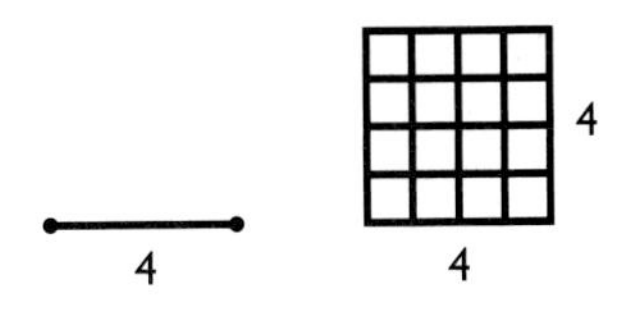

Si se construye un cuadrado con segmentos de recta que midan 4 unidades, el **área** del cuadrado es igual a $4 \times 4 = 4^2 = 16$.

PARA CALCULAR EL CUADRADO DE UN NÚMERO

Calcula 9^2.

- Identifica la base y el exponente.

  La base es 9 y el exponente es 2.
- Escribe la expresión en forma de multiplicación.

  $9^2 = 9 \times 9$
- Calcula.

  $9 \times 9 = 81$

Practica tus conocimientos

Calcula cada cuadrado.

5. 5^2
6. 10^2
7. 3 al cuadrado
8. 7 al cuadrado

Calcula el cubo de un número

Elevar un número al **cubo** significa aplicar el exponente 3 a la base. Entonces, 2 elevado al cubo es 2^3. El cálculo del cubo de un número es muy similar al cálculo del cuadrado de un número. Por ejemplo, si quieres evaluar 2^3, ten en cuenta que 2 es la base y 3 es el exponente. Recuerda que el exponente te indica el número de veces que la base se usar como factor. Por lo tanto, 2^3 significa que debes usar 3 veces el 2 como factor:

$$2^3 = 2 \times 2 \times 2 = 8$$

La expresión 2^3 se puede leer como "2 elevado a la tercera potencia" o como "2 al cubo".

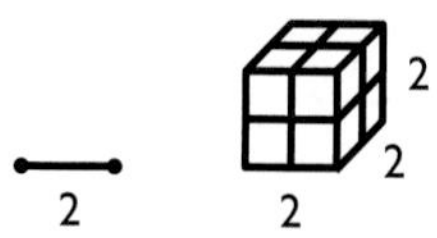

El **volumen** de un cubo cuyas aristas miden 2 es $2 \times 2 \times 2 = 2^3 = 8$.

PARA CALCULAR EL CUBO DE UN NÚMERO

Calcula 5^3.

- Identifica la base y el exponente.

  La base es 5 y el exponente es 3.
- Escribe la expresión en forma de multiplicación.

  $5^3 = 5 \times 5 \times 5$
- Calcula.

  $5 \times 5 \times 5 = 125$

Practica tus conocimientos

Calcula cada cubo.

9. 4^3
10. 10^3
11. 3 al cubo
12. 8 al cubo

El futuro del universo

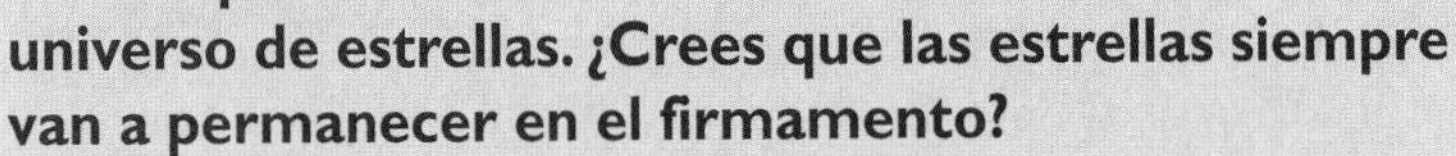

Si observas el cielo en una noche clara, contemplarás un universo de estrellas. ¿Crees que las estrellas siempre van a permanecer en el firmamento?

Una hipótesis reciente sugiere que algún día todas las estrellas perecerán y que el universo se hundirá en la oscuridad. Se cree que el Sol, la estrella de nuestro planeta, morirá dentro de 5 billones de años, aproximadamente, y que todas las estrellas del universo habrán muerto dentro de unos 100 trillones de años.

Durante un tiempo, después de la muerte de las estrellas, habrá una especie de crepúsculo: los fantasmas de estrellas que agonizan. Al final, éstos también desaparecerán y el universo se oscurecerá por completo. Los astrofísicos (astrónomos que estudian los eventos que ocurren en las estrellas) predicen que la era de la oscuridad empezará dentro de unos 10,000 trillones de trillones de trillones de trillones de trillones de trillones de trillones de trillones de años, a partir de ahora.

Si un trillón es 10^{12}, usa potencias de diez para expresar el número de años que faltan para el comienzo de la era de la oscuridad. ¿Por qué crees que los científicos usan exponentes para expresar el tiempo en que ocurren los eventos en el universo? Consulta la respuesta en el Solucionario, ubicado al final del libro.

Calcula potencias más altas

Ya has elevado un número a la segunda potencia (al cuadrado) y a la tercera potencia (al cubo). De la misma manera, puedes calcular potencias más altas de un número.

Para calcular 5^4, identifica 5 como la base y 4 como el exponente. El exponente te indica el número de veces que debes usar la base como factor. Por consiguiente, 5^4 significa usar 4 veces el 5 como factor:

$$5^4 = 5 \times 5 \times 5 \times 5 = 625$$

La expresión 5^4 se puede leer como "5 elevado a la cuarta potencia". No existe ningún nombre especial para la cuarta potencia, ni para ninguna otra potencia más alta, porque no se pueden dibujar figuras de cuatro o más dimensiones.

CÓMO CALCULAR POTENCIAS MÁS ALTAS

Calcula 4^6.

- Identifica la base y el exponente.

  La base es 4 y el exponente es 6.

- Escribe la expresión en forma de multiplicación.

  $4^6 = 4 \times 4 \times 4 \times 4 \times 4 \times 4$

- Calcula.

  $4 \times 4 \times 4 \times 4 \times 4 \times 4 = 4{,}096$

Practica tus conocimientos

Calcula cada potencia.

13. 2^7
14. 9^5
15. 3 elevado a la cuarta potencia
16. 5 elevado a la octava potencia

Potencias de diez

El sistema decimal está basado en el número 10. Por cada factor de 10, el punto decimal se desplaza un lugar a la derecha.

3.15 → 31.5 ($\times 10$) 14.25 → 1,425 ($\times 100$) 3. → 30 ($\times 10$)

Cuando el punto decimal se encuentra al final de un número y dicho número se multiplica por 10, se añade un cero al final del número.

Trata de descubrir un patrón de las potencias de 10.

Potencias	Como multiplicación	Resultado	Número de ceros
10^2	10×10	100	2
10^4	$10 \times 10 \times 10 \times 10$	10,000	4
10^5	$10 \times 10 \times 10 \times 10 \times 10$	100,000	5
10^8	$10 \times 10 \times 10 \times 10 \times 10 \times 10 \times 10 \times 10$	100,000,000	8

Observa que el número de ceros después del número 1 es igual a la potencia de 10. Esto significa que si quieres calcular 10^7, sólo tienes que escribir el número 1 seguido de 7 ceros: 10,000,000.

Practica tus conocimientos

Calcula cada potencia de 10.

17. 10^3
18. 10^6
19. 10^9
20. 10^{14}

Usa una calculadora para calcular potencias

Puedes usar una calculadora para calcular potencias. En cualquier calculadora, puedes multiplicar un número cualquier número de veces, usando simplemente la tecla [×].

Muchas calculadoras tienen la tecla [x^2]. Esta tecla sirve para elevar un número al cuadrado. Se ingresa el número base, se oprime [x^2] y la pantalla muestra el número elevado al cuadrado. (En algunas calculadoras es necesario oprimir la tecla [=] o [ENTER] para obtener el resultado.)

Algunas calculadoras tienen la tecla [y^x] o [x^y]. Esta tecla sirve para elevar un número a cualquier potencia. Se ingresa el número base, se oprime [y^x] o bien [x^y], luego se ingresa el exponente y, finalmente, se oprime [=].

Otras calculadoras usan la tecla [∧] para calcular potencias.

Ingresa el número base, oprime [∧], luego ingresa el exponente y oprime [ENTER].

Hallarás mayor información sobre calculadoras, en los temas 9•1 y 9•2.

Practica tus conocimientos

Usa una calculadora para calcular cada potencia.

21. 18^2
22. 5^{10}
23. 2^{25}
24. 29^5

3·1 EJERCICIOS

Expresa cada multiplicación usando exponentes.

1. $7 \times 7 \times 7$
2. $9 \times 9 \times 9 \times 9 \times 9 \times 9 \times 9$
3. $a \times a \times a \times a \times a \times a$
4. $w \times w \times w \times w \times w \times w \times w \times w \times w \times w$
5. 16×16

Calcula cada cuadrado.

6. 8^2
7. 15^2
8. 7^2
9. 1 al cuadrado
10. 20 al cuadrado

Calcula cada cubo.

11. 7^3
12. 11^3
13. 6^3
14. 3 al cubo
15. 9 al cubo

Calcula cada potencia.

16. 6^4
17. 2^{12}
18. 5^5
19. 4 elevado a la séptima potencia
20. 1 elevado a la decimoquinta potencia

Calcula cada potencia de 10.

21. 10^2
22. 10^8
23. 10^{13}

Usa una calculadora para calcular cada potencia.

24. 8^6
25. 6^{10}

3·2 Raíces cuadradas y cúbicas

Raíces cuadradas

En matemáticas, ciertas operaciones son opuestas; esto quiere decir que una operación anula a la otra. Por ejemplo, la adición es lo opuesto de la sustracción: $9 - 5 = 4$; por lo tanto, $4 + 5 = 9$. La multiplicación es lo opuesto de la división: $12 \div 4 = 3$; por lo tanto, $3 \times 4 = 12$.

La **raíz cuadrada** de un número es la operación opuesta a elevar el número al cuadrado. Ya sabes que 5 al cuadrado $= 5^2 = 25$. La raíz cuadrada de 25 es el número que multiplicado por sí mismo es igual a 25, lo cual es 5. El símbolo para la raíz cuadrada es $\sqrt{\ }$. Por consiguiente, $\sqrt{25} = 5$.

PARA CALCULAR LA RAÍZ CUADRADA

Calcula $\sqrt{81}$.

- Piensa: ¿Qué número multiplicado por sí mismo es igual a 81?

  $9 \times 9 = 81$

- Calcula la raíz cuadrada.

  Dado que $9 \times 9 = 81$, entonces la raíz cuadrada de 81 es 9.

Por lo tanto, $\sqrt{81} = 9$.

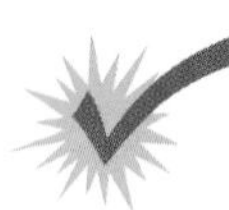

Practica tus conocimientos

Calcula cada raíz cuadrada.

1. $\sqrt{16}$
2. $\sqrt{49}$
3. $\sqrt{100}$
4. $\sqrt{144}$

Estima raíces cuadradas

La tabla siguiente muestra los primeros diez **cuadrados perfectos** y sus respectivas raíces cuadradas.

Cuadrado perfecto	1	4	9	16	25	36	49	64	81	100
Raíz cuadrada	1	2	3	4	5	6	7	8	9	10

Entonces, ¿cuánto es $\sqrt{40}$? En este problema, el cuadrado es 40. En la tabla, 40 está entre 36 y 49, lo cual indica que $\sqrt{40}$ debe estar entre $\sqrt{36}$ y $\sqrt{49}$, o sea, entre 6 y 7. Para estimar el valor de una raíz cuadrada, puedes calcular los dos números consecutivos entre los que se encuentra el valor de dicha raíz cuadrada.

PARA ESTIMAR UNA RAÍZ CUADRADA

Estima $\sqrt{70}$.

- Establece entre cuáles cuadrados perfectos se encuentra 70.
  70 se encuentra entre 64 y 81.
- Calcula las raíces cuadradas de los cuadrados perfectos.
  $\sqrt{64} = 8$ y $\sqrt{81} = 9$.
- Estima la raíz cuadrada.
  $\sqrt{70}$ está entre 8 y 9.

Practica tus conocimientos

Estima cada raíz cuadrada.

5. $\sqrt{55}$
6. $\sqrt{18}$
7. $\sqrt{7}$
8. $\sqrt{95}$

Mejores estimados de raíces cuadradas

Si quieres obtener un mejor estimado de la raíz cuadrada de un número, usa una calculadora. La mayoría de las calculadoras tienen la tecla [√] para calcular raíces cuadradas.

En algunas calculadoras, la función √ no aparece en la tecla misma, sino que aparece por encima de la tecla [x^2], en la superficie de la calculadora. Si tu calculadora es de este tipo, entonces busca la tecla [INV] o [2nd] porque para usar la función √, debes oprimir primero [INV] o [2nd] y luego √.

Al calcular la raíz cuadrada de un número que no es un cuadrado perfecto, la respuesta es un número decimal que ocupa toda la pantalla de la calculadora. Generalmente, las raíces cuadradas se deben redondear en milésimas. Recuerda que el lugar de las milésimas es tres lugares después del punto decimal.

Consulta los temas 9•1 y 9•2 para obtener más información sobre calculadoras.

PARA ESTIMAR LA RAÍZ CUADRADA DE UN NÚMERO

Estima $\sqrt{42}$.

- Usa una calculadora.

  Oprime 42 [√] ó 42 [INV] [x^2],

  u oprime [2nd] [x^2] 42 [ENTER].

- Lee la pantalla.

  6.4807407 si tu calculadora tiene 8 dígitos ó
  6.480740698 si tiene 10 dígitos

- Redondea en milésimas.

  El dígito que está en el tercer lugar después del punto decimal es 0. Observa el dígito que está a su derecha, el 7. Dado que el dígito es mayor que o igual a 5, redondea hacia arriba.

- Estima la raíz cuadrada.

  $\sqrt{42} = 6.481$

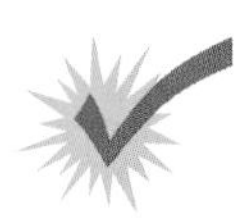

Practica tus conocimientos

Estima cada raíz cuadrada en milésimas.

9. $\sqrt{2}$
10. $\sqrt{50}$
11. $\sqrt{75}$
12. $\sqrt{99}$

Raíces cúbicas

De la misma manera que el cálculo de la raíz cuadrada es lo "opuesto" a elevar un número al cuadrado, el cálculo de una **raíz cúbica** es lo "opuesto" a elevar un número al cubo. El cálculo de la raíz cúbica de un número responde la pregunta: "¿Qué número multiplicado por sí mismo tres veces es igual al cubo?" Puesto que 2 al cubo $= 2 \times 2 \times 2 = 2^3 = 8$, la raíz cúbica de 8 es 2. El símbolo para la raíz cúbica es $\sqrt[3]{}$. Por lo tanto, $\sqrt[3]{8} = 2$.

PARA CALCULAR LA RAÍZ CÚBICA

Calcula $\sqrt[3]{216}$.

- *Piensa:* ¿Cuál número multiplicado tres veces por sí mismo es igual a 216?

  $6 \times 6 \times 6 = 216$

- Calcula la raíz cúbica.

  $\sqrt[3]{216} = 6$

Practica tus conocimientos

Calcula la raíz cúbica de cada número.

13. $\sqrt[3]{64}$
14. $\sqrt[3]{343}$
15. $\sqrt[3]{1000}$
16. $\sqrt[3]{125}$

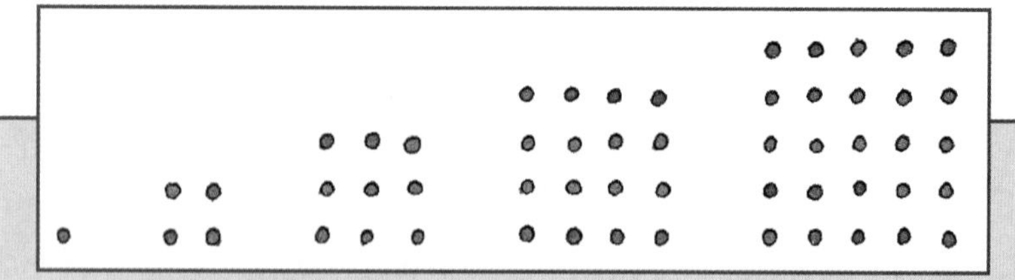

La cuadratura del triángulo

Como puedes ver, algunos números se pueden representar con arreglos de puntos que forman figuras geométricas. Tal vez ya te diste cuenta que esta sucesión muestra los primeros cinco números elevados al cuadrado: 1^2, 2^2, 3^2, 4^2 y 5^2.

¿Te acuerdas de algún lugar donde hayas visto números que formen una figura triangular?

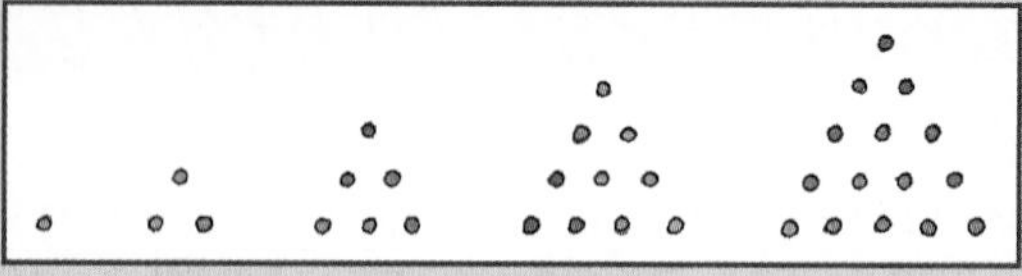

Piensa en las latas acomodadas en forma de pirámide en un supermercado, en los pinos de boliche o en las 15 bolas de billar antes de empezar una partida. ¿Cuáles serían los dos siguientes números triangulares?

Suma cada par de números triangulares consecutivos para formar una sucesión, como la siguiente. ¿Qué observas en la sucesión?

```
1   3   6  10  15   ...
 \ / \ / \ / \ / \ /  ...
  4   9
```

Piensa cómo podrías usar los arreglos de puntos de los números cuadrados para mostrar el mismo resultado. *Ayuda:* ¿Qué línea se puede dibujar en cada arreglo? Consulta la respuesta en el Solucionario, ubicado al final del libro.

3•2 EJERCICIOS

Calcula cada raíz cuadrada.

1. $\sqrt{9}$
2. $\sqrt{64}$
3. $\sqrt{121}$
4. $\sqrt{25}$
5. $\sqrt{196}$

6. ¿Entre qué par de números se encuentra $\sqrt{30}$?
   A. 3 y 4 B. 5 y 6
   C. 29 y 31 D. Ninguno de los anteriores
7. ¿Entre qué par de números se encuentra $\sqrt{84}$?
   A. 4 y 5 B. 8 y 9
   C. 9 y 10 D. 83 y 85
8. ¿Entre qué par de números consecutivos se encuentra $\sqrt{21}$?
9. ¿Entre qué par de números consecutivos se encuentra $\sqrt{65}$?
10. ¿Entre qué par de números consecutivos se encuentra $\sqrt{106}$?

Estima cada raíz cuadrada. Redondea en milésimas.

11. $\sqrt{3}$
12. $\sqrt{10}$
13. $\sqrt{47}$
14. $\sqrt{86}$
15. $\sqrt{102}$

Calcula la raíz cúbica de cada número.

16. $\sqrt[3]{27}$
17. $\sqrt[3]{512}$
18. $\sqrt[3]{1331}$
19. $\sqrt[3]{1}$
20. $\sqrt[3]{8000}$

3·3 Notación científica

Usa la notación científica

Frecuentemente, en ciencias y en matemáticas, los números que se usan son muy grandes o muy pequeños. Los números grandes suelen tener muchos ceros al final, mientras que los números pequeños suelen tener muchos ceros al principio.

Número grande: 450,000,000 (muchos ceros al final)

Número pequeño: 0.000000032 (muchos ceros al principio)

Practica tus conocimientos

Indica si cada número es muy grande o muy pequeño.

1. 0.000015
2. 6,000,000

Insectos

Los insectos son la forma de vida más exitosa sobre la Tierra. Se han clasificado y nombrado cerca de un millón de tipos de insectos y se estima que existen hasta cuatro millones más. Este número no se refiere al total de insectos, sino a las distintas *clases* de insectos.

Se estima que existen 200,000,000 de insectos por cada persona en el planeta. Dado que la población humana es de aproximadamente 6,000,000,000, ¿con cuántos insectos compartimos el planeta? Usa una calculadora para obtener el estimado. Expresa este número en notación científica. Consulta la respuesta en el Solucionario, ubicado al final del libro.

Escribe números grandes usando notación científica

Para no tener que escribir tantos ceros y evitar el riesgo de olvidar alguno de ellos se creo la **notación científica**.

La notación científica usa *potencias de 10* (pág. 173). Para escribir un número en notación científica, mueve el punto decimal hasta que quede un solo dígito a la izquierda del punto decimal. Cuenta el número de lugares decimales que sería necesario mover el punto decimal a la derecha, para tener de nuevo el número original. Recuerda que cada factor de 10 mueve el punto decimal un lugar a la derecha. Luego, multiplica el número por la potencia de 10 apropiada.

CÓMO ESCRIBIR UN NÚMERO GRANDE EN NOTACIÓN CIENTÍFICA

Escribe 4,250,000,000 en notación científica.

- Mueve el punto decimal hasta que sólo quede un dígito a la izquierda del punto decimal.

4.250000000.

- Cuenta cuántos lugares decimales hay que mover el decimal a la derecha.

4.250000000.
9 lugares

- Escribe el número sin ceros al final y multiplica por la potencia de 10 apropiada.

4.25×10^9

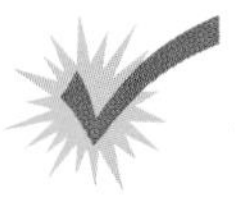

Practica tus conocimientos

Escribe cada número en notación científica.

3. 68,000
4. 7,000,000
5. 30,500,000,000
6. 73,280,000

Escribe números pequeños usando notación científica

Para escribir un número pequeño usando notación científica, mueve el punto decimal hasta que sólo quede un dígito diferente de cero a la izquierda del punto decimal. Cuenta el número de lugares que sería necesario mover el punto decimal a la izquierda para tener el número original. Mover el punto decimal un lugar a la izquierda también requiere usar factores de 10. Cuando hayas determinado el número correcto de lugares, escribe el exponente como un número negativo.

CÓMO ESCRIBIR UN NÚMERO PEQUEÑO EN NOTACIÓN CIENTÍFICA

Escribe 0.0000000425 en notación científica.

- Mueve el punto decimal hasta que sólo quede un dígito diferente de cero a la izquierda del punto decimal.

  0.00000004.25

- Cuenta cuántos lugares decimales hay que mover el decimal a la izquierda.

  0.00000004.25
  8 lugares

- Escribe el número sin los ceros iniciales y multiplica por la potencia de 10 apropiada. Usa un exponente negativo para mover el decimal a la izquierda.

$$4.25 \times 10^{-8}$$

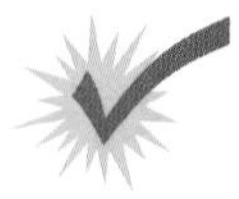

Practica tus conocimientos

Escribe cada número en notación científica.

7. 0.0038
8. 0.0000004
9. 0.0000000000603
10. 0.0007124

Convierte de notación científica a forma estándar

Convierte a forma estándar cuando el exponente es positivo

Cuando la potencia de 10 es positiva cada factor de 10 mueve el punto decimal un lugar a la derecha. Al llegar al último dígito del número, es probable que todavía no hayas incluido algunos factores de 10. Añade un cero al final del número por cada factor de 10 que haga falta.

CÓMO CONVERTIR UN NÚMERO A FORMA ESTÁNDAR

Escribe 7.035×10^6 en forma estándar.

- Observa el exponente.

  El exponente es positivo. El punto decimal se debe mover 6 lugares a la derecha.

- Mueve el punto decimal a la derecha el número correcto de lugares y añade ceros al final del número, si es necesario.

  7.035000.

  Mueve el punto decimal 6 lugares a la derecha.

- Escribe el número en forma estándar.

  $7.035 \times 10^6 = 7{,}035{,}000$

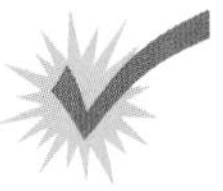

Practica tus conocimientos

Escribe cada número en forma estándar.

11. 5.3×10^4
12. 9.24×10^8
13. 1.205×10^5
14. 8.84073×10^{12}

Convierte a la forma estándar cuando el exponente es negativo

Cuando la potencia de 10 es negativa cada factor de 10 mueve el punto decimal un lugar a la izquierda. Debido a que hay sólo un dígito a la izquierda del punto decimal, hay que añadir ceros al principio del número.

CÓMO CONVERTIR UN NÚMERO A FORMA ESTÁNDAR

Escribe 4.16×10^{-5} en forma estándar.

- Observa el exponente.

  El exponente es negativo. El punto decimal se debe mover 5 lugares a la izquierda.

- Mueve el punto decimal a la izquierda el número correcto de lugares y añade el número apropiado de ceros al principio del número.

  0.00004.16

  Mueve el punto decimal 5 lugares a la izquierda.

- Escribe el número en forma estándar.

  $4.16 \times 10^{-5} = 0.0000416$

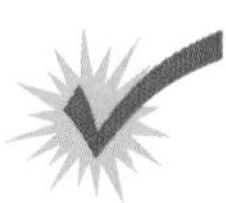

Practica tus conocimientos

Escribe cada número en forma estándar.

15. 7.1×10^{-4}
16. 5.704×10^{-6}
17. 8.65×10^{-2}
18. 3.0904×10^{-11}

3·3 EJERCICIOS

Indica si cada número es muy grande o muy pequeño.

1. 0.000034
2. 83,900,000
3. 0.000245
4. 302,000,000,000

Escribe cada número en notación científica.

5. 420,000
6. 804,000,000
7. 30,000,000
8. 13,060,000,000,000
9. 0.00037
10. 0.0000506
11. 0.002
12. 0.000000005507

Escribe cada número en forma estándar.

13. 2.4×10^{7}
14. 7.15×10^{4}
15. 4.006×10^{10}
16. 8×10^{8}
17. 4.9×10^{-7}
18. 2.003×10^{-3}
19. 5×10^{-5}
20. 7.0601×10^{-10}

21. ¿Cuál de los números siguientes expresa el número 5,030,000 en notación científica?
    A. 5×10^{6} B. 5.03×10^{6}
    C. 5.03×10^{-6} D. 50.3×10^{5}
22. ¿Cuál de los siguientes números expresa el número 0.0004 en notación científica?
    A. 4×10^{4} B. 0.4×10^{-3}
    C. 4×10^{-4} D. 4×10^{-3}
23. ¿Cuál de los siguientes números expresa el número 3.09×10^{7} en forma estándar?
    A. 30,000,000 B. 30,900,000
    C. 0.000000309 D. 3,090,000,000
24. ¿Cuál de los siguientes números expresa el número 5.2×10^{-5} en forma estándar?
    A. 0.000052 B. 0.0000052
    C. 520,000 D. 5,200,000
25. Si escribieras los siguientes números en notación científica, ¿cuál tendría la potencia de 10 más grande?
    A. 93,000 B. 408,000
    C. 5,556,000 D. 100,000,000

3•4 Las leyes de los exponentes

Los exponentes y el orden de las operaciones

Ya sabes que al calcular expresiones usando el **orden de las operaciones,** primero debes realizar las operaciones dentro de los paréntesis, luego las multiplicaciones y divisiones, y por último las adiciones y sustracciones.

Recuerda que los exponentes representan una multiplicación repetida. Cuando hay exponentes en una expresión, debes multiplicar los multiplicandos iguales antes de multiplicar otros números. Por lo tanto, el cálculo de potencias se debe realizar después de las operaciones dentro de paréntesis, pero antes de las multiplicaciones y las divisiones.

CALCULA EXPRESIONES CON EXPONENTES

Calcula la expresión $3(6 - 2) + 4^3 \div 8 - 3^2$.

$= 3(4) + 4^3 \div 8 - 3^2$	• Realiza primero las operaciones dentro del paréntesis.
$= 3(4) + 64 \div 8 - 9$	• Calcula las potencias.
$= 12 + 8 - 9$	• Multiplica y divide de izquierda a derecha.
$= 11$	• Suma y resta de izquierda a derecha.

Practica tus conocimientos

Calcula cada expresión.

1. $5^2 - 8 \div 4$
2. $(7 - 3)^2 + 16 \div 2^4$
3. $5 + (3^2 - 2 \cdot 4) + 12$
4. $16 - (4 \cdot 3 - 7) + 2^3$

3·4 EJERCICIOS

Calcula cada expresión.

1. $4^2 \div 2^3$
2. $(5 - 3)^5 - 4 \cdot 5$
3. $7^2 - 3(5 + 3^2)$
4. $8^2 \div 4 \cdot 2$
5. $15 \div 3 + (10 - 7)^2 \cdot 2$
6. $7 \cdot 3 - (8 - 2 \cdot 3)^3 - 1$
7. $5^2 - 2 \cdot 3^2$
8. $2 \cdot 5 + 3^4 \div (4 + 5)$
9. $(7 - 3)^2 - (9 - 6)^3 \div 9$
10. $3 \cdot 4^2 \div 6 + 2(3^2 - 5)$

Paréntesis
Exponentes
Multiplicación y
División
Adición y
Sustracción

¿Qué has aprendido?

Puedes utilizar los siguientes problemas y la lista de palabras para averiguar lo que has aprendido en este capítulo. Puedes aprender más acerca de un problema o palabra en particular al consultar el número del tema en negrilla (por ejemplo, **3•2**).

Serie de problemas

Expresa cada multiplicación con exponentes. **3•1**

1. $7 \times 7 \times 7 \times 7 \times 7 \times 7 \times 7 \times 7 \times 7$
2. $n \times n \times n \times n$

Calcula cada cuadrado. **3•1**

3. 3^2
4. 7^2
5. 12^2

Calcula cada cubo. **3•1**

6. 4^3
7. 9^3
8. 5^3

Calcula cada potencia. **3•1**

9. 3^8
10. 7^4
11. 2^{11}

Calcula cada potencia de 10. **3•1**

12. 10^2
13. 10^5
14. 10^9

Extrae cada raíz cuadrada. **3•2**

15. $\sqrt{9}$
16. $\sqrt{64}$
17. $\sqrt{169}$

Estima entre qué par de números consecutivos se encuentra cada raíz cuadrada. **3•2**

18. $\sqrt{51}$
19. $\sqrt{18}$
20. $\sqrt{92}$

Estima cada raíz cuadrada. Redondea en milésimas. **3•2**

21. $\sqrt{23}$
22. $\sqrt{45}$

Calcula cada raíz cúbica. **3•2**

23. $\sqrt[3]{27}$
24. $\sqrt[3]{125}$
25. $\sqrt[3]{729}$

Indica si cada número es muy grande o muy pequeño. **3•3**

26. 0.000063
27. 8,600,000

Escribe cada número en notación científica. **3•3**

28. 9,300,000
29. 800,000,000
30. 0.000054
31. 0.0605

Escribe cada número en forma estándar. **3•3**

32. 3.4×10^4
33. 7.001×10^{10}
34. 9×10^6
35. 5.3×10^{-3}
36. 6.02×10^{-9}
37. 4×10^{-4}

Calcula cada expresión. **3•4**

38. $3 \cdot 5^2 - 4^2 \cdot 2$
39. $6^2 - (8^2 \div 2^5 + 3 \cdot 5)$
40. $(1 + 2 \cdot 3)^2 - (2^3 - 4 \div 2^2)$

ESCRIBE LAS DEFINICIONES DE LAS SIGUIENTES PALABRAS.

palabras **importantes**

área **3•1**
base **3•1**
cuadrado **3•1**
cuadrado perfecto **3•2**
cubo **3•1**
exponente **3•1**
factor **3•1**
notación científica **3•3**
orden de las operaciones **3•4**
potencia **3•1**
raíz cuadrada **3•2**
raíz cúbica **3•2**
volumen **3•1**

Datos, estadística y probabilidad

¿Qué sabes ya?

Puedes usar los siguientes problemas y la lista de palabras para averiguar lo que ya sabes sobre este capítulo. Las respuestas a los problemas se encuentran en el Solucionario, ubicado al final del libro y puedes consultar las definiciones de las palabras en la sección Palabras importantes ubicada al comienzo del libro. Puedes averiguar más acerca de un problema o palabra en particular al consultar el número de tema en negrilla (por ejemplo **4•2**).

Serie de problemas

Usa la siguiente tabla para contestar los problemas 1 al 3. Un alumno les preguntó a varios de sus compañeros que viajaban en el autobús escolar, cuál era su horario favorito para la clase de educación física. Las respuestas fueron las siguientes. **4•1**

HORARIO FAVORITO DE EDUCACIÓN FÍSICA

	De 6° grado	De 7° grado	De 8° grado
Temprano en la mañana	///	~~////~~	
Tarde en la mañana	////	~~////~~ ~~////~~	////
Temprano en la tarde	~~////~~	~~////~~	/
Tarde en la tarde	//	/	~~////~~ /

1. ¿Cuál fue el horario favorito de todos los alumnos que respondieron?
2. ¿De cuál grado escolar hay un mayor número de respuestas?
3. ¿Es aleatoria la muestra?

Las gráficas circulares para las preguntas 4 y 5 muestran los automóviles que viraron a la derecha, a la izquierda o siguieron derecho en una intersección cerca de la escuela. **4•2**

4. ¿Qué porcentaje de los vehículos dieron vuelta entre las 8 A.M. y las 9 A.M.?
5. ¿Las gráficas muestran que entre las 9 A.M. y las 10 A.M. más automóviles siguieron derecho que entre las 8 A.M. y las 9 A.M.?

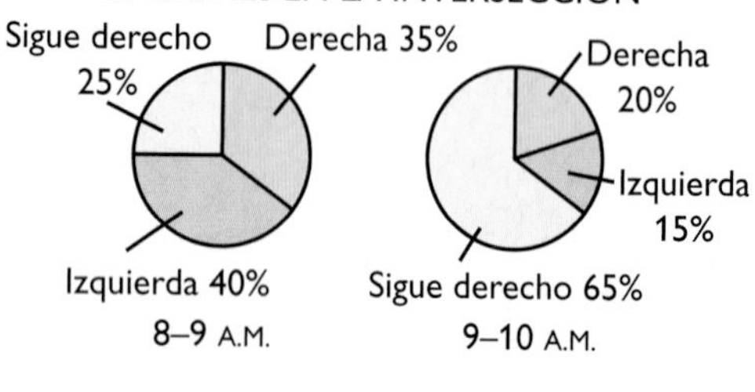

6. En unas elecciones en la clase se usaron marcas de conteo para llevar la cuenta de los votos. ¿Cómo se llama la gráfica de barras hecha de esas marcas? **4•2**

7. En un diagrama de dispersión de llamadas telefónicas, la recta de ajuste óptimo asciende de izquierda a derecha. ¿A qué tipo de correlación corresponde? **4•3**
8. En la clase de 27 alumnos del maestro Dahl la calificación más baja en la prueba fue 58%; la más alta, 92%, y la más común, 84%. ¿Cuál fue el rango de las calificaciones? **4•4**
9. ¿Puedes calcular la media, la mediana y la moda en la pregunta 8? **4•4**
10. $P(4, 3) = ?$ **4•5**
11. $C(7, 2) = ?$ **4•5**
12. Escribe todas las combinaciones de los dígitos 3, 5 y 7 usando sólo dos números cada vez. **4•5**

Usa la siguiente información para contestar las preguntas 13 a la 15. Una bolsa contiene 10 fichas de colores: 3 rojas, 4 azules, 1 verde y 2 negras. **4•6**

13. ¿Cuál es la probabilidad de sacar de la bolsa una ficha azul o negra?
14. Al sacar dos fichas, ¿cuál es la probabilidad de que las dos sean verdes?
15. Se saca una ficha y después otra sin devolver la primera, ¿cuál es la probabilidad de que ambas sean azules?

CAPÍTULO 4

palabras importantes

combinación **4•5**
correlación **4•3**
cuadrícula de resultados **4•6**
diagrama de árbol **4•5**
diagrama de caja **4•2**
diagrama de dispersión **4•3**
diagrama de tallo y hojas **4•2**
distribución asimétrica **4•3**
distribución bimodal **4•3**
distribución normal **4•3**
distribución uniforme **4•3**
encuesta **4•1**
evento **4•6**
eventos dependientes **4•6**
eventos independientes **4•6**
factorial **4•5**
girador **4•5**
gráfica circular **4•2**
gráfica de barras dobles **4•2**
gráfica de trazos **4•6**
gráfica lineal **4•2**
histograma **4•2**
hoja **4•2**
línea de probabilidad **4•6**
marcas de conteo **4•1**
media **4•4**
mediana **4•4**
moda **4•4**
muestra **4•1**
muestra aleatoria **4•1**
muestreo con reemplazo **4•6**
permutación **4•5**
población **4•1**
probabilidad **4•6**
probabilidad experimental **4•6**
probabilidad teórica **4•6**
promedio **4•4**
promedio ponderado **4•4**
rango **4•4**
recta de ajuste óptimo **4•3**
resultado **4•6**
tabla **4•1**
tallo **4•2**

4·1 Recopila datos

Encuestas

¿Te han preguntado alguna vez cuál es tu película favorita o qué tipo de pizza te gusta más? Estos son el tipo de preguntas que generalmente se hacen en las **encuestas.** Un estadístico estudia un grupo de gente u objetos que se llama **población.** Por lo general, obtiene la información estudiando una parte pequeña de la población llamada **muestra.**

Durante una encuesta se eligieron aleatoriamente alumnos de octavo grado de tres países diferentes. A los alumnos se les preguntó si durante los días de clases dedicaban tres horas o más a: ver televisión, pasar tiempo con amigos, practicar deportes, leer un libro por diversión o estudiar. La siguiente gráfica de barras muestra el porcentaje de alumnos que respondió afirmativamente en cada categoría.

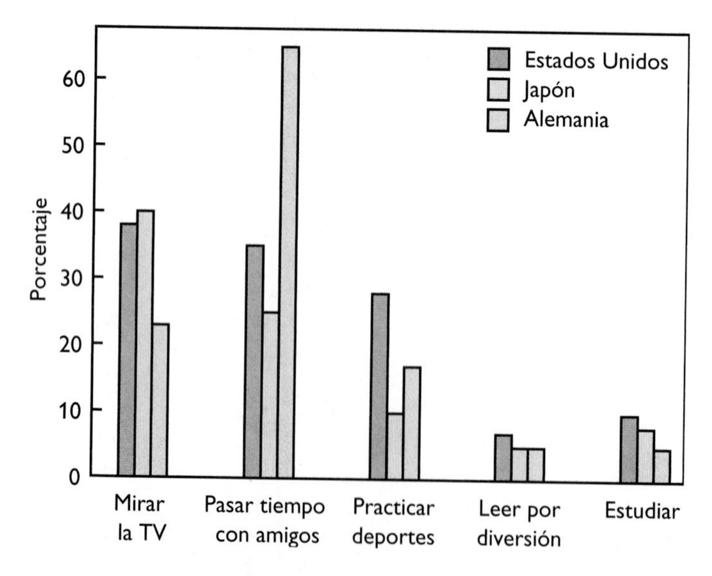

En este caso, la población son todos los alumnos de octavo grado de los Estados Unidos, Japón y Alemania. La muestra son los alumnos a quienes se les plantearon las preguntas.

En cualquier encuesta:

- La población consta de personas u objetos de los cuales se desea obtener información.
- La muestra consta de las personas y objetos de la población que se seleccionan para el estudio.

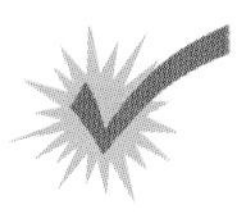

Practica tus conocimientos

La muestra consta de las personas y objetos de la población que se seleccionan para el estudio.

1. En una encuesta se preguntó a 150,000 adultos mayores de 45 años si escuchaban la estación de radio KROK.
2. Hay doscientos renos en el bosque nacional Roosevelt.

Muestras aleatorias

Cuando escoges una muestra para realizar una encuesta debes asegurarte que la muestra representa la población. También debes estar seguro(a) de que sea una **muestra aleatoria** en donde es equiprobable incluir a cada persona de la población.

El maestro Singh quería averiguar si sus alumnos preferían pizza, alas de pollo, helado o roscas de pan para la fiesta de la clase. Para elegir la muestra escribió los nombres de sus alumnos en tarjetas, metió las tarjetas en una bolsa y sacó diez tarjetas de la bolsa.

CÓMO DETERMINAR SI UNA MUESTRA ES ALEATORIA

Determina si la muestra del maestro Singh es aleatoria.

- Define la población.

  La población son los alumnos de la clase del maestro Singh.

- Define la muestra.

  La muestra consta de 10 alumnos.

- Determina si la muestra es aleatoria.

  Puesto que es equiprobable elegir a cada alumno de la clase del maestro Singh, la muestra es aleatoria.

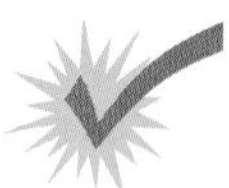

Practica tus conocimientos

3. Una alumna les preguntó a 20 amigos de sus padres por quién pensaban votar. ¿Es aleatoria la muestra?
4. Un alumno asigna números a sus 24 compañeros de clase y luego usa un girador dividido en 24 partes iguales para elegir diez números. A continuación pregunta a esos diez alumnos cuál es su película favorita. ¿Es aleatoria la muestra?

Cuestionarios

Cuando escribas las preguntas de una encuesta, es importante que estés seguro(a) de que no sean preguntas sesgadas. Es decir, las preguntas no deben suponer nada ni influir en las respuestas. Los dos cuestionarios siguientes se diseñaron para averiguar el tipo de comida que tus compañeros prefieren y el tipo de actividades que hacen después de la escuela. El primer cuestionario usa preguntas sesgadas. El segundo cuestionario usa preguntas no sesgadas.

Encuesta 1

A. ¿Qué tipo de pizza prefieres?

B. ¿Cuál es tu programa de televisión favorito en las tardes?

Encuesta 2

A. ¿Cuál es tu comida favorita?

B. ¿Qué te agrada hacer después de salir de la escuela?

Para elaborar un cuestionario:

- Decide el tema a estudiar.
- Define una población y decide cómo seleccionar una muestra de esa población.
- Elabora preguntas que no sean sesgadas.

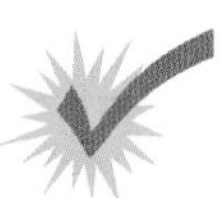

Practica tus conocimientos

5. ¿Por qué la pregunta **A** de la Encuesta 1 está sesgada?
6. ¿Por qué la pregunta **B** de la Encuesta 2 es mejor que la pregunta **B** de la Encuesta 1?
7. Escribe una pregunta no sesgada cuyo significado equivalga a la siguiente pregunta: ¿Es usted un ciudadano responsable que recicla el papel periódico?

Recopila datos

Después de que el Sr. Singh recopiló los datos sobre las preferencias de sus alumnos, tuvo que decidir cómo presentar los resultados. A medida que preguntaba a sus alumnos su preferencia, hacía una **marca de conteo** en una tabla. La siguiente tabla muestra los resultados.

COMIDAS PREFERIDAS EN LA CLASE DEL SEÑOR SINGH

Comida preferida	Número de alumnos
Pizza	////
Alas de pollo	//
Helados	///
Roscas de pan	/

Para hacer una tabla de recopilación de datos:
- Haz una lista con las categorías o preguntas en la primera columna o fila.
- Marca las respuestas en la segunda columna o fila.

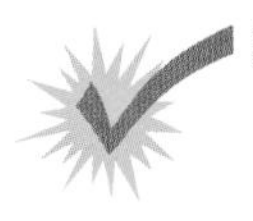

Practica tus conocimientos

8. ¿Cuántos alumnos eligieron alas de pollo?
9. ¿Qué alimento fue elegido por menos alumnos?
10. Si el maestro Singh usa los resultados de esta encuesta para elegir la comida para la fiesta, ¿qué deberá servir? Explica.

El reloj de la población mundial

La Oficina de Censos de EE.UU. estima, cada segundo, el número de personas en el mundo con su reloj de la población mundial. Este estimado se basa en los nacimientos y muertes proyectados alrededor del mundo.

A las 2:00 A.M., hora oficial del este, del 2 de marzo de 1997, el estimado del reloj fue 5,825,618,337. Usa la siguiente tabla para calcular la población mundial en la fecha en que leas esta página.

Unidad de tiempo	Aumento proyectado
Año	79,178,194
Mes	6,598,183
Día	216,927
Hora	9,039
Minuto	151
Segundo	2.5

Puedes revisar tu respuesta en WorldPoPClock en Internet. Visita http://www.census.gov/ipc/www/popwnote.html y luego selecciona el enlace WorldPopClock.

4·1 EJERCICIOS

1. A los trescientos alumnos del octavo grado de la escuela Roddaville se les preguntó cuál es su centro comercial favorito. Identifica la población y la muestra. ¿Cuál es el tamaño de la muestra?

2. Para elegir las empresas que debía incluir en una encuesta, Norma obtuvo una lista de las empresas de la ciudad y escribió el nombre de cada una en un trozo de papel. Metió todos los papeles en una bolsa y sacó 50 nombres. ¿Es aleatoria la muestra?
3. Jonah tocó en 25 puertas en su barrio para preguntar a los residentes si estaban a favor de que el gobierno construyera una piscina. ¿Fue aleatoria la muestra elegida?

¿Son sesgadas las siguientes preguntas? Explica por qué.

4. ¿Está conforme con los feos edificios que se están construyendo en el barrio?
5. ¿Cuántas horas ve usted la televisión cada semana?

Escribe preguntas no sesgadas equivalentes a las siguientes preguntas.

6. ¿Prefiere como mascotas a los hermosos y cariñosos gatos o a los perros?
7. ¿Es usted amable y no enciende su estéreo después de las 10 P.M.?

La Srta. Chow les preguntó a sus alumnos qué tipo de libro prefieren leer y obtuvo los siguientes datos.

TIPO DE LIBRO PREFERIDO
EN LA CLASE DE LA SRTA. CHOW

Tipo de libro	Número de alumnos de 7° grado	Número de alumnos de 8° grado
Biografías	𝍸 𝍸	𝍸 𝍸 ‖
Misterio	𝍸 |	|||
Novela	𝍸 𝍸 ‖	𝍸 𝍸
Ciencia ficción	𝍸 ‖	𝍸 |
Crónica	|||	𝍸 |

8. ¿Qué tipo de libro fue más popular? ¿Cuántos alumnos prefirieron ese tipo de libro?

9. ¿Qué tipo de libro fue el preferido de 13 alumnos?
10. ¿Cuántos alumnos fueron entrevistados?

4•2 Presenta datos

Interpreta y crea una tabla

Sabes que los estadísticos recopilan datos sobre personas u objetos. Una forma de presentar los datos es usando una **tabla.** A continuación, se muestra el número de letras de cada palabra de las primeras dos oraciones del libro *Black Beauty.*

3 5 5 4 1 3 4 8 3 1 5 8 6 4 1 4 2 5 5 2 2 4 5 5 6 4 2 3 6 3 11 4 2 3 4 3

CÓMO HACER UNA TABLA

Haz una tabla para organizar los datos sobre el número de letras de las palabras.

- Rotula la primera columna o fila con los *que* estés contando. Rotula la primera fila: *Número de letras.*
- Marca las cantidades de cada categoría en la segunda columna o fila.

Número de letras	1	2	3	4	5	6	7	8	más de 8
Número de palabras	III	𝍸	𝍸 II	𝍸 III	𝍸 II	III		II	I

- Cuenta el número de marcas de conteo y registra este número en la segunda columna o fila.

Número de letras	1	2	3	4	5	6	7	8	más de 8
Número de palabras	3	5	7	8	7	3	0	2	1

El número más común de letras en una palabra es 4. Tres palabras tienen 1 letra.

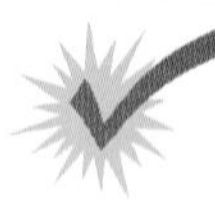

Practica tus conocimientos

1. ¿Qué información se pierde por usar la categoría "más de 8"?
2. Usa los siguientes datos para hacer una tabla que muestre el número de medallas de oro ganadas por los distintos países en los Juegos Olímpicos de Invierno de 1994.
   10 9 11 7 6 3 3 2 4 0 1 0 0 2 1 0 0 1 0 0 1 0

Interpreta un diagrama de caja

Para presentar los datos, un **diagrama de caja** usa el valor central de los datos y los cuartiles, que son divisiones de 25% de los datos. El siguiente diagrama de caja muestra los resultados que obtuvieron alumnos de octavo grado en una prueba de matemáticas.
En un diagrama de caja, un 50% de las calificaciones están por encima de la calificación central y un 50% por debajo de la misma. La calificación del primer cuartil es la calificación central de la mitad inferior de las calificaciones. La calificación del tercer cuartil es la calificación central de la mitad superior de las calificaciones.

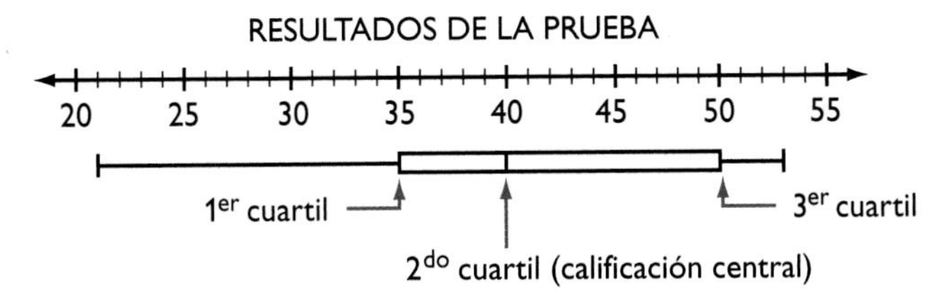

Esto es lo que se puede afirmar sobre los resultados de la prueba:

- La calificación más es alta es 53; la más baja, 21.
- La calificación central es 40, la del primer cuartil 35 y la del tercer cuartil 50.
- El 50% de las calificaciones está entre 35 y 50.

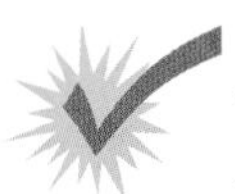

Practica tus conocimientos

Usa el siguiente diagrama de caja para contestar las preguntas.

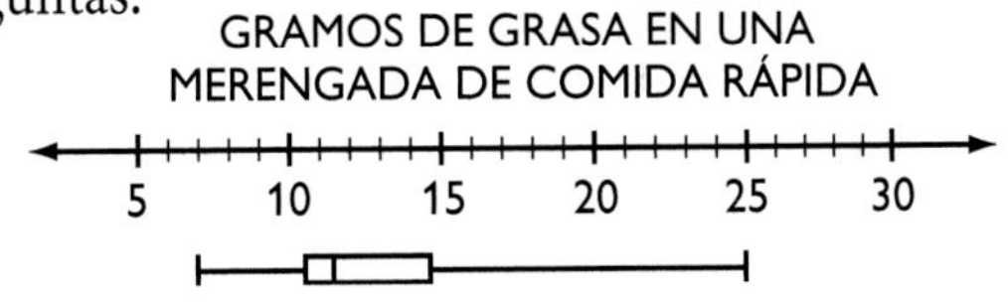

3. ¿Cuál es la mayor cantidad de grasa en una merengada de comida rápida?
4. ¿Cuál es la cantidad media de grasa en una merengada de comida rápida?
5. ¿Qué porcentaje de las leches malteadas contienen entre 7 y 11.5 g de grasa?

Interpreta y crea una gráfica circular

Otra forma de presentar los datos es con una **gráfica circular.** Este tipo de gráficas permite mostrar las diferentes partes de un todo. Arturo realizó una encuesta para averiguar qué tipo de desechos sólidos se arrojan a la basura y obtuvo los siguientes resultados: 39% de la basura era papel; 6%, vidrio; 8%, metales; 9%, plástico; 7%, madera; 7%, alimentos; 15%, basura del jardín; y el 9% restante, sólidos diversos. Arturo quiere hacer una gráfica circular para presentar sus datos.

Para hacer una gráfica circular,

- Calcula el porcentaje del total que le corresponde a cada parte. En este caso los porcentajes están dados.
- Multiplica cada porcentaje por 360°, el número de grados en un círculo.

$360° \times 39\% = 140.4°$ $\quad$ $360° \times 6\% = 21.6°$

$360° \times 8\% = 28.8°$ $\quad$ $360° \times 9\% = 32.4°$

$360° \times 7\% = 25.2°$ $\quad$ $360° \times 15\% = 54°$

- Dibuja un círculo, mide cada ángulo central y completa la gráfica.

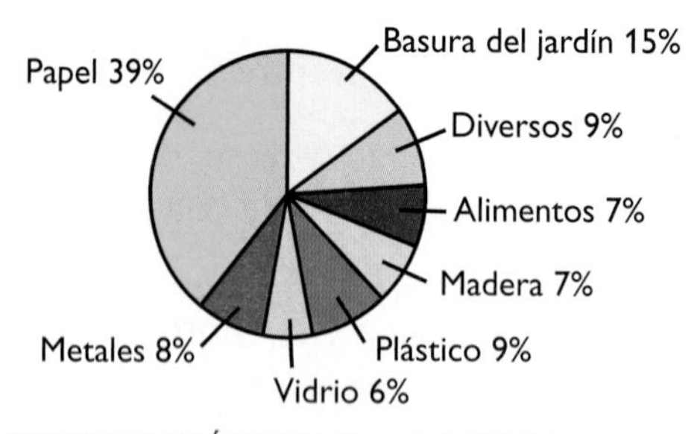

DESECHOS SÓLIDOS EN LA BASURA

Puedes ver en la gráfica que más de la mitad de los desechos sólidos consisten de papel y basura del jardín. Asimismo, puedes ver que se arrojan cantidades iguales de alimentos y de madera.

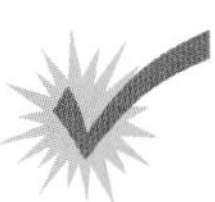

Practica tus conocimientos

Usa la gráfica circular para contestar las preguntas 6 y 7.

6. ¿Más o menos qué fracción de las personas compran autos usados de una concesionaria?

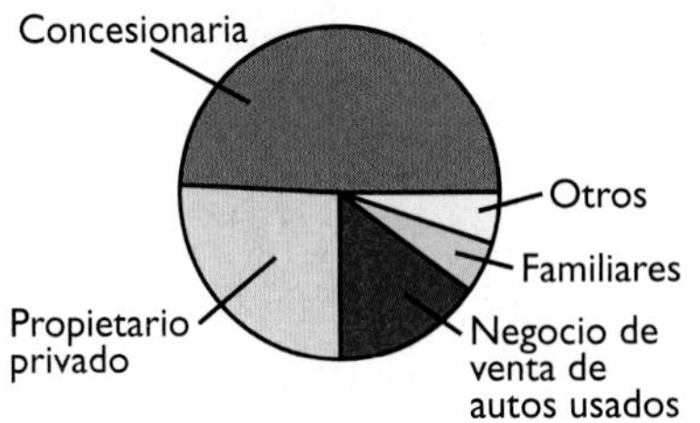

7. ¿Más o menos qué fracción de personas compran autos usados de propietarios privados?
8. Haz una gráfica circular para mostrar el dinero que ganaron los alumnos.
   Lavado de vehículos: $335 Venta de pasteles: $128
   Reciclaje: $155 Venta de libros: $342

Y el ganador es...

A fines de febrero de 1996, Seal ganó tres Grammys.

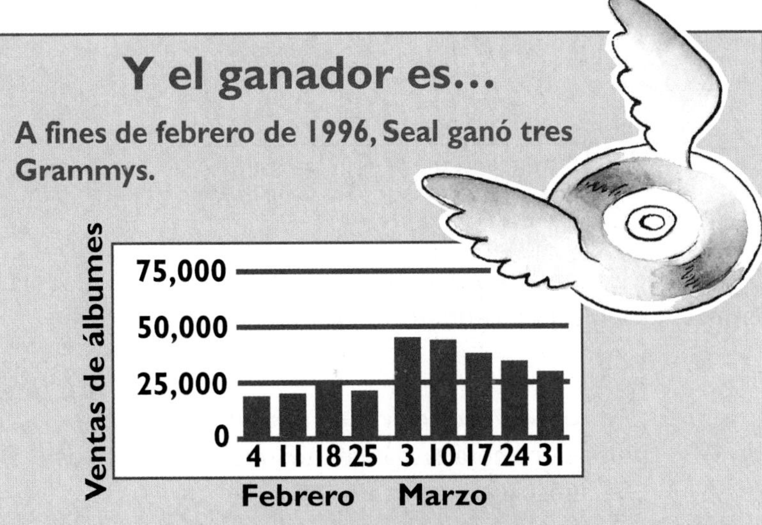

Según la gráfica, ¿cómo afectó los premios Grammy la venta del disco de Seal? ¿Con qué frecuencia se registraron las ventas? ¿Qué tipo de gráfica es ésta? Consulta la respuesta en el Solucionario, ubicado al final del libro.

Interpreta y crea una gráfica de frecuencias

Has usado marcas de conteo para presentar datos. Una gráfica de frecuencias es una gráfica vertical de las marcas de conteo que hiciste al recopilar los datos. Supongamos que has reunido la siguiente información sobre la hora a la que se levantan tus amigos los días de clases.

5:30, 6, 5:30, 8, 7:30, 8, 7:30, 9, 8, 8, 6, 6:30, 6, 8

Puedes hacer una gráfica de frecuencias colocando X sobre una recta numérica.

Para hacer una gráfica de frecuencias:

- Dibuja una recta que muestre los números correspondientes a tu conjunto de datos.
- Para representar cada resultado, coloca una X sobre el número apropiado en la recta numérica.
- Titula la gráfica.

Tu gráfica de frecuencias debe parecerse a ésta:

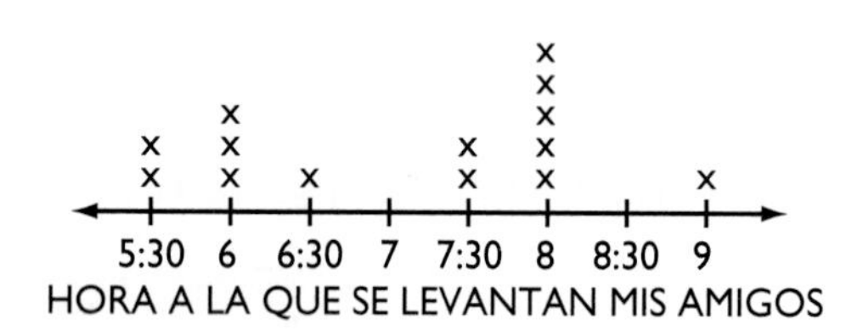

A partir de esta gráfica puedes concluir que tus amigos se levantan entre las 5:30 y las 9:00 durante los días de clases.

Practica tus conocimientos

9. ¿A qué hora es más común que se levanten tus amigos?
10. ¿Cuántos de tus amigos se levantan antes de las 7:00 A.M.?
11. Haz una gráfica de frecuencias que muestre el número de letras de cada palabra de las primeras dos oraciones del libro *Black Beauty* (pág. 202).

Interpreta una gráfica lineal

Sabes que puedes usar una *gráfica lineal* para mostrar cambios en los datos a lo largo del tiempo. La siguiente gráfica lineal muestra las calificaciones promedio de dos gimnastas en el salto del potro.

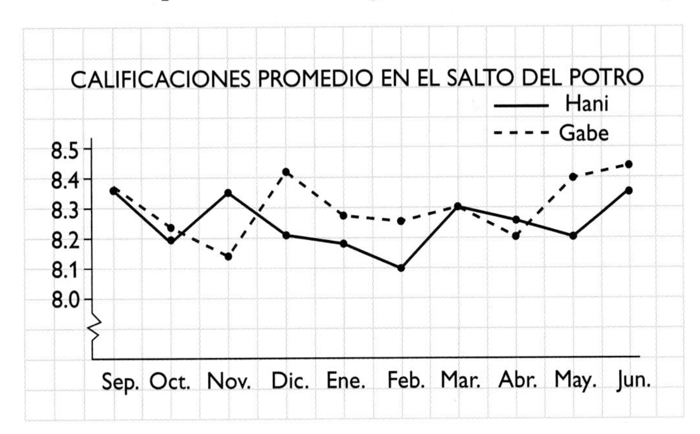

En la gráfica puedes ver que Hani y Gabe obtuvieron las mismas calificaciones promedio en dos meses: septiembre y marzo.

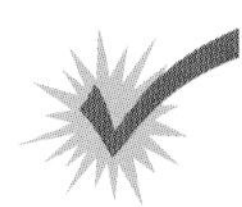

Practica tus conocimientos

12. ¿Cuál de las atletas obtuvo mejores calificaciones en diciembre?
13. ¿Cuál de las atletas obtiene generalmente calificaciones más altas en el salto del potro?

Interpreta un diagrama de tallo y hojas

Los siguientes números muestran las edades de los alumnos en una clase de T'ai Chi.

8 12 78 34 38 15 18 9 45 24 29 39 28 20 66 68 75 45 52 18 56

Es difícil sacar una conclusión con respecto a las edades, si se presentan de esta manera. Sabes que se puede hacer una tabla, un diagrama de caja o una gráfica lineal para presentar esta información. Otra manera de mostrar la información es con un **diagrama de tallo y hojas.** El siguiente diagrama de tallos y hojas muestra las edades de los alumnos.

Observa que los dígitos de las decenas aparecen en la columna de la izquierda y se llaman **tallos.** Cada dígito a la derecha se llama **hoja.** de la gráfica puedes concluir que hay más alumnos entre 13 y 19 años de edad que alumnos entre 20 y 29 años de edad, o entre 30 y 39 años de edad. Asimismo, puedes ver que dos alumnos tienen menos de diez años.

Tallo	Hojas
0	8 9
1	2 5 8 8
2	0 4 8
3	4 8 9
4	5 5
5	2 6
6	6 8
7	5 8

1|2 significa 12 años de edad

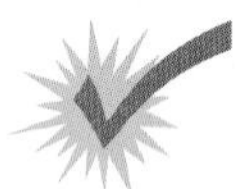

Practica tus conocimientos

El diagrama de tallo y hojas muestra el número promedio de puntos que han anotado por partido los mejores jugadores, a lo largo de varios años.

14. ¿Cuántos jugadores anotaron un número promedio entre 30 y 31 puntos?
15. ¿Cuál fue el número promedio de puntos anotados más alto? ¿Cuál fue el más bajo?

Tallo	Hojas
27	2
28	4
29	3 6 8
30	1 3 4 6 6 7 8
31	1 1 5
32	3 5 6 9
33	1 6
34	0 5
35	0
36	
37	1

30|1 significa 30.1 puntos

Interpreta y crea una gráfica de barras

Otro tipo de gráficas que puedes usar para presentar datos se llama *gráfica de barras*. En esta gráfica, las barras horizontales o verticales se usan para mostrar los datos. Considera los datos que muestran cuánto ha ganado Kirti por cortar el césped de sus vecinos.

Mayo	$78
Junio	$92
Julio	$104
Agosto	$102
Septiembre	$66

Haz una gráfica de barras para mostrar los ingresos de Kirti.

Para construir una gráfica de barras:
- Elige la escala vertical y decide lo que vas a poner en la escala horizontal.
- Sobre cada elemento de la escala horizontal, dibuja una barra de la altura apropiada.
- Titula la gráfica.

A continuación, se muestra una gráfica de barras de los ingresos de Kirti.

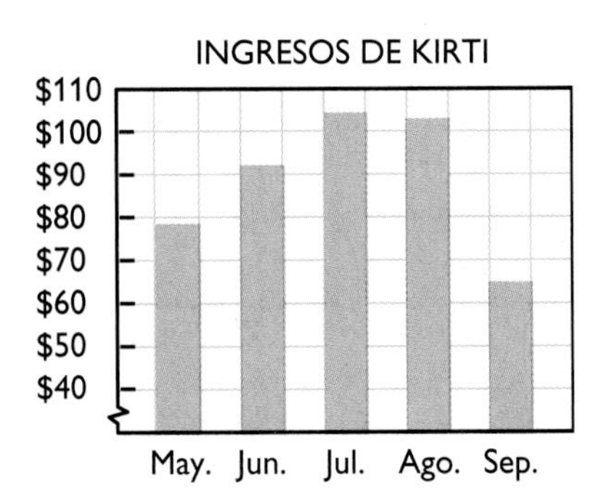

A partir de la gráfica puedes ver que sus ingresos fueron más altos en julio.

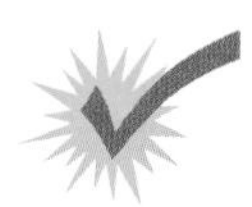

Practica tus conocimientos

16. ¿En qué mes fueron más bajos los ingresos de Kirti?
17. ¿Escribe un enunciado que describa los ingresos de Kirti.
18. Usa los siguientes datos para hacer una gráfica de barras que muestre el número de alumnos de secundaria que aparecen en la lista de honor.

Sexto grado	144
Séptimo grado	182
Octavo grado	176

Interpreta una gráfica de barras dobles

Si quieres presentar información acerca de dos o más cosas, puedes usar una **gráfica de barras dobles.** La siguiente gráfica muestra las fuentes de ingresos que han tenido las escuelas públicas en los últimos años.

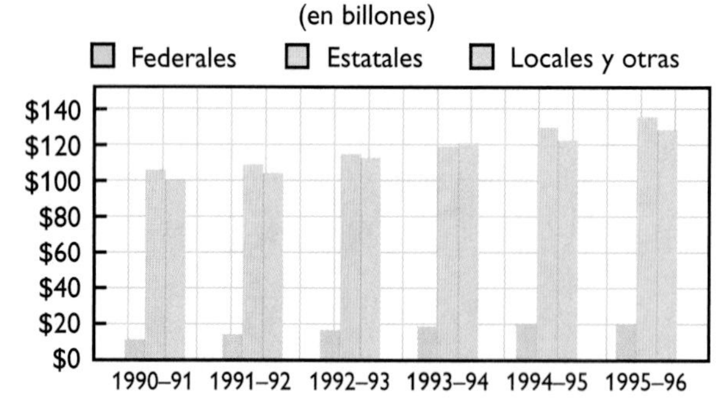

A partir de la gráfica puedes concluir que los estados son una fuente más importante de ingresos para las escuelas públicas que las fuentes locales y las de otro tipo. Observa que las cantidades se expresan en billones. Esto significa que $20 en la gráfica representa $20,000,000,000.

Practica tus conocimientos

19. ¿Aproximadamente qué cantidad aportaron los estados a las escuelas públicas en el periodo 1993–94?
20. Escribe un enunciado que describa la contribución federal durante los años que muestra la gráfica.

Interpreta y crea un histograma

Un **histograma** es una clase especial de gráfica de barras que muestra las frecuencias de datos. Supón que les preguntas a varios compañeros de clase cuántas horas hablaron por teléfono la semana pasada, a la hora entera más cercana, y que obtienes los siguientes resultados.

4 3 2 3 1 2 0 2 1 3 4 2 1 0 1 6

Para crear un histograma,

- Haz una tabla que muestre las frecuencias.

Horas	Conteo	Frecuencia
0	//	2
1	////	4
2	////	4
3	///	3
4	//	2
5		0
6	/	1

- Haz una gráfica de barras que muestre las frecuencias.
- Titula la gráfica.

En este caso puedes llamarla: "Horas hablando por teléfono".
Tu diagrama de frecuencias podría verse como el siguiente.

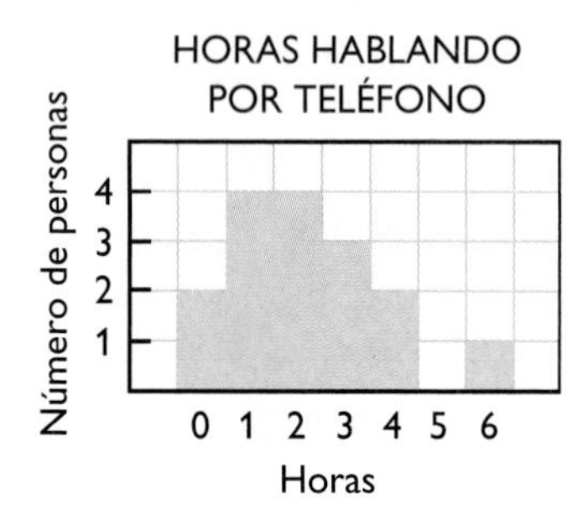

A partir del diagrama, puedes ver que la cantidad de alumnos que pasaron una hora en el teléfono es igual a la cantidad de alumnos que pasaron dos horas.

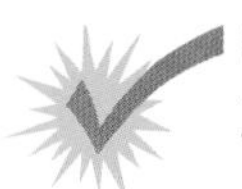

Practica tus conocimientos

21. ¿Cuántos compañeros fueron incluidos en la encuesta?
22. Elabora un histograma con los datos sobre *Black Beauty* (pág. 202).

4•2 EJERCICIOS

1. Haz una tabla y un histograma para mostrar los datos siguientes: Horas dedicadas a la lectura por placer
   3 2 5 4 3 1 5 0 2 3 1 4 3 5 1 7 0 3 0 2
2. ¿Cuál fue la cantidad de tiempo más común dedicada cada semana a la lectura por placer?
3. Haz una gráfica de frecuencias que muestre los datos de la pregunta 1.
4. Usa la gráfica de frecuencias para describir las horas dedicadas a la lectura por placer.
5. De los diez primeros presidentes de Estados Unidos, dos nacieron en Massachusetts, uno en Nueva York, uno en Carolina del Sur y seis en Virginia. Haz una gráfica circular que muestre esta información y escribe un enunciado acerca de la misma.
6. El diagrama de tallo y hojas muestra las estaturas de 19 muchachas.

Tallo	Hojas
5	3 4 4 4 6 8
6	0 0 3 4 4 4 5 6 8 8
7	0 1 2

5 | 3 significa 53 pulgadas

   ¿Qué puedes concluir sobre la estatura de la mayoría de las muchachas?
7. Los alumnos de octavo grado recogieron 56 lb de aluminio en septiembre, 73 lb en octubre, 55 lb en noviembre y 82 lb en diciembre. Haz una gráfica de barras para mostrar estos datos.
8. El diagrama de caja muestra las temperaturas diarias máximas registradas en Seaside durante julio. ¿Cuál es la temperatura central? ¿Entre 65° y qué otra temperatura se encuentra el 50% de las temperaturas?

TEMPERATURAS EN SEASIDE EN JULIO

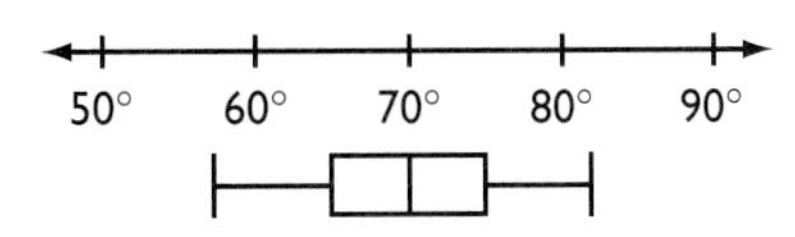

4·3 Analiza los datos

Diagramas de dispersión

Una vez que hayas recopilado datos, analízalos e interprétalos. Puedes graficar los puntos en una *gráfica de coordenadas* (pág. 316) para obtener un **diagrama de dispersión** de los datos y averiguar si hay alguna relación entre los datos.

Calado de frío hasta los huesos

El viento transporta el calor fuera del cuerpo, aumentando la tasa de enfriamiento. De esta manera, cuando el viento sopla sientes más frío. Si vives en un área donde la temperatura baja mucho en invierno, sabes que puedes sentir mucho, mucho más frío que el que indica la temperatura en un día de invierno con vientos fuertes.

Velocidad del viento (mi/h)	Temperatura del aire (°F)							
	35	30	25	20	15	10	5	0
Calmado	35	30	25	20	15	10	5	0
5	32	27	22	16	11	6	0	–5
10	22	16	10	3	–3	–9	–15	–22
15	16	9	2	–5	–11	–18	–25	–31
20	12	4	–3	–10	–17	–24	–31	–39
25	8	1	–7	–15	–22	–29	–36	–44
30	6	–2	–10	–18	–25	–33	–41	–49

Esta tabla de la sensación térmica muestra el efecto de enfriamiento del viento con relación a las temperaturas bajo condiciones calmadas (sin viento).

Durante el invierno, escucha o lee tu boletín meteorológico local diariamente, durante una semana o dos. Registra la temperatura promedio diaria y la velocidad del viento. Usa la tabla para determinar cuánto frío se sintió cada día.

Samuel recopiló información sobre el número de cajas de dulces que vendió cada uno de los miembros de su club de fútbol y el número de años que cada miembro ha pertenecido al club.

Años en el club	4	3	6	2	3	4	1	2	1	3	4	5	2	2
Cajas vendidas	23	18	30	26	22	20	20	20	15	19	23	26	22	18

Hagamos un diagrama de dispersión para ver si existe alguna relación entre ambos factores. Hacer un diagrama de dispersión es igual que hacer una gráfica en un plano de coordenadas. Primero se escriben los datos como pares ordenados y luego se grafican los pares ordenados.

Para hacer un diagrama de dispersión,

- Reúne dos conjuntos de datos que puedas representar en una gráfica como pares ordenados.
- Rotula los ejes vertical y horizontal y grafica los pares ordenados.

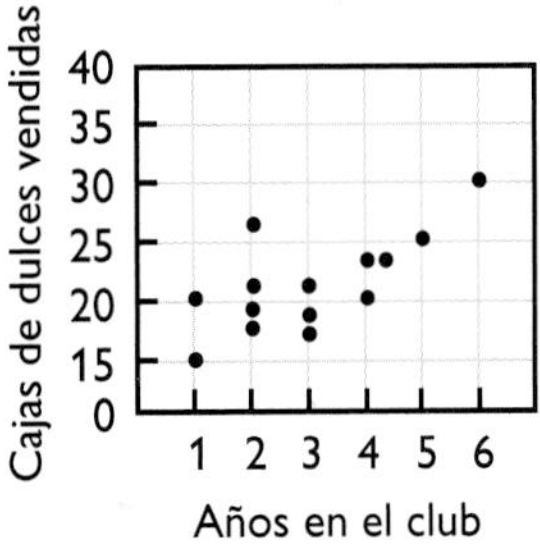

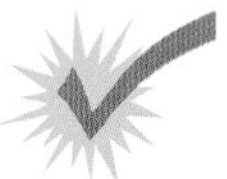

Practica tus conocimientos

Haz un diagrama de dispersión con los siguientes datos.

1. Tiempos ganadores en la carrera de 100 metros libres masculinos en los Juegos Olímpicos

Año	1900	1912	1924	1936	1948	1960	1972	1984	1996
Tiempo (en seg)	11.0	10.8	10.6	10.3	10.3	10.2	10.1	9.99	9.84

2. Relación entre el tamaño del calzado y el número de hermanos

Tamaño del calzado	5	$5\frac{1}{2}$	7	9	9	8	$7\frac{1}{2}$	5	8	$9\frac{1}{2}$	10	7	6	$9\frac{1}{2}$	6
Número de hermanos	5	3	0	0	1	1	4	2	3	6	5	2	1	2	6

Correlación

Los siguientes diagramas de dispersión tienen un aspecto ligeramente diferente.

El diagrama de dispersión de las horas de estudio y la calificación muestra la relación entre las horas dedicadas a estudiar y los resultados obtenidos en una prueba. Hay una tendencia ascendente en los resultados. Una tendencia ascendente se conoce como **correlación** positiva.

El segundo diagrama de dispersión muestra la relación entre las horas dedicadas a ver televisión y las calificaciones obtenidas. La gráfica muestra una tendencia descendente. Una tendencia descendiente se conoce como correlación negativa.

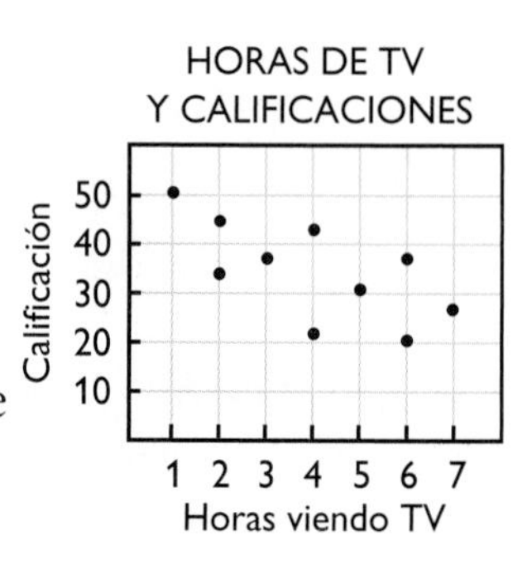

El tercer diagrama de dispersión muestra la relación entre la semana en la cual se realizó el examen y la calificación obtenida. Los datos parecen no mostrar ninguna relación entre sí. Si no hay tendencia, se dice que no hay correlación.

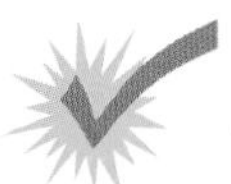

Practica tus conocimientos

3. ¿Cuál de los siguientes diagramas de dispersión no muestra ninguna tendencia?

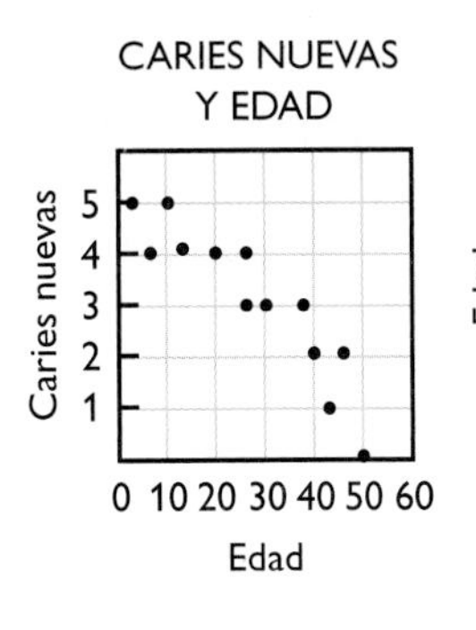

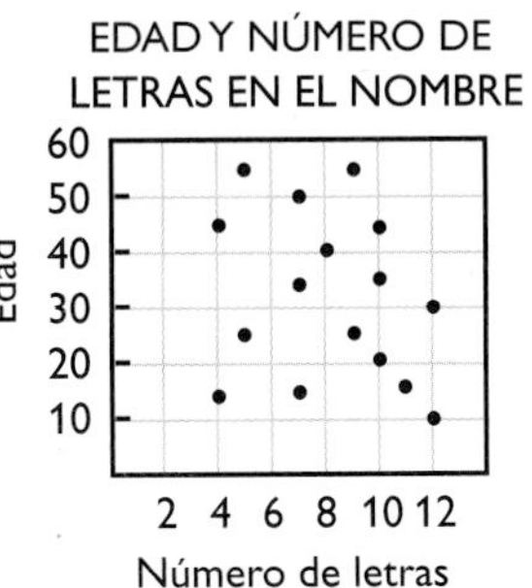

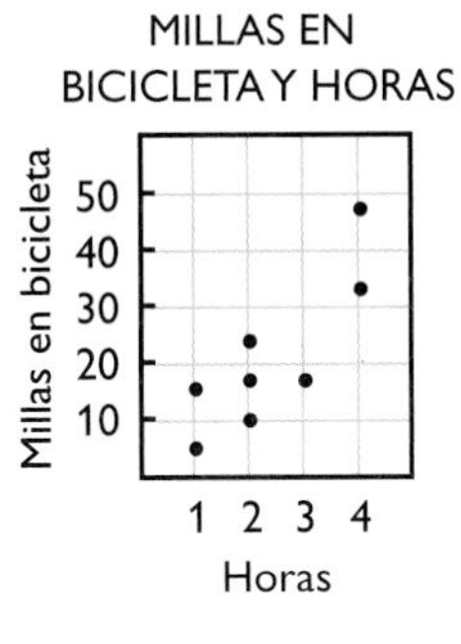

4. Describe la correlación en el diagrama de dispersión que muestra la relación entre la edad y el número de caries.
5. ¿Cuál de los diagramas de dispersión muestra una correlación positiva?

Sorpresa de cumpleaños

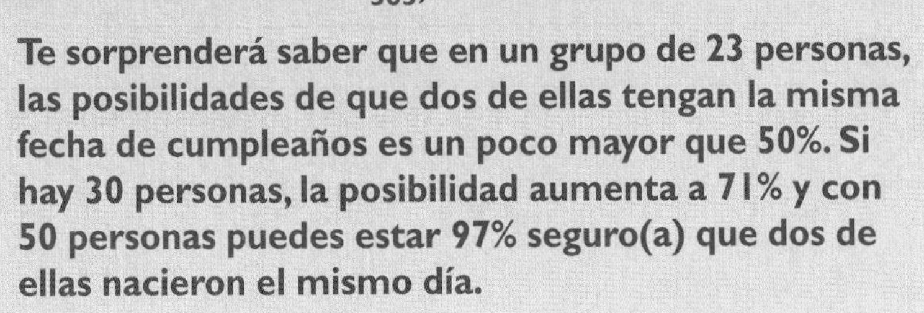

¿Qué probabilidad crees que pueda existir de que dos personas en tu clase cumplan años el mismo día? Dado que el año tiene 365 días, podrías pensar que las probabilidades sean pequeñas. Después de todo, la probabilidad de que una persona nazca en un día dado es de $\frac{1}{365}$, o cerca de 0.3%.

Te sorprenderá saber que en un grupo de 23 personas, las posibilidades de que dos de ellas tengan la misma fecha de cumpleaños es un poco mayor que 50%. Si hay 30 personas, la posibilidad aumenta a 71% y con 50 personas puedes estar 97% seguro(a) que dos de ellas nacieron el mismo día.

Recta de ajuste óptimo

Cuando los puntos graficados en un diagrama de dispersión muestran una relación, ya sea positiva o negativa, a veces se puede trazar la **recta de ajuste óptimo.** Observa de nuevo la gráfica que muestra la relación entre la edad y el número de caries.

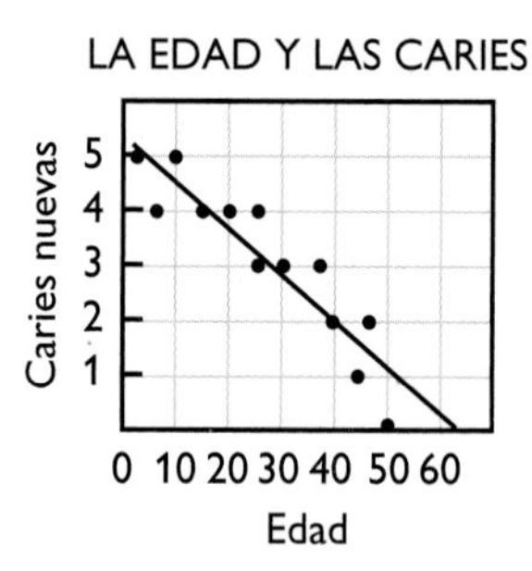

Para dibujar la recta de ajuste óptimo:

- Determina si los puntos del diagrama de dispersión muestran alguna tendencia.

  Los puntos de esta gráfica muestran una correlación negativa.

- Dibuja una recta que pase aproximadamente por el centro del grupo de puntos.

Puedes usar la recta para predecir información. A partir de la recta se esperará que las personas de 60 años tengan menos de una caries nueva y que las personas de 70 años no tengan caries nuevas.

La recta se dibuja para ayudar a predecir, pero puede suceder que la recta muestre datos irreales. Analiza siempre si la predicción es razonable. Por ejemplo, las personas de 60 años no pueden tener $\frac{1}{4}$ caries. Se podría predecir quizás una nueva caries.

Practica tus conocimientos

6. Usa los siguientes datos para hacer un diagrama de dispersión y trazar una recta de ajuste óptimo.

Latitud (°N)	35	34	39	42	35	42	33	42	21
Temperatura media en abril (°F)	55	62	54	49	61	49	66	47	76

7. Pronostica la temperatura media de abril en la ciudad de Juneau (latitud igual a 58°N).

Distribución de los datos

Un veterinario pesó a 25 gatos, redondeó los pesos en libras e hizo el siguiente histograma con los datos. Observa la simetría del histograma. Si dibujamos una curva sobre el histograma, la curva ejemplificará lo que se conoce como una **distribución normal.**

A menudo, los histogramas muestran una **distribución asimétrica.** Los siguientes histogramas muestran las estaturas de los alumnos del equipo de gimnasia y las estaturas del equipo de baloncesto. En este caso también se puede trazar una curva que muestre la forma del histograma. La curva del histograma correspondiente a las estaturas del equipo de gimnasia es asimétrico hacia la izquierda. El que representa las estaturas del equipo de baloncesto es asimétrico a la derecha.

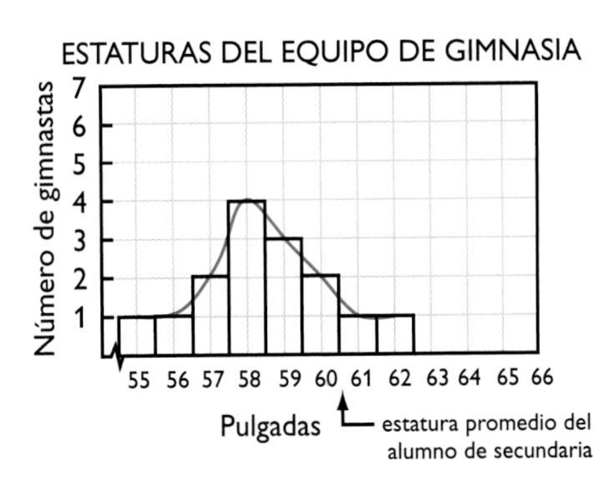

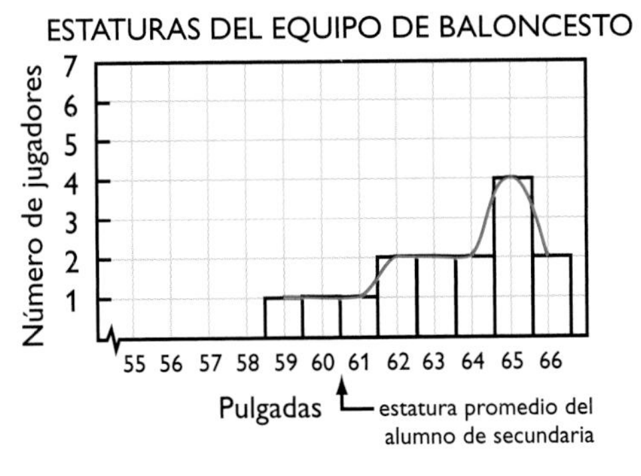

El histograma de la izquierda muestra las estaturas de personas adultas. Este histograma tiene dos puntos máximos, uno para las estaturas de mujeres y otro para las estaturas de hombres. Este tipo de distribución se conoce como **distribución bimodal.** El histograma de la derecha muestra el número de perros que reciben cada semana en una perrera. Esta distribución se conoce como **distribución uniforme.**

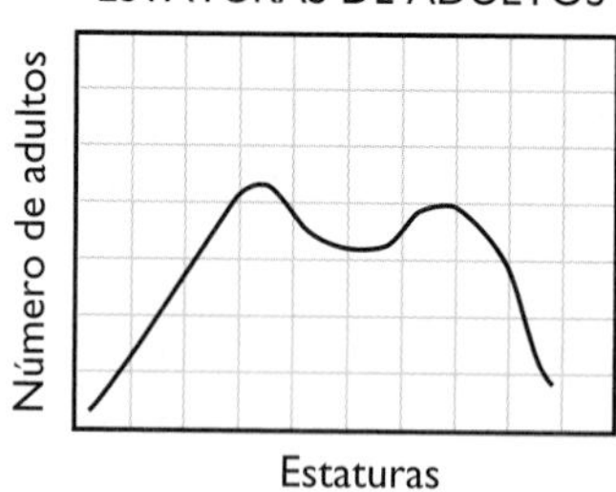

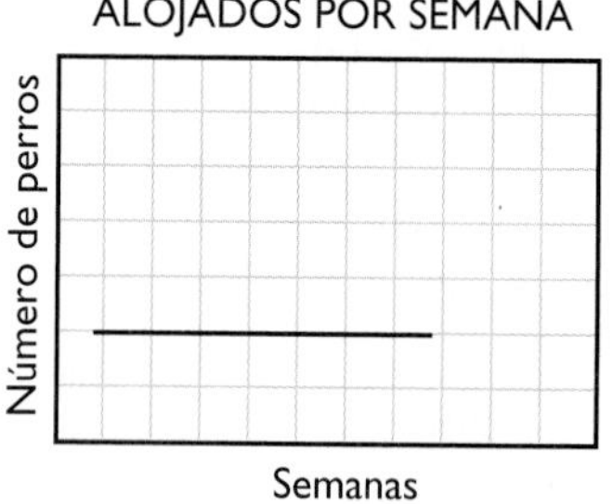

Practica tus conocimientos

Identifica cada tipo de distribución como normal, alabeada hacia la derecha, alabeada hacia la izquierda, bimodal o uniforme.

8. 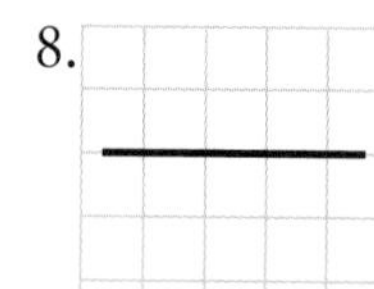

9. 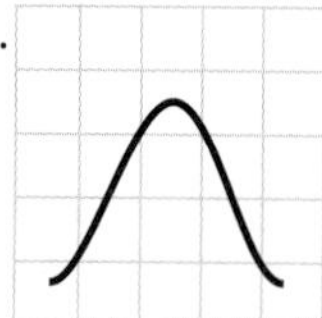

10. 

11. 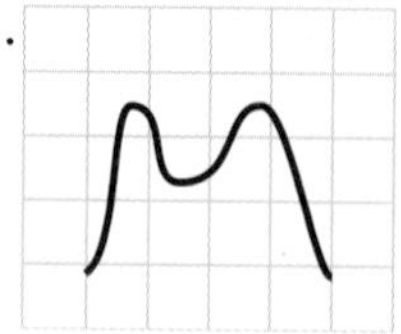

12. 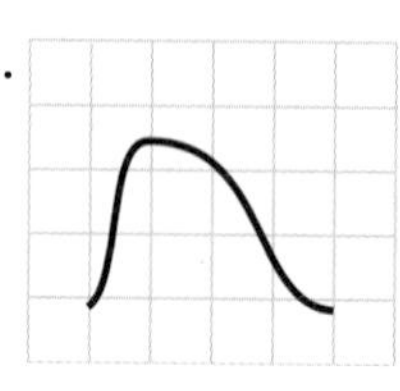

4·3 EJERCICIOS

1. Haz un diagrama de dispersión con los siguientes datos.

Turnos al bate	5	2	4	1	5	6	1	3	2	6
Hits	4	0	2	0	2	4	1	1	2	3

2. Describe la correlación que muestra el diagrama de dispersión de la pregunta 1.
3. Dibuja la recta de ajuste óptimo en el diagrama de dispersión de la pregunta 1. Predice el número de hits en 8 veces al bate.

Describe el tipo de correlación que muestra cada diagrama de dispersión.

4. 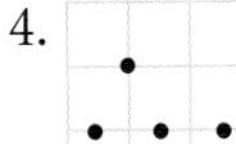
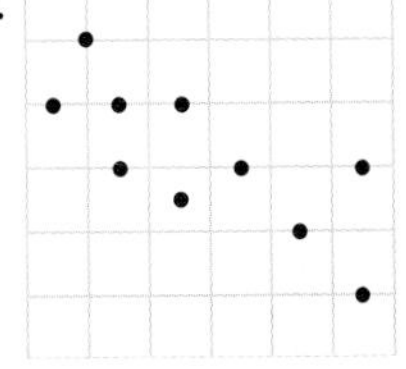

5. 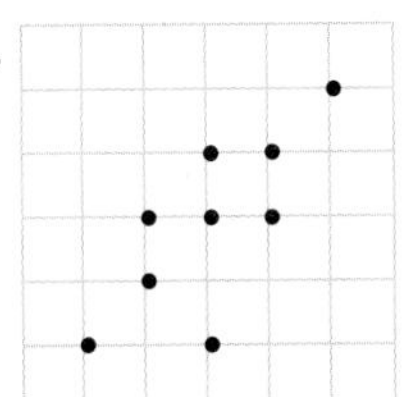

6. 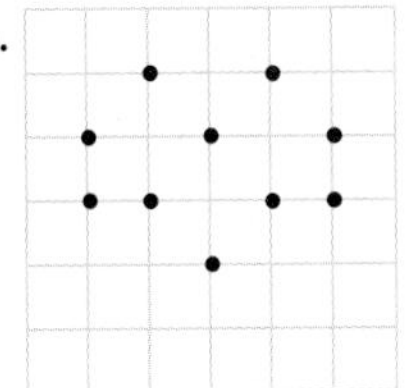

Indica si cada una de las siguientes distribuciones es normal, alabeada hacia la derecha, alabeada hacia la izquierda, bimodal o uniforme.

7. 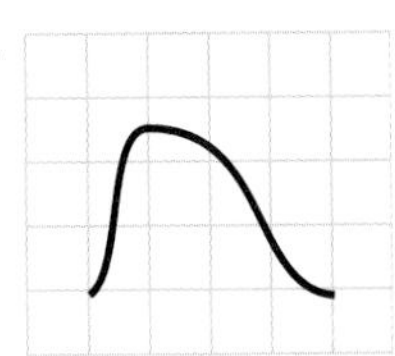

8. 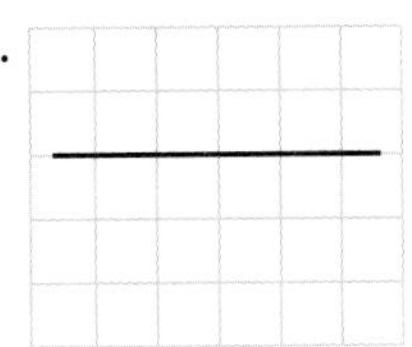

9. 

10. 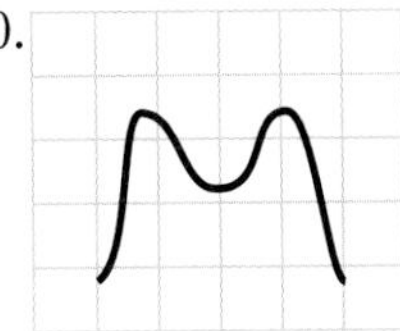

4·4 Estadística

Laila recopiló los siguientes datos sobre el gasto mensual de sus compañeros de clase en discos compactos.

$15, $15, $15, $15, $15, $15, $15
$25, $25, $25, $25, $25
$30, $30, $30
$45
$145

Laila dijo que el gasto típico fue $15 mensuales, pero Jacy no estuvo de acuerdo. Ella comentó que el gasto típico fue $25. Una tercera compañera, María, dijo que ambas estaban mal, que el gasto típico fue $30. Todas tenían razón porque cada una usó una medida común diferente.

La media

Una medida de los datos es la **media.** Para calcular la media o **promedio,** suma todas las cantidades que gastaron los alumnos y divide el resultado entre el número de cantidades.

CÓMO CALCULAR LA MEDIA

Calcula la media del dinero que gastan mensualmente en discos compactos los compañeros de clase de Laila.

- Suma las cantidades.

  $15 + $15 + $15 + $15 + $15 + $15 + $15 + $25 + $25 + $25 + $25 + $25 + $30 + $30 + $30 + $45 + $145 = $510

- Divide el total entre el número de cantidades.

  En este caso, hay 17 cantidades.

  $510 ÷ 17 = $30

La media de los gastos mensuales por alumno en discos compactos es $30. María utilizó la media cuando dijo que el gasto típico fue $30.

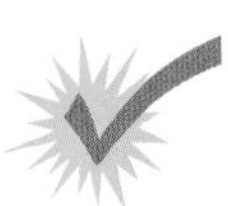

Practica tus conocimientos

Calcula la media:

1. 15, 12, 6, 4.5, 12, 2, 11.5, 1, 8
2. 100, 79, 88, 100, 45, 92
3. 125, 136, 287, 188, 201, 245
4. Las temperaturas mínimas en Pinetop durante la primera semana de febrero fueron 38°, 25°, 34°, 28°, 25°, 15° y 24°. Calcula la temperatura media.
5. Ling tuvo 86 puntos en promedio en cinco exámenes. ¿Cuál tendría que ser su calificación en el sexto examen para subir un punto su promedio?

Impresiones gráficas

Los seres humanos pueden vivir más de 100 años, pero no todos los animales pueden vivir tanto tiempo. Un ratón, por ejemplo, tiene una duración de vida o longevidad de 3 años, mientras que un sapo puede vivir 36 años.

Ambas gráficas comparan la duración de vida máxima de olominas, arañas gigantes y cocodrilos.

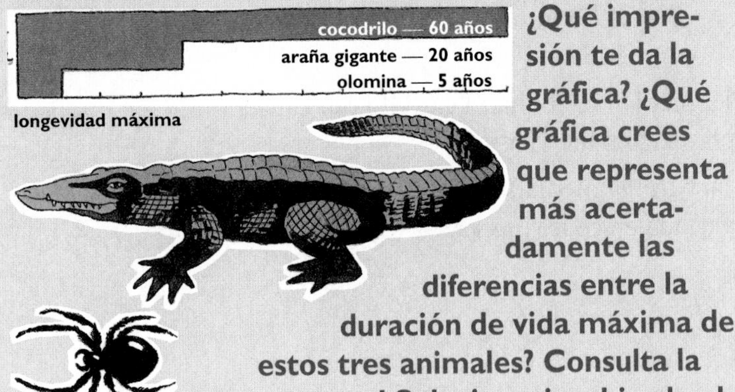

¿Qué impresión te da la gráfica? ¿Qué gráfica crees que representa más acertadamente las diferencias entre la duración de vida máxima de estos tres animales? Consulta la respuesta en el Solucionario, ubicado al final del libro.

La mediana

Puedes calcular la media al sumar todos los números y luego dividir la suma entre la cantidad de números. Otra forma de analizar los números es mediante el cálculo de la mediana. La **mediana** es el número central en los datos, cuando los números están ordenados. Observa de nuevo las cantidades gastadas en discos compactos.

$15, $15, $15, $15, $15, $15, $15
$25, $25, $25, $25, $25
$30, $30, $30
$45
$145

CÓMO CALCULAR LA MEDIANA

Calcula la mediana de las cantidades gastadas en discos compactos.

- Ordena los datos de menor a mayor o de mayor a menor.

  Al observar las cantidades gastadas en discos compactos, podemos ver que ya están ordenadas.

- Determina el número central.

  Hay 17 números. El número central es $25 porque hay ocho números mayores que $25 y ocho menores que $25.

La mediana del dinero gastado por cada alumno en discos compactos fue $25.

Jacy usó la mediana cuando dijo que la cantidad típica gastada en cedés fue $25.

Cuando hay un número par de cantidades, puedes calcular la mediana sacando la media de los dos números centrales. De modo que para calcular la mediana de los números 1, 6, 4, 2, 5 y 8, debes hallar los dos números centrales.

- Calcula la mediana de un número par de datos.

  1, 2, 4, 5, 6, 8
- Ordena los números de menor a mayor o de mayor a menor.

  1, 2, 4, 5, 6, 8 ó 8, 6, 5, 4, 2, 1
- Calcula la media de los dos números centrales.

  Los dos números centrales son 4 y 5.

  $(4 + 5) \div 2 = 4.5$

La mediana es 4.5. La mitad de los números son mayores que 4.5 y la mitad son menores que 4.5.

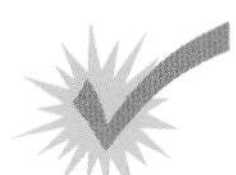

Practica tus conocimientos

Calcula la mediana:

6. 11, 15, 10, 7, 16, 18, 9
7. 1.4, 2.8, 5.7, 0.6
8. 11, 27, 16, 48, 25, 10, 18
9. Los 10 números totales de puntos anotados más altos de la NBA son: 24,489; 31,419; 23,149; 25,192; 20,880; 20,708; 23,343; 25,389; 26,710; y 14,260. Calcula la mediana.

La moda

Puedes usar la media o la mediana, que es el número central, para describir un conjunto de números. Otra manera de describir un conjunto de números es con la moda. La **moda** es el número que ocurre con más frecuencia en el conjunto. Veamos nuevamente las cantidades gastadas en discos compactos.

$15, $15, $15, $15, $15, $15, $15
$25, $25, $25, $25, $25
$30, $30, $30
$45
$145

Para calcular la moda agrupa los números que sean iguales y determina cuál aparece con mayor frecuencia.

CÓMO CALCULAR LA MODA

- Ordena los números o haz una tabla de frecuencias de los números.

Cantidad	Frecuencia
$ 15	7
$ 25	5
$ 30	3
$ 45	1
$145	1

- Selecciona el número que aparece con más frecuencia.

  La cantidad gastada más frecuente fue $15.

La moda de la cantidad que cada alumno gasta en discos compactos es $15.

Por lo tanto, Laila usó la moda cuando describió la cantidad típica gastada por cada alumno en discos compactos.

Un conjunto de números pueden no tener moda o pueden tener más de una moda. Los datos que tienen dos modas se llaman *bimodales.*

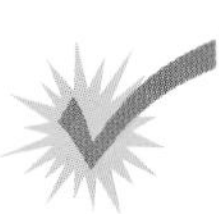

Practica tus conocimientos

Calcula la moda:

10. 1, 3, 3, 9, 7, 2, 7, 7, 4, 4
11. 1.6, 2.7, 5.3, 1.8, 1.6, 1.8, 2.7, 1.6
12. 2, 10, 8, 10, 4, 2, 8, 10, 6
13. Roger Maris bateó 61 jonrones en 1961. Los 25 jugadores que batearon más jonrones en 1961 batearon el siguiente número de jonrones: 61, 49, 54, 49, 49, 60, 52, 50, 49, 52, 59, 54, 51, 49, 58, 54, 56, 54, 51, 52, 51, 49, 51, 58, 49. Calcula la moda.

Decimales olímpicos

En gimnasia olímpica los competidores realizan ciertos eventos específicos. La puntuación se basa en una escala de 10 puntos, siendo 10 una puntuación perfecta. Los puntajes se pueden dar en decimales. Después de eliminar la puntuación más alta y la más baja, se calcula el promedio de las puntuaciones restantes.

Para algunos eventos, se juzga el mérito técnico, la composición y el estilo de los gimnastas. Las puntuaciones para mérito técnico se basan en la dificultad y la variedad de la rutina y las habilidades del gimnasta. Para composición y estilo se toman en cuenta la originalidad y la calidad artística de las rutinas.

	Mérito técnico	Composición y estilo
EE.UU.	9.4	9.8
China	9.6	9.7
Francia	9.3	9.9
Alemania	9.5	9.6
Australia	9.6	9.7
Canadá	9.5	9.6
Japón	9.7	9.8
Rusia	9.6	9.5
Suecia	9.4	9.7
Inglaterra	9.6	9.7

Usa estos puntajes para calcular la calificación media para mérito técnico y para composición y estilo. Consulta la respuesta en el Solucionario, ubicado al final del libro.

El rango

Otra medida que se usa para analizar un conjunto de números es el rango. El **rango** indica la distancia entre el número más grande y el número más pequeño del conjunto de datos. Considera el número de millas de litoral en el océano Pacífico en los Estados Unidos.

Estado	Millas de litoral
California	840
Oregon	296
Washington	157
Hawai	750
Alaska	5,580

Para calcular el rango, resta el número menor de millas del conjunto del número mayor.

CÓMO CALCULAR EL RANGO

Calcula el rango de las millas de litoral del Pacífico.

- Calcula los valores mayor y menor.

  El mayor valor es 5,580 millas, y el valor menor, es 157 mi.

- Resta.

  5,580 mi − 157 mi = 5,423 mi

El rango es 5,423 millas.

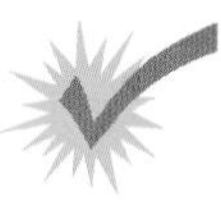

Practica tus conocimientos

Calcula el rango.

14. 100, 700, 800, 500, 50, 300
15. 1.4, 2.8, 5.7, 0.6
16. 56°, 43°, 18°, 29°, 25°, 70°
17. Los marcadores ganadores del equipo de baloncesto Candlelights fueron: 78, 83, 83, 72, 83, 61, 75, 91, 95 y 72. Calcula el rango de esos marcadores.

Promedios ponderados

Las cantidades gastadas en cedés por los compañeros de Laila fueron \$15, \$25, \$30, \$45 y \$145. Para determinar la cantidad media gastada no es suficiente calcular la media de estos números porque, por ejemplo, el número de personas que gastaron \$15 es mayor que el de quienes gastaron \$45. Por lo tanto, debes calcular el **promedio ponderado.**

CÓMO CALCULAR EL PROMEDIO PONDERADO

Calcula el promedio ponderado de la cantidad de dinero gastada en cedés.

- Determina el número de veces que está presente cada cantidad en el conjunto.

  \$15—7 veces
  \$25—5 veces
  \$30—3 veces
  \$45—1 vez
  \$145—1 vez

- Multiplica cada cantidad por el número de veces que ocurre.

  $\$15 \times 7 = \$105$
  $\$25 \times 5 = \$125$
  $\$30 \times 3 = \$90$
  $\$45 \times 1 = \$45$
  $\$145 \times 1 = \$145$

- Suma los productos y divide entre el total de las ponderaciones.

  $(\$105 + \$125 + \$90 + \$45 + \$145) \div (7 + 5 + 3 + 1 + 1) = \$510 \div 17 = \$30$

El promedio ponderado de la cantidad de dinero que se gastó en cedés fue \$30.

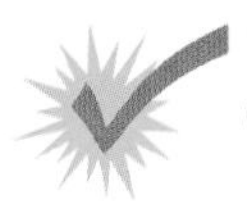

Practica tus conocimientos

Calcula el promedio ponderado.

18. 45 ocurre 5 veces, 36 ocurre 10 veces y 35 ocurre 15 veces.
19. El número promedio de cajas para pagar que tienen los clientes de las tiendas Well-made es 8, y el número promedio de cajas para pagar que hay en las tiendas Cost-easy es 5. Si hay 12 tiendas Well-made y 8 tiendas Cost-easy, calcula el número promedio de cajas registradoras.

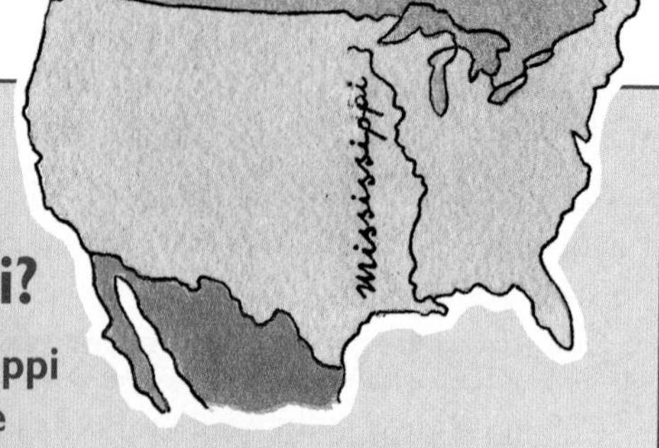

¿Cuánta fuerza tiene el Mississippi?

El legendario Mississippi es el río más largo de Estados Unidos, pero no del mundo. La siguiente es una comparación de los 12 ríos más largos del mundo.

Río	Ubicación	Longitud (millas)
Nilo	África	4,145
Amazonas	Sudamérica	4,000
Yantze	Asia	3,915
Amarillo	Asia	2,903
Congo	África	2,900
Irtysh	Asia	2,640
Mekong	Asia	2,600
Níger	África	2,600
Yenisey	Asia	2,543
Paraná	Sudamérica	2,485
Mississippi	Norteamérica	2,348
Missouri	Norteamérica	2,315

¿Cuál es la media, la mediana y el rango de las longitudes de este conjunto de datos? Consulta la respuesta en el Solucionario, ubicado al final del libro.

4·4 EJERCICIOS

Calcula la media, la mediana, la moda y el rango.

1. 2, 2, 4, 4, 6, 6, 8, 8, 8, 8, 10, 10, 12, 14, 18
2. 5, 5, 5, 5, 5, 5, 5, 5, 5
3. 50, 80, 90, 50, 40, 30, 50, 80, 70, 10
4. 271, 221, 234, 240, 271, 234, 213, 253, 196
5. ¿Es bimodal alguno de los conjuntos de datos de las preguntas 1 a 4? Explica.
6. Calcula el promedio ponderado: 15 ocurre 3 veces, 18 ocurre 1 vez, 20 ocurre 5 veces y 80 ocurre 1 vez.
7. Kelly obtuvo 85, 83, 92, 88 y 69 en sus primeras cinco pruebas de matemáticas. Necesita un promedio de 85 para obtener B. ¿Qué calificación deberá obtener en su última prueba para obtener B?
8. ¿Qué medida: la media, la mediana o la moda, debe formar parte del conjunto de datos?
9. Los siguientes tiempos representan la duración en minutos de las llamadas telefónicas efectuadas por un alumno de octavo grado durante un fin de semana.
   10 2 16 8 55 2 18 11 9 5 4 7
   Calcula la media, la mediana y la moda de las llamadas. ¿Qué medida representa mejor los datos? Explica.
10. El precio de una casa es mayor que el de la mitad de las demás casas del rumbo. ¿Usarías la media, la mediana, la moda o el rango para describir este hecho?

4·5 Combinaciones y permutaciones

Diagramas de árbol

A menudo necesitas contar los resultados. Por ejemplo supongamos que tienes dos **giradores,** uno está marcado con los números del 1 al 3 y el otro está marcado con los números 1 y 2, y quieres determinar cuántos diferentes números de dos dígitos es posible formar haciendo girar el primer girador y después el segundo. Para determinar todos los resultados posibles puedes hacer un **diagrama de árbol.**

Para hacer un diagrama de árbol enumera lo que puede ocurrir con el primer girador.

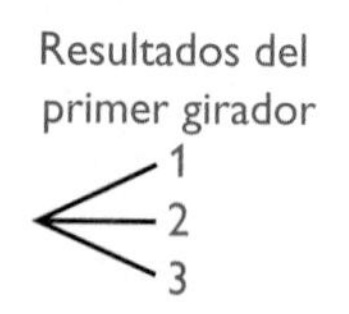

Después, al lado de cada uno, enumera lo que puede ocurrir con el segundo girador.

Resultados del primer girador	Resultados del segundo girador	Números diferentes posibles
1	1	11
	2	12
2	1	21
	2	22
3	1	31
	2	32

Después de enumerar las posibilidades, puedes contarlas para determinar cuántas hay. En este caso, hay seis números posibles.

CÓMO HACER UN DIAGRAMA DE ÁRBOL

Haz un diagrama de árbol para averiguar los diferentes resultados que puedes obtener al lanzar al aire tres monedas.

- Enumera los resultados de la primera moneda.

  La primera moneda puede caer cara o escudo.

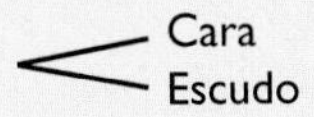

- Enumera los resultados que se pueden obtener con la segunda y tercera monedas (y así sucesivamente).

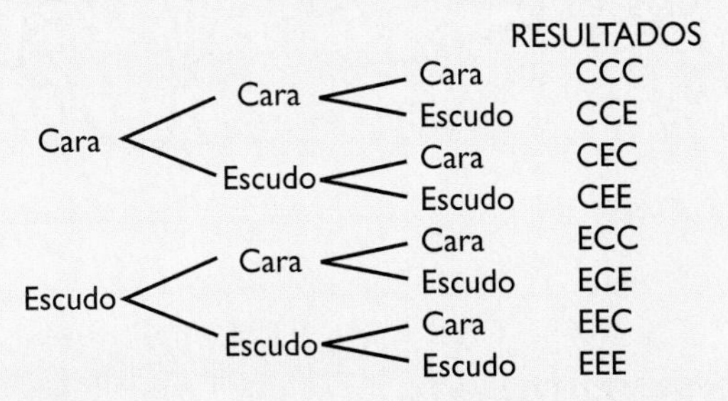

- Dibuja líneas y enumera las opciones.

  La lista con los resultados se mostró anteriormente. Las monedas pueden caer de ocho maneras diferentes.

Puedes calcular el número de posibilidades multiplicando el número de opciones en cada paso. Para el problema de las tres monedas, $2 \times 2 \times 2 = 8$. Esta operación representa dos posibilidades para la primera moneda, dos posibilidades para la segunda, y dos posibilidades para la tercera.

Practica tus conocimientos

Usa un diagrama de árbol para calcular cada respuesta. Verifica cada resultado usando una multiplicación.

1. Si lanzas tres dados numerados del 1 al 6, ¿cuántos números de tres dígitos puedes formar?
2. ¿Cuántas rutas posibles hay de Creekside a Mountainville?

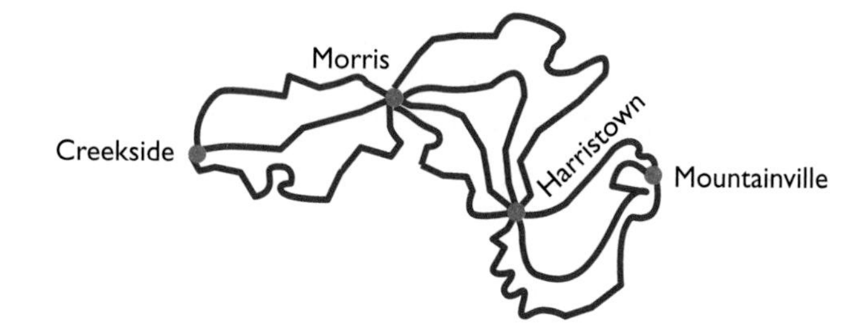

Monogramas

¿Cuáles son tus iniciales? ¿Tienes algo hecho con tu monograma? Un *monograma* es un diseño que se hace con una o más letras, por lo general las iniciales de un nombre. Los monogramas generalmente se encuentran en papel de carta, toallas, camisas o joyería.

¿Cuántos monogramas diferentes de tres letras puedes hacer con las letras del alfabeto? Usa una calculadora para calcular el número total de monogramas. No olvides que puedes repetir las letras en las combinaciones. Consulta la respuesta en el Solucionario, ubicado al final del libro.

Permutaciones

Ya sabes que los diagramas de árbol se pueden usar para contar las diferentes maneras en que algo puede ocurrir. Un diagrama de árbol muestra también las diferentes maneras en que se pueden arreglar o enumerar cosas. Una lista en la que el orden es importante se llama **permutación.** Supón que deseas colocar a Rita, Jacob y Zhao para una fotografía. Puedes usar un diagrama de árbol para mostrar las diferentes maneras en que se pueden colocar.

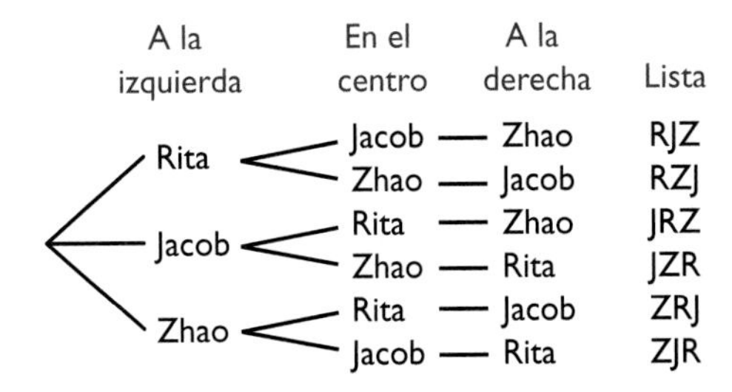

Hay 3 maneras de elegir a la primera persona, 2 maneras de elegir a la segunda y una manera de elegir a la tercera. Por lo tanto el número total de permutaciones es $3 \times 2 \times 1 = 6$. Recuerda que Rita, Jacob, Zhao forman una permutación diferente que Zhao, Jacob, Rita.

$P(3, 3)$ representa el número de permutaciones de 3 cosas tomadas 3 a la vez. Por lo tanto, $P(3, 3) = 6$.

CÓMO CALCULAR PERMUTACIONES

Calcula $P(6, 5)$.

- Calcula cuántas opciones hay para cada lugar.

  Hay 6 opciones para el primer lugar, 5 para el segundo, 4 para el tercero, 3 para el cuarto y 2 para el último.

- Calcula el producto.

  $6 \times 5 \times 4 \times 3 \times 2 = 720$

Por lo tanto, $P(6, 5) = 720$.

Notación factorial

Viste que para calcular el número de permutaciones de 8 cosas, calculaste el producto $8 \times 7 \times 6 \times 5 \times 4 \times 3 \times 2 \times 1$. El producto $8 \times 7 \times 6 \times 5 \times 4 \times 3 \times 2 \times 1$ se llama 8 **factorial.** La notación abreviada para factorial es un signo de admiración. Por lo tanto, $8! = 8 \times 7 \times 6 \times 5 \times 4 \times 3 \times 2 \times 1$.

Practica tus conocimientos

Calcula cada valor.

3. $P(15, 2)$
4. $P(6, 6)$
5. La escuela secundaria Grandview ha organizado un concurso de oratoria. Hay 8 finalistas. ¿En cuántos órdenes diferentes se pueden presentar los oradores?
6. En una clase de 35 alumnos se elegirá a uno de ellos como delegado para el Día del Gobierno, y se elegirá a otra persona que hará las veces de suplente. ¿Cuántos grupos diferentes de delegado y suplente se pueden formar?

Calcula cada valor. Usa una calculadora si es necesario.

7. 9!

Combinaciones

Cuando se elige a dos delegados en una clase de 35 alumnos para atender a la feria de ciencias, el orden no es importante. Piensa que en este caso se trata simplemente de elegir a dos delegados. En este caso el orden no es importante. Es decir, si se tiene que elegir a dos delegados, elegir a Elena y Rahshan es lo mismo que elegir a Rahshan y Elena.

Puedes usar el número de permutaciones para calcular el número de **combinaciones.** Supón que deseas elegir a 2 alumnos como delegados de un grupo de 6 (Elena, Rahshan, Felicia, Hani, Toshi y Kelly).

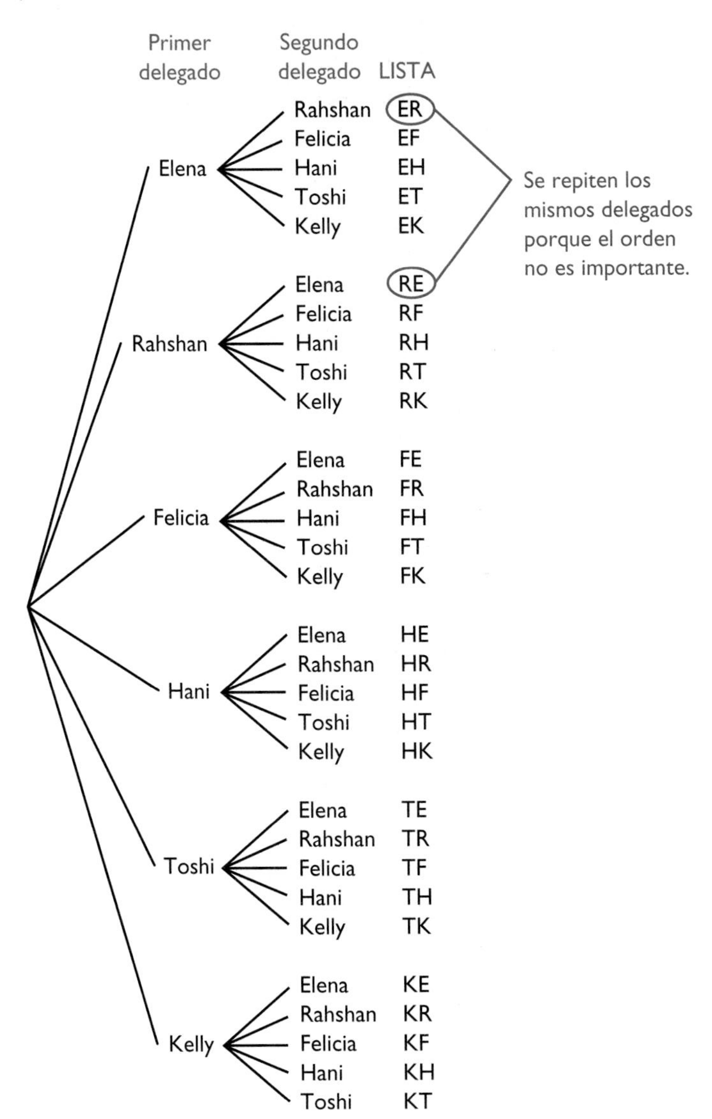

Para calcular el número de combinaciones de seis alumnos tomados dos a la vez, primero debes calcular el número de permutaciones. Existen seis formas de elegir al primer delegado y cinco formas de elegir al segundo, por lo cual esto equivale a $6 \times 5 = 30$. ¡Debido a que el orden no importa, se incluyeron algunas combinaciones de más! Necesitas dividir entre el número de arreglos que se pueden formar con dos delegados (2!).

$$C(6,2) = \frac{\mathrm{P}(6,2)}{2!} = \frac{6 \times 5}{2 \times 1} = 15$$

CÓMO CALCULAR COMBINACIONES

Calcula $C(6, 3)$.

- Calcula el número de permutaciones.

  $P(6, 3) = 6 \times 5 \times 4 = 120$

- Divide el número de permutaciones entre el número de arreglos de las cosas.

  $120 \div 3! = 120 \div 6 = 20$

Por lo tanto, $C(6, 3) = 20$.

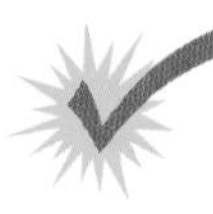

Practica tus conocimientos

Calcula cada valor.

8. $C(9, 6)$
9. $C(14, 2)$
10. ¿Cuántas combinaciones diferentes de tres plantas es posible elegir de una docena de plantas?
11. ¿Hay más combinaciones que permutaciones al elegir dos libros de un conjunto de cuatro libros? Explica tu respuesta.

4•5 EJERCICIOS

1. Haz un diagrama de árbol que muestre los resultados que se obtienen al lanzar una moneda y un dado numerado del 1 al 6.

Calcula cada valor.

2. $P(7, 5)$
3. $C(8, 8)$
4. $P(9, 4)$
5. $C(7, 3)$
6. $5! \times 4!$
7. $P(8, 8)$

Resuelve.

8. Ocho amigos quieren jugar partidos de tenis individuales y desean asegurarse de que todos van a jugar contra todos. ¿Cuántos partidos tendrán que jugar?
9. En un torneo de ajedrez se entregan trofeos al primero, segundo, tercero y cuarto lugares. Veinte alumnos participan en el torneo. ¿Cuántos grupos diferentes de cuatro alumnos ganadores son posibles?
10. Determina si los siguientes casos con permutaciones o combinaciones.
    a. Escoger un equipo de 5 jugadores de 20 personas
    b. Acomodar a 12 personas en una fila para una fotografía
    c. Escoger el primero, segundo y tercer lugares entre 20 perros de exposición

4·6 Probabilidad

Si un amigo y tú quieren decidir quién empieza primero en un juego, podrían lanzar una moneda. En este caso, tu amigo y tú tienen la misma posibilidad de ganar. La **probabilidad** de un evento es un número de 0 y 1 que indica la posibilidad de que ocurra dicho evento.

Probabilidad experimental

La probabilidad de que un evento ocurra es un número entre 0 y 1. Una manera de calcular la probabilidad de un evento es mediante un experimento. Supongamos que quieres calcular la probabilidad de que le ganes una partida de damas a un amigo tuyo, si has ganado 8 de 12 partidas que han jugado. Para calcular la probabilidad de ganar, puedes comparar el número de partidas que ganaste con el número total de partidas jugadas. En este caso, la **probabilidad experimental** de que ganes es $\frac{8}{12}$ ó $\frac{2}{3}$.

CÓMO DETERMINAR LA PROBABILIDAD EXPERIMENTAL

Calcula la probabilidad experimental de sacar una canica roja de una bolsa que contiene 10 canicas de colores.

- Conduce un experimento. Anota el número de pruebas y el resultado de cada prueba.

  Escoge una canica de la bolsa, anota su color y devuélvela a la bolsa. Repite esto 10 veces. Supón que sacas estos colores: rojo, verde, azul, verde, rojo, azul, azul, rojo, verde, azul.

- Compara el número de veces que ocurre un resultado dado con el número total de pruebas. La comparación en la probabilidad de que ocurra ese resultado.

  Compara el número de veces en que sacas una canica roja con el número total de pruebas.

La probabilidad experimental de sacar una canica roja en esta prueba es $\frac{3}{10}$.

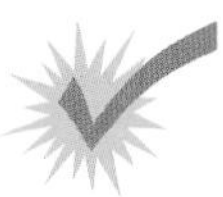

Practica tus conocimientos

Se lanzan 100 veces tres monedas de 1¢. Los resultados se muestran en la gráfica circular.

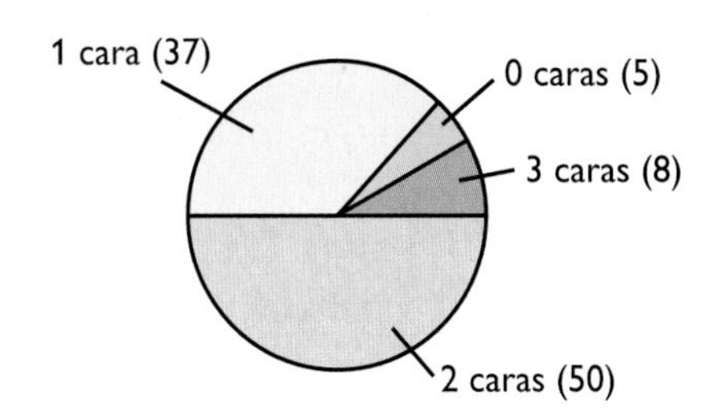

1. Calcula la probabilidad experimental de sacar dos caras.
2. Calcula la probabilidad experimental de no sacar ninguna cara.
3. Lanza una tachuela 50 veces y anota el número de veces en que cae con la punta hacia arriba. Calcula la probabilidad experimental de que la tachuela caiga con la punta hacia arriba. Compara tus resultados con los resultados de otros compañeros de clase.

Probabilidad teórica

Ya sabes que si realizas el experimento de lanzar una moneda y registras los resultados, puedes calcular la probabilidad de que salga cara. También puedes calcular la **probabilidad teórica** basándote en los resultados posibles del experimento. Cada **resultado** de un experimento representa uno de los posibles desenlaces del experimento. Los resultados posibles al lanzar una moneda son "cara" o "escudo". Un **evento** es un resultado específico, por ejemplo sacar cara. Por lo tanto, la probabilidad de sacar cara es:

$$\frac{\text{número de maneras en que ocurre un evento}}{\text{número de resultados}} = \frac{1}{2}$$

CÓMO DETERMINAR LA PROBABILIDAD TEÓRICA

Calcula la probabilidad de sacar una canica roja de una bolsa que contiene 5 canicas rojas, 8 azules y 7 blancas.

- Calcula el número de maneras en que ocurre el evento.

  En este caso, el evento es sacar una canica roja. Hay 5 canicas rojas.

- Calcula el número total de resultados. Usa una lista, multiplica o haz un *diagrama de árbol* (pág. 232).

  La bolsa contiene 20 canicas.

- Usa la fórmula

  $$P(\text{evento}) = \frac{\text{número de maneras en que ocurre un evento}}{\text{número de resultados}}$$

- Calcula la probabilidad del evento que te interesa.

  En este caso, sacar una canica se representa como $P(\text{rojo})$.

  $P(\text{rojo}) = \frac{5}{20} = \frac{1}{4}$

La probabilidad de sacar una canica roja es $\frac{1}{4}$.

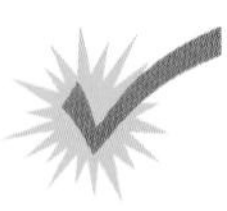

Practica tus conocimientos

Calcula cada probabilidad. Usa el girador para las preguntas 4 y 5.

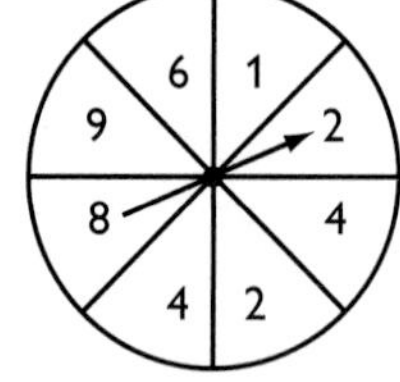

4. $P(\text{número par})$
5. $P(\text{número mayor que } 10)$
6. $P(2)$ al lanzar un dado
7. Las letras de la palabra *Mississippi* se escriben en tiras idénticas de papel y se meten en una caja. Si se saca un papel al azar, ¿cuál es la probabilidad de que sacar una vocal?

Expresa probabilidades

Como se mostró anteriormente, puedes expresar una probabilidad como una fracción. Del mismo modo que puedes expresar una fracción en forma decimal, razón o porcentaje, también puedes expresar una probabilidad en cualquiera de estas formas (pág. 154).

La probabilidad de obtener una cara cuando se lanza una moneda es $\frac{1}{2}$. También puedes expresar la probabilidad como sigue:

Fracción	Decimal	Razón	Porcentaje
$\frac{1}{2}$	0.5	1:2	50%

Practica tus conocimientos

Expresa cada una de las siguientes probabilidades como una fracción, un decimal, una razón y un porcentaje.

8. la probabilidad de sacar una canica roja de una bolsa que contiene 4 canicas rojas y 12 verdes
9. la probabilidad de obtener 8 al hacer girar un girador dividido en 8 secciones iguales numeradas del 1 al 8
10. la probabilidad de obtener un chicle verde de una máquina que contiene 25 chicles verdes, 50 rojos, 35 blancos, 20 negros, 5 morados, 50 azules y 15 anaranjados
11. la probabilidad de ser elegido para ser el primero en hacer una presentación oral, si el maestro mete en una bolsa los nombres de los 25 alumnos y los saca de uno en uno

Gráficas de trazos

Al conducir un experimento, como lanzar una moneda, necesitas encontrar una manera de mostrar el resultado de cada lanzamiento. Una forma de hacerlo es con una gráfica de trazos. Si lanzas una moneda repetidas veces puedes obtener una **gráfica de trazos** como la siguiente.

Si lanzas una moneda repetidamente, puedes hacer la siguiente gráfica de trazos.

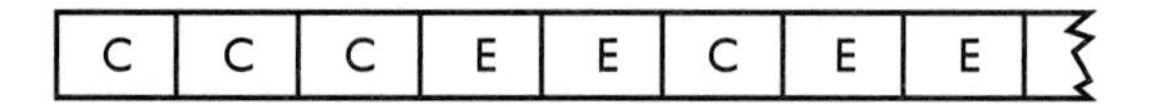

La gráfica de trazos muestra los resultados que ocurrieron en los primeros ocho lanzamientos: cara, cara, cara, escudo, escudo, cara, escudo y escudo.

Para hacer una gráfica de trazos:
- Dibuja una serie de divisiones en una tira larga de papel.
- Anota cada resultado en una de las divisiones.

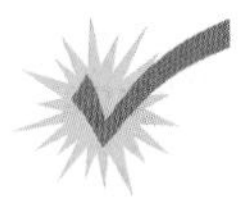

Practica tus conocimientos

Considera la siguiente gráfica de trazos.

2	5	4	2	3	1	6	3	

12. Describe los ocho primeros resultados.
13. ¿A qué tipo de experimento crees que se refiera la gráfica?
14. Haz una gráfica de trazos que muestre los resultados obtenidos al lanzar 10 veces una moneda. Compra tu gráfica con las gráficas obtenidas por otros compañeros.

Fiebre de lotería

Al leer el titular te dices a ti mismo: "Alguien *tendrá* que ganar en algún momento". Pero la verdad es que estás errado. Las posibilidades de ganar una lotería de seis números son siempre las mismas y son muy, muy, muy pequeñas.

Empieza con los números del 1 al 7. Hay 7 maneras diferentes de elegir 6 de 7 cosas (pruébalo tú mismo). Por lo tanto, tus oportunidades de atinar 6 de 7 números serán $\frac{1}{7}$ ó aproximadamente 14.3%. Supón que ahora quieres atinar 6 números de 10. Hay 210 maneras diferentes en que puede ocurrir, así es que la probabilidad de atinarle a 6 números de 10 en esta lotería es de $\frac{1}{210}$ ó 0.4%. Para atinar 6 números de 20 en una lotería, hay 38,760 maneras posibles de escoger 6 números y solamente 1 de ésas será la ganadora. En este caso, hay sólo 0.003% de oportunidad de ganar. ¿Cómo la ves?

La posibilidad de ganar una lotería de 6 números entre 50 es de 1 en 15,890,700 ó 1 en casi 16,000,000. A manera de comparación, piensa en la posibilidad de que a una persona le caiga un rayo, lo cual ocurre muy raramente. Se ha estimado que en Estados Unidos, cada año, a cerca de 260 personas les cae un rayo. Supongamos que la población de EE.UU. es de 260 millones de personas. ¿Qué es más probable, ganarse la lotería o que a alguien le caiga un rayo? Consulta la respuesta en el Solucionario, ubicado al final del libro.

Cuadrícula de resultados

Has visto cómo utilizar un diagrama de árbol para mostrar los resultados posibles. Otra forma de mostrar los resultados de un experimento es con una **cuadrícula de resultados.** La siguiente cuadrícula de resultados muestra los resultados de lanzar dos dados y observar la suma de los dos números.

2do dado

1er dado	1	2	3	4	5	6
1	2	3	4	5	6	7
2	3	4	5	6	7	8
3	4	5	6	7	8	9
4	5	6	7	8	9	10
5	6	7	8	9	10	11
6	7	8	9	10	11	12

Puedes usar la cuadrícula para determinar cuál es la suma más frecuente, que en este caso es 7.

CÓMO TRAZAR CUADRÍCULAS DE RESULTADOS

Haz una cuadrícula de resultados para mostrar los resultados de lanzar una moneda y un dado.

- Indica verticalmente los resultados del primer tipo y los resultados del segundo tipo en la parte superior.

Dado

Moneda	1	2	3	4	5	6
Cara						
Escudo						

- Completa la cuadrícula con los resultados.

Dado

Moneda	1	2	3	4	5	6
Cara	C1	C2	C3	C4	C5	C6
Escudo	E1	E2	E3	E4	E5	E6

Después de completar la cuadrícula de resultados, es fácil contar los resultados que te interesen y calcular las probabilidades.

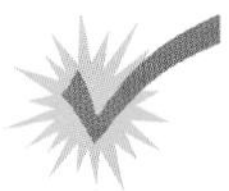

Practica tus conocimientos

15. Haz una cuadrícula de resultados que muestre los resultados de dos letras que se pueden obtener al hacer girar dos veces el girador.

Segundo giro

Primer giro	R	Az	V	Am
R				
Az				
V				
Am				

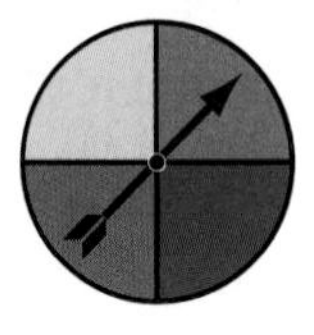

16. ¿Cuál es la probabilidad de que el girador de la pregunta 15 se detenga en verde al girarlo dos veces?

Línea de probabilidad

Sabes que la probabilidad de que ocurra un evento es un número entre 0 y 1. Una manera de presentar probabilidades y su relación entre sí es con una **línea de probabilidad.** La siguiente línea de probabilidad muestra los posibles rangos de valores de probabilidad.

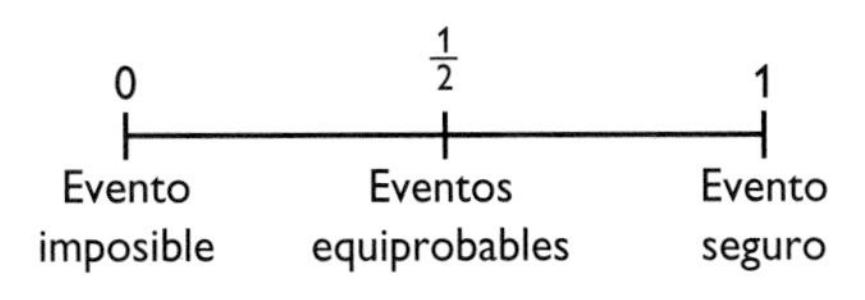

La línea muestra que los eventos que sucederán con certeza tienen una probabilidad de 1. Tal evento es la probabilidad de sacar un número entre 0 y 7 cuando se lanza un dado. Un evento que no puede ocurrir tiene una probabilidad de cero. La probabilidad de sacar 8 cuando se gira un girador con los números 0, 2 y 4 es 0. Los eventos equiprobables, como por ejemplo, sacar cara o escudo al lanzar una moneda, tienen una probabilidad de $\frac{1}{2}$.

CÓMO MOSTRAR LA PROBABILIDAD EN UNA LÍNEA DE PROBABILIDAD

Supón que lanzas dos dados. Usa una línea de probabilidad para mostrar las probabilidades de obtener una suma de 4 y una suma de 7.

- Dibuja una recta numérica y rotúlala de 0 al 1.

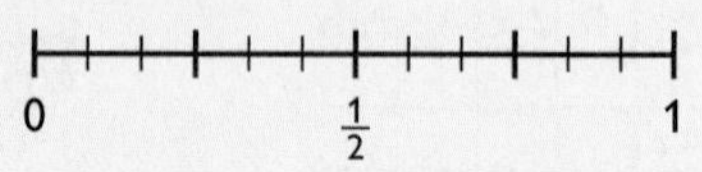

- Calcula la probabilidad de que ocurran los eventos dados y gráficalos en la línea de probabilidad.

Consulta la cuadrícula de resultados de la página 246 y verás que hay 3 sumas de 4 y 6 sumas de 7, de un total de 36 sumas. Por lo tanto, $P(\text{suma de } 4) = \frac{3}{36} = \frac{1}{12}$ y $P(\text{suma de } 7) = \frac{6}{36} = \frac{1}{6}$. Las probabilidades se muestran en la siguiente línea de probabilidad.

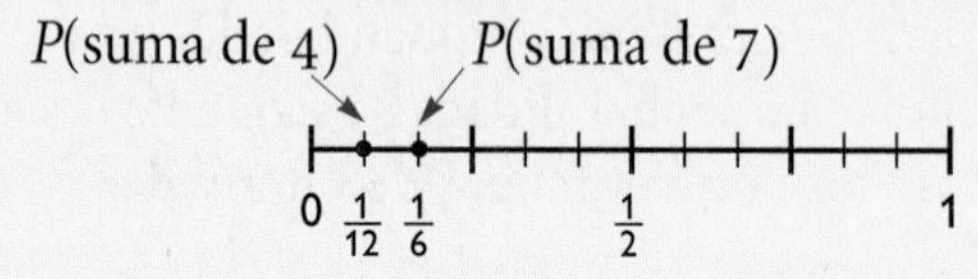

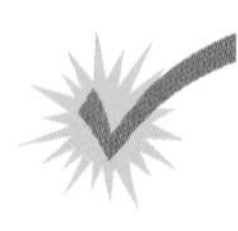

Practica tus conocimientos

Dibuja una línea de probabilidad. Después, grafica lo siguiente.

17. la probabilidad de sacar escudo al lanzar una moneda una vez
18. la probabilidad de sacar 1 ó 2 al lanzar un dado una vez
19. la probabilidad de ser seleccionado si hay cuatro personas y todas tienen la mismas posibilidad de ser elegidas
20. la probabilidad de sacar un chicle verde de una máquina que contiene 25 chicles de cada color: verde, amarillo, rojo y azul

Eventos dependientes e independientes

Si lanzas un dado y una moneda, el resultado de un lanzamiento no afecta el resultado del otro. Estos eventos se llaman **eventos independientes.** Para calcular la probabilidad de sacar cara y luego 5, primero calcula la probabilidad de cada evento y luego multiplica las probabilidades. La probabilidad de lanzar la moneda y sacar cara es $\frac{1}{2}$ y la probabilidad de lanzar el dado y obtener 5 es $\frac{1}{6}$. Por lo tanto la probabilidad de obtener cara y 5 es 5 es $\frac{1}{2} \times \frac{1}{6} = \frac{1}{12}$.

Supón que tienes en una bolsa 4 galletas de avena y 6 de pasas. La probabilidad de que al sacar una galleta, ésta sea de avena es $\frac{4}{10} = \frac{2}{5}$. Sin embargo, después de sacar una galleta de avena solamente quedan 9 galletas y 3 de ellas son de avena. De modo que la probabilidad de que un amigo saque una galleta de avena después de que tú hayas sacado una, será $\frac{3}{9} = \frac{1}{3}$. Este tipo de eventos se llaman **eventos dependientes** porque la probabilidad de uno evento depende del otro.

En el caso de eventos dependientes, también debes multiplicar para calcular la probabilidad de que ocurran ambos eventos. Por lo tanto, la probabilidad de que tu amigo saque una galleta de avena después de que tú hayas sacado una galleta de avena es $\frac{2}{5} \times \frac{1}{3} = \frac{2}{15}$.

Para calcular la probabilidad de eventos dependientes y de eventos independientes:

- Calcula la probabilidad del primer evento.
- Calcula la probabilidad del segundo evento.
- Calcula el producto de las dos probabilidades.

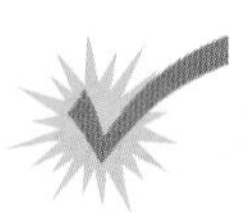

Practica tus conocimientos

21. Calcula la probabilidad de obtener un número par y un número impar al lanzar dos dados. ¿Los eventos son dependientes o independientes?
22. Sacas dos canicas de una bolsa que contiene seis canicas rojas y catorce blancas. ¿Cuál es la probabilidad de que saques dos canicas blancas? ¿Los eventos son dependientes o independientes?

Muestreo con y sin reemplazo

Si sacas una carta de un mazo, la probabilidad de que sea un as es $\frac{4}{52}$ ó $\frac{1}{13}$. Si devuelves la carta al mazo y sacas otra carta, la probabilidad de que sea un as sigue siendo de $\frac{1}{13}$ y los eventos son independientes. Este proceso se llama **muestreo con reemplazo.**

Si no devuelves la carta, la probabilidad de sacar un as la segunda vez dependerá de lo que hayas obtenido la primera vez. Si sacaste un as la primera vez, quedarán sólo tres ases en un total de 51 cartas y por lo tanto la probabilidad de sacar un segundo as será $\frac{3}{51}$ ó $\frac{1}{17}$. En un muestreo sin reemplazo los eventos son dependientes.

Practica tus conocimientos

23. Sacas una carta de un mazo y luego la devuelves. Después sacas otra carta. ¿Cuál es la probabilidad de que saques una espada y en seguida un corazón?
24. Contesta la misma pregunta anterior, pero si no se devuelve la primera carta al mazo.

4·6 EJERCICIOS

Haz girar un girador como el que aquí se muestra para contestar las preguntas 1 y 2. Expresa cada probabilidad como fracción, como decimal, como razón y como porcentaje.

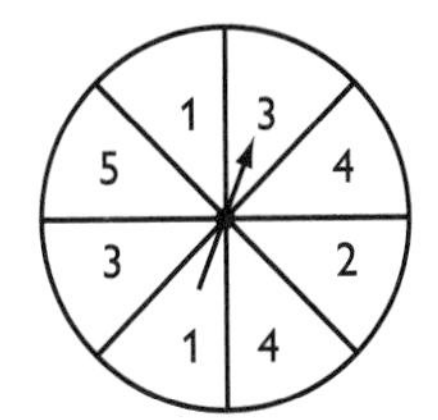

1. $P(4)$

2. P(número impar)

3. Si lanzas una moneda 48 veces y en 26 ocasiones obtienes cara, ¿cuál es la probabilidad de obtener cara? ¿Es ésta una probabilidad experimental o teórica?

4. Si se lanza un dado, ¿cuál es la probabilidad de obtener un 6? ¿Es ésta una probabilidad experimental o teórica?

5. Dibuja una línea de probabilidad que muestre la probabilidad de obtener un número mayor que 6 al lanzar un dado numerado del 1 al 6?

6. Haz una gráfica de trazos que muestre los siguientes resultados obtenidos al lanzar una moneda: cara, cara, escudo, cara, escudo, cara, escudo, cara, cara, escudo.

7. Haz una cuadrícula de resultados que presente los resultados obtenidos al hacer girar dos giradores divididos en cuatro secciones iguales numeradas del 1 al 4.

8. Calcula la probabilidad de sacar dos reyes rojos de un mazo de cartas, si se devuelve la primera carta antes de sacar la siguiente.

9. Calcula la probabilidad de sacar dos reyes rojos de un mazo de cartas, si no se devuelve la primera carta antes de sacar la siguiente.

10. Observa de nuevo las preguntas 8 y 9. ¿En cuál de ellas son dependientes los eventos?

¿Qué has aprendido?

Puedes utilizar los siguientes problemas y la lista de palabras para averiguar lo que has aprendido en este capítulo. Puedes aprender más acerca del un problema o palabra particular al consultar el número del tema en negrilla (por ejemplo, **4•2**).

Serie de problemas

1. Livna realizó una encuesta un sábado, en un centro comercial, preguntando a una persona diferente cada 10 minutos: "¿Qué distancia recorrió usted para venir hoy al centro comercial?" ¿La muestra fue aleatoria? **4•1**
2. Al realizar una encuesta en un centro comercial, Salvador preguntó: "¿Qué opina del hermoso nuevo decorado que hay en este lugar?" ¿La pregunta es sesgada o no sesgada? **4•1**
3. ¿Qué tipo de gráfica se puede usar para comparar dos conjuntos de datos en una misma gráfica? **4•2**
4. En una gráfica circular, ¿cuántos grados debe tener un sector para que represente el 50%? **4•2**

Para las preguntas 5 a la 8, usa el siguiente diagrama de tallo y hojas que muestra el tiempo, en minutos, que las personas permanecieron en la biblioteca el lunes por la mañana.

0	2 2 5 7 7
1	3 3 5 7 8 8 9
2	1 4 4 6 6 6 8 9
3	3 6 7 8
4	5

1|3 = 13 min

5. ¿Cuántos tiempos están registrados en el diagrama? **4•2**
6. ¿Cuántas personas permanecieron en la biblioteca durante 15 minutos o menos? **4•2**
7. ¿Cuál es la mediana del tiempo que la gente pasó en la biblioteca? **4•4**
8. La persona que permaneció más tiempo llegó a las 10:30 A.M. ¿A qué hora salió esa persona de la biblioteca? **4•2**

Usa la siguiente información para contestar las preguntas 9 y 10. El gerente de una librería comparó los precios de 100 libros nuevos con su número de páginas para determinar si había alguna relación entre ambos factores. Para cada libro el gerente anotó un par ordenado de la forma (número de páginas, precio). **4•3**

9. ¿Qué tipo de gráfica se puede hacer con estos datos?
10. En la gráfica muchos de esos 100 puntos parecen formar parte de una recta. ¿Cómo se llama esa línea?

11. Verdadero o falso: la gráfica de una distribución normal asciende de izquierda a derecha describiendo una curva uniforme. **4•3**
12. Calcula la media, la mediana, la moda y el rango de los números 42, 43, 19, 16, 16, 36 y 17. **4•4**
13. $C(6, 3) = ?$ **4•5**

Usa la siguiente información para contestar las preguntas 14 y 15. Una bolsa contiene 4 canicas rojas, 3 azules, 2 verdes y 1 negra. **4•6**

14. Se saca una canica. ¿Cuál es la probabilidad de que sea roja?
15. Se sacan tres canicas. ¿Cuál es la probabilidad de que 2 sean negras y 1 sea verde?

ESCRIBE LAS DEFINICIONES DE LAS SIGUIENTES PALABRAS.

palabras importantes

combinación **4•5**
correlación **4•3**
cuadrícula de resultados **4•6**
diagrama de árbol **4•5**
diagrama de caja **4•2**
diagrama de dispersión **4•3**
diagrama de tallo y hojas **4•2**
distribución asimétrica **4•3**
distribución bimodal **4•3**
distribución normal **4•3**
distribución uniforme **4•3**
encuesta **4•1**
evento **4•6**
eventos dependientes **4•6**
eventos independientes **4•6**
factorial **4•5**
girador **4•5**
gráfica circular **4•2**
gráfica de barras dobles **4•2**
gráfica de trazos **4•6**
gráfica lineal **4•2**
histograma **4•2**
hoja **4•2**
línea de probabilidad **4•6**
marcas de conteo **4•1**
media **4•4**
mediana **4•4**
moda **4•4**
muestra **4•1**
muestra aleatoria **4•1**
muestreo con reemplazo **4•6**
permutación **4•5**
población **4•1**
probabilidad **4•6**
probabilidad experimental **4•6**
probabilidad teórica **4•6**
promedio **4•4**
promedio ponderado **4•4**
rango **4•4**
recta de ajuste óptimo **4•3**
resultado **4•6**
tabla **4•1**
tallo **4•2**

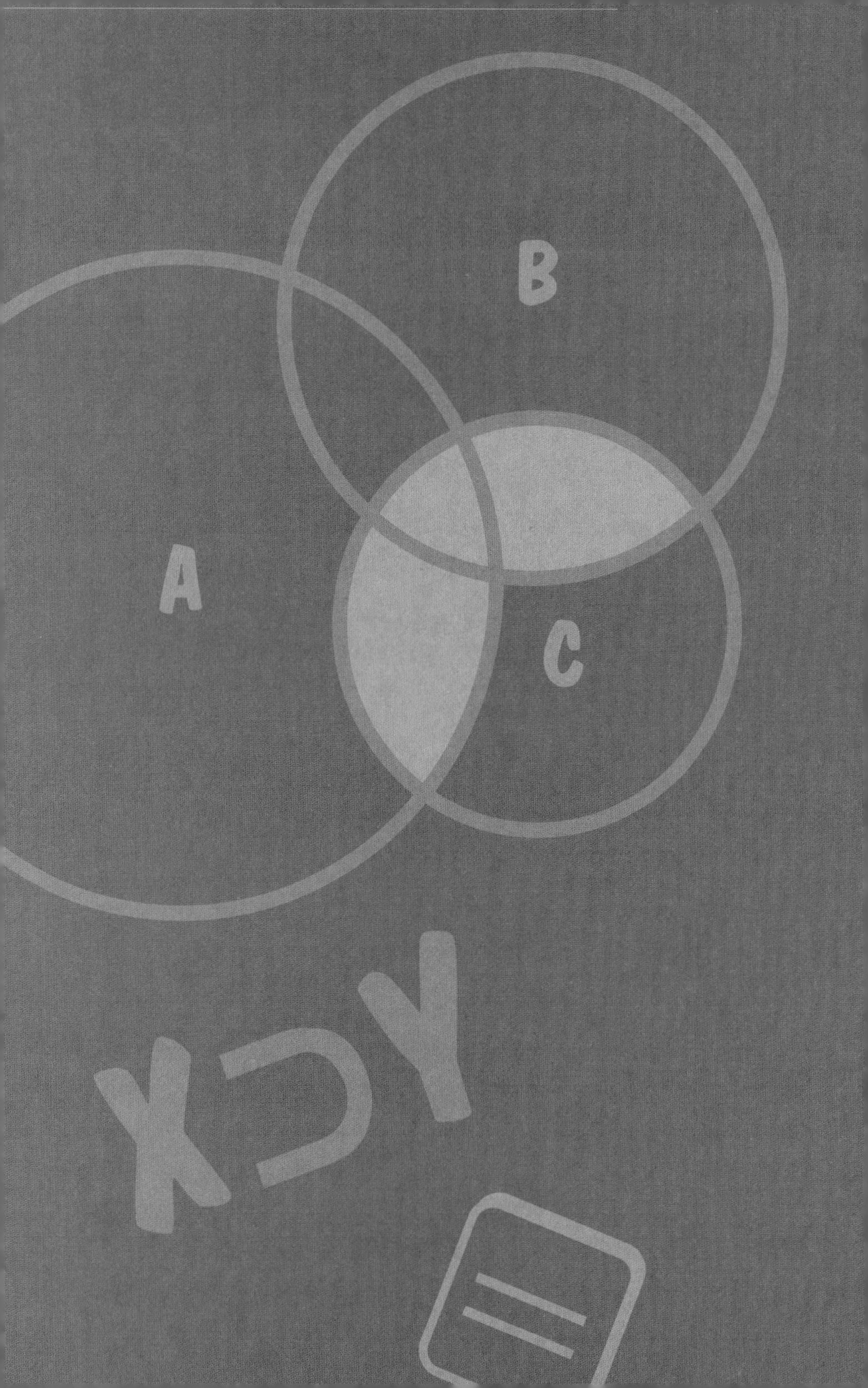
B
A
C

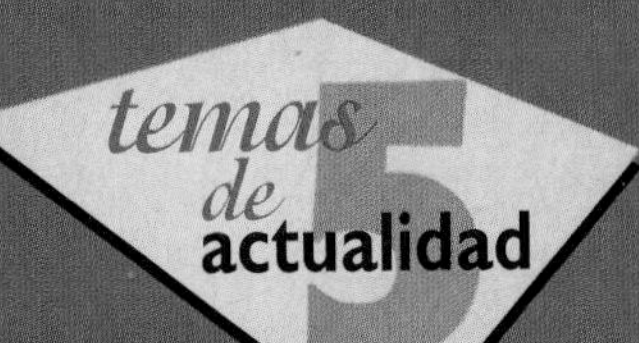

La lógica

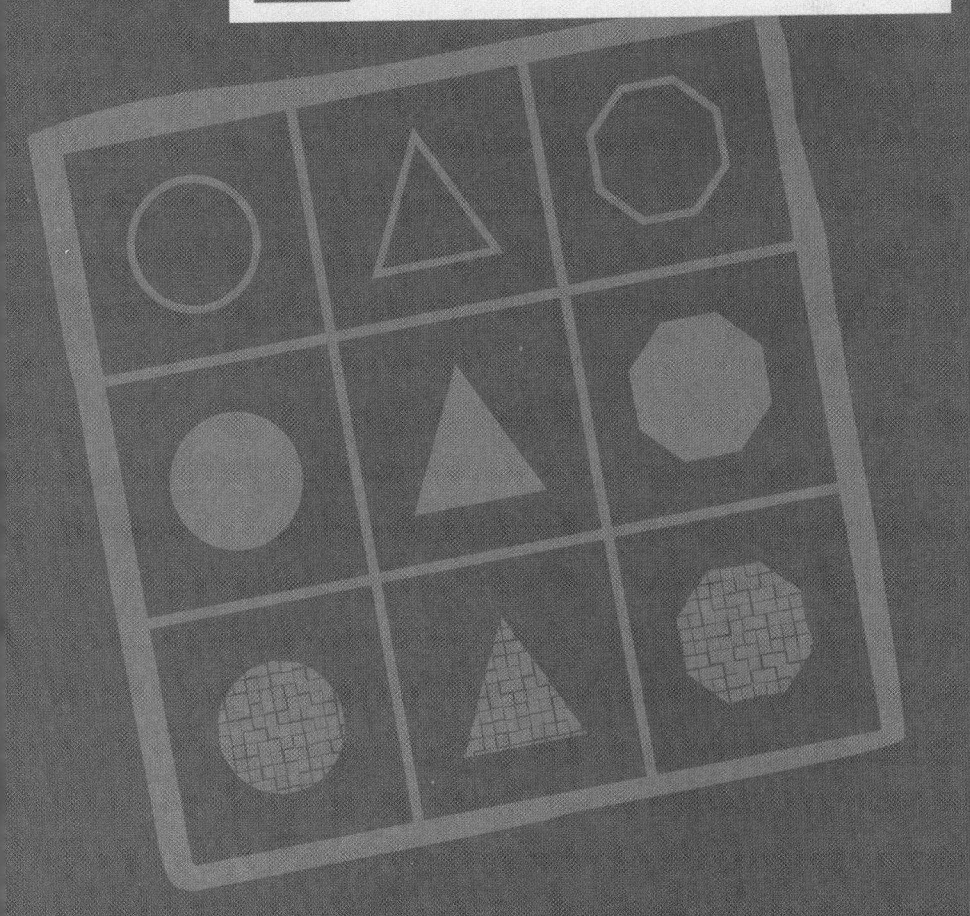

¿Qué sabes ya?

Puedes usar los siguientes problemas y la lista de palabras para averiguar lo que ya sabes sobre este capítulo. Las respuestas para los problemas se encuentran en el Solucionario, ubicado al final del libro y puedes consultar las definiciones de las palabras en la sección Palabras importantes ubicada al comienzo del libro. Puedes averiguar más acerca de un problema o palabra en particular al consultar el número de tema en negrilla (por ejemplo, **5•2**).

Serie de problemas

Indica si cada enunciado es verdadero o falso.

1. En un enunciado condicional la palabra *si* indica la hipótesis y la palabra *entonces* indica la conclusión. **5•1**
2. El inverso de un enunciado condicional se forma intercambiando la hipótesis y la conclusión. **5•1**
3. Si un enunciado condicional es verdadero, entonces su recíproco relacionado es siempre falso. **5•1**
4. Si un enunciado condicional es verdadero, entonces su antítesis relacionada es siempre verdadera. **5•1**
5. Un conjunto es un subconjunto de sí mismo. **5•3**
6. Un contraejemplo indica que un enunciado es falso. **5•2**
7. La unión de dos conjuntos se forma combinando todos los elementos de ambos conjuntos. **5•3**
8. La negación de "Hoy es lunes" es "Hoy es martes". **5•1**
9. La intersección de dos conjuntos puede ser el conjunto vacío. **5•3**

Escribe cada condicional en la forma si...entonces. **5•1**

10. El vuelo hacia Bélgica parte los martes.
11. El banco permanece cerrado los domingos.

Escribe el recíproco de cada enunciado condicional. **5•1**

12. Si $x = 7$, entonces $x^2 = 49$.
13. Si un ángulo mide menos de 90°, entonces dicho ángulo es agudo.

Escribe la negación de cada enunciado. **5•1**

14. El campo de juegos cerrará sus puertas al anochecer.
15. Estas dos rectas forman un ángulo.

Escribe el inverso de cada enunciado condicional. **5•1**

16. Si logras aprobar todos tus cursos, entonces te podrás graduar.
17. Cuando dos líneas se cruzan forman cuatro ángulos.

Escribe la antítesis de cada enunciado condicional. **5•1**

18. Si tienes más de 12 años, entonces debes pagar entrada como adulto.
19. Si un pentágono tiene cinco lados iguales, entonces es equilátero.

Encuentra un contraejemplo que demuestre que cada uno de estos enunciados es falso. **5•2**

20. El martes es el único día de la semana cuyo nombre empieza con la letra m.
21. Los lados perpendiculares de un trapecio son iguales.

Usa el diagrama de Venn para contestar las preguntas 22 a la 25. **5•3**

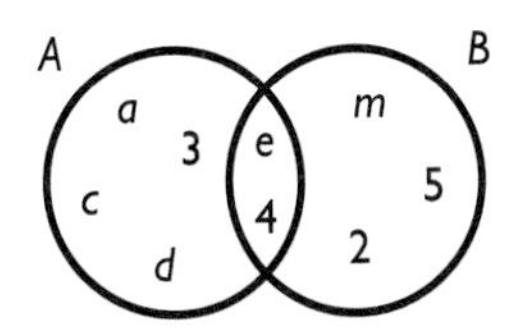

22. Haz una lista de los elementos del conjunto A.
23. Haz una lista de los elementos del conjunto B.
24. Encuentra $A \cup B$.
25. Encuentra $A \cap B$.

CAPÍTULO 5

palabras importantes

antítesis **5•1**
contraejemplo **5•2**
diagrama de Venn **5•3**
intersección **5•3**
inverso **5•1**
recíproco **5•1**
unión **5•3**

5•1 Enunciados si...entonces

Enunciados condicionales

Un enunciado *condicional* es una proposición que puedes expresar en la forma *si...entonces.* La palabra *si* del condicional es la *hipótesis,* y la palabra *entonces* es la *conclusión.* A menudo es posible escribir un enunciado que contenga dos o más ideas relacionadas, como un enunciado condicional de la forma si...entonces. Para hacerlo se toma una de las ideas como la hipótesis y la otra como la conclusión.

Enunciado: Todos los miembros del equipo de natación universitario son estudiantes del último grado.

Enunciado condicional en la forma si...entonces:

Si una persona es miembro del equipo de natación, entonces es estudiante del último grado.

hipótesis | conclusión

CÓMO CONSTRUIR ENUNCIADOS CONDICIONALES

Escribe este condicional en la forma si...entonces:

Julie sólo va a nadar cuando el agua está a más de 80°F.

- Encuentra las dos ideas.

  (1) Julie va a nadar (2) El agua está a más de 80°F

- Decide cuál idea será la hipótesis y cuál será la conclusión.

  Hipótesis: Julie va a nadar

  Conclusión: El agua está a más de 80°

- Coloca la hipótesis después de la palabra *si* y la conclusión después de la palabra *entonces.* Si es necesario, agrega palabras para que el enunciado tenga sentido.

  Si Julie está nadando, entonces el agua está a más de 80°F.

Practica tus conocimientos

Escribe cada enunciado en la forma si...entonces.

1. Cuando rectas perpendiculares se unen, forman ángulos rectos.
2. Un entero que termina en 0 ó 5 es múltiplo de 5.

Recíproco de un condicional

Cuando inviertes la hipótesis y la conclusión en un enunciado condicional, formas un nuevo enunciado llamado **recíproco.**

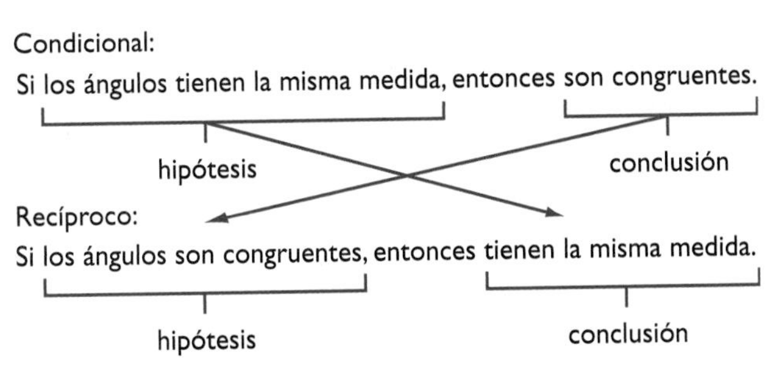

El recíproco de un condicional puede tener el mismo o diferente valor de verdad que el condicional en el que está basado.

Practica tus conocimientos

Escribe el recíproco de cada condicional.

3. Si un entero termina en 1, 3, 5, 7 ó 9, entonces es impar.
4. Si Jacy tiene 15 años, entonces todavía es demasiado joven para votar.

Negaciones y el inverso de un enunciado condicional

La *negación* de un enunciado dado tiene el valor de verdad opuesto a tal enunciado. Esto significa que si el enunciado dado es verdadero, entonces la negación es falsa; y si el enunciado es falso, entonces la negación es verdadera.

Enunciado: Un cuadrado es un cuadrilátero. (Verdadero)

Negación: Un cuadrado no es un cuadrilátero. (Falso)

Enunciado: Un pentágono tiene cuatro lados. (Falso)

Negación: Un pentágono no tiene cuatro lados. (Verdadero)

Cuando niegas la hipótesis y la conclusión de un condicional formas un nuevo enunciado llamado **inverso.**

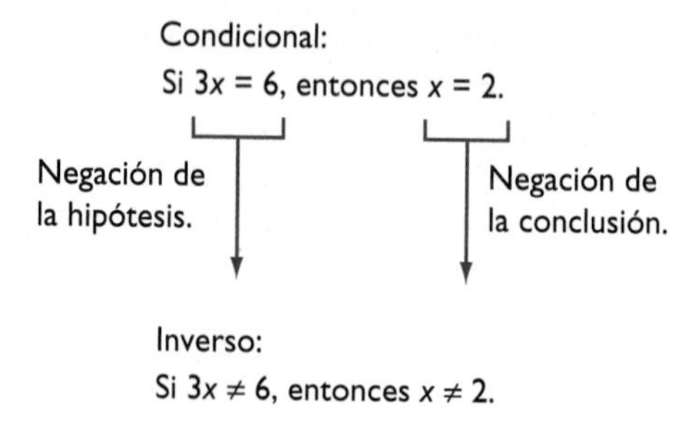

El inverso de un condicional puede tener el mismo o diferente valor de verdad que el condicional.

Practica tus conocimientos

Escribe la negación de cada enunciado.

5. Un rectángulo tiene cuatro lados.
6. Las donas se sirvieron antes del mediodía.

Escribe el inverso de cada condicional.

7. Si un entero termina en 0 ó 5, entonces es múltiplo de 5.
8. Si estoy en Seattle, entonces estoy en el estado de Washington.

Antítesis de un condicional

La **antítesis** de un condicional se forma cuando niegas la hipótesis y la conclusión, y las intercambias.

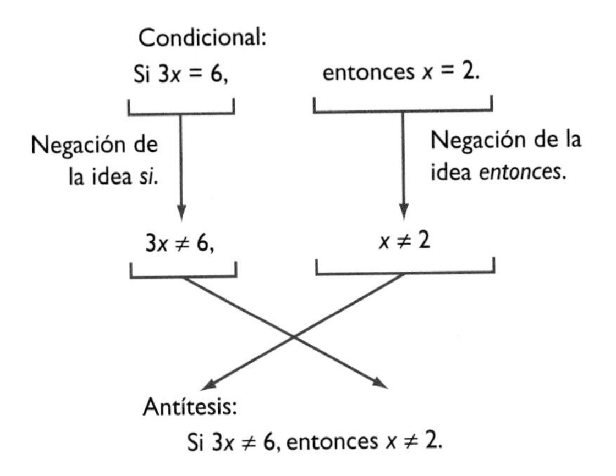

La antítesis de un enunciado condicional tiene el mismo valor de verdad que el condicional.

Practica tus conocimientos

Escribe la antítesis de cada condicional.

9. Si un ángulo mide 90°, entonces es un ángulo recto.
10. Si $x \neq 3$, entonces $2x \neq 6$.

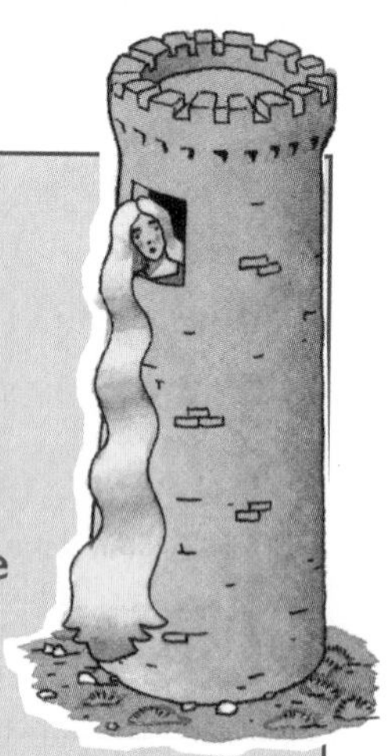

Verdezuela, Verdezuela suéltame tu cabellera

¿Crees que puede haber en los Estados Unidos dos personas que tengan exactamente el mismo número de cabellos en la cabeza? Esto es cierto y se puede comprobar. No hay necesidad de contar los cabellos de cada persona, sólo se necesita pensar lógicamente.

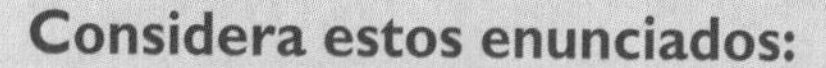

Considera estos enunciados:

A. El número máximo de cabellos que puede haber en el cuero cabelludo de una persona es 150,000.

B. La población de los Estados Unidos es mayor que 150,000.

Debido a que los enunciados a y b son verdaderos, entonces podemos afirmar que puede haber dos personas en Estados Unidos con exactamente el mismo número de cabellos en su cabeza.

Piénsalo de esta manera. Si cuentas los cabellos de cada persona, es posible que las primeras 150,001 personas tengan diferente número de cabellos. Por ejemplo, la primera persona podría tener un solo cabello; la segunda persona 2 cabellos, y así sucesivamente hasta llegar a la persona número 150,000. Sin embargo, debido a que la persona 150,001 va a tener un número de cabellos entre 1 y 150,000, entonces ya habrá una persona anterior con ese mismo número de cabellos.

¿Puedes probar si hay dos personas en tu comunidad que tengan el mismo número de cabellos en su cabeza? Consulta la respuesta en el Solucionario, ubicado al final del libro.

5•1 EJERCICIOS

Escribe cada condicional en la forma si...entonces.

1. Las líneas perpendiculares forman ángulos rectos.
2. Los enteros positivos son mayores que cero.
3. Toda la gente de esa ciudad votó en las últimas elecciones.
4. Los triángulos equiláteros tienen tres lados iguales.
5. Los números que terminan en 0, 2, 4, 6 u 8 son números pares.
6. Elena visita a su tía todos los viernes.

Escribe el recíproco de cada condicional.

7. Si un triángulo es equilátero, entonces es isósceles.
8. Si Chenelle tiene más de 21 años, entonces puede votar.
9. Si un número es factor de 8, entonces es factor de 24.
10. Si $x = 4$, entonces $3x = 12$.

Escribe la negación de cada enunciado.

11. Todos los edificios tienen tres pisos de altura.
12. x es múltiplo de y.
13. Las rectas del diagrama se intersecan en el punto P.
14. Un triángulo tiene tres lados.

Escribe el inverso de cada condicional.

15. Si $5x = 15$, entonces $x = 3$.
16. Si hace buen tiempo, entonces iré al trabajo en mi automóvil.

Escribe la antítesis de cada condicional.

17. Si $x = 6$, entonces $x^2 = 36$.
18. Si el perímetro de un cuadrado mide 8 pulg, entonces cada lado mide 2 pulg.

Escribe el recíproco, el inverso y la antítesis de cada condicional.

19. Si un rectángulo mide 4 pies de largo y 2 pies de ancho, entonces su perímetro mide 12 pies.
20. Si un triángulo tiene tres lados de diferente longitud, entonces es escaleno.

5•2 Contraejemplos

Contraejemplos

En los campos de la lógica y la matemáticas, un enunciado si...entonces es verdadero o falso. Una manera de decidir si un enunciado es falso es encontrar un solo ejemplo que concuerde con la hipótesis, pero no con la conclusión. Tal ejemplo es un **contraejemplo.**

Cuando leas el siguiente condicional, podrías pensar que es verdadero.

Si un polígono tiene cuatro lados iguales, entonces es un cuadrado.

Pero el enunciado es falso porque existe un contraejemplo: el rombo. Un rombo concuerda con la hipótesis (tiene cuatro lados iguales), pero no concuerda con la conclusión (un rombo no es un cuadrado).

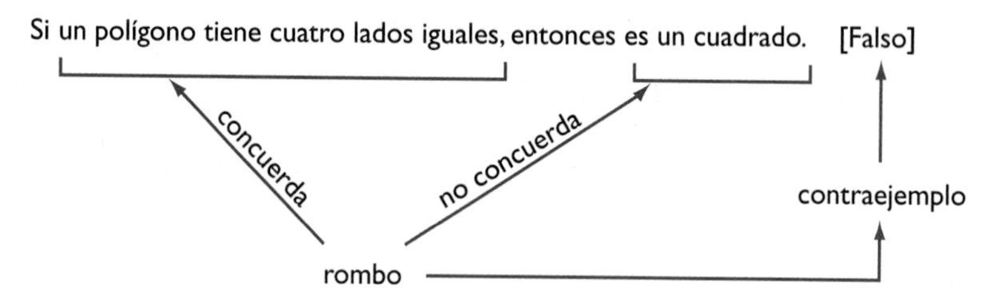

Practica tus conocimientos

Indica si cada enunciado y su recíproco son verdaderos o falsos. Si el enunciado es falso, escribe un contraejemplo.

1. Enunciado: Si dos líneas en un mismo plano son paralelas, entonces no se intersecan.
   Recíproco: Si dos líneas en un mismo plano no se intersecan, entonces son paralelas.

2. Enunciado: Si un ángulo mide 90°, entonces es un ángulo recto.
   Recíproco: Si un ángulo es recto, entonces mide 90°.

5•2 EJERCICIOS

Encuentra un contraejemplo que demuestre que cada enunciado es falso.

1. Si un número es factor de 18, entonces es factor de 24.
2. Si una figura está formada por tres segmentos, entonces es un triángulo.
3. Si una figura es un cuadrilátero, entonces es un paralelogramo.
4. Si $x + y$ es un número par, entonces x y y son números pares.

Indica si cada condicional es verdadero o falso. Si es falso, anota un contraejemplo.

5. Si un número es primo, entonces es un número impar.
6. Si xy es un número impar, entonces tanto x como y son impares.
7. Cuando la temperatura es de 32°F, entonces el agua pura se congela.
8. Si dibujas una recta a través de un cuadrado, se formarán dos triángulos.

Indica si cada enunciado y su recíproco son verdaderos o falsos. Si son falsos, anota un contraejemplo.

9. Enunciado: Si dos ángulos miden 30°, entonces son ángulos congruentes.
   Recíproco: Si dos ángulos son congruentes, entonces miden 30°.
10. Enunciado: Si $6x = 54$, entonces $x = 9$.
    Recíproco: Si $x = 9$, entonces $6x = 54$.

Indica si cada enunciado y su inverso son verdaderos o falsos. Si son falsos, anota un contraejemplo.

11. Enunciado: Si $n = 8$, entonces $n + 9 = 17$.
    Inverso: Si $n \neq 8$, entonces $n + 9 \neq 17$.
12. Enunciado: Si un ángulo mide 120°, entonces es un ángulo obtuso.
    Inverso: Si un ángulo no mide 120°, entonces no es un ángulo obtuso.

Indica si cada enunciado y su antítesis son verdaderos o falsos. Si son falsos, anota un contraejemplo.

13. Enunciado: Si un triángulo es isósceles, entonces es equilátero.
    Antítesis: Si un triángulo no es equilátero, entonces no es isósceles.
14. Enunciado: Si un triángulo es equilátero, entonces es isósceles.
    Antítesis: Si un triángulo no es isósceles, entonces no es equilátero.

15. Escribe tu propio condicional falso y luego escribe un contraejemplo que demuestre que es falso.

5•3 Conjuntos

Conjuntos y subconjuntos

Un *conjunto* es una colección de objetos. Cada objeto se llama *miembro* o *elemento* del conjunto. Los conjuntos se identifican a menudo con letras mayúsculas.

$A = \{1, 2, 3, 4\}$ $\quad$ $B = \{a, b, c, d\}$

Cuando un conjunto no tiene elementos es un *conjunto vacío.* Para representar un conjunto vacío se escribe { } o Ø.

Cuando todos los elementos de un conjunto son también elementos de otro conjunto, el primer conjunto es un *subconjunto* del segundo.

$\{2, 4\}$ es un subconjunto de $\{1, 2, 3, 4\}$.

$\{2, 4\} \subset \{1, 2, 3, 4\}$ $\quad$ ($\subset$ es el símbolo de subconjunto)

Recuerda que cada conjunto es un subconjunto de sí mismo y que el conjunto vacío es un subconjunto de todos los conjuntos.

Practica tus conocimientos

Indica si cada enunciado es verdadero o falso.

1. $\{5\} \subset$ {números pares}
2. $\emptyset \subset \{3, 5\}$
3. $\{2\} \subset \{2\}$

Encuentra todos los subconjuntos de cada conjunto.

4. $\{1, 4\}$
5. $\{m\}$
6. $\{a, b, c\}$

Unión de conjuntos

La **unión** de dos conjuntos se obtiene creando un nuevo conjunto con todos los elementos de ambos conjuntos.

$J = \{1, 3, 5, 7\}$ $\quad$ $L = \{2, 4, 6, 8\}$

$J \cup L = \{1, 2, 3, 4, 5, 6, 7, 8\}$ $\quad$ ($\cup$ es el símbolo de unión)

Cuando los conjuntos tienen elementos en común, incluye los elementos comunes sólo una vez en la unión.

$P = \{r, s, t, v\}$ $\quad$ $Q = \{a, k, r, t, w\}$

$P \cup Q = \{a, k, r, s, t, v, w\}$

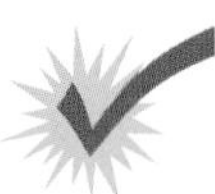

Practica tus conocimientos

Encuentra la unión de cada par de conjuntos.

7. $\{1, 2\} \cup \{9, 10\}$
8. $\{m, a, t, h\} \cup \{m, a, p\}$

Intersección de conjuntos

La **intersección** de dos conjuntos se obtiene al crear un nuevo conjunto que contiene todos los elementos comunes a ambos conjuntos.

$A = \{8, 12, 16, 20\}$

$B = \{4, 8, 12\}$

$A \cap B = \{8, 12\}$

Si los conjuntos no tienen elementos en común, la intersección es el conjunto vacío $\{\emptyset\}$.

Practica tus conocimientos

Encuentra la intersección de cada par de conjuntos.

9. $\{9\} \cap \{9, 18\}$
10. $\{a, c, t\} \cap \{b, d, u\}$

Diagramas de Venn

Un **diagrama de Venn** te muestra la relación entre los elementos de dos o más conjuntos.

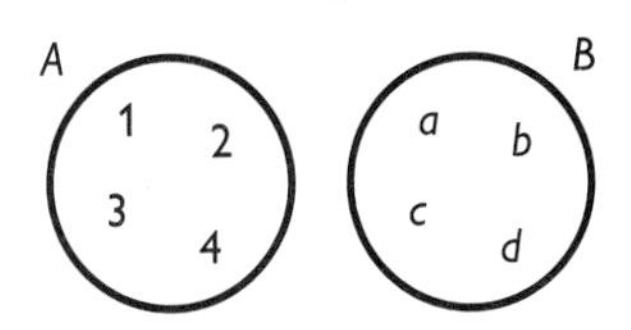

$A = \{1, 2, 3, 4\}$
$B = \{a, b, c, d\}$
$A \cup B = \{1, 2, 3, 4, a, b, c, d\}$

Los círculos separados para *A* y *B* te indican que los conjuntos no tienen elementos en común. Es significa que $A \cap B = \emptyset$.

Cuando se superponen los círculos en un diagrama de Venn, la parte superpuesta contiene los elementos comunes de ambos conjuntos. Este diagrama muestra un par de conjuntos con ciertas figuras.

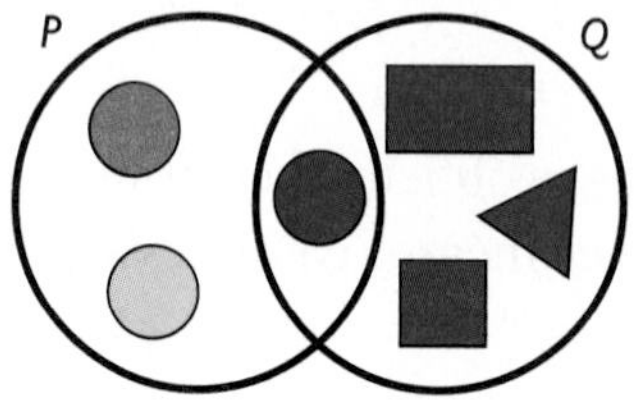

P = {círculos grandes}
Q = {figuras azules}

Las partes superpuestas de P y Q contienen figuras que tienen los atributos de ambos conjuntos; es decir, $P \cap Q$ = {círculos grandes azules}.

Si los diagramas de Venn son más complejos, tienes que observar cuidadosamente para identificar las partes superpuestas y determinar cuáles elementos de los conjuntos están en dichas partes. En el siguiente diagrama, la parte sombreada muestra el área en la que se superponen los tres conjuntos.

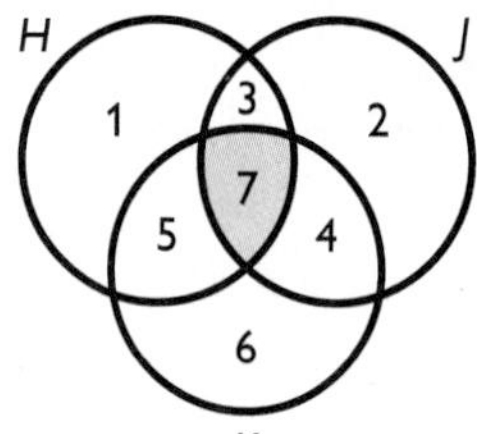

$H = \{1, 3, 5, 7\}$ $H \cup J = \{1, 2, 3, 4, 5, 7\}$
$J = \{2, 3, 4, 7\}$ $H \cup K = \{1, 3, 4, 5, 6, 7\}$
$K = \{4, 5, 6, 7\}$ $J \cup K = \{2, 3, 4, 5, 6, 7\}$
$H \cup J \cup K = \{1, 2, 3, 4, 5, 6, 7\}$
$H \cap J = \{3, 7\}$ $H \cap K = \{5, 7\}$ $J \cap K = \{7, 4\}$

Donde los tres conjuntos se superponen, puedes observar que $H \cap J \cap K = \{7\}$.

Practica tus conocimientos

Usa el diagrama de Venn para contestar las siguientes preguntas.

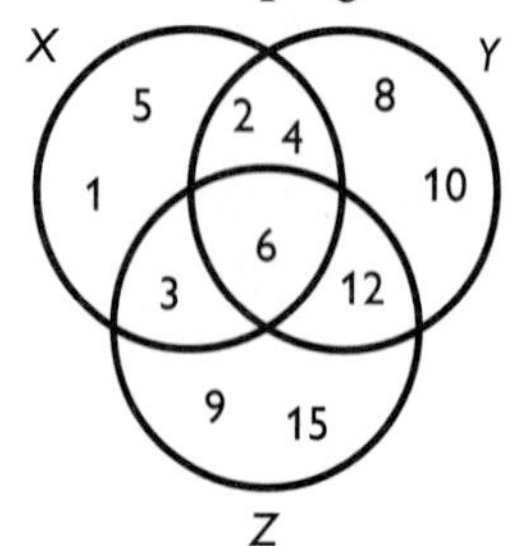

Haz una lista con los elementos de:

11. conjunto X.
12. $X \cup Z$.
13. $Y \cap Z$.
14. $X \cap Y \cap Z$.

5•3 CONJUNTOS

5·3 EJERCICIOS

Indica si cada enunciado es verdadero o falso.

1. $\{1, 2, 3\} \subset$ {números de contar}
2. $\{1, 2, 3\} \subset \{1, 2\}$
3. $\{1, 2, 3\} \subset$ {números pares}
4. $\emptyset \subset \{1, 2, 3\}$

Encuentra la unión de cada par de conjuntos.

5. $\{2, 3\} \cup \{4, 5\}$
6. $\{x, y\} \cup \{y, z\}$
7. $\{r, o, y, a, l\} \cup \{m, o, a, t\}$
8. $\{2, 5, 7, 10\} \cup \{2, 7\}$

Encuentra la intersección de cada par de conjuntos.

9. $\{1, 3, 5, 7\} \cap \{6, 7, 8\}$
10. $\{6, 8, 10\} \cap \{7, 9, 11\}$
11. $\{r, o, y, a, l\} \cap \{m, o, a, t\}$
12. $\emptyset \cap \{4, 5\}$

Usa el siguiente diagrama de Venn para los ejercicios 13 al 16.

13. Indica los elementos del conjunto T.
14. Indica los elementos del conjunto R.
15. Encuentra $T \cup R$.
16. Encuentra $T \cap R$.

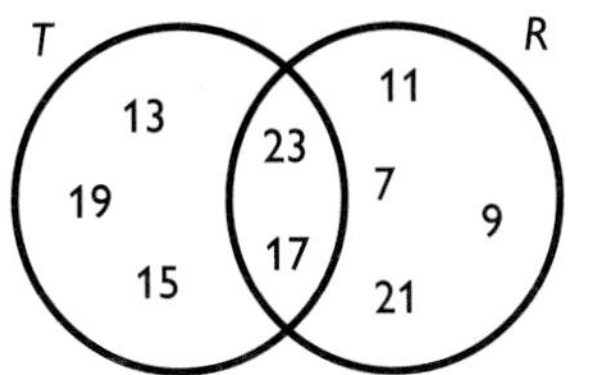

Usa el siguiente diagrama de Venn para
os ejercicios 17 al 25.

17. Indica los elementos del conjunto M.
18. Indica los elementos del conjunto N.
19. Encuentra P.
20. Encuentra $M \cup N$.
21. Encuentra $N \cup P$.
22. Encuentra $M \cup P$.
23. Encuentra $M \cap N$.
24. Encuentra $P \cap N$.
25. Encuentra $M \cap N \cap P$.

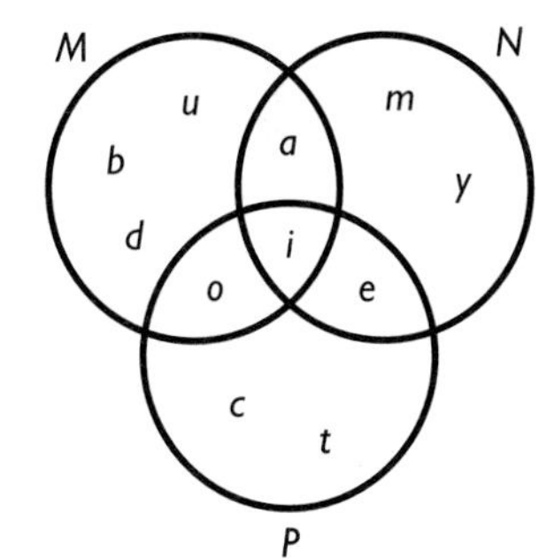

¿Qué has aprendido?

Puedes utilizar los siguientes problemas y la lista de palabras para averiguar lo que has aprendido en este capítulo. Puedes aprender más acerca de un problema o palabra en particular al consultar el número del tema en negrilla (por ejemplo **5•2**).

Serie de problemas

Indica si cada enunciado es verdadero o falso.

1. Un enunciado condicional siempre es verdadero. **5•1**
2. El recíproco de un enunciado condicional se forma al intercambiar la hipótesis y la conclusión. **5•1**
3. Si un enunciado condicional es verdadero, entonces su inverso correspondiente siempre es verdadero. **5•2**
4. El contraejemplo de un condicional satisface la hipótesis, pero no la conclusión. **5•2**
5. Un conjunto vacío es un subconjunto de todos los conjuntos. **5•3**
6. Un contraejemplo es suficiente para mostrar que un enunciado es falso. **5•2**

Escribe cada enunciado condicional en la forma si...entonces. **5•1**

7. Un cuadrado es un cuadrilátero que tiene cuatro lados iguales y cuatro ángulos iguales.
8. Un ángulo recto mide 90°.

Escribe el recíproco de cada enunciado condicional. **5•1**

9. Si $y = 9$, entonces $y^2 = 81$.
10. Si un ángulo mide más de 90° y menos de 180°, entonces es un ángulo obtuso.

Escribe la negación de cada enunciado. **5•1**

11. ¡Qué bueno que es viernes!
12. Estas dos rectas son perpendiculares.

Escribe el inverso de cada enunciado condicional. **5•1**

13. Si el clima es templado, entonces saldremos a caminar.
14. Si las rectas no se intersecan, entonces son paralelas.

Escribe la antítesis de cada enunciado condicional. **5•1**

15. Si un cuadrilátero tiene dos pares de lados paralelos, entonces es un paralelogramo.
16. Si compraste los boletos con anticipación, entonces pagaste menos.

Anota un contraejemplo que demuestre que cada enunciado es falso. **5•2**

17. El número 24 tiene solamente factores pares.
18. Encuentra todos los subconjuntos de $\{7, 8, 9\}$.

Encuentra la unión de cada par de conjuntos. **5•3**

19. $\{p, l, o, t\} \cup \{m\}$
20. $\{2, 4, 6, 8\} \cup \{6, 7, 8, 9\}$

Usa el diagrama de Venn para las preguntas 21 a la 25. **5•3**

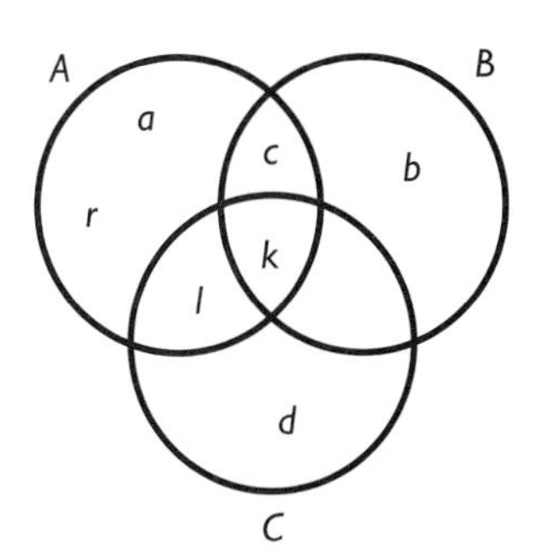

21. Indica los elementos del conjunto A.
22. Indica los elementos del conjunto C.
23. Encuentra $A \cup B$.
24. Encuentra $B \cap C$.
25. Encuentra $A \cap B \cap C$.

ESCRIBE LAS DEFINICIONES DE LAS SIGUIENTES PALABRAS.

palabras **importantes**

antítesis **5•1**
contraejemplo **5•2**
diagrama de Venn **5•3**
intersección **5•3**
inverso **5•1**
recíproco **5•1**
unión **5•3**

60°
30°
90°

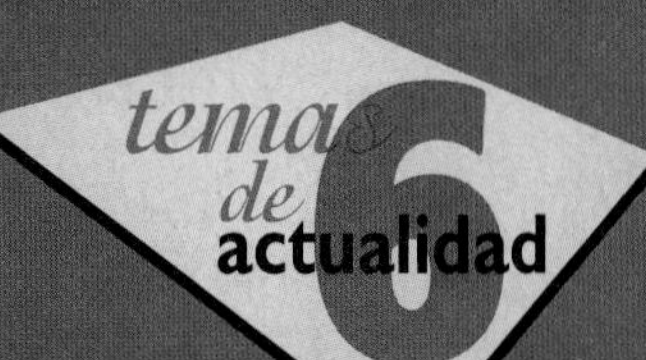

El álgebra

¿Qué sabes ya?

Puedes usar los siguientes problemas y la lista de palabras para averiguar lo que ya sabes sobre este capítulo. Las respuestas para los problemas se encuentran en el Solucionario, ubicado al final del libro y puedes consultar las definiciones de las palabras en la sección Palabras importantes ubicada al comienzo del libro. Puedes averiguar más acerca de un problema o palabra en particular al consultar el número de tema en negrilla (por ejemplo, **6•2**).

Serie de problemas

Escribe una ecuación para cada enunciado. **6•1**

1. Si 3 se resta dos veces de un número, el resultado es 9 más que el número.
2. 4 veces la suma de un número más 2 es 4 menos que el doble del número.

Factoriza el factor común en cada expresión. **6•2**

3. $6x + 30$
4. $12n - 15$

Reduce cada expresión. **6•2**

5. $2a + 5b - a - 2b$
6. $4(3n - 1) - (n + 6)$
7. Calcula la distancia que recorrió un corredor que trotó a 8 mi/hr durante $2\frac{1}{2}$ hr. Usa la fórmula $d = rt$. **6•3**

Resuelve cada ecuación. Verifica la solución. **6•4**

8. $x + 4 = 11$
9. $\frac{y}{4} = -5$
10. $3x - 5 = 22$
11. $\frac{y}{6} - 1 = 8$
12. $9n - 7 = 4n + 8$
13. $y - 8 = 5y + 4$
14. $5(2n - 3) = 4n + 9$
15. $12x - 2(3x - 2) = 5(x + 2)$

Resuelve los siguientes problemas usando proporciones. **6•5**

16. En una clase, la razón de niños a niñas es $\frac{2}{3}$. Si hay 12 niños en la clase, ¿cuántas niñas hay?
17. Se dibuja un mapa usando una escala de 200 mi a 1 cm. La distancia entre dos ciudades es de 1,300 mi. ¿Cuál es la distancia en el mapa entre estas dos ciudades?

Resuelve cada desigualdad. Grafica la solución. **6•6**

18. $x + 7 < 5$
19. $3x + 5 \geq 17$
20. $-4n + 11 < 3$

Localiza cada punto en el plano de coordenadas e indica en qué cuadrante o sobre qué eje se encuentra. **6•7**

21. $A(4, -3)$ 22. $B(-2, -1)$ 23. $C(0, 1)$ 24. $D(-3, 0)$

25. Calcula la pendiente de la recta que contiene los puntos $(-2, 4)$ y $(8, -2)$. **6•8**

Determina la pendiente y la intersección y a partir de la ecuación de cada recta. Gráfica la recta. **6•8**

26. $y = -\frac{3}{2}x + 2$
27. $y = 4$
28. $x + 3y = -6$
29. $4x - 2y = 0$

Escribe la ecuación de la recta que pasa por los puntos dados. **6•8**

30. $(-2, -6)$ y $(5, 1)$
31. $(6, 5)$ y $(-3, -1)$
32. $(-4, 2)$ y $(-4, 7)$
33. $(0, 7)$ y $(5, 7)$
34. $(0, 2)$ y $(9, 1)$
35. $(1, 1)$ y $(3, 2)$

CAPÍTULO 6

palabras importantes

carrera **6•8**
cociente **6•1**
cuadrante **6•7**
desigualdad **6•6**
diferencia **6•1**
ecuación **6•1**
eje *x* **6•7**
eje *y* **6•7**
ejes **6•7**
elevación **6•8**
equivalente **6•1**
expresión **6•1**
expresión equivalente **6•2**
fórmula **6•3**
horizontal **6•7**
intersección *y* **6•8**
inverso aditivo **6•4**
orden de las operaciones **6•3**
origen **6•7**
par ordenado **6•7**
pendiente **6•8**
perímetro **6•3**
producto **6•1**
productos cruzados **6•5**
propiedad asociativa **6•2**
propiedad conmutativa **6•2**
propiedad distributiva **6•2**
proporción **6•5**
punto **6•7**
razón **6•5**
solución **6•4**
suma **6•1**
tasa **6•5**
término **6•1**
términos semejantes **6•2**
variable **6•1**
vertical **6•7**

6•1 Escribe expresiones y ecuaciones

Expresiones

A menudo, en matemáticas se desconoce el valor de un número dado. Una **variable** es un símbolo, por lo general una letra, que se usa para representar un número desconocido. Algunas variables comúnmente usadas son:

$x \qquad n \qquad y \qquad a \qquad ?$

Un **término** puede ser un número, una variable, o un número y una variable combinados en una multiplicación o división. Algunos ejemplos de términos son:

$w \qquad 5 \qquad 3x \qquad \frac{y}{8}$

Una **expresión** puede ser un término o una serie de términos separados por signos de adición o sustracción. La siguiente tabla muestra algunas expresiones y el número de términos que contiene cada una.

Expresión	Número de términos	Descripción
$5y$	1	se multiplica un número por una variable
$6z + 4$	2	términos separados por el signo +
$3x + 7a - 5$	3	términos separados por el signo + o –
$\frac{9xz}{y}$	1	sólo multiplicación y división; no hay signo +

Practica tus conocimientos

Cuenta el número de términos en cada expresión.

1. $5x + 12$
2. $3abc$
3. $9xy - 3c - 8$
4. $3a^2b + 2ab$

Escribe expresiones de adición

Para escribir una expresión, a menudo es necesario interpretar un enunciado escrito. Por ejemplo, la frase "se le suma 4 a un número" se puede escribir como la expresión $x + 4$, donde la variable x representa el número desconocido.

Observa que la expresión "se le suma" indica que la operación entre 4 y el número es una adición. Otras palabras que indican adición son "más", "añade" o "más que". La palabra **suma** también indica adición. La suma de dos términos es el resultado de la adición de dichos términos.

A continuación, hay algunas frases comunes y sus expresiones correspondientes.

Frase	Expresión
3 más que un número	$n + 3$
a un número se le añade 7	$x + 7$
9 más otro número	$9 + y$
la suma de un número más 6	$n + 6$

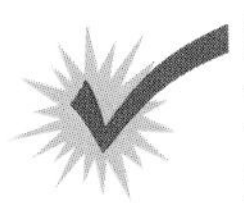

Practica tus conocimientos

Escribe una expresión para cada frase.

5. se le suma 5 a un número
6. la suma de un número más 10
7. se le añade 8 a un número
8. 1 más que un número

Escribe expresiones de sustracción

La frase "se resta 4 de un número" se puede escribir con la expresión $x - 4$, donde x representa el número desconocido. Observa que la frase "se resta" indica que la operación entre el número y 4 es una sustracción.

Otras palabras y frases que indican sustracción son "menos", "disminuye" o "reduce" y "menor que". Otro término de uso común que significa sustracción es **diferencia.** La diferencia entre dos términos es el resultado de restarlos.

En una expresión de sustracción, el orden de los términos es muy importante. Es importante saber a qué número se le va a restar una cantidad dada. Para facilitar la interpretación de la frase "6 menos que un número" reemplaza "un número" con 10. ¿A cuánto equivale 6 menos que 10? La respuesta es 4, lo cual es $10 - 6$, en lugar de $6 - 10$. La frase se puede escribir como $x - 6$, en lugar de $6 - x$.

A continuación, se muestran algunas frases y sus expresiones correspondientes.

Frase	Expresión
5 menos que un número	$n - 5$
un número reducido en 8	$x - 8$
7 menos que un número	$7 - y$
la diferencia entre un número y 2	$n - 2$

Practica tus conocimientos

Escribe una expresión para cada frase.

9. se resta un número de 14
10. la diferencia entre un número y 2
11. un número reducido en 6
12. 4 menos que un número

Escribe expresiones de multiplicación

La frase "4 multiplicado por un número" se puede escribir con la expresión $4x$, donde la variable x representa el número desconocido. Observa que la frase "multiplicado por" indica que la operación entre el número desconocido y 4 es una multiplicación.

Otras palabras y frases que indican multiplicación son "veces", "el doble" "por" y "de". "Doble" significa "dos veces", mientras que "de" se usa más que todo con fracciones y porcentajes. Una palabra que se usa a menudo y que indica multiplicación es **producto.** El producto de dos términos es el resultado de la multiplicación de ambos términos.

A continuación, se muestran algunas frases comunes y sus expresiones correspondientes.

Frase	Expresión
5 veces un número	$5a$
el doble de un número	$2x$
un cuarto de un número	$\frac{1}{4}$
el producto de un número y 8	$8n$

Practica tus conocimientos

Escribe una expresión para cada frase.

13. un número multiplicado por 3
14. el producto de un número y 7
15. 25% de un número
16. 12 veces un número

Escribe expresiones de división

La frase "4 dividido entre un número" se puede escribir con la expresión $\frac{4}{x}$, donde x representa el número desconocido. Observa que la frase "dividido entre" indica que la operación entre el número y 4 es una división.

Otras palabras y frases que indican división son "la razón de" y "entre". Una palabra que se usa a menudo y que indica división es **cociente.** El cociente de dos términos es el resultado de la división de un número entre otro.

A continuación, se muestran algunas frases comunes y sus expresiones correspondientes.

Frase	Expresión
el cociente de 20 entre un número	$\frac{20}{n}$
un número dividido entre 6	$\frac{x}{6}$
la razón de 10 a un número	$\frac{10}{y}$
el cociente de un número entre 5	$\frac{n}{5}$

Practica tus conocimientos

Escribe una expresión para cada frase.

17. un número dividido entre 7
18. el cociente de 16 entre un número
19. la razón de 40 entre un número
20. el cociente de un número entre 11

Escribe expresiones con dos operaciones

Para traducir en una expresión la frase "4 más el producto de 5 por un número", primero debes tener en cuenta que "4 más" significa "algo" 4 más y que ese "algo" es "el producto de 5 por un número", es decir, $5x$ porque "producto" indica multiplicación. Por lo tanto, la expresión se puede escribir como $5x + 4$.

Frase	Expresión	Piensa
2 menos que el cociente de un número y 5	$\frac{x}{5} - 2$	"2 menos" significa "algo" – 2; "cociente" indica división.
5 veces la suma de un número más 3	$5(x + 3)$	Escribe la suma dentro del paréntesis, para que la suma completa sea multiplicada por 5.
3 más que 7 veces un número	$7x + 3$	"3 más que" significa "algo" + 3; "veces" indica multiplicación.

Practica tus conocimientos

Traduce cada frase en una expresión.

21. 12 menos que el producto de 8 por un número
22. la sustracción de 1 menos el cociente de 4 entre un número
23. dos veces la diferencia entre un número y 6

Ballena huérfana rescatada

El 11 de enero de 1997, una ballena gris huérfana recién nacida llegó a un acuario de California. Los trabajadores que la rescataron la llamaron J.J. Tenía tres días de nacida, pesaba 1,600 libras y estaba muy enferma.

Pronto sus cuidadores le dieron leche a través de un tubo conectado a un termo. El 7 de febrero, la ballena, alimentada con leche artificial de ballena, ya había aumentado de peso hasta llegar a 2,378 libras. ¡J.J. aumentaba entre 20 y 30 libras por día!

Una ballena gris adulta pesa cerca de 35 toneladas, pero J.J. podrá ser liberada cuando alcance un peso de 9,000 lb, porque para ese entonces su cuerpo ya habrá formado una capa de grasa sólida.

Escribe una ecuación que muestre que el peso actual de J.J. es 2,378 lb y que necesita aumentar 25 lb diarias durante un periodo de tiempo dado, hasta pesar 9,000 lb. Consulta la respuesta en el Solucionario, ubicado al final del libro.

Ecuaciones

Una expresión es una frase; una **ecuación** es un enunciado. Una ecuación indica que dos expresiones son **equivalentes,** o sea, iguales. El símbolo de la ecuación que indica igualdad es "=".

Para traducir en una ecuación el enunciado "2 menos que el producto de un número por 5, equivale a 6 más el número", primero debes identificar las palabras que indican "igualdad". En este caso, la palabra equivale indica igualdad. En otros casos, la "igualdad" puede estar indicada por las palabras "el resultado", "se obtiene" o, simplemente, "es igual a".

Una vez que hayas identificado el signo =, traduce la frase que está antes del signo =, y escríbela en el lado izquierdo de la ecuación. Después, traduce la frase que está después del signo = y escríbela en el lado derecho.

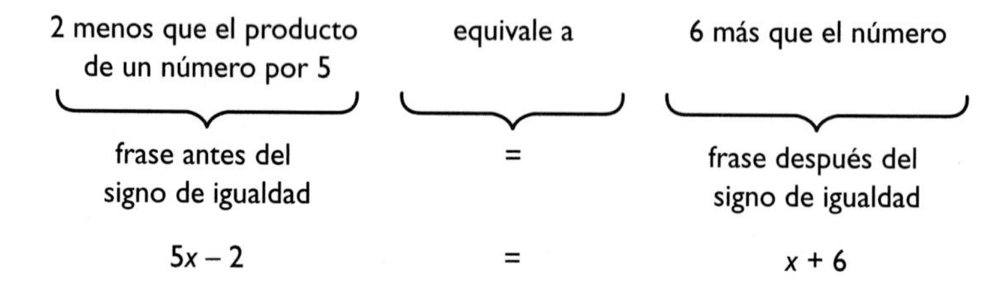

Practica tus conocimientos

Escribe una ecuación para cada enunciado.

24. La sustracción de 8 menos un número es igual al producto de 5 por el número.
25. 5 menos que 4 veces un número es 4 más que el doble del número.
26. Cuando se suma 1 al cociente de un número entre 6, el resultado es 9 menos que el número.

6•1 EJERCICIOS

Cuenta el número de términos de la expresión.

1. $2x + 7$
2. 9
3. $4x + 2y - 3z$
4. $4n - 20$

Escribe una expresión para cada frase.

5. 8 más que un número
6. un número más 5
7. la suma de un número más 9
8. 5 menos que un número
9. 12 disminuido por un número
10. la diferencia entre un número y 4
11. la mitad de un número
12. el doble de un número
13. el producto de un número por 6
14. un número dividido entre 8
15. la razón de 10 y un número
16. el cociente de un número y 3

Escribe una expresión para cada frase.

17. 4 más que el producto de un número por 3
18. 5 menos que el doble de un número
19. dos veces la suma de 8 y un número

Escribe una ecuación para cada enunciado.

20. 8 más que el cociente de un número y 6 equivale a 2 menos que el número.
21. Si se resta 9 del doble de un número, el resultado es 11.
22. 3 veces la suma de un número más 5 es igual a 4 más que el doble del número.
23. ¿Cuál de las siguientes palabras indica multiplicación?
    A. suma   B. diferencia   C. producto   D. cociente
24. ¿Cuál de las siguientes palabras no indica sustracción?
    A. menos que   B. diferencia   C. disminuido en   D. razón de
25. ¿Cuál de las opciones corresponde a "dos veces la suma de un número más 8"?
    A. $2(x + 8)$ B. $2x + 8$ C. $2(x - 8)$ D. $2 + (x + 8)$

6•2 Reduce expresiones

Términos

Como debes recordar, un término puede ser un número, una variable o números y variables combinados en una multiplicación o división. Algunos ejemplos de términos son:

n $\qquad$ 7 $\qquad$ $5x$ $\qquad$ x^2

Compara los términos 7 y $5x$. El valor de $5x$ cambia según el valor de x. Si $x = 2$, entonces $5x = 5(2) = 10$ y si $x = 3$, entonces $5x = 5(3) = 15$. Observa también que el valor de 7 nunca cambia, permanece siempre constante. Cuando un término está formado únicamente por un número, el término se conoce como una *constante.*

Practica tus conocimientos

Determina si los siguientes términos son constantes.

1. $6x$
2. 9
3. $8(n + 2)$
4. 5

La propiedad conmutativa de la adición y de la multiplicación

La **propiedad conmutativa** de la adición establece que se puede cambiar el orden de los términos de una suma, sin alterar el resultado: $3 + 4 = 4 + 3$ y $x + 8 = 8 + x$. La propiedad conmutativa de la multiplicación establece que el orden de los términos de una multiplicación se puede cambiar, sin alterar el resultado: $3(4) = 4(3)$ y $x \cdot 8 = 8x$.

La propiedad conmutativa no se cumple con la resta ni con la división porque el orden de los términos sí altera el resultado: $5 - 3 = 2$, pero $3 - 5 = -2$; $8 \div 4 = 2$, pero $4 \div 8 = \frac{1}{2}$.

Practica tus conocimientos

Modifica las siguientes expresiones usando la propiedad conmutativa de la adición y de la multiplicación.

5. $2x + 5$
6. $n \cdot 7$
7. $9 + 4y$
8. $5 \cdot 6$

La propiedad asociativa de la adición y de la multiplicación

La **propiedad asociativa** de la adición establece que el agrupamiento entre los tres términos de una suma no altera el resultado: $(3 + 4) + 5 = 3 + (4 + 5)$ y $(x + 6) + 10 = x + (6 + 10)$. La propiedad asociativa de la multiplicación establece que el agrupamiento entre los tres términos que se multiplican, no altera el resultado: $(2 \cdot 3) \cdot 4 = 2 \cdot (3 \cdot 4)$ y $5 \cdot 3x = (5 \cdot 3)x$.

La propiedad asociativa no se cumple con la sustracción ni con la división porque el agrupamiento de términos sí altera el resultado: $(8 - 6) - 4 = -2$, pero $8 - (6 - 4) = 6$; $(16 \div 8) \div 2 = 1$, pero $16 \div (8 \div 2) = 4$.

Hora de mayor audiencia

Durante cierta semana, la lista de los cinco programas con mayor audiencia fue la siguiente:

Rating	Programa
23.3	Drama
22.6	Comedia
20.9	Película
19.0	Comiquitas
18.6	Comedia de situaciones

Sea *a* el número total de hogares que representa cada punto del rating. Escribe una expresión que muestre el número de hogares que vieron el drama. Consulta la respuesta en el Solucionario, ubicado al final del libro.

Practica tus conocimientos

Modifica las siguientes expresiones usando la propiedad asociativa de la suma y de la multiplicación.

9. $(4 + 8) + 11$
10. $(5 \cdot 2) \cdot 9$
11. $(2x + 5y) + 4$
12. $7 \cdot 8n$

La propiedad distributiva

La **propiedad distributiva** de la adición y la multiplicación establece que la multiplicación del resultado de una suma por un número, equivale a multiplicar cada uno de los sumandos por el mismo número y, luego, sumar ambos productos. Por lo tanto, $3(2 + 3) = (3 \cdot 2) + (3 \cdot 3)$.

¿Cómo multiplicarías mentalmente $7 \cdot 99$? Si pensaste que $700 - 7 = 693$, entonces usaste la propiedad distributiva.

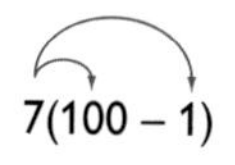

$7(100 - 1)$ — Distribuye el factor 7 a ambos términos dentro del paréntesis.

$= 7 \cdot 100 - 7 \cdot 1$
$= 700 - 7$
$= 693$ — Reduce siguiendo el orden de las operaciones.

La propiedad distributiva no se cumple con la división.

$$3 \div (2 + 3) \neq (3 \div 2) + (3 \div 3)$$

Practica tus conocimientos

Usa la propiedad distributiva para calcular los siguientes productos.

13. $6 \cdot 98$
14. $3 \cdot 105$
15. $9 \cdot 199$
16. $4 \cdot 318$

Expresiones equivalentes

La propiedad distributiva se puede usar para escribir una **expresión equivalente** con dos términos. Dos expresiones equivalentes representan dos maneras distintas de escribir la misma expresión.

CÓMO ESCRIBIR EXPRESIONES EQUIVALENTES

Escribe una expresión equivalente para $5(9x - 7)$.

$5(9x - 7)$ $5 \cdot 9x - 5 \cdot 7$	• Distribuye el factor 5 a ambos términos dentro del paréntesis.
$45x - 35$	• Reduce.
$5(9x - 7) = 45x - 35$	• Escribe las expresiones equivalentes.

Distribución cuando el factor es negativo

La propiedad distributiva se aplica en la misma manera, si el factor que se va a distribuir es negativo.

Escribe una expresión equivalente a $-3(5x - 6)$.

$-3(5x - 6)$ $-3 \cdot 5x - (-3) \cdot 6$	• Distribuye el factor a ambos términos dentro del paréntesis.
$15x + 18$ Recuerda: $(-3) \cdot 6 = -18$ y $-(-18) = +18$.	• Reduce.
$-3(5x - 6) = -15x + 18$	• Escribe las expresiones equivalentes.

Practica tus conocimientos

Escribe una expresión equivalente a cada una de las siguientes expresiones.

17. $2(7x + 4)$
18. $8(3n - 2)$
19. $-1(7y - 4)$
20. $-3(-3x + 5)$

La propiedad distributiva con factores comunes

Dada la expresión $10x + 15$, puedes usar la propiedad distributiva para escribir una expresión equivalente. Observa que cada término tiene un factor de 5.

Escribe la expresión como $5 \cdot 2x + 5 \cdot 3$. Después, escribe el factor común 5 enfrente del paréntesis y los factores restantes dentro del paréntesis: $5(2x + 3)$. Acabas de usar la propiedad distributiva para *factorizar un factor común.*

CÓMO FACTORIZAR UN FACTOR COMÚN

Factoriza el factor común de la expresión $12n - 30$.

$12n - 30$	• Halla el factor común.
$6 \cdot 2n - 6 \cdot 5$	• Escribe la nueva expresión.
$6 \cdot (2n - 5)$	• Usa la propiedad distributiva.
$12n - 30 = 6 \cdot (2n - 5)$	

Practica tus conocimientos

Factoriza el factor común de cada expresión.

21. $7x + 35$
22. $18n - 15$
23. $15c + 60$
24. $40a - 100$

Términos semejantes

Los **términos semejantes** son términos que contienen una misma variable elevada al mismo exponente. Las constantes son términos semejantes porque no tienen ninguna variable. A continuación, se muestran ejemplos de términos semejantes.

Términos semejantes	Razón
$3x$ y $4x$	Ambos contienen la misma variable.
3 y 11	Ambos son términos constantes.
$2n^2$ y $6n^2$	Ambos contienen la misma variable elevada al mismo exponente.

Algunos ejemplos de términos que no son semejantes.

Términos no semejantes	Razón
$3x$ y $5y$	Las variables son diferentes.
$4n$ y 12	Un término es una variable y el otro es una constante.
$2x^2$ y $2x$	Tienen la misma variable, pero los exponentes son diferentes.

Dos términos semejantes se pueden combinar en un solo término mediante adición o sustracción. Considera la expresión $3x + 4x$. Observa que los dos términos tienen el mismo factor, x. Usa la propiedad distributiva para escribir $x(3 + 4)$. Esta expresión se puede reducir a $7x$, entonces $3x + 4x = 7x$.

CÓMO COMBINAR TÉRMINOS SEMEJANTES

Reduce $6n - 8n$.

- Reconoce que la variable es un factor común. Escribe una expresión equivalente usando la propiedad distributiva.
  $n(6 - 8)$
- Reduce. $n(-2)$
- Usa la propiedad conmutativa de la multiplicación.
  $-2n$

Practica tus conocimientos

Combina los términos semejantes de las siguientes expresiones.

25. $4x + 9x$
26. $10y - 6y$
27. $5n + 4n + n$
28. $3a - 7a$

Reduce expresiones

Una expresión esta reducida cuando se han combinado todos sus términos semejantes. Los términos no semejantes no se pueden combinar. La expresión $3x - 5y + 6x$, tiene tres términos. Dos de ellos son términos semejantes, $3x$ y $6x$, que se pueden combinar para obtener $9x$. Ahora se puede escribir la expresión equivalente $9x - 5y$. Esta nueva expresión está reducida porque sus dos términos no son semejantes.

CÓMO REDUCIR EXPRESIONES

Reduce la expresión $4(2n - 3) - 10n + 17$.

$4(2n - 3) - 10n + 17$	• Combina los términos semejantes (si los hay). • Usa la propiedad distributiva.
$4 \cdot 2n - 4 \cdot 3 - 10n + 17$	• Reduce.
$8n - 12 - 10n + 17$	• Combina los términos semejantes.
$-2n + 5$	• Si los términos de la nueva expresión no son semejantes, la expresión está reducida.

Practica tus conocimientos

Reduce cada expresión.

29. $4y + 5z - y + 3z$
30. $x + 4(3x - 5)$
31. $15a + 8 - 2(3a + 2)$
32. $2(5n - 3) - (n - 2)$

6•2 EJERCICIOS

Indica si cada término es una constante.

1. $4n$
2. -9

Modifica cada expresión y usa la propiedad conmutativa de la adición o de la multiplicación.

3. $9 + 5$
4. $n \cdot 4$
5. $8x + 11$

Modifica cada expresión y usa la propiedad asociativa de la suma o de la multiplicación.

6. $2 + (7 + 14)$
7. $(8 \cdot 5) \cdot 3$
8. $3 \cdot 6n$

Usa la propiedad distributiva para calcular cada producto.

9. $8 \cdot 99$
10. $6 \cdot 108$

Escribe una expresión equivalente para cada expresión.

11. $4(9x + 5)$
12. $-7(2n + 8)$
13. $12(3a - 10)$
14. $-(-5y - 8)$

Factoriza el factor común de cada expresión.

15. $8x + 32$
16. $6n - 9$
17. $30a - 50$

Combina los términos semejantes de cada expresión.

18. $14x - 8x$
19. $7n + 8n - n$
20. $2a - 11a$

Reduce cada expresión.

21. $8a + b - 3a - 5b$
22. $3x + 2(6x - 5) + 8$
23. $-2(-7n - 3) - (n + 5)$

24. ¿Qué propiedad ilustra $5(2x + 1) = 10x + 5$?
    A. la propiedad conmutativa de la multiplicación
    B. la propiedad distributiva
    C. la propiedad asociativa de la multiplicación
    D. el ejemplo no ilustra ninguna propiedad

25. ¿Cuál de las siguientes expresiones muestra la factorización del máximo común divisor de $24x - 36$?
    A. $2(12x - 18)$
    B. $3(8x - 12)$
    C. $6(4x - 6)$
    D. $12(2x - 3)$

6·3 Evalúa expresiones y fórmulas

Evalúa expresiones

Después de escribir una expresión puedes *evaluarla* para diferentes valores de la variable. Para evaluar $5x - 3$ cuando $x =$ 4, *reemplaza* la variable x por el número 4: $5(4) - 3$. Aplica el **orden de las operaciones** para evaluar; primero multiplica y después resta después. Por lo tanto, $5(4) - 3 = 20 - 3 = 17$.

CÓMO EVALUAR UNA EXPRESIÓN	
$3x^2 - \frac{4}{x} + 5$, cuando $x = 2$	• Reemplaza el valor numérico por x.
$3 \cdot 2^2 - \frac{4}{2} + 5$	• Reduce aplicando el orden de las operaciones. Reduce las expresiones dentro del paréntesis y, después, evalúa las potencias.
$3 \cdot 4 - \frac{4}{2} + 5$	• Multiplica y divide, de izquierda a derecha.
$12 - 2 + 5$	• Suma y resta, de izquierda a derecha.
Cuando $x = 2$, entonces $3x^2 - \frac{4}{x} + 5 = 15$.	

Practica tus conocimientos

Evalúa cada expresión para el valor dado.

1. $9x - 14$ para $x = 4$
2. $5a + 7 + a^2$ para $a = -3$
3. $\frac{n}{3} + 2n - 5$ para $n = 12$
4. $2(y^2 - 2y + 1) + 4y$ para $y = 3$

Evalúa fórmulas

La fórmula del perímetro de un rectángulo

El **perímetro** de un rectángulo es la distancia alrededor del rectángulo. La **fórmula** $P = 2w + 2l$ sirve para calcular el perímetro P, de un rectángulo, si se conocen su ancho w, y su largo l.

CÓMO CALCULAR EL PERÍMETRO DE UN RECTÁNGULO

Calcula el perímetro de un rectángulo que mide 5 pies de ancho y 9 pies de largo.

$P = 2(5) + 2(9)$	• Reemplaza los valores dados en la fórmula del perímetro de un rectángulo ($P = 2w + 2l$).
$= 10 + 18$	• Reduce, usando el orden de las operaciones.
$= 28$	

El perímetro del rectángulo es de 28 pies.

Practica tus conocimientos

Calcula el perímetro de cada rectángulo.

5. $w = 6$ cm, $l = 11$ cm
6. $w = 4.5$ pies, $l = 9.5$ pies

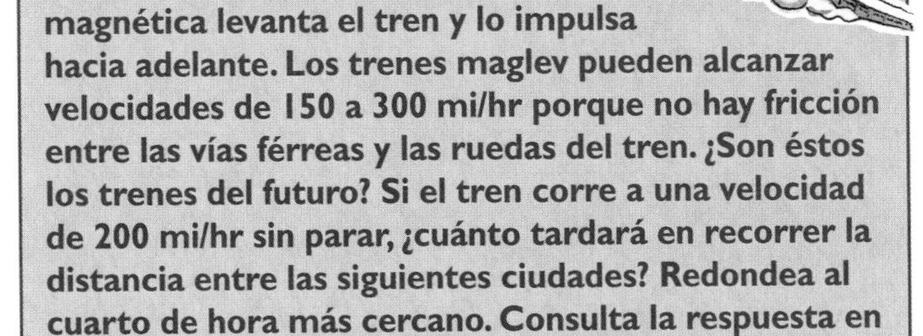

Maglev

Los trenes Maglev (palabra que se usa para describir *levitación magnética*) vuelan encima de las vías férreas. La fuerza magnética levanta el tren y lo impulsa hacia adelante. Los trenes maglev pueden alcanzar velocidades de 150 a 300 mi/hr porque no hay fricción entre las vías férreas y las ruedas del tren. ¿Son éstos los trenes del futuro? Si el tren corre a una velocidad de 200 mi/hr sin parar, ¿cuánto tardará en recorrer la distancia entre las siguientes ciudades? Redondea al cuarto de hora más cercano. Consulta la respuesta en el Solucionario, ubicado al final del libro.

235 mi de Boston, MA, a Nueva York, NY
440 mi de Los Ángeles, CA, a San Francisco, CA
750 mi de Mobile, AL, a Miami, FL

La fórmula para calcular la distancia recorrida

La distancia recorrida por una persona, un vehículo o un objeto depende de su tasa de rapidez y del tiempo. La fórmula $d = rt$ sirve para calcular la distancia recorrida d, si se conocen la rapidez r, y el tiempo t.

CÓMO CALCULAR LA DISTANCIA RECORRIDA

Calcula la distancia recorrida por un tren que promedia 5 mi/hr, durante 4 hr.

$d = (50) \cdot (4)$

$d = 200$ mi

- Reemplaza los valores en la fórmula de la distancia ($d = rt$).
- Multiplica.

El tren recorrió 200 millas.

Practica tus conocimientos

Calcula la distancia recorrida.

7. Una persona recorre 12 mi/hr durante 3 hr.
8. Un avión vuela 750 km/hr durante 2 hr.
9. Una persona maneja su carro a 55 mi/hr durante 8 hr.
10. Un caracol se mueve a 2 pies/hr durante 4 hr.

6·3 EJERCICIOS

Evalúa cada expresión para el valor dado.

1. $6x - 11$ para $x = 5$
2. $5a^2 + 7 - 3a$ para $a = 4$
3. $\frac{n}{6} - 3n + 10$ para $n = -6$
4. $3(4y - 1) - \frac{12}{y} + 8$ para $y = 2$

Usa la fórmula $P = 2w + 2l$.

5. Calcula el perímetro de un rectángulo que mide 60 pies de largo y 25 pies de ancho.
6. Calcula el perímetro del siguiente rectángulo.

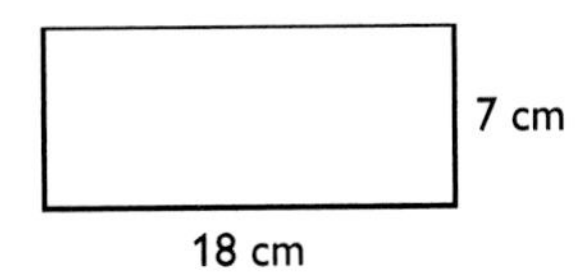

7. Susan mandó a ampliar una fotografía a 20 pulg × 30 pulg para después enmarcarla. Susan decidió que la fotografía se iba a ver mejor con un margen de 3 pulgadas alrededor de la foto ¿Cuántas pulgadas mide el marco que rodea a la fotografía, incluyendo el margen?

Usa la fórmula $d = rt$.

8. Calcula la distancia recorrida por un corredor que trota a 6 millas/hr durante $1\frac{1}{2}$ hr.
9. Un carro de carreras promedió 180 mi/hr. Si el corredor terminó el recorrido en $2\frac{1}{2}$ hr, ¿cuál fue la distancia de la carrera?
10. La velocidad de la luz es de aproximadamente 186,000 millas por segundo. ¿Aproximadamente qué distancia viaja la luz en 5 segundos?

6•4 Resuelve ecuaciones lineales

Inversos aditivos

Dos términos son **inversos aditivos** si el resultado de su suma es igual a 0, algunos ejemplos son -3 y 3, $5x$ y $-5x$ y $12y$ y $-12y$. El inverso aditivo de 7 es -7, porque $7 + (-7) = 0$, y el inverso aditivo de $-8n$ es $8n$, porque $-8n + 8n = 0$.

Practica tus conocimientos

Determina el inverso aditivo de cada término.

1. 4
2. $-x$
3. -35
4. $10y$

Ecuaciones falsas o verdaderas

La ecuación $3 + 4 = 7$ representa un enunciado verdadero. La ecuación $1 + 4 = 7$ representa un enunciado falso. ¿Qué ocurre con la ecuación $x + 4 = 7$? No se puede determinar si es falsa o verdadera hasta que se le asigna un valor a x.

Para determinar si la ecuación $2x + 5 = 11$ es verdadera o falsa, reduce la ecuación para $x = 1$, $x = 3$ y $x = 5$.

$2x + 5 = 11$	$2x + 5 = 11$	$2x + 5 = 11$
$2(1) + 5 \stackrel{?}{=} 11$	$2(3) + 5 \stackrel{?}{=} 11$	$2(5) + 5 \stackrel{?}{=} 11$
$2 + 5 \stackrel{?}{=} 11$	$6 + 5 \stackrel{?}{=} 11$	$10 + 5 \stackrel{?}{=} 11$
$7 \stackrel{?}{=} 11$	$11 \stackrel{?}{=} 11$	$15 \stackrel{?}{=} 11$
Falsa	Verdadera	Falsa

Practica tus conocimientos

Averigua si cada ecuación es verdadera o falsa cuando $x = 2$, $x = 5$ y $x = 8$.

5. $7x - 3 = 11$
6. $3x + 1 = 16$
7. $6x - 8 = 22$
8. $2x - 7 = 9$

La solución de una ecuación

Si observas las ecuaciones de los ejercicios anteriores, notarás que cada ecuación sólo tiene un valor que hace que la ecuación sea verdadera. Este valor se llama la **solución** de la ecuación. Si tratas de resolver la ecuación asignando otros valores a *x*, sólo obtendrás enunciados falsos.

CÓMO DETERMINAR LA SOLUCIÓN

Determina si 6 es la solución de la ecuación $4x - 5 = 2x + 6$.

$4x - 5 = 2x + 6$ • Reemplaza el valor de *x* en la ecuación.

$4(6) - 5 \stackrel{?}{=} 2(6) + 6$ • Reduce, usando el orden de operaciones.

$24 - 5 \stackrel{?}{=} 12 + 6$

$19 \stackrel{?}{=} 18$

Practica tus conocimientos

Determina si el valor dado es la solución para las ecuaciones siguientes.

9. 4; $3x - 5 = 7$
10. 9; $2n + 5 = 3n - 5$
11. 5; $7(y - 3) = 10$
12. 1; $8x + 4 = 15x - 3$

Ecuaciones equivalentes

Se puede obtener una *ecuación equivalente* a partir de una ecuación determinada, usando cualquiera de los siguientes métodos.

- Suma el mismo término a ambos lados de la ecuación.
- Resta el mismo término de ambos lados de la ecuación.
- Multiplica por el mismo término ambos lados de la ecuación.
- Divide entre el mismo término ambos lados de la ecuación.

Operación	**Ecuación equivalente a $x = 8$**
Suma 4 a ambos lados.	$x + 4 = 12$
Resta 4 de ambos lados.	$x - 4 = 4$
Multiplica ambos lados por 4.	$4x = 32$
Divide ambos lados entre 4.	$\frac{x}{4} = 2$

Practica tus conocimientos

Escribe ecuaciones equivalentes a $x = 9$.

13. Suma 3 a ambos lados.
14. Resta 3 de ambos lados.
15. Multiplica ambos lados por 3.
16. Divide ambos lados entre 3.

Resuelve ecuaciones

Puedes usar ecuaciones equivalentes para *resolver* una ecuación. La solución se obtiene cuando se aísla la variable en un solo lado de la ecuación. El objetivo es usar ecuaciones equivalentes para aislar la variable en un lado de la ecuación.

Considera la ecuación $x + 5 = 9$. Para resolver esta ecuación, la variable x debe quedar aislada en un solo lado de la ecuación. ¿Cómo puedes eliminar el $+5$ que está en el mismo lado que x? Recuerda que un término y su inverso aditivo suman 0. El inverso aditivo de 5 es -5. Para escribir una ecuación equivalente, resta 5 de ambos lados de la ecuación.

$x + 5 = 9$	• Resta 5 de ambos lados.
$x + 5 - 5 = 9 - 5$	• Reduce.
$x = 4$	

Verifica la solución para asegurarte que es correcto.

$x + 5 = 9$	• Reemplaza el posible valor de x en la ecuación.
$4 + 5 \stackrel{?}{=} 9$	• Reduce.
$9 \stackrel{?}{=} 9$	• Dado que el enunciado es verdadero, 4 es la solución correcta.

Resuelve la ecuación $n - 8 = 7$. Observa que el número -8 está en el mismo lado que n.

$n - 8 = 7$	• Suma 8 a ambos lados.
$n - 8 + 8 = 7 + 8$	• Reduce.
$n = 15$	

Verifica la solución.

$n - 8 = 7$	• Reemplaza el posible valor de n en la ecuación.
$(15) - 8 \stackrel{?}{=} 7$	• Reduce.
$7 \stackrel{?}{=} 7$	• Dado que el enunciado es verdadero, 15 es la solución correcta.

Practica tus conocimientos

Resuelve cada ecuación. Verifica la solución.

17. $x + 4 = 13$
18. $n - 5 = 11$
19. $y + 10 = 3$
20. $a - 8 = 1$

Solución de ecuaciones adicionales

Considera la ecuación $3x = 15$. Observa que aunque no se está sumando a o restando un término del término con la variable, la variable no está aislada. La variable se multiplica por 3. Para escribir una ecuación equivalente con la variable aislada divide ambos lados entre 3.

$3x = 15$	• Divide ambos lados entre 3.
$\frac{3x}{3} = \frac{15}{3}$	• Reduce.
$x = 5$	

Verifica la solución.

$3x = 15$	• Reemplaza el posible valor de *x* en la ecuación.
$3(5) \stackrel{?}{=} 15$	• Reduce.
$15 \stackrel{?}{=} 15$	• Dado que el enunciado es verdadero, 5 es la solución correcta.

Resuelve la ecuación $\frac{n}{6} = 3$. La variable es dividida entre 6. Para escribir una ecuación equivalente con la variable aislada, multiplica ambos lados de la ecuación por 6.

$\frac{n}{6} = 3$	• Multiplica por 6 ambos lados
$\frac{n}{6} \cdot 6 = 3 \cdot 6$	• Reduce.
$n = 18$	

Verifica la solución.

$\frac{n}{6} = 3$	• Reemplaza el posible valor de *n* en la ecuación.
$\frac{(18)}{6} \stackrel{?}{=} 3$	• Reduce.
$3 \stackrel{?}{=} 3$	• Dado que el enunciado verdadero, 18 es la solución correcta.

Practica tus conocimientos

Resuelve cada ecuación. Verifica la solución.

21. $5x = 35$
22. $\frac{y}{8} = 4$
23. $9n = -27$
24. $\frac{a}{3} = 12$

Resuelve ecuaciones que requieren dos operaciones

En la ecuación $4x - 7 = 13$, observa que la variable está siendo multiplicada y que también se le está restando un término. El objetivo sigue siendo el escribir ecuaciones equivalentes para aislar la variable. Primero, debes aislar el término que contiene la variable y luego aísla la variable.

$4x - 7 = 13$	• Suma 7 a ambos lados de la ecuación para aislar el término que contiene la variable.
$4x - 7 + 7 = 13 + 7$	• Reduce.
$4x = 20$	• Divide ambos lados de la ecuación entre 4 para aislar la variable.
$\frac{4x}{4} = \frac{20}{4}$	• Reduce.
$x = 5$	

Verifica la solución.

$4x - 7 = 13$	• Reemplaza el posible valor de x en la ecuación.
$4(5) - 7 \stackrel{?}{=} 13$ $20 - 7 \stackrel{?}{=} 13$	• Reduce, usando el orden de las operaciones.
$13 \stackrel{?}{=} 13$	• Dado que el enunciado es verdadero, 5 es la solución correcta.

CÓMO RESOLVER ECUACIONES QUE REQUIEREN DOS OPERACIONES

Resuelve la ecuación $\frac{n}{4} + 8 = 2$.

$\frac{n}{4} + 8 = 2$	• Suma o resta en ambos lados de la ecuación para aislar el término que contiene la variable.
$\frac{n}{4} + 8 - 8 = 2 - 8$	• Reduce.
$\frac{n}{4} = -6$	• Multiplica o divide en ambos lados para aislar la variable.
$\frac{n}{4} \cdot 4 = -6 \cdot 4$	• Reduce.
$n = -24$	• Verifica la solución reemplazando el valor en la ecuación original.
$\frac{(-24)}{4} + 8 \stackrel{?}{=} 2$	• Reduce, usando el orden de las operaciones.
$-6 + 8 \stackrel{?}{=} 2$	
$2 \stackrel{?}{=} 2$ $n = -24$	• Si el enunciado es verdadero, has encontrado la solución.

Practica tus conocimientos

Resuelve cada ecuación. Verifica tu solución.

25. $6x + 11 = 29$
26. $\frac{y}{5} - 3 = 7$
27. $2n + 15 = 1$
28. $\frac{a}{3} + 11 = 9$

Resuelve ecuaciones con variables en ambos lados

Considera la ecuación $5x + 4 = 8x - 5$. Observa que ambos lados de la ecuación tienen un término con la variable. Para resolver esta ecuación también puedes usar ecuaciones equivalentes para aislar la variable.

Para aislar la variable, primero usa el inverso aditivo de uno de los términos que contiene la variable para juntar los términos con la variable en un mismo lado de la ecuación. (Generalmente, éstos se deben juntar en el lado de la ecuación donde el coeficiente de la variable es mayor, esto te permite trabajar con números positivos siempre que sea posible.) Luego, usa el inverso aditivo para juntar los términos constantes en el otro lado de la ecuación. Después, multiplica o divide para aislar la variable.

CÓMO RESOLVER UNA ECUACIÓN CON VARIABLES EN AMBOS LADOS

Resuelve la ecuación $5x + 4 = 8x - 5$.

$5x + 4 - 5x = 8x - 5 - 5x$	• Suma o resta en ambos lados de la ecuación para juntar los términos con la variable en un mismo lado.
$4 = 3x - 5$	• Reduce. Combina términos semejantes.
$4 + 5 = 3x - 5 + 5$	• Suma o resta en ambos lados para juntar las constantes en el lado opuesto a las variables.
$9 = 3x$	• Reduce.
$\frac{9}{3} = \frac{3x}{3}$	• Multiplica o divide en ambos lados de la ecuación para aislar la variable.
$3 = x$	• Reduce.
$5(3) + 4 \stackrel{?}{=} 8(3) - 5$ $15 + 4 \stackrel{?}{=} 24 - 5$	• Verifica la solución reemplazando la posible solución en la ecuación original.
$19 \stackrel{?}{=} 19$	• Reduce, usando el orden de las operaciones.
$x = 3$	• Si el enunciado es verdadero, has encontrado la solución.

Practica tus conocimientos

Resuelve cada ecuación. Verifica tu solución.

29. $9n - 4 = 6n + 8$
30. $12x + 9 = 2x - 11$

Ecuaciones relacionadas con la propiedad distributiva

Para resolver la ecuación $3x - 4(2x + 5) = 3(x - 2) + 10$, observa que todavía no se pueden juntar los términos en un mismo lado de la ecuación. Primero, tienes que usar la propiedad distributiva.

$3x - 4(2x + 5) = 3(x - 2) + 10$
- Reduce, usando la propiedad distributiva.

$3x - 8x - 20 = 3x - 6 + 10$
- Combina términos semejantes.

$-5x - 20 = 3x + 4$
- Suma o resta en ambos lados de la ecuación para juntar los términos con la variable en un mismo lado.

$-5x - 20 + 5x = 3x + 4 + 5x$
- Combina los términos semejantes.

$-20 = 8x + 4$
- Suma o resta en ambos lados de la ecuación para juntar las constantes en el lado opuesto a las variables.

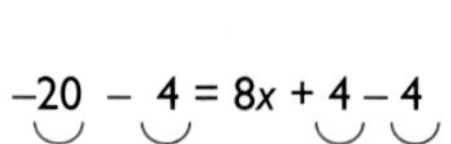

$-20 - 4 = 8x + 4 - 4$
- Combina términos semejantes.

$-24 = 8x$
- Multiplica o divide en ambos lados de la ecuación para aislar la variable.

$\frac{-24}{8} = \frac{8x}{8}$
- Reduce.

$-3 = x$
- Reemplaza la posible solución en la ecuación original.

$3(-3) - 4[2(-3)+5] \stackrel{?}{=} 3[(-3)-2] + 10$
$3(-3) - 4(-6+5) \stackrel{?}{=} 3(-5) + 10$
$-9 - (-4) \stackrel{?}{=} -15 + 10$
- Reduce, usando el orden de las operaciones.

$-5 \stackrel{?}{=} -5$
- Si el enunciado es verdadero, haz encontrado la solución correcta.

$x = -3$

Practica tus conocimientos

Resuelve cada ecuación. Verifica tu solución.

31. $5(n - 3) = 10$
32. $7x - (2x + 3) = 9(x - 1) - 5x$

Despeja la variable de una fórmula

Recuerdas la fórmula $d = rt$, donde la distancia recorrida, d, se calculaba multiplicando la rapidez, r, por el tiempo, t. ¿Podrías aislar la variable t en la fórmula?

$d = rt$ • Divide ambos lados entre r.

$\frac{d}{r} = \frac{rt}{r}$ • Reduce.

$\frac{d}{r} = t$

También puedes aislar w en la fórmula del perímetro de un rectángulo, $P = 2w + 2l$.

$P = 2w + 2\ell$ • Para aislar la variable w, resta $2l$ de ambos lados de la ecuación.

$P - 2\ell = 2w + 2\ell - 2\ell$ • Combina términos semejantes.

$P - 2\ell = 2w$ • Para aislar w, divide ambos lados de la ecuación entre 2.

$\frac{P - 2\ell}{2} = \frac{2w}{2}$ • Reduce.

$\frac{P - 2\ell}{2} = w$

Practica tus conocimientos

Aísla la variable indicada en cada fórmula.

33. $A = lw$, para w
34. $2y - 3x = 8$, para y

¿Qué grado de peligro existe?

Nos vemos bombardeados con estadísticas sobre riesgos potenciales. Nos han dicho que es más probable morir como resultado de un choque de un asteroide contra la Tierra que como víctima de un tornado, y que es más probable entrar en contacto con gérmenes al usar papel moneda que al visitar a alguien en el hospital. Conocemos las posibilidades de hallar radón en nuestras casas (1 en 15) y cuánto aumenta el riesgo de cáncer de la piel una quemadura de sol severa (hasta en un 50 por ciento).

¿Qué grado de peligro conlleva la vida moderna? Observa las siguientes estadísticas sobre las expectativas de vida.

Año	Expectativa de vida
1900	47.3
1920	54.1
1940	62.9
1960	69.7
1980	73.7
1990	75.4

Traza estos puntos en un plano de coordenadas. ¿Crees que los puntos forman una recta? ¿Cuál es la tendencia? ¿Se ha vuelto más arriesgada o menos arriesgada la vida a partir del año 1900? Consulta la respuesta en el Solucionario, ubicado al final del libro.

6•4 EJERCICIOS

Determina el inverso aditivo de cada término.

1. 8
2. $-6x$

Determina si el valor dado es la solución de la ecuación.

3. 8; $3(y - 3) = 15$
4. 7; $6n - 5 = 3n + 11$

Resuelve cada ecuación. Verifica la solución.

5. $x + 8 = 15$
6. $n - 3 = 9$
7. $\frac{y}{5} = 9$
8. $4a = -28$
9. $x + 14 = 9$
10. $n - 12 = 4$
11. $7x = 63$
12. $\frac{a}{6} = -2$
13. $3x + 7 = 25$
14. $\frac{y}{9} - 2 = 5$
15. $4n + 11 = 7$
16. $\frac{a}{5} + 8 = 5$
17. $13n - 5 = 10n + 7$
18. $y + 8 = 3y - 6$
19. $7x + 9 = 2x - 1$
20. $6a + 4 = 7a - 3$
21. $8(2n - 5) = 4n + 8$
22. $9y - 5 - 3y = 4(y + 1) - 5$
23. $8x - 3(x - 1) = 4(x + 2)$
24. $14 - (6x - 5) = 5(2x - 1) - 4x$

Aísla la variable indicada en cada fórmula.

25. $d = rt$, para r
26. $A = lw$, para l
27. $4y - 5x = 12$, para y
28. $8y + 3x = 11$, para y

29. ¿Cuál de las siguientes ecuaciones se puede resolver sumando 6 en ambos lados de la ecuación y dividiendo ambos lados de la ecuación entre 5?
    A. $5x + 6 = 16$
    B. $5x - 6 = 14$
    C. $\frac{x}{5} + 6 = 16$
    D. $\frac{x}{5} - 6 = 14$

30. ¿Para cuál de las ecuaciones $x = 4$ no es la solución?
    A. $3x + 5 = 17$
    B. $\frac{x}{2} + 5 = 7$
    C. $2(x + 2) = 10$
    D. $x + 2 = 2x - 2$

6•5 Razones y proporciones

Razones

Una **razón** es una comparación entre dos cantidades. Si hay 10 niños y 15 niñas en una clase, la razón del número de niños a niñas es de 10 a 15, lo que se puede expresar como la fracción $\frac{10}{15}$, reducida a $\frac{2}{3}$. Existen muchos ejemplos de razones.

Comparación	Razón	Como fracción
Número de niñas a niños	15 a 10	$\frac{15}{10} = \frac{3}{2}$
Número de niños a número total de alumnos	10 a 25	$\frac{10}{25} = \frac{2}{5}$
Total de alumnos a número de niñas	25 a 15	$\frac{25}{15} = \frac{5}{3}$

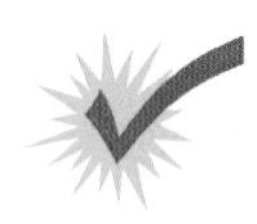

Practica tus conocimientos

Hay tres monedas de 5¢ y nueve de 10¢ en una alcancía. Escribe cada una de las siguientes razones.

1. número de monedas de 5¢ a número de monedas de 10¢
2. número de monedas de 10¢ a número total de monedas
3. número total de monedas a número de monedas de 5¢

Proporciones

Una **tasa** es una razón en que se compara una cantidad con una unidad dada. Algunos ejemplos de tasas son:

$\frac{55 \text{ mi}}{1 \text{ hr}}$ $\frac{5 \text{ manzanas}}{\$1}$ $\frac{18 \text{ mi}}{1 \text{ gal}}$ $\frac{\$400}{1 \text{ semana}}$ $\frac{60 \text{ seg}}{1 \text{ min}}$

Si un auto rinde 18 mi por 1 gal, entonces el auto rinde $\frac{36\text{mi}}{2\text{ gal}}$, $\frac{54\text{ mi}}{3\text{ gal}}$, etcétera. Todas estas razones son equivalentes y se pueden reducir a $\frac{18}{1}$.

Cuando dos razones son iguales, forman una **proporción.** Una manera de determinar si dos razones forman una proporción es mediante la prueba de los **productos cruzados.** Cada proporción tiene dos productos cruzados: el numerador de una razón se multiplica por el denominador de la otra. Si los productos cruzados son iguales, entonces las dos razones forman una proporción.

CÓMO IDENTIFICAR UNA PROPORCIÓN

Determina si dos razones forman una proporción.

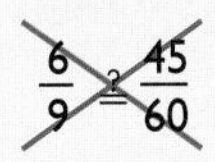
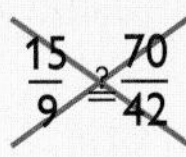

• Obtén los productos cruzados.

$6 \cdot 60 \stackrel{?}{=} 45 \cdot 9$ $\quad$ $15 \cdot 42 \stackrel{?}{=} 70 \cdot 9$

$360 \stackrel{?}{=} 405$ $\quad$ $630 \stackrel{?}{=} 630$

• Si ambos lados son iguales, entonces las razones forman una proporción.

$\frac{6}{9} \stackrel{?}{=} \frac{45}{60}$ no es una proporción.

$\frac{15}{9} \stackrel{?}{=} \frac{70}{42}$ es una proporción.

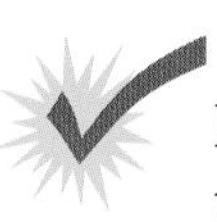

Practica tus conocimientos

Determina si las siguientes razones forman una proporción.

4. $\frac{4}{7} = \frac{12}{21}$
5. $\frac{6}{5} = \frac{50}{42}$

Usa proporciones para resolver problemas

Para resolver un problema usando proporciones, tienes que formar dos razones que te ayuden a resolver el problema.

Supongamos que puedes comprar 5 manzanas por $2. ¿Cuánto te costará comprar 17 manzanas? Sea *c* el costo de 17 manzanas.

Si expresas cada razón como $\frac{\text{manzanas}}{\$}$, una de las razones será $\frac{5}{2}$ y la otra será $\frac{17}{c}$. Las dos razones deben ser iguales.

$$\frac{5}{2} = \frac{17}{c}$$

Para despejar *c* puedes usar los productos cruzados. Dado que has escrito una proporción, los productos cruzados son iguales.

$$5c = 34$$

Para aislar la variable, divide ambos lados entre 5 y reduce.

$$\frac{5c}{5} = \frac{34}{5} \qquad c = 6.8$$

Por lo tanto, 17 manzanas costarán $6.80.

Practica tus conocimientos

Usa proporciones para contestar las preguntas 6 a la 9.

6. Un auto recorre 22 mi/gal. ¿Cuántos galones requiere para recorrer 121 mi?
7. Un trabajador gana $100 por cada 8 hr de trabajo. ¿Cuánto ganará por 36 hr?

Usa la tabla siguiente para contestar las preguntas 8 y 9.

Los 5 mejores programas en horas de mayor audiencia

Rating	Programa
23.3	Drama
22.6	Comedia
20.9	Cine
19.0	Comiquitas
18.6	Comedia de situaciones

8. Si 18,430,000 hogares vieron las comiquitas, lo que equivale a un rating de 19.0, ¿a cuántos hogares equivale un punto del rating?
9. Si 18,042,000 hogares vieron la comedia de situaciones, ¿cuántos hogares vieron el drama?

6•5 EJERCICIOS

Un equipo de baloncesto ha ganado 20 partidos y ha perdido 10. Escribe cada razón.

1. número de victorias al número de derrotas
2. número de victorias al número total de partidos
3. número de derrotas al número total de partidos

Determina si se ha formado una proporción.

4. $\frac{3}{8} = \frac{16}{42}$
5. $\frac{10}{4} = \frac{25}{10}$
6. $\frac{4}{6} = \frac{15}{22}$

Resuelve cada problema usando una proporción.

7. En una clase, la razón de niños a niñas es de $\frac{4}{5}$. Si hay 12 niños en la clase, ¿cuántas niñas hay?
8. Una llamada de larga distancia internacional cuesta $0.36 por minuto. ¿Cuánto costará una llamada de 6 minutos?
9. La escala de un mapa es de 150 mi a 1 cm. La distancia entre dos ciudades es de 1,200 mi, ¿a qué distancia se encuentran estas ciudades en el mapa?
10. La escala de los planos de una casa es de 5 pies a 2 cm. Uno de los planos muestra que una habitación mide 5 cm de largo, ¿cuánto mide de largo la habitación real?

6•6 Desigualdades

Presenta desigualdades

Si comparas el número 7 con el 4, puedes afirmar que "7 es mayor que 4" o que "4 es menor que 7". Cuando dos expresiones no son iguales o cuando podrían ser iguales, puedes escribir una **desigualdad.** Los símbolos se muestran en la siguiente tabla.

Símbolo	Significado	Ejemplo
$>$	Es mayor que	$7 > 4$
$<$	Es menor que	$4 < 7$
$\geq$	Es mayor o igual que	$x \geq 3$
$\leq$	Es menor o igual que	$-2 \leq x$

La ecuación $x = 5$ tiene una sola solución, 5. La desigualdad $x > 5$ tiene un número infinito de soluciones: 5.001, 5.2, 6, 15, 197 y 955 son algunas de las soluciones posibles. Nota que 5 no es una solución porque 5 no es mayor que 5. Dado que no es posible hacer una lista con todas las soluciones, se pueden mostrar las soluciones usando una recta numérica.

Para mostrar todos los valores mayores que 5, sin incluir el 5, coloca un círculo sin sombrear en el 5 y sombrea la recta numérica hacia la derecha del círculo.

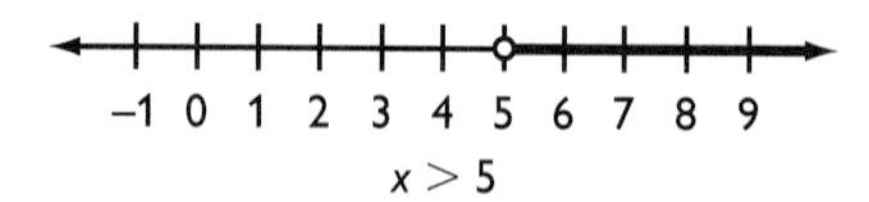

$x > 5$

La desigualdad $y \leq -1$ también tiene un número infinito de soluciones: -1.01, -1.5, -2, -8 y -54 son algunas de las soluciones posibles. Observa que -1 es también una solución porque -1 es menor que *o* igual a -1. En la recta numérica debes mostrar todos los valores que son menores o iguales a -1. Debido a que se debe incluir -1 como solución, marca el número -1 con un círculo sombreado y sombrea la recta numérica a la izquierda de -1.

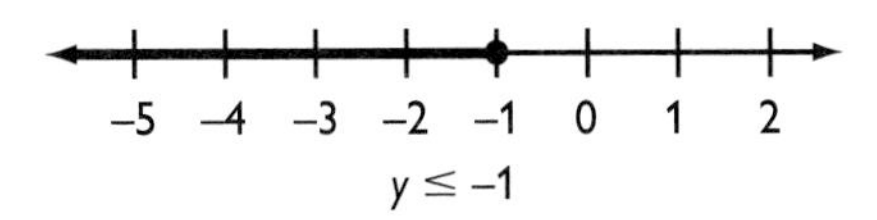

$y \leq -1$

Practica tus conocimientos

Para cada desigualdad, traza una recta numérica que muestre sus soluciones.

1. $x \geq 2$
2. $y < -4$
3. $n > -3$
4. $x \leq 1$

Resuelve desigualdades

Así como se pueden escribir ecuaciones equivalentes, también se pueden escribir desigualdades equivalentes. Empieza con la desigualdad $8 > 4$.

$$8 > 4$$

$$-1 \times 8 \; ? \; -1 \times 4$$

$$-8 < -4$$

Observa que cuando ambos lados de la desigualdad se multiplicaron o dividieron por un número negativo, el signo de la desigualdad se invirtió.

6·6 DESIGUALDADES

Empieza con la desigualdad $8 > 4$. Realiza las siguientes operaciones.	Resultados de la desigualdad
Suma 7 a ambos lados de la desigualdad.	$15 > 11$
Resta 6 de ambos lados de la desigualdad.	$2 > -2$
Multiplica ambos lados de la desigualdad por 5.	$40 > 20$
Divide ambos lados de la desigualdad entre 4.	$2 > 1$
Multiplica ambos lados de la desigualdad por –3.	$-24 < -12$
Divide ambos lados de la desigualdad entre –2.	$-4 < -2$

Para determinar las soluciones de la desigualdad $-3x - 5 \geq 10$, usa desigualdades equivalentes para aislar la variable.

$-3x - 5 \geq 10$
- Suma o resta en ambos lados de la desigualdad para aislar el término con la variable.

$-3x - 5 + 5 \geq 10 + 5$
- Combina términos semejantes.

$-3x \geq 15$
- Multiplica o divide en ambos lados de la desigualdad para aislar la variable. Si multiplicas o divides por un número negativo, invierte el signo de la desigualdad.

$\frac{-3x}{-3} \leq \frac{15}{-3}$
- Reduce.

$x \geq 5$

Practica tus conocimientos

Resuelve cada desigualdad.

5. $x + 8 > 5$
6. $4n \leq -8$
7. $7y + 3 < 24$
8. $-6x + 10 \leq 4$

6·6 EJERCICIOS

Dibuja una recta numérica que muestre las soluciones de cada desigualdad.

1. $x < -2$
2. $y \geq 0$
3. $n > -1$
4. $x \leq 7$

Resuelve cada desigualdad.

5. $x - 3 < 7$
6. $2y \geq 8$
7. $n + 8 > 3$
8. $-6a \leq 18$
9. $2x + 4 \geq 14$
10. $9x - 11 < 16$
11. $-3n + 7 \leq 1$
12. $8 - y > 5$

¿A qué desigualdad corresponde la solución representada en la recta numérica?

13.

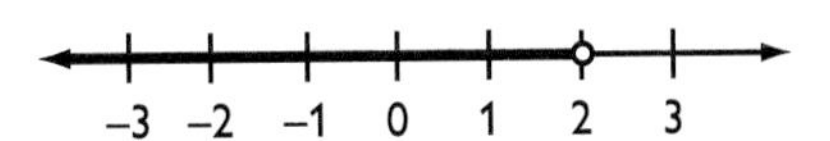

14.

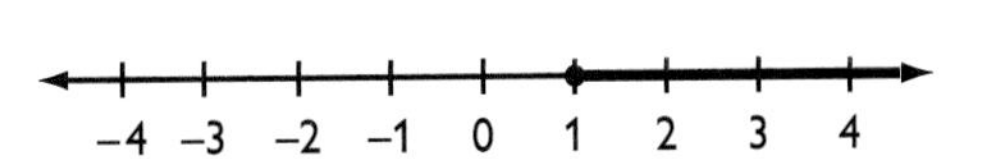

15. ¿En qué operaciones se debe invertir el signo de la desigualdad?
    A. adición de -2
    C. sustracción de -2
    B. multiplicación por -2
    D. división entre -2
16. ¿Si $x = -3$, $3(x - 4) \leq 2x$ es verdadera?
17. ¿Si $x = 6$, $2(x - 4) < 8$ es verdadera?
18. ¿En qué operación se debe invertir el símbolo de la desigualdad?
    A. $\times$ 5 en ambos lados
    B. $+ (-5)$ en ambos lados
    C. $\div$ 5 en ambos lados
    D. $\div (-5)$ en ambos lados
19. ¿Cuál de los siguientes enunciados es falso?
    A. $-7 \leq 2$
    C. $0 \leq -4$
    B. $6 \geq -6$
    D. $3 \geq 3$
20. ¿En cuál de las siguientes desigualdades $x < 2$ no es una solución?
    A. $-4x < -8$
    C. $x + 6 < 8$
    B. $4x - 1 < 7$
    D. $-x > -2$

6•7 Grafica en el plano de coordenadas

Ejes y cuadrantes

Si cruzas una recta numérica **horizontal** (de izquierda a derecha) con una recta numérica **vertical** (de arriba hacia abajo), obtienes un plano de coordenadas bidimensional.

Las rectas numéricas se conocen como **ejes.** La recta numérica horizontal se conoce como **eje *x*,** y la recta numérica vertical como **eje *y*.** El plano queda dividido en cuatro regiones llamadas **cuadrantes**. Cada cuadrante se designa con un número romano, como se muestra en el diagrama.

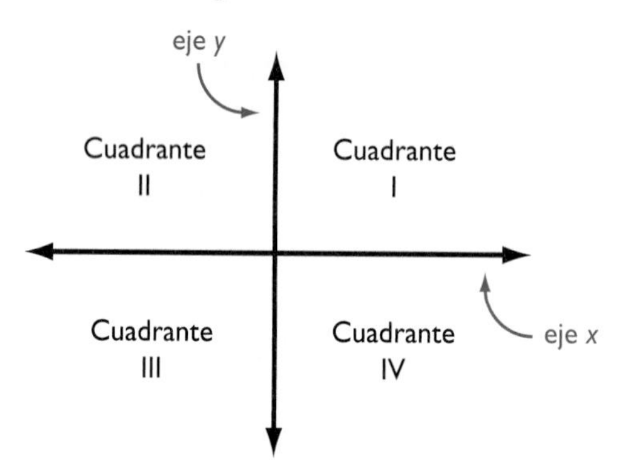

Practica tus conocimientos

Completa los enunciados.

1. La recta numérica vertical se conoce como ___.
2. La región superior izquierda del plano de coordenadas se conoce como ___.
3. La región inferior derecha del plano de coordenadas se conoce como ___.
4. La recta numérica horizontal se conoce como ___.

Escribe pares ordenados

Cualquier posición en el plano de coordenadas se puede representar con un **punto.** La posición de cualquier punto se establece en relación con el punto donde los ejes se intersecan, punto conocido como **origen.**

Se requieren dos números para describir la ubicación de un punto. La coordenada x indica la distancia del punto a la derecha o a la izquierda del origen. La coordenada y indica la distancia del punto hacia arriba o hacia abajo del origen. Juntas, la coordenada x y la coordenada y forman un **par ordenado** (x, y).

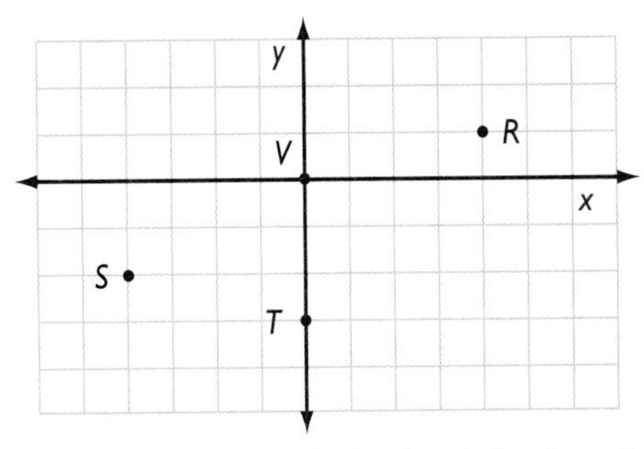

Dado que el punto R está 4 unidades hacia la derecha del origen y 1 unidad hacia arriba, su par ordenado es (4, 1). El punto S está 4 unidades hacia la izquierda del origen y 2 unidades hacia abajo, así que su par ordenado es $(-4, -2)$. El punto T está a 0 unidades del origen y 3 unidades hacia abajo, por lo que su par ordenado es $(0, -3)$. El punto V está en el origen y su par ordenado es (0, 0).

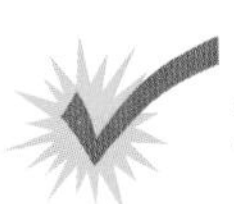

Practica tus conocimientos

Indica el par ordenado de cada punto.

5. M
6. N
7. P
8. Q

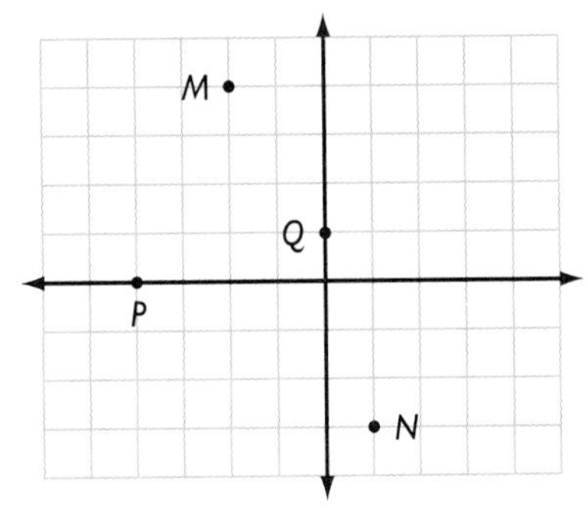

6•7 GRAFICA

Ubica puntos en el plano de coordenadas

Para ubicar el punto $A(3, -4)$ cuenta 3 unidades a la derecha del origen y 4 unidades hacia abajo. El punto A se encuentra en el cuadrante IV. Para ubicar el punto $B(-1, 4)$ cuenta 1 unidad a la izquierda del origen y 4 unidades hacia arriba. El punto B se encuentra en el cuadrante II. El punto $C(5, 0)$ está 5 unidades a la derecha del origen, sobre el eje x. El punto C se encuentra sobre el eje x. El punto $D(0, -2)$ está 2 unidades debajo del origen, sobre el eje y. El punto D se encuentra sobre el eje y.

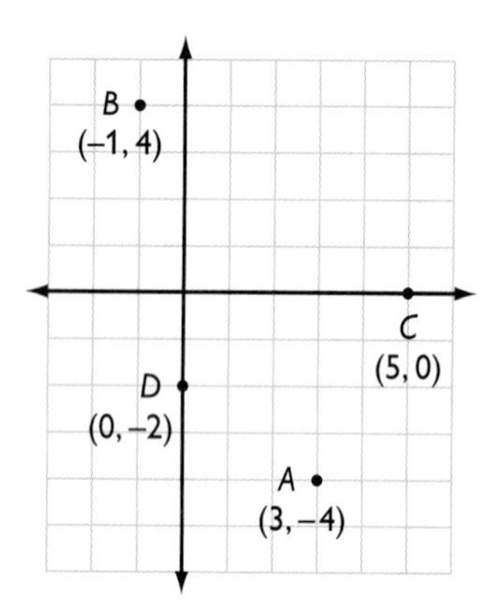

Practica tus conocimientos

Dibuja cada punto en un plano de coordenadas e indica el cuadrante donde se encuentra.

9. $H(-5, 2)$
10. $J(2, -5)$
11. $K(-3, -4)$
12. $L(-1, 0)$

La gráfica de una ecuación con dos variables

Considera la ecuación $y = 2x - 1$. Observa que tiene dos variables: x y y. El punto (3, 5) es una solución de esta ecuación. Si reemplazas x por 3 y y por 5 (en el par ordenado, 3 es la coordenada x y 5 es la coordenada y) obtienes el enunciado verdadero $5 = 5$. El punto (2, 4) no es una solución de esta ecuación. Si se reemplaza x por 2 y y por 4, se obtiene el enunciado falso $4 = 3$.

Selecciona un valor de x	Reemplaza el valor en la ecuación $y = 2x - 1$	Despeja y	Par ordenado
0	$y = 2(0) - 1$	−1	(0, −1)
1	$y = 2(1) - 1$	1	(1, 1)
3	$y = 2(5) - 1$	5	(3, 5)
−1	$y = 2(-1) - 1$	−3	(−1, −3)

Si ubicas los puntos anteriores en un plano de coordenadas, notarás que todos ellos se encuentran sobre una recta.

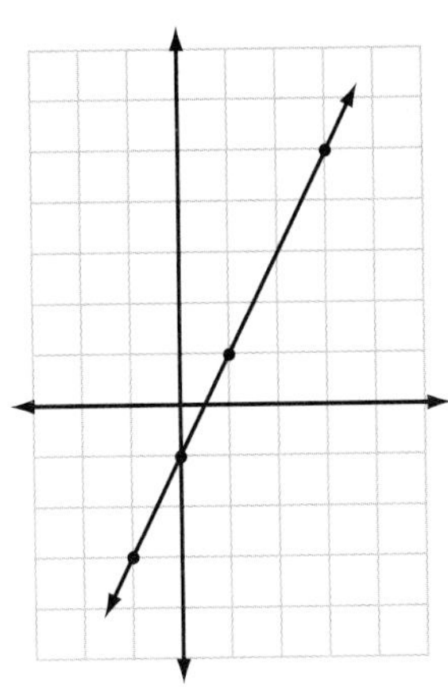

Si reemplazas en la ecuación las coordenadas de cualquier punto sobre la recta, obtendrás un enunciado verdadero.

CÓMO GRAFICAR LA ECUACIÓN DE UNA RECTA

Grafica la ecuación $y = \frac{1}{3}x - 2$.

- Selecciona cinco valores de x.

  Dado que el valor de x está multiplicado por $\frac{1}{3}$, elige múltiplos de 3 como, $-3, 0, 3, 6$ y 9.

- Calcula los valores correspondientes de y.

  Cuando $x = -3, y = \frac{1}{3}(-3) - 2 = -3$

  Cuando $x = 0, y = \frac{1}{3}(0) - 2 = -2$

  Cuando $x = 3, y = \frac{1}{3}(3) - 2 = -1$

  Cuando $x = 6, y = \frac{1}{3}(6) - 2 = 0$

  Cuando $x = 9, y = \frac{1}{3}(9) - 2 = 1$

- Escribe las cinco soluciones como pares ordenados.

  $(-3, -3), (0, -2), (3, -1), (6, 0)$ y $(9, 1)$

- Ubica los puntos en el plano de coordenadas y traza la recta.

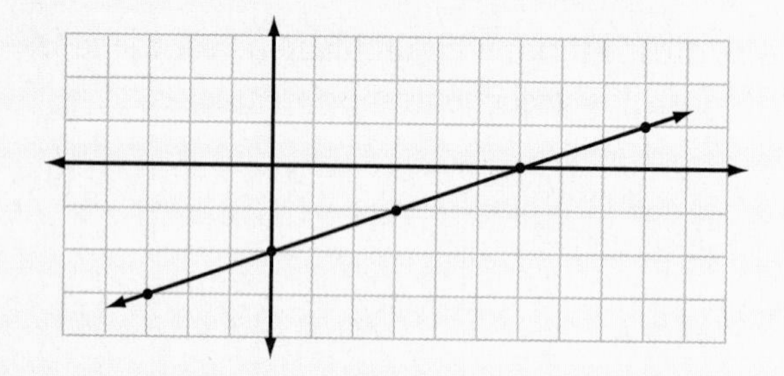

Practica tus conocimientos

Obtén cinco soluciones para cada ecuación y grafica cada recta.

13. $y = 3x - 2$
14. $y = 2x + 1$
15. $y = \frac{1}{2}x - 3$
16. $y = -2x + 3$

Grafica más ecuaciones con dos variables

¿Cómo puedes obtener la solución de la ecuación $2x - 3y = 6$? Para obtener la solución, puedes usar ecuaciones equivalentes para aislar la y en un lado de la ecuación.

$2x - 3y = 6$
- Suma o resta en ambos lados de la ecuación para aislar y.

$2x - 3y - 2x = 6 - 2x$
- Combina términos semejantes. (Usa la propiedad conmutativa para cambiar el orden de los términos.)

$-3y = -2x + 6$
- Multiplica o divide en ambos lados de la ecuación para aislar y.

$\frac{-3y}{-3} = \frac{-2x + 6}{-3}$
- Reduce.

$y = \frac{-2x}{-3} + \frac{6}{-3}$

$y = \frac{2}{3}x - 2$

Ahora puedes encontrar cinco soluciones y graficar la recta.

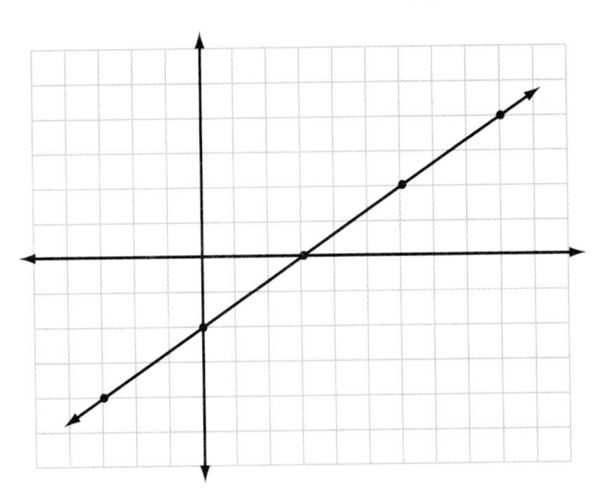

Practica tus conocimientos

Grafica cada recta.

17. $2x + y = 5$
18. $x + 2y = 4$
19. $4x - 2y = 6$
20. $2x - 5y = 10$

Rectas horizontales y verticales

Selecciona varios puntos que estén sobre una recta horizontal.

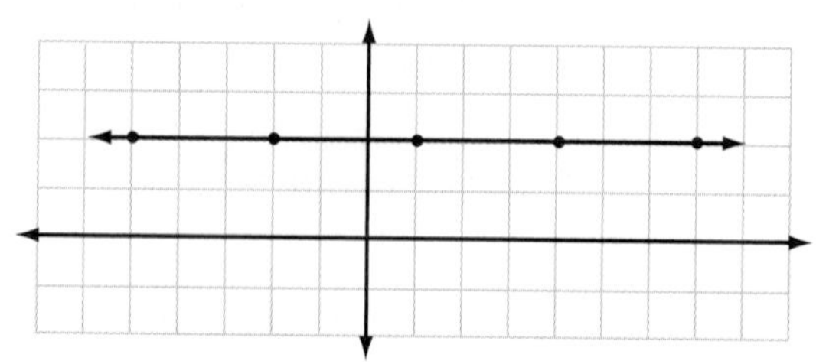

Observa que la coordenada y de todos los puntos que están sobre esta recta es 2. La ecuación de esta recta es $y = 2$.

Selecciona varios puntos que estén sobre una recta vertical.

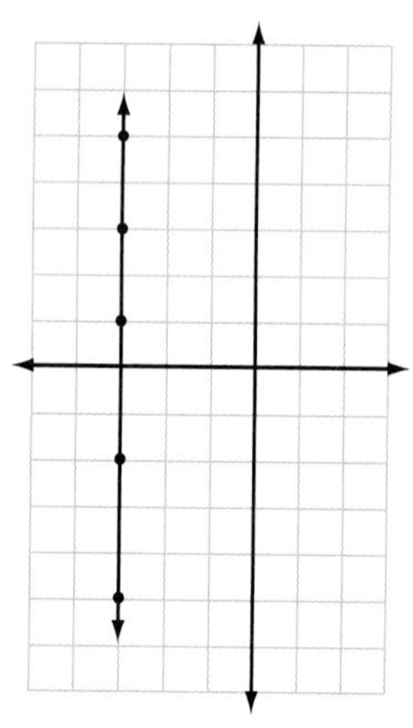

Observa que la coordenada x de todos los puntos que están sobre esta recta es -3. La ecuación de esta recta es $x = -3$.

Practica tus conocimientos

Grafica cada recta.

21. $x = 4$
22. $y = -3$
23. $x = -1$
24. $y = 6$

6•7 EJERCICIOS

Completa los enunciados.

1. La recta numérica horizontal se conoce como ____.
2. La región inferior izquierda del plano de coordenadas se conoce como ____.
3. La región superior derecha del plano de coordenadas se conoce como ____.

Anota el par ordenado de cada punto.

4. A
5. B
6. C
7. D

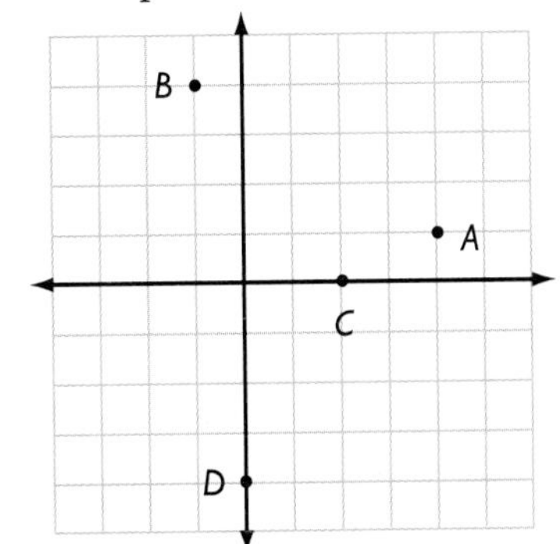

Ubica cada punto sobre el plano de coordenadas e indica dónde se encuentra.

8. $H(2, 5)$ 9. $J(-1, -2)$ 10. $K(0, 3)$ 11. $L(-4, 0)$

Halla cinco soluciones para cada ecuación. Grafica cada recta.

12. $y = 2x - 2$ 13. $y = -3x + 3$ 14. $y = \frac{1}{2}x - 1$

Grafica cada recta.

15. $2x - y = 3$ 16. $x - 3y = 6$ 17. $4x + y = 8$
18. $3x + 5y = 15$ 19. $x = 5$ 20. $y = -2$

6·8 Pendiente e intersección

La pendiente

Una característica de una recta es su **pendiente.** La pendiente es una medida del grado de inclinación. Para describir la inclinación de la recta, necesitas observar cómo cambian las coordenadas de la recta al moverse hacia la derecha. Escoge dos puntos a lo largo de la recta. La **carrera** es la diferencia entre las coordenadas *x* y la **elevación** es la diferencia entre las coordenadas *y*.

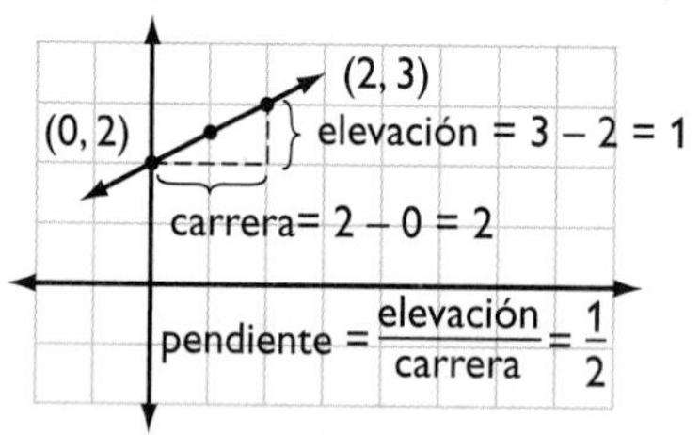

La pendiente está dada, por lo tanto, por la razón entre la elevación (movimiento vertical) y la carrera (movimiento horizontal).

$$\text{Pendiente} = \frac{\text{elevación}}{\text{carrera}}$$

Observa que en la recta *a* la elevación entre los dos puntos marcados es igual a 10 unidades, y que la carrera es igual a 4 unidades. La pendiente de la recta es entonces igual a $\frac{10}{4} = \frac{5}{2}$. En la recta *b* la elevación es igual a -3 y la carrera es igual a 6, por lo tanto su pendiente es igual a $\frac{-3}{6} = -\frac{1}{2}$.

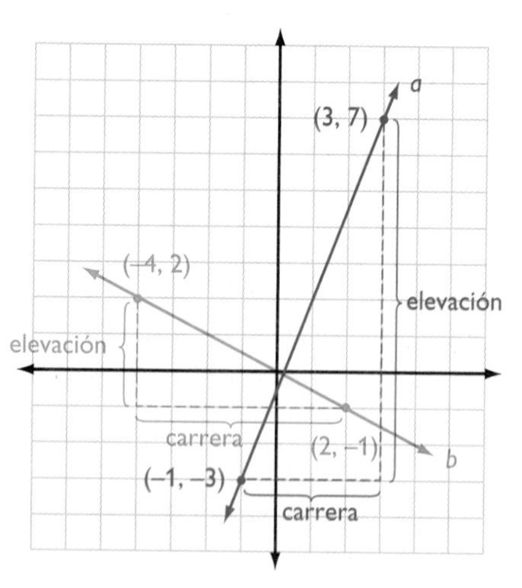

La pendiente de una recta es siempre la misma. Para la recta *a*, sean cual sean los dos puntos escogidos, la pendiente siempre se puede reducir a $\frac{5}{2}$.

Practica tus conocimientos

Determina la pendiente de cada recta.

1.

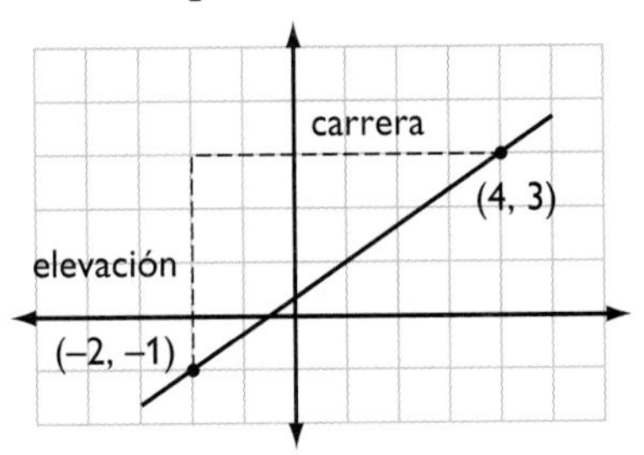

2.

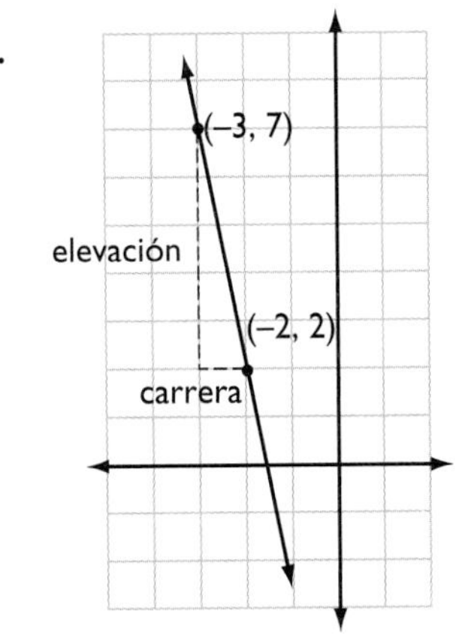

Calcula la pendiente de una recta

Si conoces dos puntos de una recta, puedes calcular su pendiente. La elevación es la diferencia entre las coordenadas del eje *y*, y la carrera es la diferencia entre las coordenadas del eje *x*. Para la recta que pasa por los puntos (1, −2) y (4, 5), se puede calcular la pendiente de la siguiente manera. La variable *m* se usa para representar la pendiente.

$$m = \frac{\text{elevación}}{\text{carrera}} = \frac{5 - (-2)}{4 - 1} = \frac{7}{3}$$

La pendiente también se pudo haber calculado de esta otra manera.

$$m = \frac{\text{elevación}}{\text{carrera}} = \frac{-2 - 5}{1 - 4} = \frac{-7}{-3} = \frac{7}{3}$$

El orden en el cual se restan las coordenadas no importa, siempre y cuando ambas diferencias se calculen siguiendo el mismo orden.

CÓMO CALCULAR LA PENDIENTE DE UNA RECTA

Calcula la pendiente de una recta que contiene los puntos $(-2, 3)$ y $(4, -1)$.

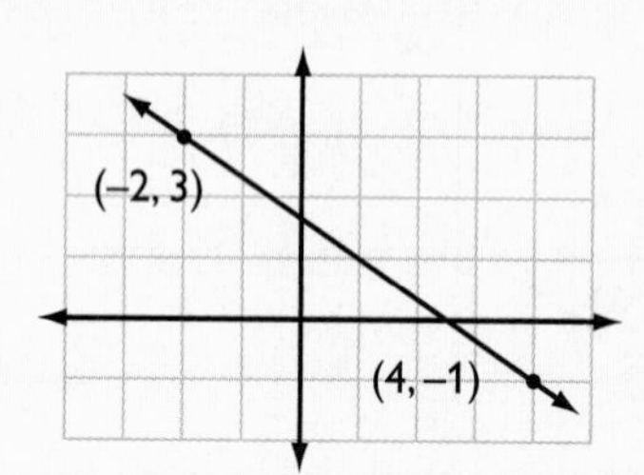

$m = \frac{-1-3}{4-(-2)}$ ó $m = \frac{3-(-1)}{-2-4}$ •Usa la definición.

$$m = \frac{\text{elevación}}{\text{carrera}} = \frac{\text{diferencia entre las coordenadas } y}{\text{diferencia entre las coordenadas } x}$$

para calcular la pendiente.

$m = \frac{-4}{6}$ ó $m = \frac{4}{-6}$ •Reduce.

$m = \frac{-2}{3}$ ó $m = \frac{-2}{3}$

La pendiente es $-\frac{2}{3}$.

Practica tus conocimientos

Calcula la pendiente de las rectas que contienen los siguientes puntos.

3. $(-1, 7)$ y $(4, 2)$
4. $(-3, -4)$ y $(1, 2)$
5. $(-2, 0)$ y $(4, -3)$
6. $(0, -3)$ y $(2, 7)$

La pendiente de rectas verticales y horizontales

Elige dos puntos en una recta horizontal $(-1, 2)$ y $(3, 2)$ y calcula su pendiente.

$$m = \frac{\text{elevación}}{\text{carrera}} = \frac{2 - 2}{3 - (-1)} = \frac{0}{4} = 0$$

Debido a que una recta horizontal no tiene elevación, su pendiente es 0.

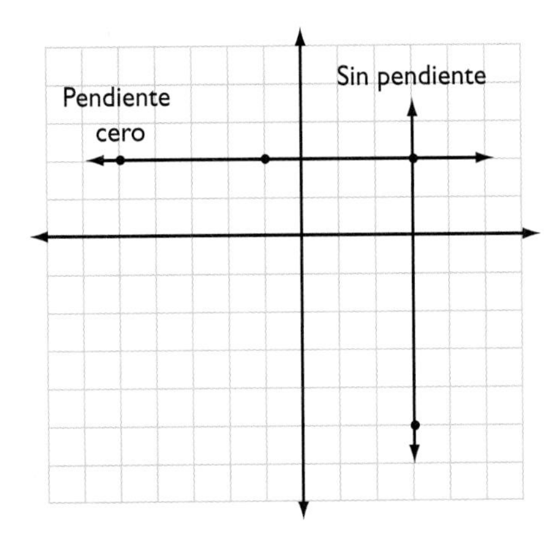

Elige dos puntos de una recta vertical: $(3, 2)$ y $(3, -5)$, y calcula su pendiente.

$$m = \frac{\text{elevación}}{\text{carrera}} = \frac{-5 - 2}{3 - 3} = \frac{-7}{0} \text{ la pendiente es indefinida.}$$

Una recta vertical no tiene carrera y por lo tanto *no tiene pendiente.*

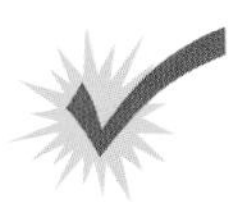

Practica tus conocimientos

Calcula la pendiente de las rectas que contienen los siguientes puntos.

7. $(-1, 4)$ y $(5, 4)$
8. $(2, -1)$ y $(2, 6)$
9. $(-5, 0)$ y $(-5, 7)$
10. $(4, -4)$ y $(-1, -4)$

La intersección y

Además de la pendiente, otra característica de una recta es su **intersección *y*.** La intersección *y* es el punto donde la recta cruza o interseca el eje *y*.

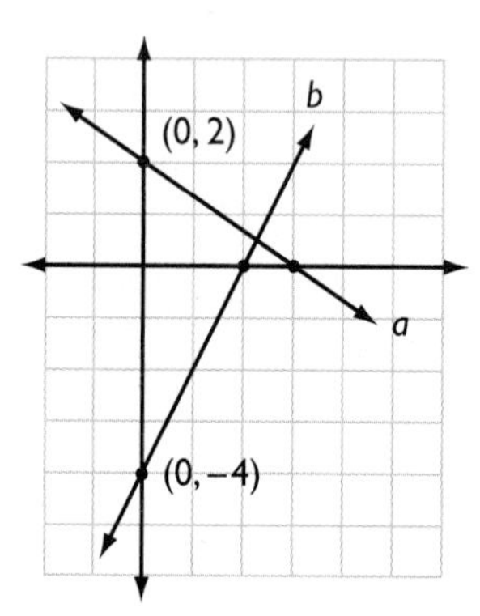

La intersección y de la recta *a* es 2, y la intersección *y* de la recta *b* es −4.

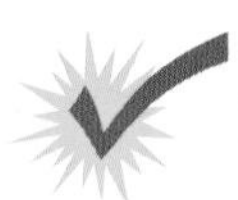

Practica tus conocimientos

Identifica la intersección *y* de cada recta.

11. *a*
12. *b*

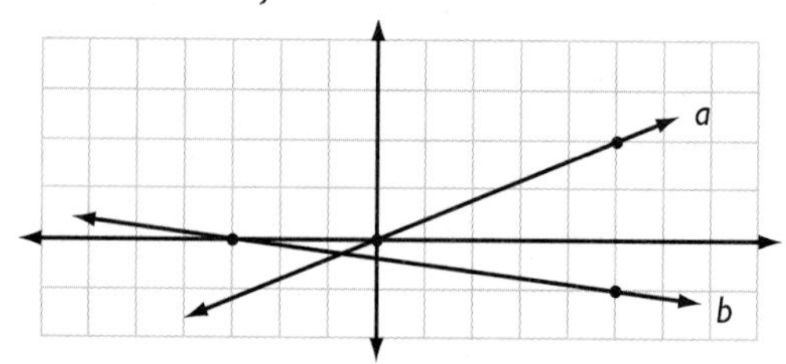

Usa la pendiente y la intersección y para graficar una recta

Una recta se puede graficar si se conocen su pendiente y su intersección *y*. Primero tienes que localizar la intersección *y*, y luego tienes que usar la elevación y la carrera de la pendiente para localizar un segundo punto de la recta. Une los dos puntos para trazar la recta.

CÓMO USAR LA PENDIENTE Y LA INTERSECCIÓN Y PARA GRAFICAR UNA RECTA

Grafica una recta con pendiente igual a -2 e intersección *y* en 3.

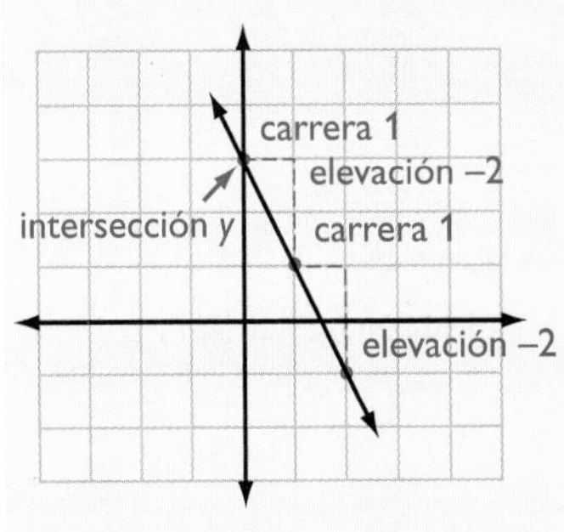

- Localiza la intersección *y*.
- Usa el valor de la pendiente para localizar otros puntos de la recta. Si la pendiente es un número entero *a*, recuerda que $a = \frac{a}{1}$ y por lo tanto la elevación es *a* y la carrera es 1.
- Traza una recta a través de los puntos.

Practica tus conocimientos

Grafica cada recta.

13. Pendiente $= \frac{1}{3}$, intersección *y* es -2.
14. Pendiente $= \frac{-2}{5}$, intersección *y* es 4.
15. Pendiente $= 3$, intersección *y* es -3.
16. Pendiente $= -2$, intersección *y* es 0.

La forma pendiente-intersección

La ecuación $y = mx + b$ es la *forma pendiente-intersección* de la ecuación de una recta. Cuando una ecuación está en esta forma, la pendiente de la recta está dada por m y la intersección y por b. La gráfica de la ecuación $y = \frac{2}{3}x - 4$ es una recta con pendiente igual a $\frac{2}{3}$ e intersección y en -4. La gráfica se muestra a continuación.

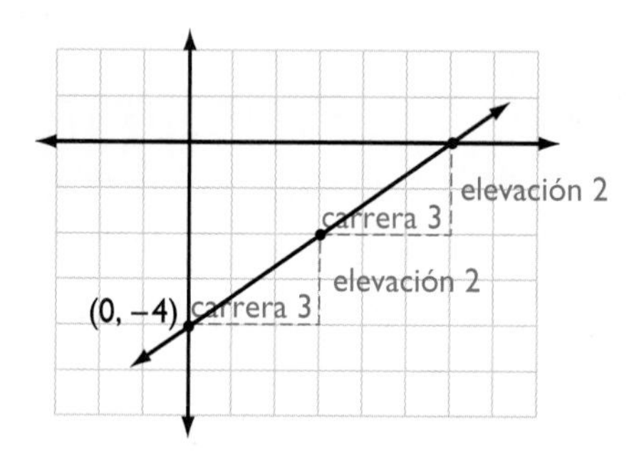

Practica tus conocimientos

Determina la pendiente y la intersección y a partir de la ecuación de cada recta.

17. $y = -2x + 3$
18. $y = \frac{1}{5}x - 1$
19. $y = \frac{-3}{4}x$
20. $y = 4x - 3$

Escribe ecuaciones en la forma pendiente-intersección

Para escribir la ecuación $4x - 3y = 9$ en la forma pendiente-intersección, tienes que aislar la variable y en un lado de la ecuación. Puedes usar ecuaciones equivalentes para aislar la variable y.

$4x - 3y = 9$ • Suma o resta para aislar el término con la variable y.

$4x - 3y - 4x = 9 - 4x$ • Combina los términos semejantes. Usa la propiedad conmutativa para reordenar.

$-3y = -4x + 9$ • Multiplica o divide para aislar la variable y.

$\frac{-3y}{-3} = \frac{-4x + 9}{-3}$ • Reduce.

$y = \frac{-4}{-3}x + \frac{9}{-3}$

$y = \frac{4}{3}x - 3$

La forma pendiente-intersección de la ecuación $4x - 3y = 9$ es $y = \frac{4}{3}x - 3$. La pendiente es $\frac{4}{3}$ y la intersección y está ubicada en -3. La gráfica de la recta se muestra a continuación.

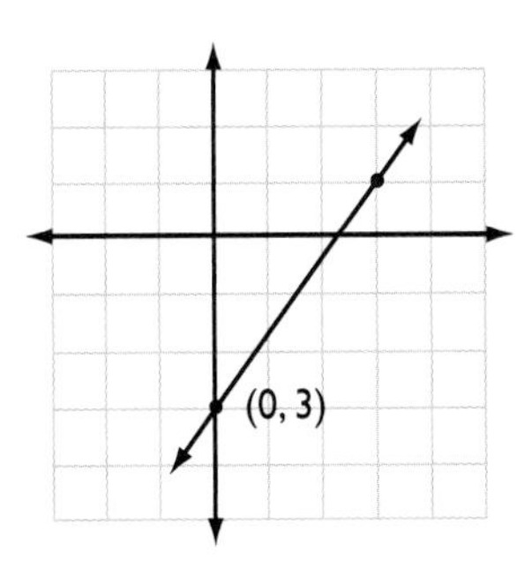

Practica tus conocimientos

Cambia cada ecuación a la forma pendiente-intersección. Grafica la recta.

21. $x + 2y = 6$
22. $2x - 3y = 9$
23. $4x - 2y = 4$
24. $7x + y = 8$

La forma pendiente-intersección y las rectas horizontales y verticales

Como recordarás, la ecuación de una recta horizontal es de la forma $y =$ (número). En la siguiente gráfica la ecuación de la recta horizontal es $y = 2$. ¿Esta ecuación está en la forma pendiente-intersección? Sí. La ecuación se puede escribir como $y = 0x + 2$, ecuación donde la variable y está aislada en un lado de la ecuación. Recuerda que la pendiente es 0 y la intersección y es 2.

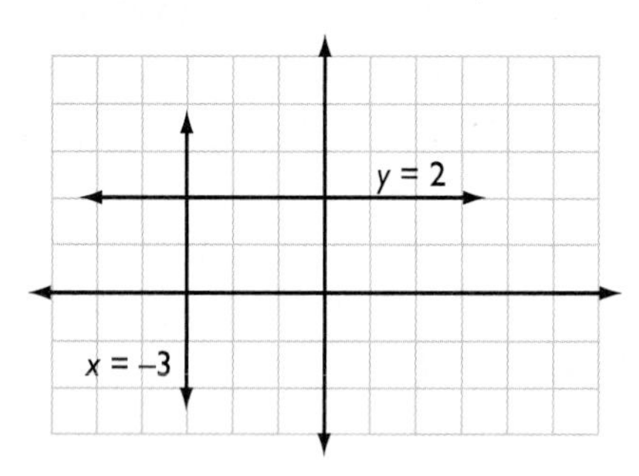

La ecuación de una recta vertical es de la forma $x =$(número). En la gráfica anterior la ecuación de la recta vertical es $x = -3$. ¿Esta ecuación está en la forma pendiente-intersección? No, porque no hay una variable y aislada en un lado de la ecuación. Recuerda que una recta vertical no tiene pendiente ni tiene intersección y.

Practica tus conocimientos

Anota la pendiente y la intersección y de cada recta. Grafica cada recta.

25. $y = -3$
26. $x = 4$
27. $y = 1$
28. $x = -2$

Determina la ecuación de una recta

Si conoces la pendiente y la intersección y de una recta, puedes escribir la ecuación de dicha recta. Si una recta tiene pendiente 3 e intersección y en -2, reemplaza m por 3 y b por -2 en la ecuación de una recta en la forma pendiente-intersección. La ecuación de la recta es $y = 3x - 2$.

CÓMO DETERMINAR LA ECUACIÓN DE UNA RECTA

Escribe la ecuación de la recta.

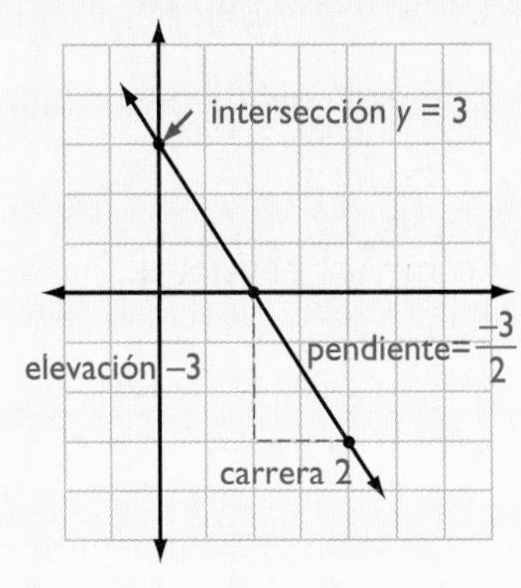

- Identifica la intersección y (b).
- Encuentra la pendiente ($m = \frac{\text{elevación}}{\text{carrera}}$).
- Reemplaza la intersección y y el valor de la pendiente, en la forma pendiente-intersección de la ecuación de la recta. ($y = mx + b$)

$y = -\frac{3}{2}x + 3$

Practica tus conocimientos

Determina la ecuación de cada recta.

29. pendiente $= -2$, intersección y en 4
30. pendiente $= \frac{2}{3}$, intersección y en -2
31.

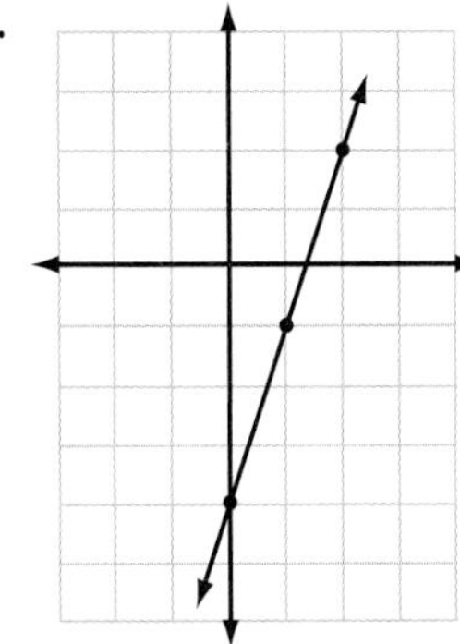

Escribe la ecuación de una recta a partir de dos puntos

Para escribir la ecuación de una recta sólo se necesita conocer dos de sus puntos. Primero se tiene que determinar la pendiente y luego la intersección y.

CÓMO DETERMINAR LA ECUACIÓN DE UNA RECTA A PARTIR DE DOS PUNTOS

Escribe la ecuación de la recta que contiene los puntos (6, −1) y (−2, 3).

$\frac{3-(-1)}{-2-6} = \frac{4}{-8} = \frac{1}{-2}$

Pendiente $= m = -\frac{1}{2}$

• Calcula la pendiente usando $m = \frac{\text{elevación}}{\text{carrera}}$.

$y = -\frac{1}{2}x + b$

• Reemplaza el valor de la pendiente por m en la ecuación de la forma pendiente-intersección ($y = mx + b$).

$-1 = -\frac{1}{2}(6) + b$ ó $3 = \frac{1}{2}(-2) + b$

• Resuelve para calcular b. Recuerda que los dos puntos dados deben ser solución de la ecuación. Reemplaza las coordenadas de y en y, y las coordenadas de x en x.

$-1 = -\frac{1}{2} + b$ ó $3 = \frac{2}{2} + b$

$-1 = -3 + b$ ó $3 + 1 + b$

• Reduce.

$-1 + 3 = -3 + b + 3$ ó $3 - 1 = 1 + b - 1$

• Suma o resta para aislar b.

$2 = b$ ó $2 = b$

• Combina términos semejantes.

$y = -\frac{1}{2}x + 2$

• Reemplaza los valores obtenidos en m y en b, en la forma pendiente-intersección de la ecuación.

Practica tus conocimientos

Determina la ecuación de la recta que pasa por los puntos dados.

32. (1, −1) y (5, 3)
33. (−2, 9) y (3, −1)
34. (8, 3) y (−4, −6)
35. (−1, 2) y (4, 2)

6·8 EJERCICIOS

Calcula la pendiente de cada recta.

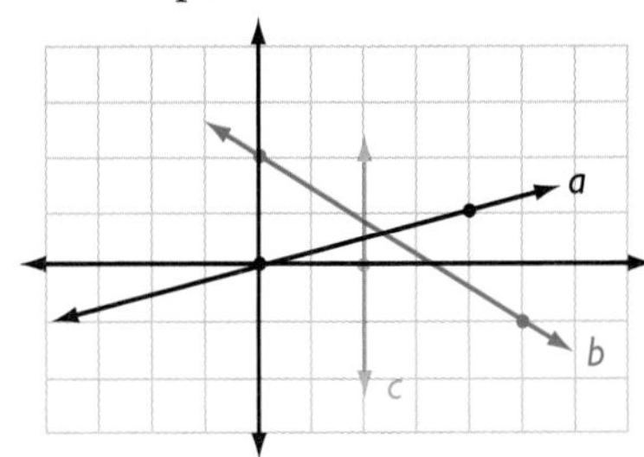

1. pendiente de a
2. pendiente de b
3. pendiente de c
4. pasa por los puntos $(-3, 1)$ y $(5, -3)$
5. pasa por los puntos $(0, -5)$ y $(2, 6)$

Grafica cada recta.

6. Pendiente $= \frac{-1}{3}$, intersección y en 2.
7. Pendiente $= 4$, la intersección y en -3.

Determina la pendiente y la intersección y a partir de la ecuación de cada recta.

8. $y = -3x - 2$
9. $y = \frac{-3}{4}x + 3$
10. $y = x + 2$
11. $y = 6$
12. $x = -2$

Escribe cada ecuación en la forma pendiente-intersección. Grafica la recta.

13. $2x + y = 4$
14. $x - y = 1$

Determina la ecuación de cada recta.

15. Pendiente $= 3$, intersección y en -7
16. Pendiente $= \frac{-1}{3}$, intersección y en 2
17. Recta a arriba

Determina la ecuación de la recta que pasa por los puntos dados.

18. $(-4, -5)$ y $(6, 0)$
19. $(-4, 2)$ y $(-3, 1)$
20. $(-6, 4)$ y $(3, -2)$

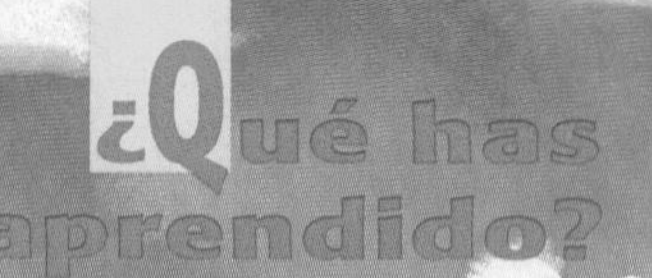

Puedes usar los siguientes problemas y la lista de palabras para averiguar lo que has aprendido en este capítulo. Puedes aprender más acerca de un problema o palabra en particular, al consultar el número de tema en negrilla (por ejemplo, **6•2**).

Serie de problemas

Escribe una expresión para cada frase. **6•1**

1. Si se resta 7 del producto de 3 por un número, el resultado es 5 más que el número.
2. 6 veces la suma de un número más 2 es igual a 8 menos que el doble del número.

Factoriza el máximo común divisor de cada expresión. **6•2**

3. $4x + 28$
4. $9n - 6$

Reduce cada expresión. **6•2**

5. $11a - b - 4a + 7b$
6. $8(2n - 1) - (2n + 5)$
7. Calcula la distancia recorrida por una patinador que viaja a una velocidad de 12 mi/hr durante $1\frac{1}{2}$ hr. Usa la fórmula $d = rt$. **6•3**

Resuelve cada ecuación. Verifica la solución. **6•4**

8. $x + 9 = 20$
9. $\frac{y}{3} = -8$
10. $6x - 7 = 29$
11. $\frac{y}{2} - 5 = 1$
12. $y - 10 = 7y + 8$
13. $10x - 2(2x - 3) = 3(x + 6)$

Usa proporciones para resolver los problemas 14 al 15. **6•5**

14. En una clase, la razón del número de niños al número de niñas es $\frac{3}{2}$. Si hay 12 niñas en la clase, ¿cuántos niños hay?
15. La escala de un mapa es 80 mi a 1 cm. La distancia en el mapa entre dos ciudades es de 7.5 cm. ¿Cuál es la distancia real entre las dos ciudades?

Resuelve cada desigualdad. Grafica la solución. **6•6**

16. $x + 9 \leq 6$
17. $4x + 10 > 2$

Ubica cada punto sobre el plano de coordenadas e identifica el cuadrante donde se encuentra. **6•7**

18. $A(1, 5)$
19. $B(4, 0)$
20. $C(0, -2)$
21. $D(-2, 3)$

22. Determina la pendiente de la recta que contiene los puntos $(2, -4)$ y $(-8, 2)$. **6•8**

Determina la pendiente y la intersección y a partir de la ecuación de cada recta. Grafica la recta. **6•8**

23. $y = \frac{-1}{2}x - 2$
24. $y = -4$
25. $x - 2y = 8$
26. $8x + 4y = 0$

Determina la ecuación de la recta que pasa por los puntos dados. **6•8**

27. $(3, -2)$ y $(3, 5)$
28. $(5, 2)$ y $(0, 6)$
29. $(2, 2)$ y $(-2, -2)$
30. $(-2, 3)$ y $(2, 3)$

ESCRIBE LAS DEFINICIONES DE LAS SIGUIENTES PALABRAS.

palabras importantes

carrera **6•8**
cociente **6•1**
cuadrante **6•7**
desigualdad **6•6**
diferencia **6•1**
ecuación **6•1**
eje *x* **6•7**
eje *y* **6•7**
ejes **6•7**
elevación **6•8**
equivalente **6•1**
expresión **6•1**
expresión equivalente **6•2**
fórmula **6•3**
horizontal **6•7**
intersección *y* **6•8**
inverso aditivo **6•4**
orden de las operaciones **6•3**
origen **6•7**
par ordenado **6•7**
pendiente **6•8**
perímetro **6•3**
producto **6•1**
productos cruzados **6•5**
propiedad asociativa **6•2**
propiedad conmutativa **6•2**
propiedad distributiva **6•2**
proporción **6•5**
punto **6•7**
razón **6•5**
solución **6•4**
suma **6•1**
tasa **6•5**
término **6•1**
términos semejantes **6•2**
variable **6•1**
vertical **6•7**

6

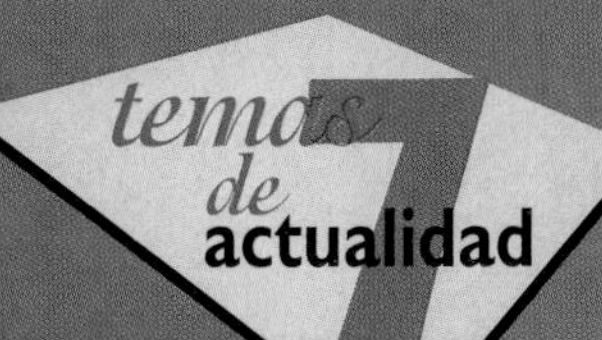

La geometría

¿Qué sabes ya?

Puedes usar los siguientes problemas y la lista de palabras para averiguar lo que ya sabes sobre este capítulo. Las respuestas a los problemas se encuentran en el Solucionario, ubicado al final del libro y puedes consultar las definiciones de las palabras en la sección Palabras importantes ubicada al comienzo del libro. Puedes averiguar más acerca de un problema o palabra en particular al consultar el número de tema en negrilla (por ejemplo, **7•2**).

Serie de problemas

Usa la siguiente figura para resolver los problemas 1 al 3. **7•1**

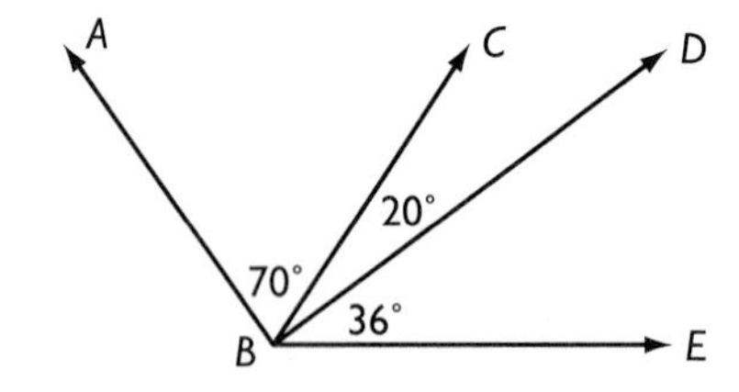

1. Identifica el ángulo adyacente a $\angle EBC$.
2. Identifica el ángulo recto en esta figura.
3. Identifica el ángulo que mide 20°.
4. Dos ángulos de un triángulo miden 17.5° y 110.5°, respectivamente. ¿Cuánto mide el tercer ángulo? **7•1**
5. ¿Cuál es la medida de los ángulos de un pentágono regular? **7•2**
6. ¿Qué tipo de figura incluye al rectángulo y al rombo? **7•2**
7. Los catetos de un triángulo rectángulo miden 5 cm y 12 cm, ¿cuál es su perímetro? **7•4**
8. ¿Cuál es el perímetro de un octágono regular cuyos lados miden 6 pulgadas cada uno? **7•4**
9. Calcula el área de un triángulo rectángulo cuyos catetos miden 12 m y 8 m. **7•5**
10. Un rectángulo mide 8 pulg × 12 pulg, ¿cuál es su área? **7•5**
11. Las bases de un trapecio miden 10 pies y 16 pies, respectivamente y la distancia entre las bases es de 5 pies, ¿cuál es el área del trapecio? **7•5**
12. Las caras de un prisma triangular son cuadrados cuyos lados miden 10 cm. Si el área de cada base mide 43.3 cm^2, ¿cuál es la superficie total del prisma? **7•6**
13. Calcula la superficie de un cilindro que mide 9 pies de altura y 8 pies de circunferencia. Redondea al pie cuadrado más cercano. **7•6**

14. Calcula el volumen de un cilindro que mide 5 pulg de diámetro y 6 pulg de altura. Redondea a la pulgada cúbica más cercana. **7•7**
15. Una pirámide, un prisma rectangular y un cilindro tienen una misma altura. Asimismo, el área de sus bases es igual. Dos de estos sólidos tienen el mismo volumen, ¿cuáles son? **7•7**
16. ¿Cuáles son la circunferencia y el área de un círculo que mide 25 pies de radio? Redondea al pie y al pie cuadrado más cercano, respectivamente. **7•8**
17. Los lados de un triángulo miden 11, 12 y 16 pies. Usa el teorema de Pitágoras para determinar si es un triángulo rectángulo. **7•9**
18. ¿Cuánto mide el cateto desconocido de un triángulo rectángulo en el que la hipotenusa mide 21 pulg y el otro cateto mide 16 pulg? **7•9**
19. En el triángulo rectángulo ABC, $\overline{AC}$ es la hipotenusa y $\angle B$ es el ángulo recto. ¿Cuál es el lado opuesto a $\angle A$? ¿cuál es el lado adyacente a $\angle A$? y ¿cuál es la razón tangente de $\angle A$? **7•10**
20. En el triángulo rectángulo del problema 19, si AB mide 12 m y BC mide 5.6 m, ¿cuánto mide $\angle A$? **7•10**

CAPÍTULO 7

palabras importantes

ángulo **7•1**
ángulo agudo **7•10**
ángulo opuesto **7•2**
ángulo recto **7•1**
arco **7•8**
área de superficie **7•6**
base **7•5**
cara **7•2**
catetos de un triángulo **7•5**
cilindro **7•6**
círculo **7•6**
circunferencia **7•6**
congruentes **7•1**
cuadrilátero **7•2**
cubo **7•2**
diagonal **7•2**
diámetro **7•8**
figura regular **7•2**
grado **7•1**
hexágono **7•2**
hipotenusa **7•9**
paralelo **7•2**
paralelogramo **7•2**
pentágono **7•2**
perímetro **7•4**
perpendicular **7•5**
pi **7•7**
pirámide **7•2**
poliedro **7•2**
polígono **7•1**
prisma **7•2**
prisma rectangular **7•2**
prisma triangular **7•6**
punto **7•1**
radio **7•8**
rayo **7•1**
recta **7•1**
reflexión **7•3**
rombo **7•2**
rotación **7•3**
segmento **7•8**
simetría **7•3**
tangente **7•10**
teorema de Pitágoras **7•4**
tetraedro **7•2**
transformación **7•3**
trapecio **7•2**
traslación **7•3**
triángulo isósceles **7•4**
triángulo rectángulo **7•4**
triplete de Pitágoras **7•9**
vértice **7•1**
volumen **7•7**

7·1 Nombra y clasifica ángulos y triángulos

Puntos, rectas y rayos

A veces, en el mundo de las matemáticas es necesario referirse a un **punto** específico en el espacio. El sitio donde se ubica un punto se puede representar haciendo un punto con un lápiz. Un punto no tiene tamaño, sólo sirve para indicar posición.

Cada punto se designa usando una letra mayúscula. Dicha letra sirve para identificarlo.

· *A*

Punto *A*

Si dibujas dos puntos en una hoja de papel puedes conectarlos con una **recta.** Imagina que la recta es perfectamente recta y que continúa indefinidamente en direcciones opuestas. La recta no tiene grosor.

Al igual que un punto, las rectas también se designan para poder referirse a ellas con facilidad. Para nombrar una recta, elige dos puntos cualesquiera de la recta.

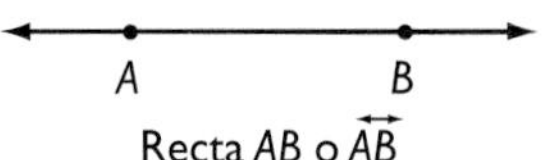

Recta *AB* o $\overleftrightarrow{AB}$

Dado que la longitud de toda recta es infinita, a veces usamos sólo secciones de recta. Un **rayo** es una recta que se extiende indefinidamente en una sola dirección. En $\overrightarrow{AB}$, que se lee "el rayo *AB*", *A* es el extremo de la recta. El segundo punto que se usa para designar este rayo puede ser cualquier otro punto que no sea el extremo. También puedes designar el rayo con *AC*.

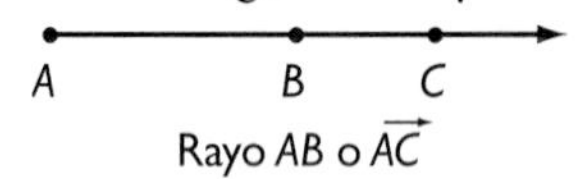

Rayo *AB* o $\overrightarrow{AC}$

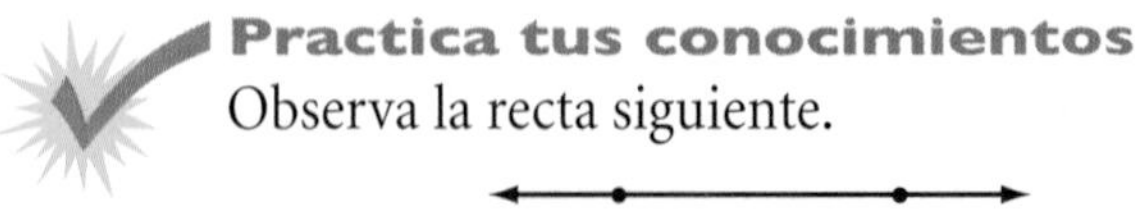

Practica tus conocimientos

Observa la recta siguiente.

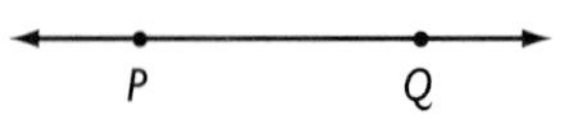

1. Identifica la recta con dos diferentes nombres.
2. ¿Cuál es el extremo de $\overrightarrow{PQ}$?

Nombra ángulos

Imagina que existen dos rayos con el mismo extremo. Estos rayos forman lo que se conoce como un **ángulo.** El punto que tienen los rayos en común se conoce como **vértice** del ángulo. Los rayos forman los **lados** del ángulo.

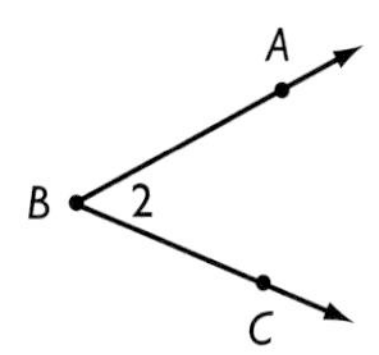

El ángulo anterior está formado por $\overrightarrow{BA}$ y $\overrightarrow{BC}$. B es el extremo común de ambos rayos. El punto B es el vértice del ángulo. En vez de escribir la palabra *ángulo,* puedes usar el símbolo que representa un ángulo, $\angle$.

Hay varias maneras de identificar un ángulo. Puedes usar las tres letras de los puntos que forman los rayos, con el vértice como la letra del medio, ($\angle ABC$ o $\angle CBA$). También puedes usar únicamente la letra del vértice del ángulo ($\angle B$). En algunas ocasiones, es necesario identificar un ángulo mediante un número ($\angle 2$).

Cuando se forma más de un ángulo en el mismo vértice, usa tres letras para identificar cada uno de los ángulos. Puesto que S es el vértice de tres ángulos diferentes, cada ángulo se debe designar usando tres letras: $\angle PSR$; $\angle PSQ$; $\angle RSQ$.

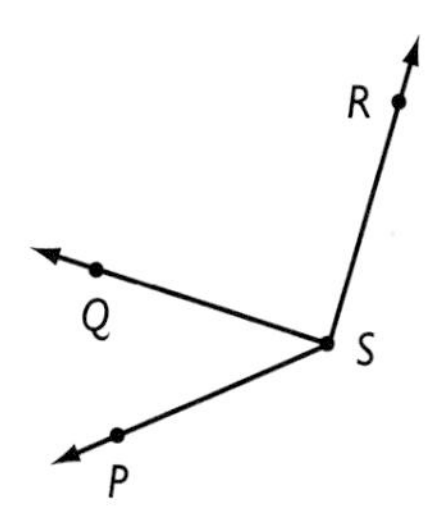

Practica tus conocimientos

Observa los ángulos formados por los siguientes rayos.

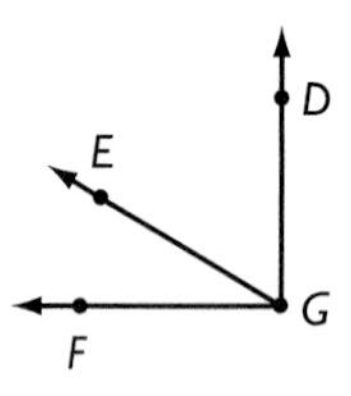

3. Identifica el vértice.
4. Identifica todos los ángulos.

Mide ángulos

Los ángulos se miden en **grados** utilizando un *transportador* (pág. 445). El número de grados de un ángulo es mayor que 0 y menor que o igual a 180.

CÓMO USAR EL TRANSPORTADOR PARA MEDIR ÁNGULOS

Mide $\angle XYZ$.

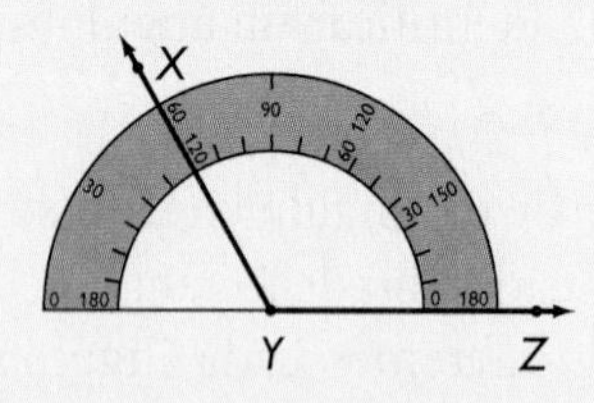

- Coloca el punto central del transportador sobre el vértice del ángulo, de manera que la marca 0° coincida con uno de los lados del ángulo.
- Lee el número de grados que marca la escala en el sitio donde se interseca con el segundo lado del ángulo.

$m\angle XYZ = 120°$

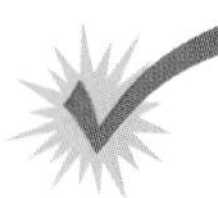

Practica tus conocimientos

Mide los siguientes ángulos.

5. $\angle GHI$
6. $\angle IHJ$
7. $\angle GHJ$

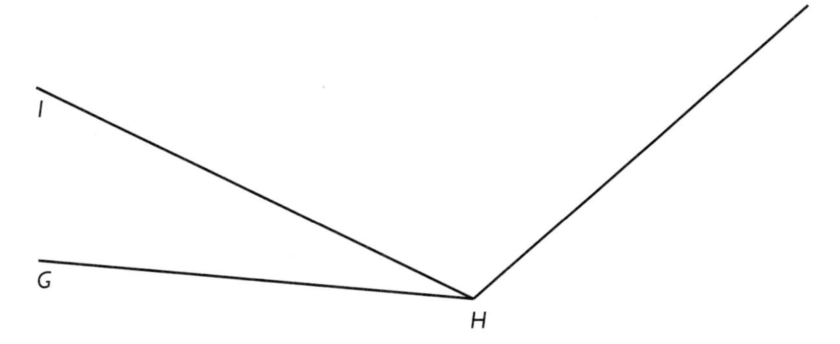

Clasifica ángulos

Los ángulos se pueden clasificar según su medida.

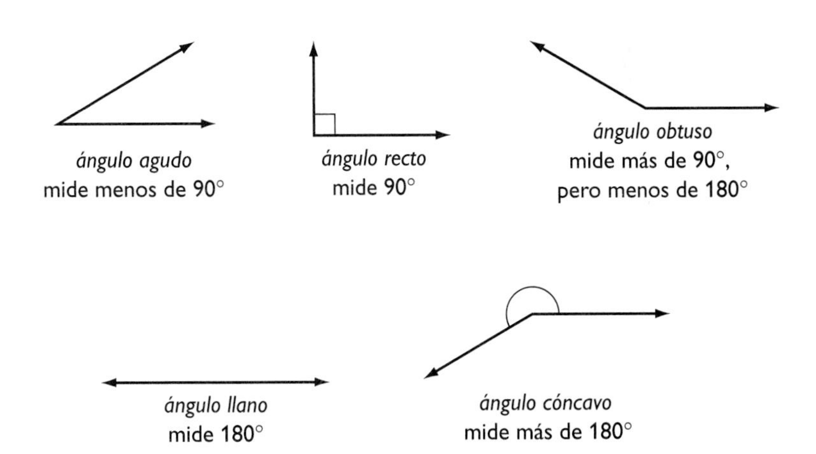

Los ángulos que comparten un lado se conocen como *ángulos adyacentes.* Si dos ángulos son adyacentes, se puede sumar las medidas de sus ángulos.

$m\angle APB = 55°$
$m\angle BPC = 35°$
$m\angle APC = 55° + 35° = 90°$

Puesto que la suma es 90°, entonces sabes que $\angle APC$ es un ángulo recto.

Practica tus conocimientos

Usa un transportador para medir y clasificar cada ángulo.

8. $\angle DBC$
9. $\angle ABC$
10. $\angle ABD$

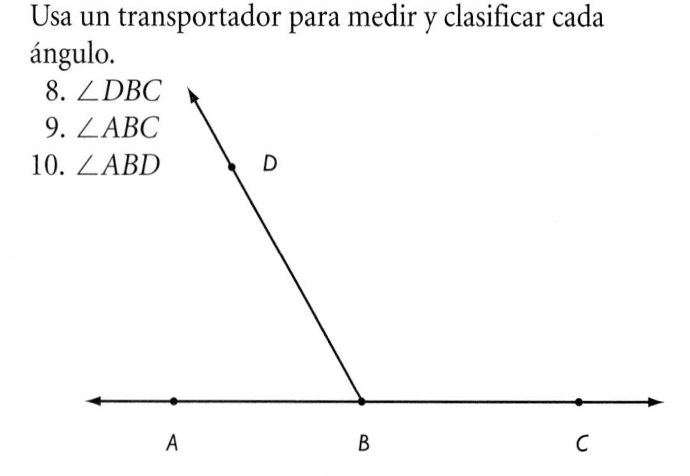

Triángulos

Los **triángulos** son **polígonos** que tienen tres lados, tres vértices y tres ángulos.

Los triángulos se pueden designar usando sus tres vértices en cualquier orden. $\triangle ABC$ se lee "triángulo *ABC*".

Clasifica triángulos

Al igual que los ángulos, los triángulos se clasifican según la medida de sus ángulos. Además, los triángulos se clasifican según el número de lados **congruentes** que poseen. Los lados congruentes son aquéllos que tienen la misma longitud.

triángulo acutángulo
tres ángulos agudos

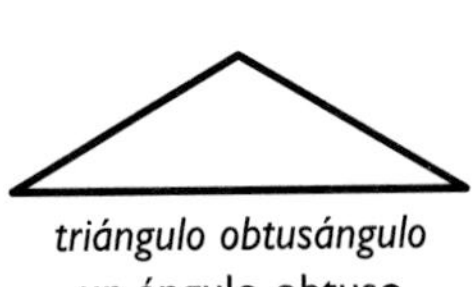

triángulo obtusángulo
un ángulo obtuso

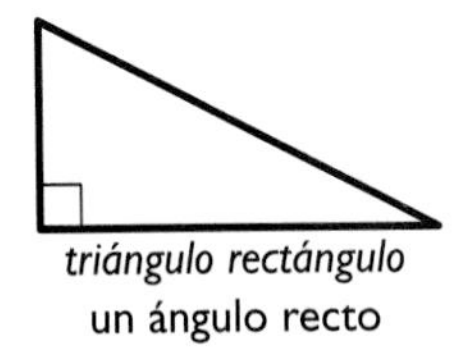

triángulo rectángulo
un ángulo recto

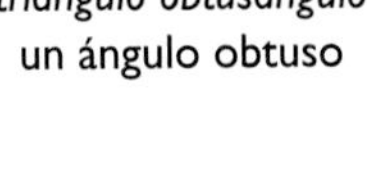

triángulo equilátero
tres lados congruentes; tres ángulos congruentes

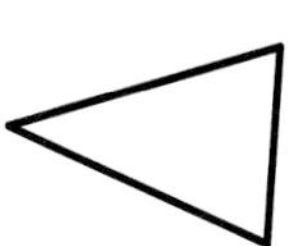

triángulo isósceles
por lo menos dos lados congruentes; por lo menos dos ángulos congruentes

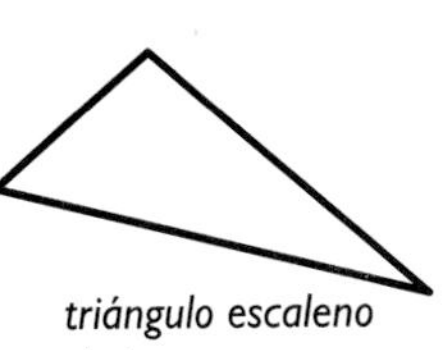

triángulo escaleno
sin lados congruentes

La **suma** de las medidas de los tres ángulos de un triángulo es siempre 180°.

En $\triangle ABC$, $m\angle A = 60°$, $m\angle B = 75°$ y $m\angle C = 45°$.

$$60° + 75° + 45° = 180°$$

Por lo tanto, la suma de los medidas de los ángulos de $\triangle ABC$ es 180°.

CÓMO CALCULAR LA MEDIDA DEL ÁNGULO DESCONOCIDO DE UN TRIÁNGULO

$\angle$P es un ángulo recto, por lo tanto, mide 90° y $\angle Q$ mide 40°. Calcula la medida de $\angle R$.

$90° + 40° = 130°$

$180° - 130° = 50°$

$\angle R = 50°$

- Suma los dos ángulos conocidos.
- Réstale 180° al resultado.
- La diferencia es la medida del tercer ángulo.

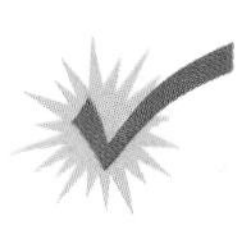

Practica tus conocimientos

Calcula la medida del ángulo desconocido de cada triángulo.

11.

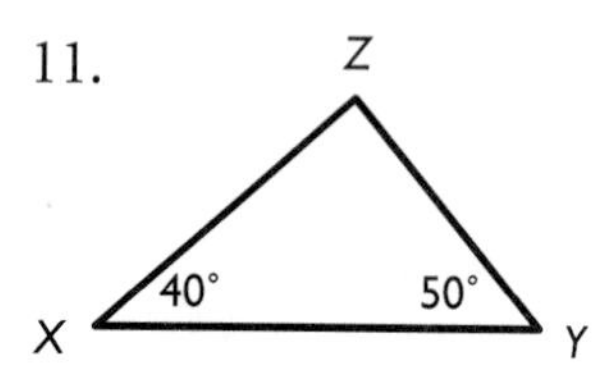

12.

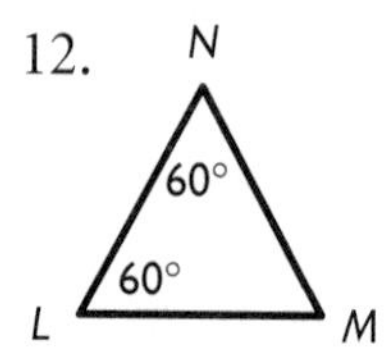

La desigualdad del triángulo

La longitud del tercer lado de un triángulo es siempre menor que la suma de los otros dos lados, pero mayor que su diferencia. Por lo tanto, $(a + b) > c > (a - b)$.

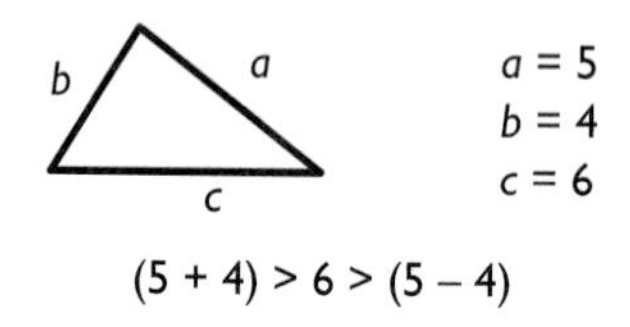

$(5 + 4) > 6 > (5 - 4)$

Practica tus conocimientos

¿Cuál de las siguientes no pueden ser las medidas de los lados de un triángulo?

13. A. 8m, 1m, 8m
    B. 15 cm, 4 cm, 12 cm
    C. 5 pulg, 5 pulg, 9 pulg
    D. 12 pies, 3 pies, 8 pies
14. A. 2m, 3m, 3m
    B. 4 cm, 6 cm, 2 cm
    C. 7 pulg, 7 pulg, 7 pulg
    D. 1 pie, 6 pies, 9 pies

7·1 EJERCICIOS

Usa las figuras para contestar las siguientes preguntas.

1. Nombra la siguiente recta de dos maneras diferentes.
2. ¿Cuál es el extremo de $\overrightarrow{ST}$?

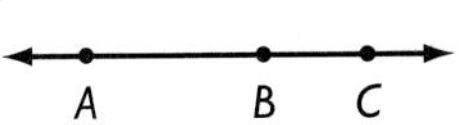

3. Nombra la recta de seis maneras diferentes.
4. Designa de dos maneras diferentes el rayo que comienza en el punto A y se dirige hacia la derecha.
5. Identifica el vértice.
6. Identifica el ángulo agudo.
7. Identifica dos ángulos obtusos.
8. ¿Cuánto mide $\angle UVW$?

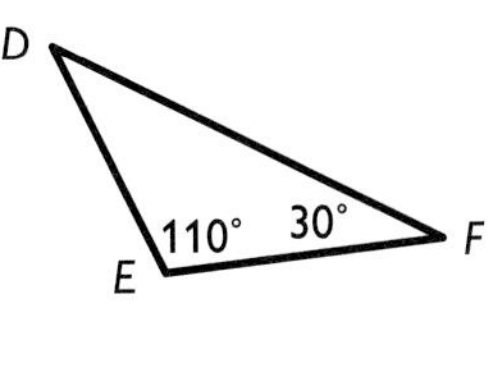

9. Calcula $m\angle D$.
10. ¿Es $\triangle DEF$ un triángulo acutángulo, rectángulo u obtusángulo?

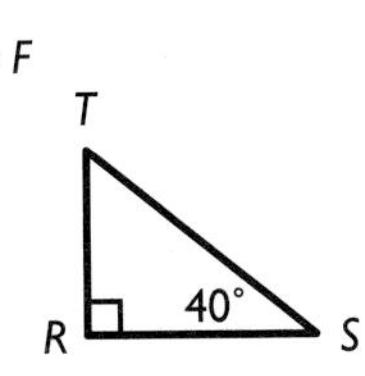

11. Calcula $m\angle T$.
12. ¿Es $\triangle RST$ un triángulo acutángulo, rectángulo u obtusángulo?

13. ¿Puede un triángulo tener las siguientes medidas: 5 cm, 8 cm y 2 cm? ¿Por qué?
14. Dos de los lados de un triángulo miden 4 cm y 7 cm, respectivamente. Dado lo anterior, ¿a qué distancias debe ser mayor que o menor que el tercer lado?
15. Usa el plano para responder las siguientes preguntas.
    A. ¿Qué recta representa la calle Main?
    B. ¿Cómo representarías la calle Grove?
    C. Dos de las calles se intersecan formando un ángulo recto, ¿cuáles son?

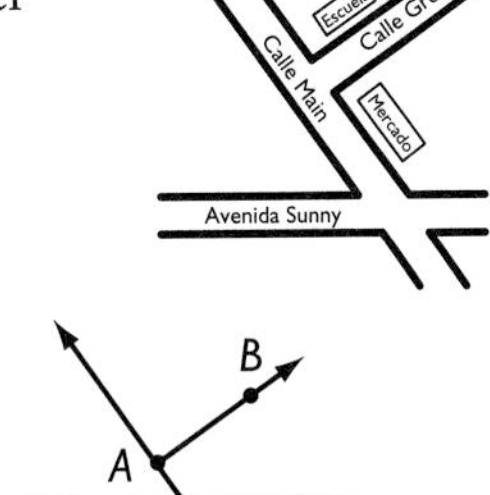

7•2 Nombra y clasifica polígonos y poliedros

Cuadriláteros

Quizás te hayas dado cuenta que, en geometría, existe una gran variedad de **cuadriláteros** o figuras de cuatro lados. Todos los cuadriláteros tienen cuatro lados y cuatro ángulos. La suma de los ángulos de un cuadrilátero es igual a 360°. Existen muchos tipos diferentes de cuadriláteros, los cuales se clasifican según sus lados y sus ángulos.

Para designar un cuadrilátero, se anotan sus cuatro vértices en la dirección de las manecillas del reloj o en dirección contraria.

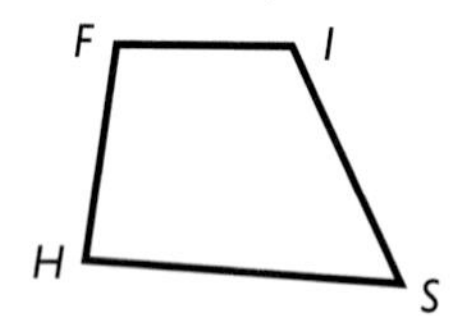

Ángulos de un cuadrilátero

Si la suma de los ángulos de un cuadrilátero es 360° y conoces las medidas de tres de los ángulos del cuadrilátero, puedes calcular la medida del ángulo desconocido.

CÓMO CALCULAR LA MEDIDA DEL ÁNGULO DESCONOCIDO DE UN CUADRILÁTERO

Calcula $m\angle A$ en el cuadrilátero $ABCD$.

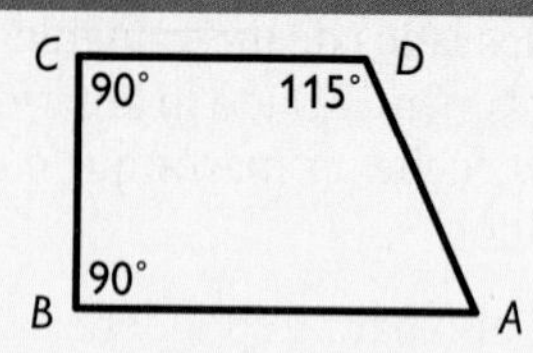

- Suma las medidas de los tres ángulos conocidos. $90° + 90° + 115° = 295°$
- Resta el resultado de 360°. $360° - 295° = 65°$
- La **diferencia** es la medida del ángulo desconocido. $m\angle A = 65°$

Practica tus conocimientos

1. Nombra el cuadrilátero en por lo menos dos maneras diferentes.
2. ¿Cuánto suman los ángulos en este cuadrilátero?
3. Calcula $m\angle P$.

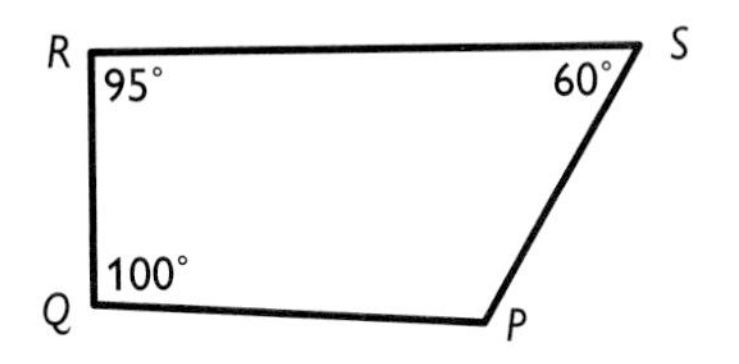

Tipos de cuadriláteros

Un **rectángulo** es un cuadrilátero con cuatro ángulos rectos. *WXYZ* es un rectángulo que mide 5 cm de **longitud** y 3 cm de **ancho.**

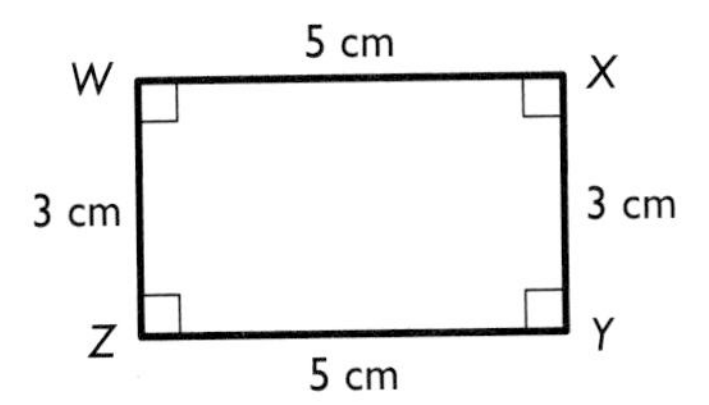

Los lados opuestos de un rectángulo tienen la misma longitud. Si los cuatro lados de un rectángulo son iguales, el rectángulo se conoce como **cuadrado.** Un cuadrado es una **figura regular** porque todos sus lados tienen la misma longitud y todos sus ángulos internos tienen la misma medida. Algunos rectángulos pueden ser cuadrados, pero *todos* los cuadrados son rectángulos.

Un **paralelogramo** es un cuadrilátero cuyos lados opuestos son **paralelos.** Los lados opuestos y los **ángulos opuestos** de un paralelogramo son iguales. *ABCD* es un paralelogramo.

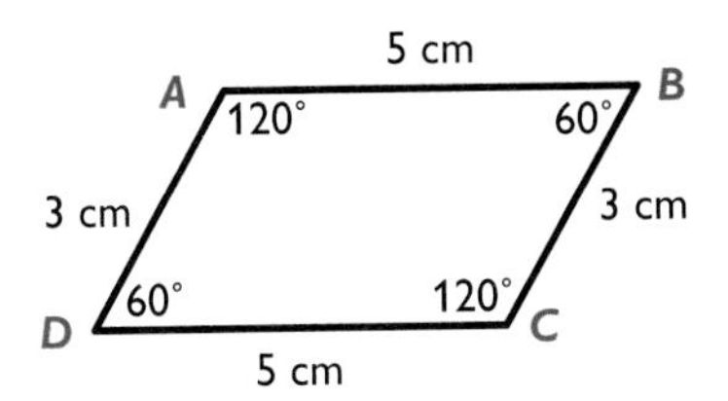

Algunos paralelogramos pueden ser rectángulos, pero todos los rectángulos son paralelogramos. Por consiguiente, un cuadrado es también un paralelogramo. Si todos los lados de un paralelogramo son iguales, el paralelogramo se conoce como **rombo.** *HIJK* es un rombo.

Todo cuadrado es un rombo, aunque no todo rombo es un cuadrado, porque un cuadrado tiene, además, todos sus ángulos iguales.

Un **trapecio** tiene dos lados paralelos y dos que no lo son. Un trapecio es un cuadrilátero, pero no es un paralelogramo. *PARK* es un trapecio.

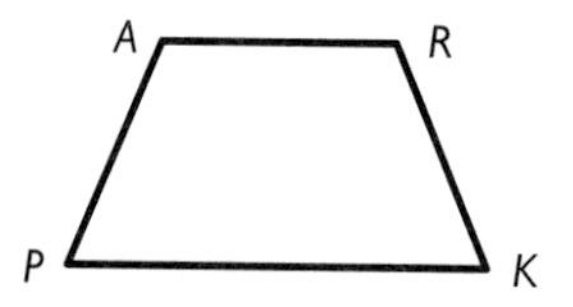

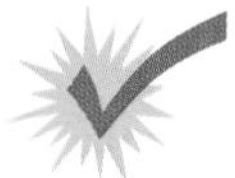

Practica tus conocimientos

4. ¿El cuadrilátero *RSTU* es un rectángulo? ¿un paralelogramo? ¿un cuadrado? ¿un rombo? ¿un trapecio?

5. ¿Es un cuadrado un rombo? ¿Por qué?

Polígonos

Un polígono es una figura cerrada con tres o más lados. Cada uno de los lados es un **segmento de recta** y los lados se unen sólo en los extremos o vértices.

Esta figura es un polígono. Estas figuras no son polígonos.

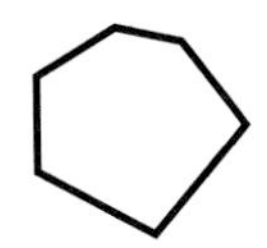

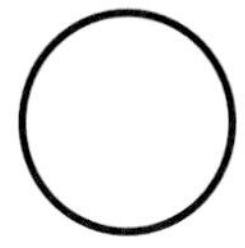

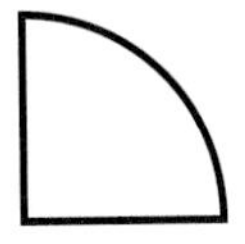

Un rectángulo, un cuadrado, un paralelogramo, un rombo, un trapecio y un triángulo son polígonos.

Hay algunos aspectos relacionados con los polígonos que son siempre verdaderos. Por ejemplo, un polígono de n lados tiene n ángulos y n vértices. Un polígono de tres lados tiene tres ángulos y tres vértices. Un polígono de ocho lados tiene ocho ángulos y ocho vértices, y así sucesivamente.

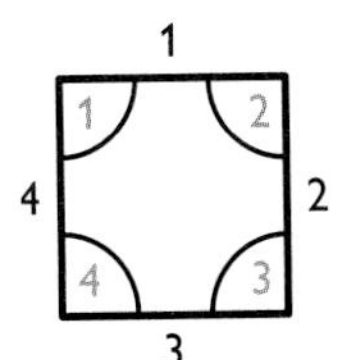

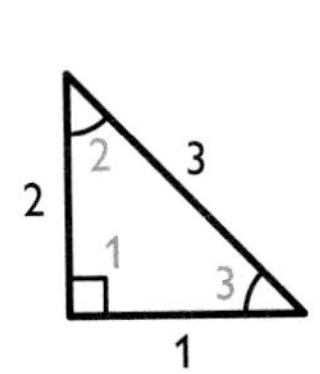

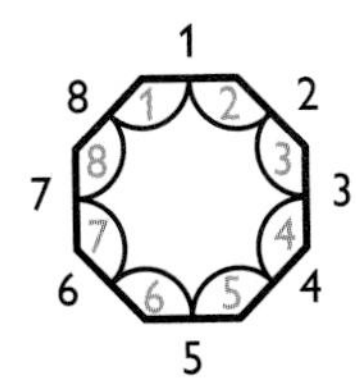

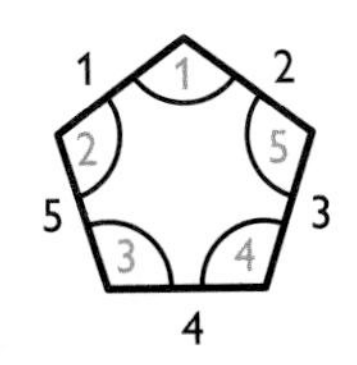

Un segmento de recta que une dos vértices de un polígono es un lado o una **diagonal.** $\overline{AE}$ es un lado del polígono *ABCDE.* $\overline{AD}$ es una diagonal.

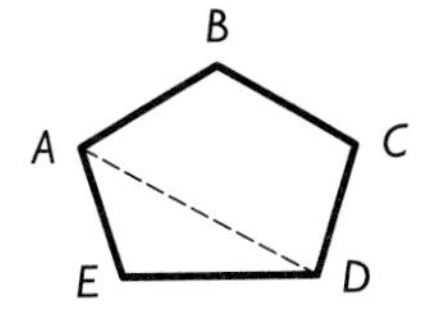

Tipos de polígonos

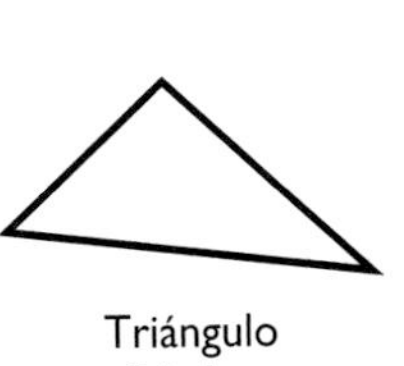

Triángulo
3 lados

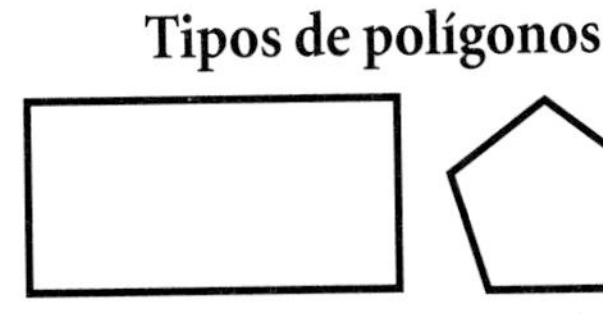

Cuadrilátero
4 lados

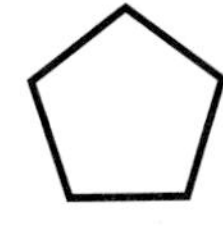

Pentágono
5 lados

Hexágono
6 lados

Octágono
8 lados

Un polígono de siete lados se conoce como **heptágono,** uno de nueve lados como **nonágono** y uno de diez lados como *decágono.*

Practica tus conocimientos

Indica si las siguientes figuras son polígonos. Si son polígonos, clasifícalos según el número de lados que tengan.

6. 

7. 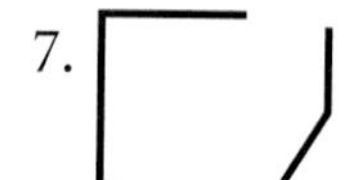

8. 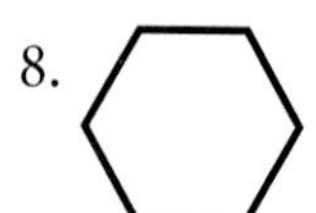

¡Oh obelisco!

Los antiguos egipcios tallaban obeliscos horizontalmente en las canteras. Exactamente cómo levantaban los obeliscos para que alcanzaran su posición vertical final, es un misterio. Existen sin embargo ciertas claves que indican que los egipcios deslizaban los obeliscos hacia una rampa de lodo y los iban levantando poco a poco con palancas. En la parte final del proceso, los levantaban con cuerdas.

El equipo de una estación de televisión trató de mover un bloque de granito de 43 pies de largo usando este método. Deslizaron el obelisco de 40 toneladas por una rampa a un ángulo de 33°. Después levantaron el obelisco con palancas hasta alcanzar un ángulo de 40°. Finalmente, 200 personas trataron de levantarlo a su posición vertical con cuerdas, pero no pudieron levantarlo. Finalmente, abandonaron el proyecto porque se les acabó el tiempo y el dinero.

¿Cuántos grados les faltaba a los miembros del equipo para que el obelisco alcanzara su posición vertical? Consulta la respuesta en el Solucionario al final del libro.

Ángulos de un polígono

Ya sabes que la suma de la medida de los ángulos de un triángulo es igual a 180° y que la suma de la medida de los ángulos de un cuadrilátero es igual a 360°. La suma de los ángulos de *cualquier* polígono es por lo menos 180° (triángulo). Cada lado adicional añade 180° a la medida de los primeros tres ángulos. Para entender por qué, observa el **pentágono.**

A B C D E

Si se trazan las diagonales $\overline{EB}$ y $\overline{EC}$, se puede observar que la suma de la medida de los ángulos de un pentágono equivale a la suma de la medida de los ángulos de tres triángulos.

$$3 \times 180° = 540°$$

Por lo tanto, la suma de los ángulos de un pentágono es igual a 540°.

Para calcular la suma de los ángulos de un polígono, puedes usar la fórmula $(n - 2) \times 180°$, donde n representa el número de lados del polígono. El resultado es la suma de la medida de los ángulos del polígono.

CÓMO CALCULAR LA SUMA DE LA MEDIDA DE LOS ÁNGULOS DE UN POLÍGONO

$(n - 2) \times 180°$ = suma de los ángulos de un polígono de n lados

Calcula la suma de los ángulos de un octágono.

Piensa: Un octágono tiene 8 lados. Resta 2 y luego multiplica la diferencia por 180.

- Usa la fórmula: $(8 - 2) \times 180° = 6 \times 180° = 1{,}080°$

Por lo tanto, los ángulos de un octágono suman 1,080°.

Como ya sabes, un **polígono regular** tiene lados y ángulos iguales. Para calcular la medida de cada ángulo de un polígono regular, puedes usar tus conocimientos sobre cómo calcular la suma de los ángulos de un polígono.

Calcula cuánto mide cada ángulo de un **hexágono** regular.

Comienza usando la fórmula $(n - 2) \times 180°$. Un hexágono tiene 6 lados y debes por lo tanto, reemplazar n por 6.

$$(6 - 2) \times 180° = 4 \times 180° = 720°$$

Después, divide el resultado entre el número de ángulos. Dado que un hexágono 6 ángulos, divide entre 6.

$$720° \div 6 = 120°$$

La respuesta indica que cada ángulo de un hexágono regular mide 120°.

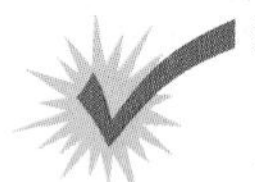

Practica tus conocimientos

9. Calcula la suma de los ángulos de un decágono.
10. ¿Cuánto mide cada ángulo de un pentágono regular?

Poliedros

Algunos sólidos son curvos, como los siguientes.

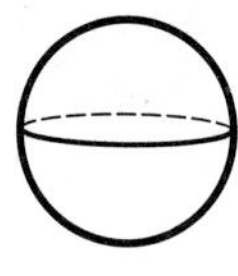

Esfera

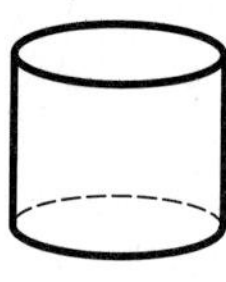

Cilindro

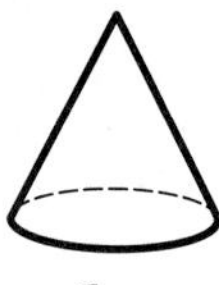

Cono

Otros tienen superficies planas. Cada una de las siguientes figuras es un **poliedro.**

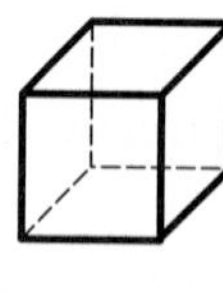

Cubo

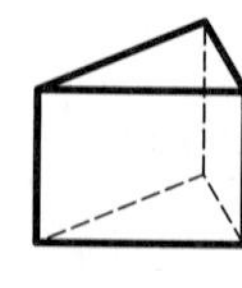

Prisma

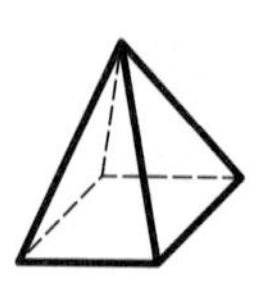

Pirámide

Un poliedro es un sólido cuya superficie está formada por polígonos. Las **caras** de los siguientes poliedros comunes son triángulos, cuadriláteros y pentágonos.

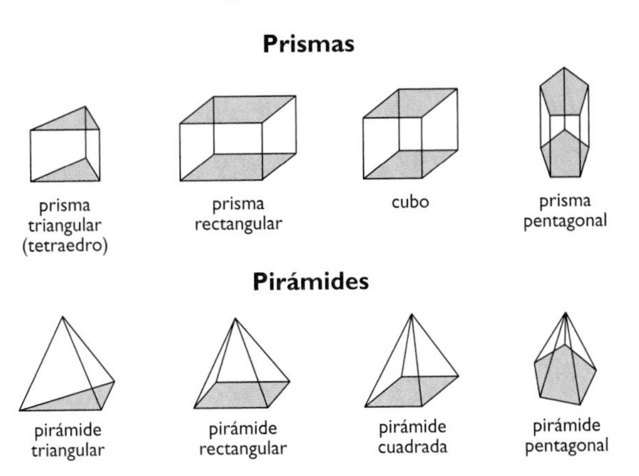

Cada **prisma** tiene dos bases. Las bases de un prisma tienen la misma forma y tamaño y son paralelas. Las otras caras del prisma son paralelogramos. Las bases de las figuras anteriores aparecen sombreadas. Cuando las seis caras de un **prisma rectangular** son cuadradas, el prisma se conoce como **cubo**.

Una **pirámide** es una estructura con una sola base de forma poligonal y con caras triangulares que coinciden en un punto llamado *ápice*. Las bases de las pirámides anteriores aparecen sombreadas. Una pirámide triangular es un **tetraedro**. Un tetraedro tiene cuatro caras y cada cara es un triángulo. Un prisma triangular *no* es un tetraedro.

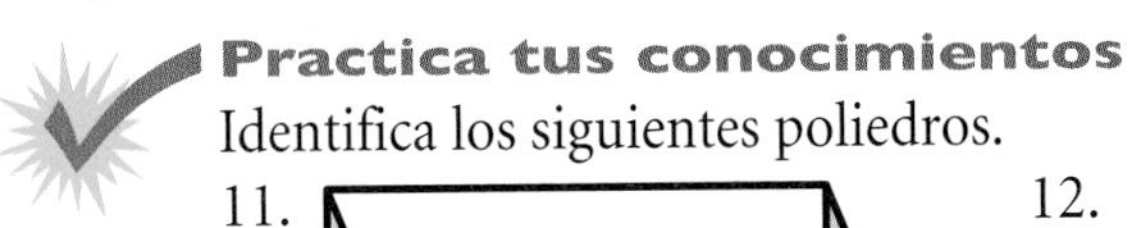

Practica tus conocimientos

Identifica los siguientes poliedros.

11. 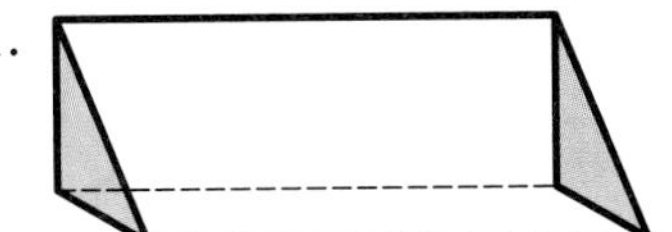

12. 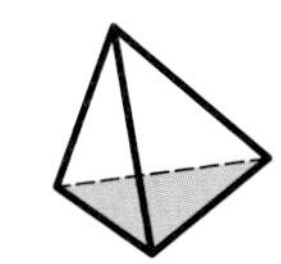

7·2 EJERCICIOS

1. Anota otras dos maneras de identificar el cuadrilátero *MNPQ*.
2. Calcula $m\angle M$.

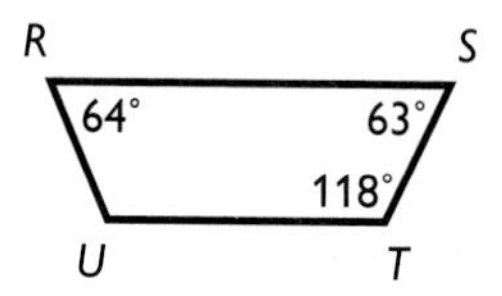

3. Anota otras dos maneras de identificar el cuadrilátero *RSTU*.
4. Calcula $m\angle U$.
5. Anota otras dos maneras de identificar el cuadrilátero *VWXY*.
6. Calcula $m\angle W$.

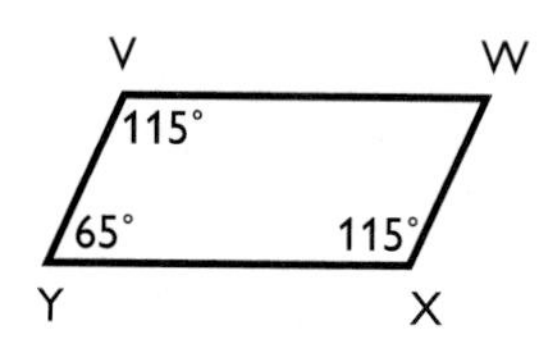

Indica si los enunciados siguientes son verdaderos o falsos.

7. Un cuadrado es un paralelogramo.
8. Todo rectángulo es un paralelogramo.
9. No todos los rectángulos son cuadrados.
10. Algunos trapecios son paralelogramos.
11. Todo cuadrado es un rombo.
12. Todos los rombos son cuadriláteros.
13. Un cuadrilátero no puede ser un rectángulo y un rombo al mismo tiempo.

Identifica cada polígono.

14. 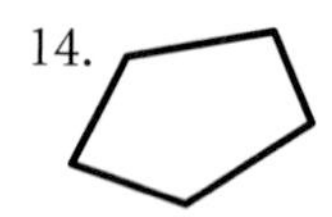
15.
16.

17. 18.

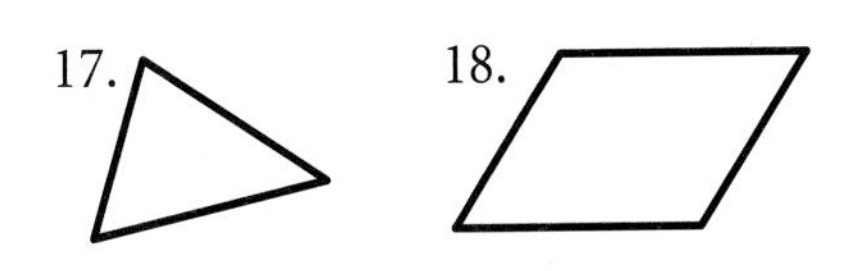

Calcula la suma de la medida de los ángulos de cada polígono.

19. pentágono
20. nonágono
21. heptágono
22. ¿Cuánto mide cada ángulo de un octágono regular?

Identifica cada poliedro.

23.

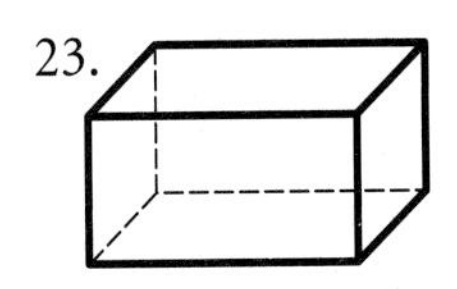

24.

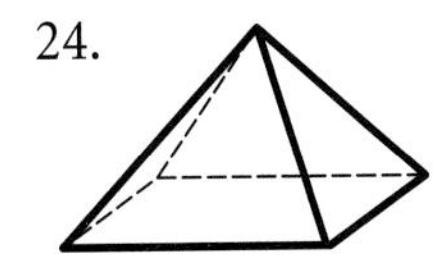

25.

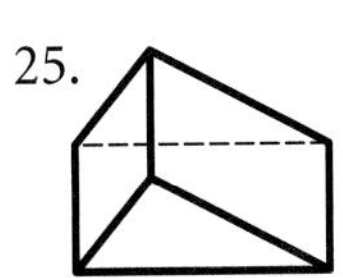

Identifica cada polígono o poliedro real.

26. El cuadro de un diamante de béisbol
27. La base del bateador de un diamante de béisbol

28. 29. 30.

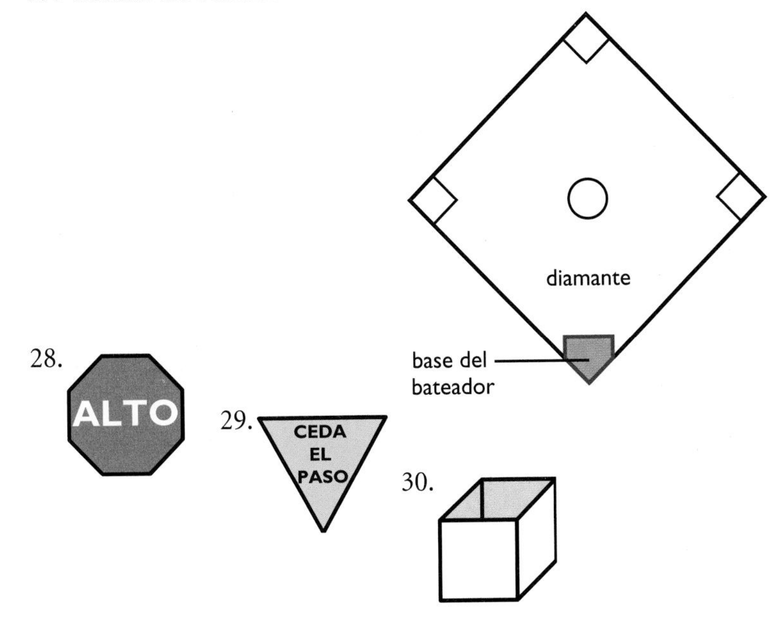

7·3 Simetría y transformaciones

Siempre que mueves una figura en un plano, estás realizando una **transformación.**

Reflexiones

Una **reflexión** (o **dar vuelta a una figura**) es un tipo de transformación. Si oyes la palabra "reflexión", probablemente pienses en un espejo. La imagen especular, o imagen invertida, de un punto o una figura se conoce como *reflexión.*

La reflexión de un punto es otro punto localizado en el lado opuesto de un eje de **simetría.** Tanto el punto como su reflexión se encuentran a la misma distancia del eje de simetría.

P' es la reflexión del punto P, en el lado opuesto de la línea l. P' se lee "P prima". P' se conoce como la *imagen* de P.

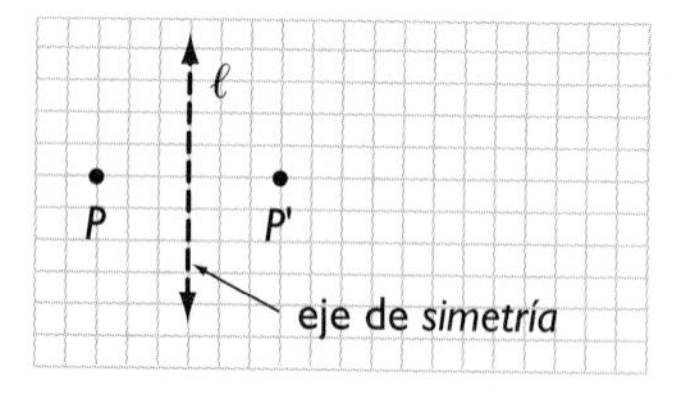

Es posible obtener la reflexión
Es posible obtener la reflexión
de cualquier punto, recta o polígono. El cuadrilátero $DEFG$ está reflejado en el lado opuesto de la recta m. La imagen de $DEFG$ es $D'E'F'G'$.

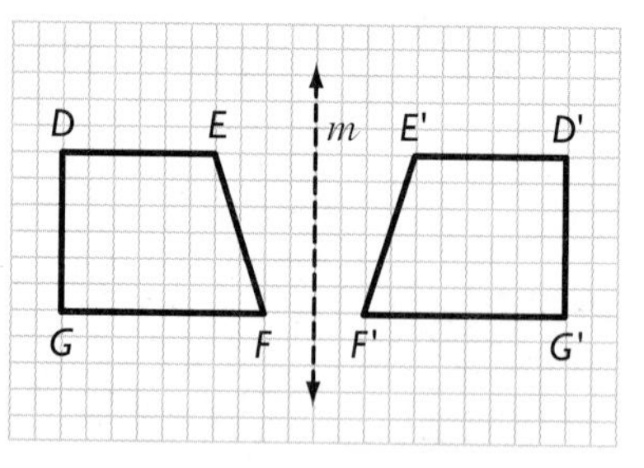

Para obtener la imagen de una figura, selecciona varios puntos clave de la figura. Si se trata de un polígono, utiliza los vértices. Mide la distancia desde cada punto hasta el eje de simetría. La imagen de cada punto estará a la misma distancia del eje de simetría, pero en el lado opuesto.

En la reflexión del cuadrilátero de la página anterior, el punto D está a 10 unidades del eje de simetría y el punto D' también está a 10 unidades de dicho eje, pero en el lado opuesto. Si mides la distancia entre cada punto y el eje de simetría y los puntos imágenes correspondientes, comprobarás que la distancia es idéntica.

Practica tus conocimientos

1. Copia la figura siguiente en papel cuadriculado. Luego dibuja la reflexión e identifica las diferentes partes de la imagen.

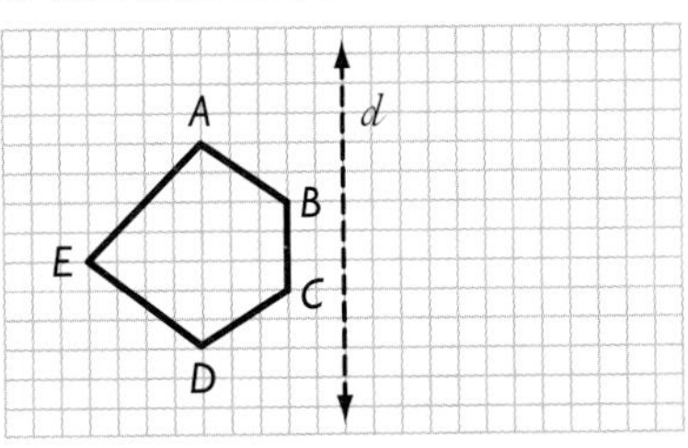

Piscicultura

Los peces no crecen en los árboles. La piscicultura es una de las industrias alimenticias de mayor crecimiento y actualmente suministra cerca del 20 por ciento del pescado y moluscos del mercado mundial.

Un piscicultor japonés de ostras construye balsas flotantes de bambú en el mar. Después, cuelga de las balsas cuerdas con conchas limpias. Las larvas de ostra se fijan a las conchas y crecen formando masas densas. Las balsas están amarradas a barriles para que no se hundan en el mar, donde los enemigos naturales de las ostras (las estrellas de mar) pueden comérselas.

Un piscicultor puede llegar a tener hasta 100 balsas. Cada balsa mide aproximadamente 10 m por 15 m. ¿Cuál es el área total de todas las balsas? Consulta la respuesta en el Solucionario al final del libro.

Simetría de reflexión

Ya has visto que un eje de simetría sirve para mostrar la simetría de reflexión de un punto, una recta o una figura. Además, un eje de simetría también sirve para *dividir* una figura en dos partes, una de las cuales es un reflejo de la opuesta. Las siguientes figuras son simétricas con respecto al eje de simetría.

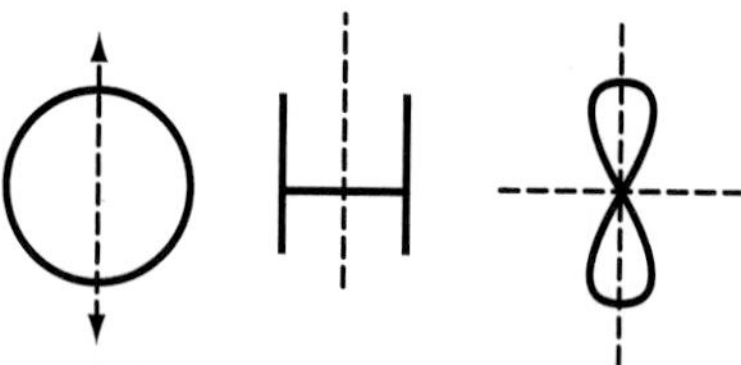

Algunas figuras presentan más de un eje de simetría. A continuación, se muestran figuras que presentan más de un eje de simetría.

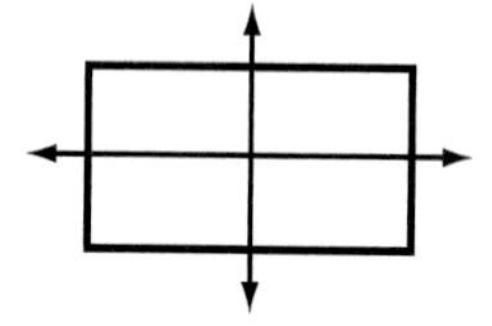

Un rectángulo tiene dos ejes de simetría.

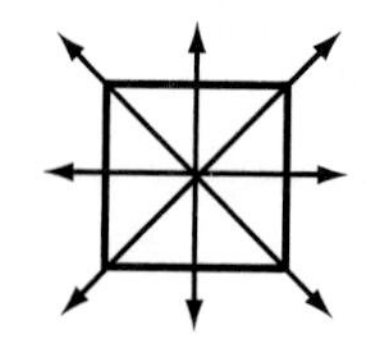

Un cuadrado tiene cuatro ejes de simetría.

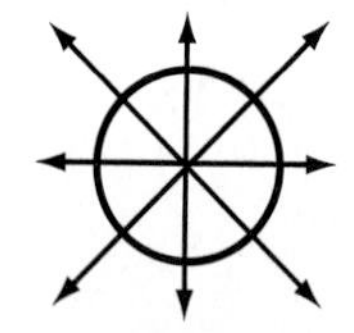

Cualquier recta que atraviesa el centro de un círculo es un eje de simetría. Por lo tanto, un círculo tiene un número infinito de ejes de simetría.

Practica tus conocimientos

Indica si cada figura tiene simetría de reflexión. Si la tiene, indica cuántos ejes de simetría tiene la figura.

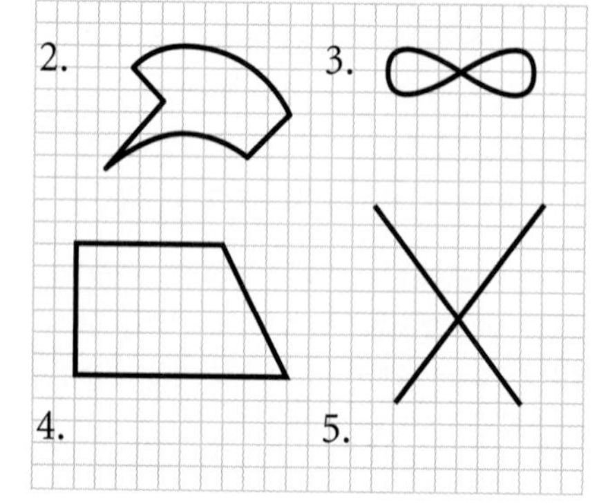

Rotaciones

Una **rotación** (o **giro**) es una transformación en que una recta o una figura se rotan alrededor de un **punto fijo.** El punto fijo se conoce como *centro de rotación.* En general, los grados de rotación se miden en dirección opuesta a las manecillas del reloj.

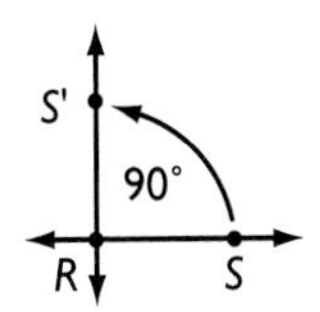

$\overleftrightarrow{RS}$ se rota 90° alrededor del punto R.

Si rotas una figura 360°, la regresas al mismo punto donde comenzaste la rotación. En consecuencia, a pesar de la rotación, su posición permanece inalterada. Si rotas $\overrightarrow{AB}$ 360° alrededor del punto P, $\overrightarrow{AB}$ permanecerá en el mismo sitio.

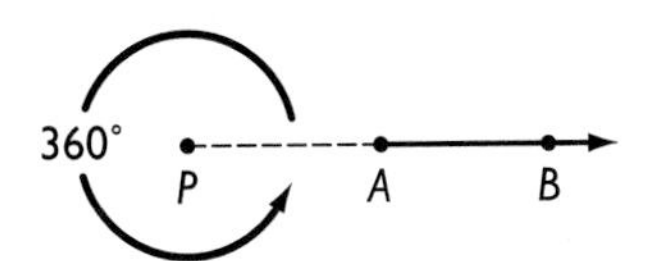

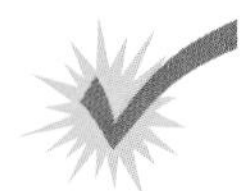

Practica tus conocimientos

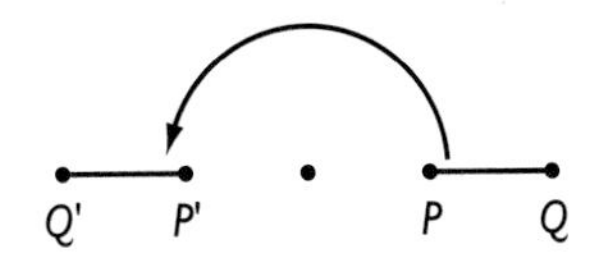

6. ¿Cuántos grados se rotó $\overrightarrow{PQ}$?
7. ¿Cuántos grados se rotó $\triangle TSR$?

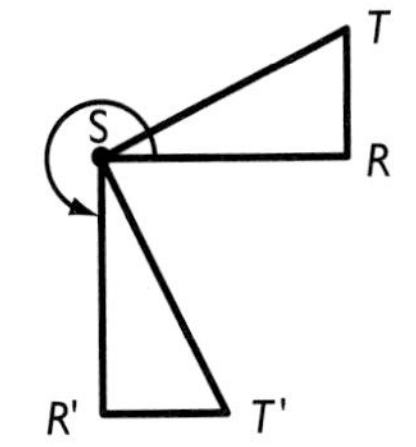

Traslaciones

Una **traslación** (o **deslizamiento**) es otro tipo de transformación. Si deslizas una figura hacia una nueva posición, sin rotarla, estás realizando una traslación.

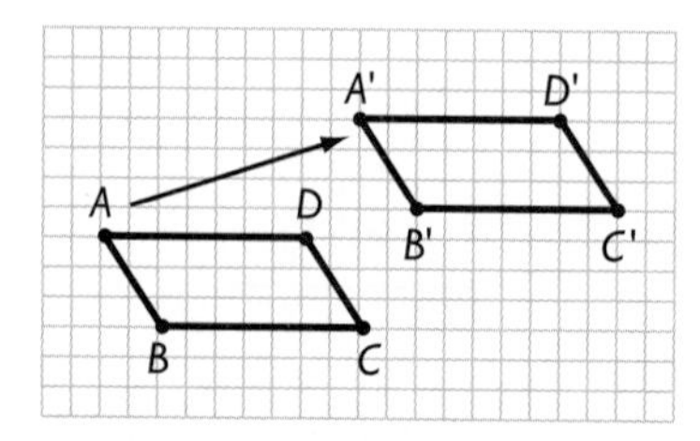

El rectángulo *ABCD* se deslizó hacia arriba y hacia la derecha. *A'B'C'D'* es la imagen trasladada de *ABCD*. *A'* está ubicada 9 unidades hacia la derecha y 4 unidades hacia arriba. Todos los otros puntos del rectángulo se han desplazado de la misma manera.

Practica tus conocimientos

¿Cuál de las siguientes pares de figuras representa una traslación?

8. 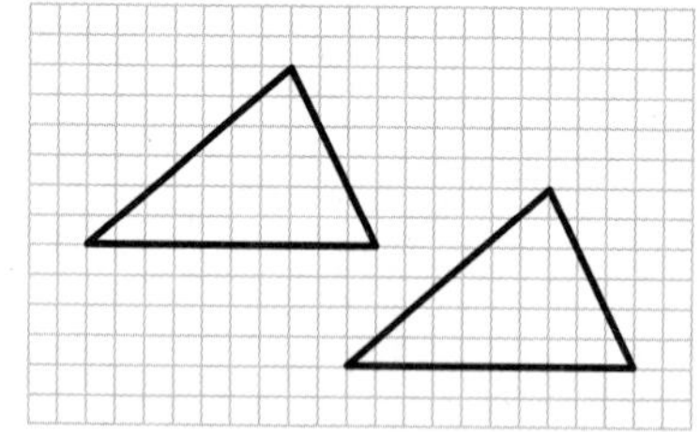

9. 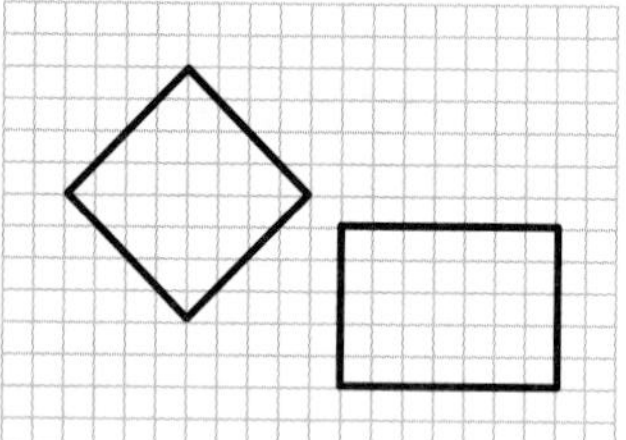

10. 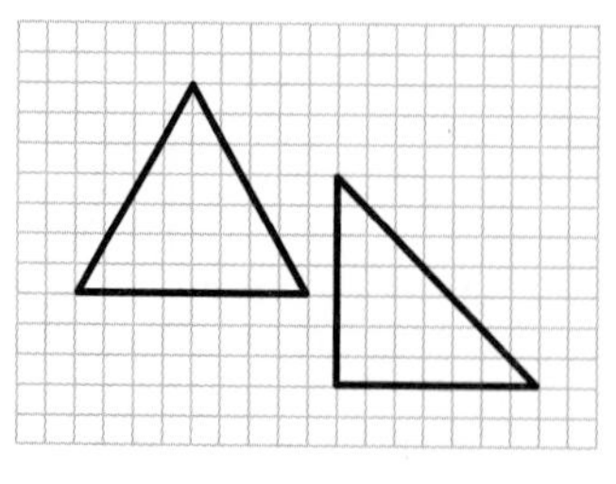

7·3 EJERCICIOS

¿Cuál es la imagen reflejada a través de la recta *l* de cada uno de los siguientes?

1. Punto *P*
2. $\triangle ABC$
3. AC

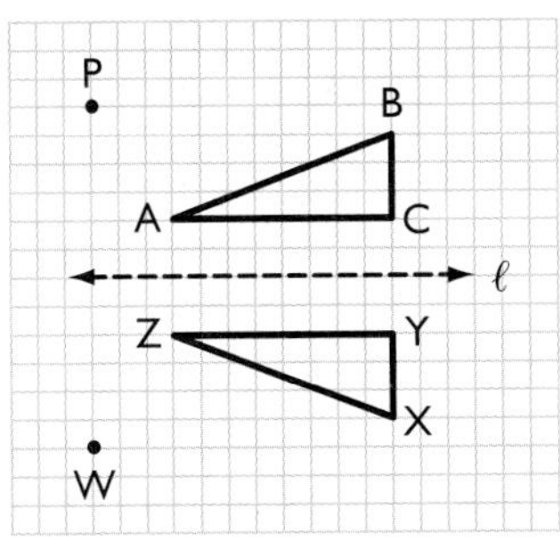

Copia las figuras. Después dibuja todos los ejes de simetría de cada figura.

4.

5.

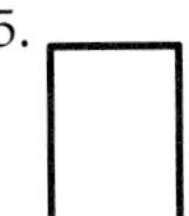

6.

¿Qué tipo de transformación representa cada par de figuras?

7.

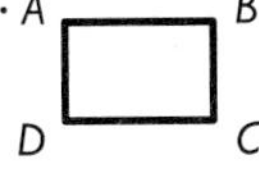

8.

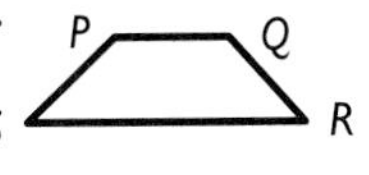

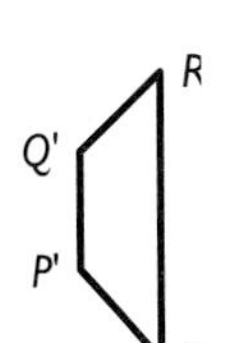

9.

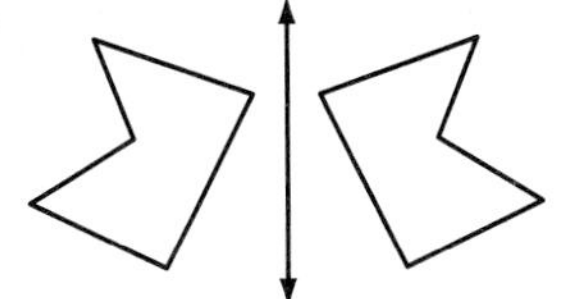

10.

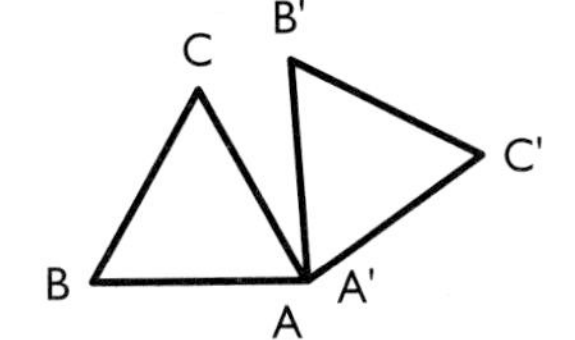

7·4 Perímetro

Perímetro de un polígono

Ramón quiere poner una cerca alrededor de su pastizal. Para averiguar la cantidad de cerca que necesita, debe calcular el **perímetro** o *distancia alrededor* del pastizal.

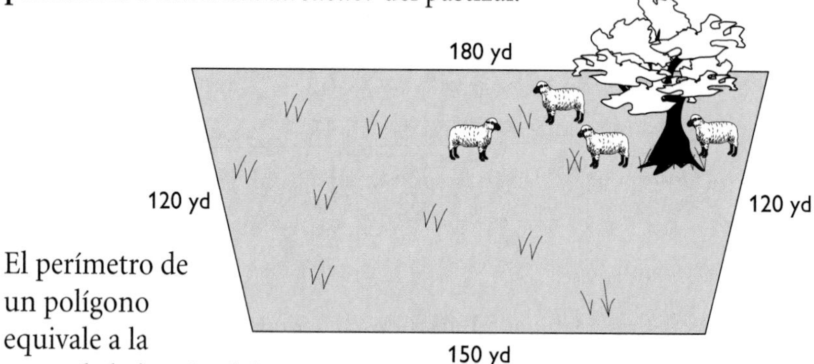

PASTIZAL DE RAMÓN

El perímetro de un polígono equivale a la suma de la longitud de todos los lados del polígono. Para calcular el perímetro de su pastizal, Ramón debe medir la longitud de cada lado y sumar las cantidades. Ramón se enteró que dos lados del terreno miden 120 yd, un lado mide 180 yd y el otro lado mide 150 yd. ¿Cuánta cerca necesita Ramón para su pastizal?

$$P = 120 \text{ yd} + 120 \text{ yd} + 150 \text{ yd} + 180 \text{ yd} = 570 \text{ yd}$$

El perímetro del terreno mide 570 yardas. Ramón necesita 570 yd de cerca para su pastizal.

CÓMO CALCULAR EL PERÍMETRO DE UN POLÍGONO

Para calcular el perímetro de un polígono, debes sumar la longitud de todos sus lados.

Calcula el perímetro del hexágono.

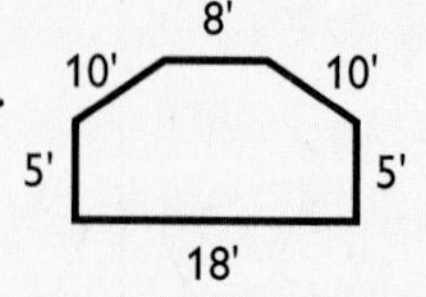

$P = 5$ pies $+ 10$ pies $+ 8$ pies $+ 10$ pies $+ 5$ pies $+ 18$ pies $= 56$ pies

El perímetro del hexágono mide 56 pies.

Perímetro de un polígono regular

Todos los lados de un polígono regular tienen la misma longitud. Si conoces el perímetro de un polígono regular, puedes calcular la longitud de cada lado.

Calcula cuanto mide cada lado de un octágono regular cuyo perímetro es de 36 cm. Sea $x =$ longitud de un lado.

$$36 \text{ cm} = 8x$$
$$4.5 \text{ cm} = x$$

Cada lado mide 4.5 cm.

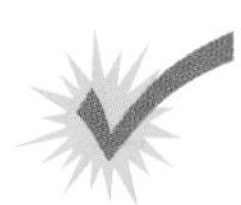

Practica tus conocimientos

Calcula el perímetro de cada polígono.

1.

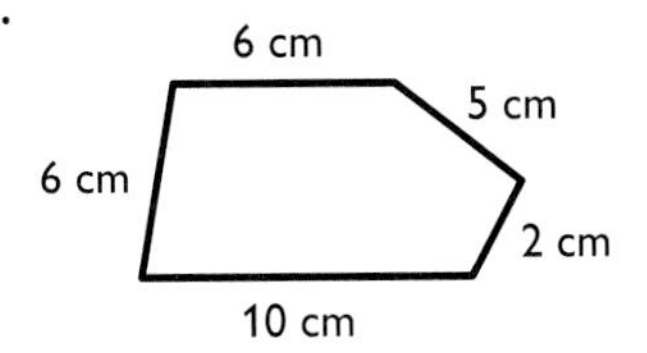

2.

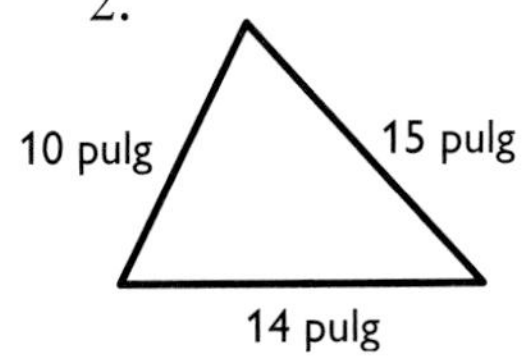

Calcula la longitud de cada lado.

3. cuadrado con un perímetro de 24 m
4. pentágono regular con un perímetro de 100 pies

Perímetro de un rectángulo

Los lados opuestos de un rectángulo son iguales. Por lo tanto, para calcular el perímetro de un rectángulo, sólo necesitas saber su largo y su ancho.

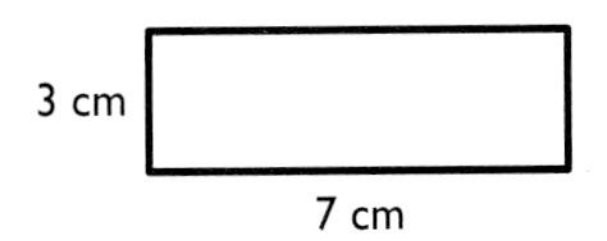

El perímetro de este rectángulo mide 7 cm + 3 cm + 7 cm + 3 cm = 20 cm.

Esto se puede escribir como $(2 \times 7 \text{ cm}) + (2 \times 3 \text{ cm}) = 20$ cm.

CÓMO CALCULAR EL PERÍMETRO DE UN RECTÁNGULO

Para un rectángulo con longitud l y ancho w, el perímetro P se puede calcular con la fórmula $P = 2l + 2w$.

$$\begin{aligned} P &= 2l + 2w \\ &= (2 \times 15 \text{ m}) + (2 \times 9 \text{ m}) \\ &= 30 \text{ m} + 18 \text{ m} = 48 \text{ m} \end{aligned}$$

15 m

9 m

El perímetro mide 48 m.

Un cuadrado es un rectángulo cuyo largo y ancho son iguales. Por lo tanto, la fórmula para calcular el perímetro de un cuadrado cuyos lados miden s, es $P = 4 \times s$ o $P = 4s$.

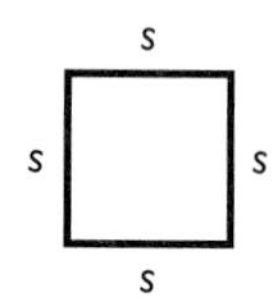

Practica tus conocimientos

Calcula los siguientes perímetros.

5. un rectángulo que mide 16 cm de largo y 14 cm de ancho
6. un cuadrado cuyos lados miden 12 cm cada uno

El Pentágono

El Pentágono, localizado cerca de Washington, D.C., es una de los edificios de gobierno más grandes en el mundo. El ejército, la marina y la fuerza aérea de los Estados Unidos tienen sus cuarteles generales en ese lugar.

El edificio tiene un área de 29 acres y tiene 3,707,745 pies^2 de espacio disponible para oficinas.

La estructura consta de cinco pentágonos regulares concéntricos conectados entre sí mediante diez corredores. El perímetro exterior del edificio mide aproximadamente 4,620 pies. ¿Cuánto mide uno de los lados del pentágono exterior? Consulta la respuesta en el Solucionario al final del libro.

Perímetro de un triángulo rectángulo

Si conoces la longitud de dos de los lados de un **triángulo rectángulo,** puedes calcular la longitud del tercer lado usando el **teorema de Pitágoras.**

Para repasar el *teorema de Pitágoras,* consulta la página 395.

CÓMO CALCULAR EL PERÍMETRO DE UN TRIÁNGULO RECTÁNGULO

Usa el teorema de Pitágoras para calcular el perímetro de un triángulo rectángulo.

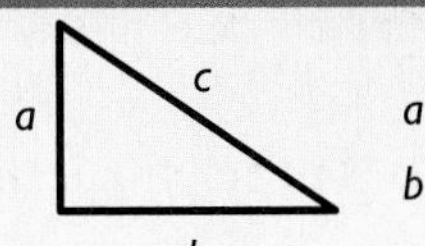

- Usa la ecuación $c^2 = a^2 + b^2$ para calcular la longitud de la hipotenusa.

$$c^2 = 16^2 + 30^2$$
$$= 256 + 900$$
$$= 1{,}156$$

- La raíz cuadrada de c^2 es igual a la longitud de la hipotenusa.

$$c = 34$$

- Suma la longitud de los lados del triángulo. La suma es igual al perímetro del triángulo.

$$16 \text{ cm} + 30 \text{ cm} + 34 \text{ cm} = 80 \text{ cm}$$

El perímetro mide 80 cm.

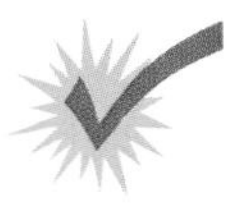

Practica tus conocimientos

Utiliza el teorema de Pitágoras para calcular el perímetro de cada triángulo.

7.

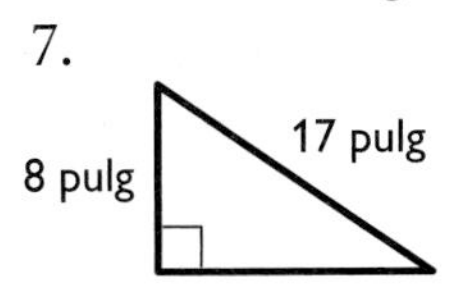

8.

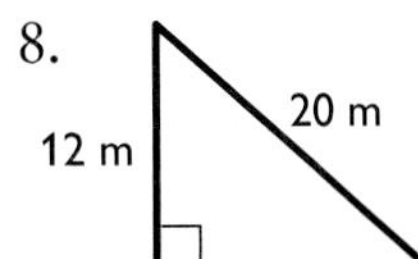

7•4 EJERCICIOS

Calcula el perímetro de cada polígono.

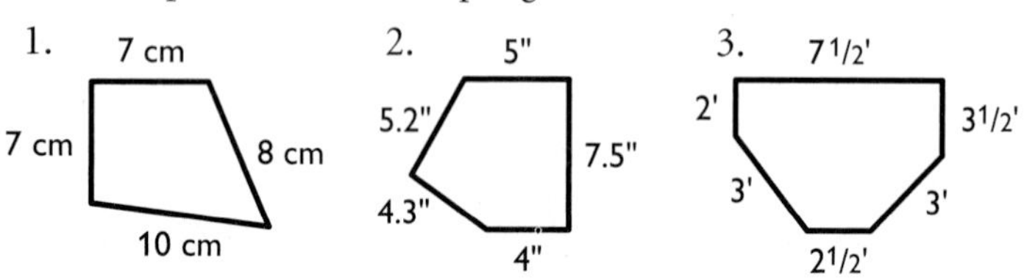

4. Calcula el perímetro de un decágono regular que mide 4.8 cm de lado.
5. El perímetro de un hexágono regular mide 200 pulg. Calcula la longitud de sus lados.
6. El perímetro de un cuadrado mide 16 pies. ¿Cuál es la longitud de cada lado?

Calcula el perímetro de cada rectángulo.

7. $l = 12$ m, $w = 8$ m
8. $l = 35$ pies, $w = 19$ pies
9. $l = 6.1$ m, $w = 4.3$ m
10. $l = 2$ cm, $w = 1.5$ cm
11. El perímetro de un rectángulo mide 15 m. Si el rectángulo mide 6 m de largo, ¿cuál es su ancho?
12. Calcula el perímetro de un cuadrado cuyos lados tienen 1.5 cm.
13. Calcula el perímetro del siguiente triángulo.

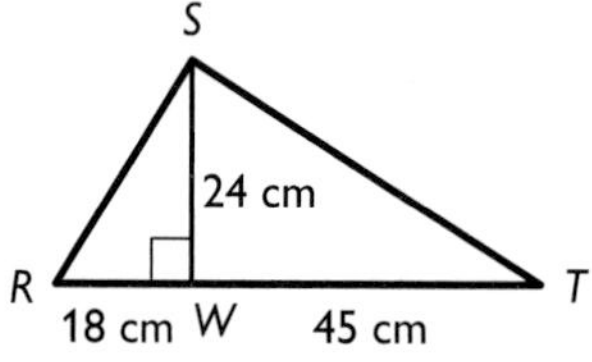

14. Dos lados de un triángulo miden 9 pulg y 7 pulg, respectivamente. Si se trata de un **triángulo isósceles**, ¿cuáles son sus dos posibles perímetros?
15. Si el perímetro de un triángulo equilátero mide 27 cm, ¿cuánto mide cada uno de sus lados?
16. Si cada lado de un pentágono regular mide 18 pulg, ¿cuál es su perímetro?
17. Si cada lado de un nonágono regular mide 8 cm, ¿cuál es su perímetro?

Unos patinadores han trazado una pista de carreras en un estacionamiento abandonado.

18. ¿Cuál es la longitud de la pista?
19. Si cambian la pista y deciden recorrer todo el contorno del estacionamiento, ¿cuál será la longitud de la nueva pista de carreras?

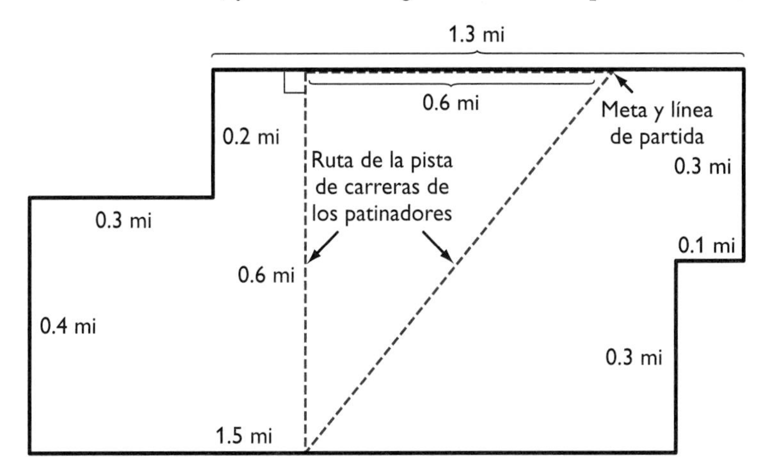

20. Cleve está trazando con tiza el diamante de un parque de béisbol. Necesita trazar un cuadrado cuyos lados midan 60 pies de largo. Además, quiere trazar dos cajas de bateo (para jugadores diestros y zurdos), las cuales deben medir 5 pies de largo por 3 pies de ancho. Cleve tiene tiza suficiente para trazar 375 pies de línea. ¿Cuántos pies de línea deberá trazar? ¿Le alcanzará la tiza para completar todas las líneas?

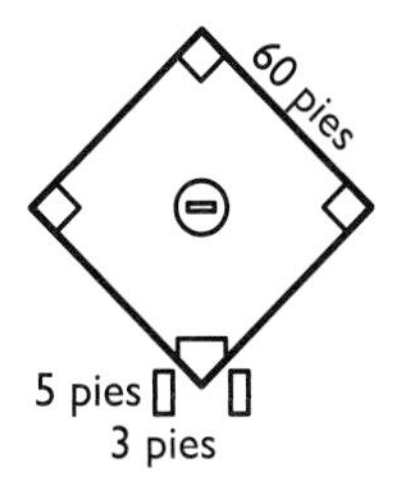

7•5 Área

¿Qué es el área?

El área mide el tamaño de una superficie. El estado de Montana, al igual que la superficie de tu escritorio, tiene un área. El área no se mide con unidades de longitud, como pulgadas, centímetros, pies o kilómetros, sino que se mide en unidades cuadradas como **pulgadas cuadradas** ($pulg^2$) y **centímetros cuadrados** (cm^2).

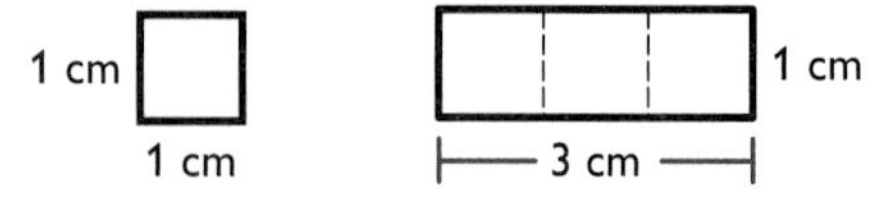

El cuadrado anterior tiene un área de un centímetro cuadrado, mientras que el rectángulo mide exactamente 3 cuadrados. Esto indica que el área del rectángulo mide tres centímetros cuadrados ó 3 cm^2.

Estima el área

Cuando no se requiere una respuesta exacta o cuando es difícil calcular la respuesta, se puede **estimar** del área de superficie.

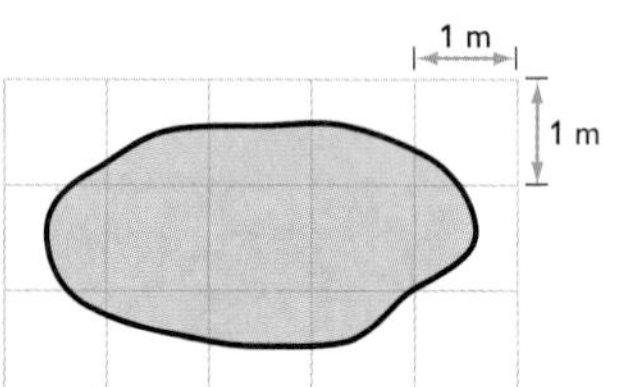

En la región sombreada de la derecha, cuatro cuadrados están completamente sombreados. Esto indica que el área es mayor que 3 m^2. El rectángulo que rodea la región mide 15 m^2, es obvio que la región sombreada mide menos que 15 m^2. Por lo tanto, puedes estimar que el área de la figura sombreada mide más de 3 m^2, pero menos de 15 m^2.

Practica tus conocimientos

1. Estima el área de la región sombreada. Cada cuadrado representa 1 cm^2.

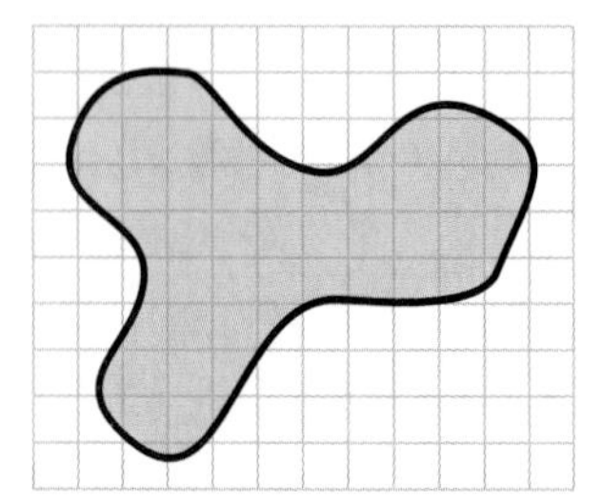

Área de un rectángulo

Puedes calcular el área del siguiente rectángulo contando los cuadrados.

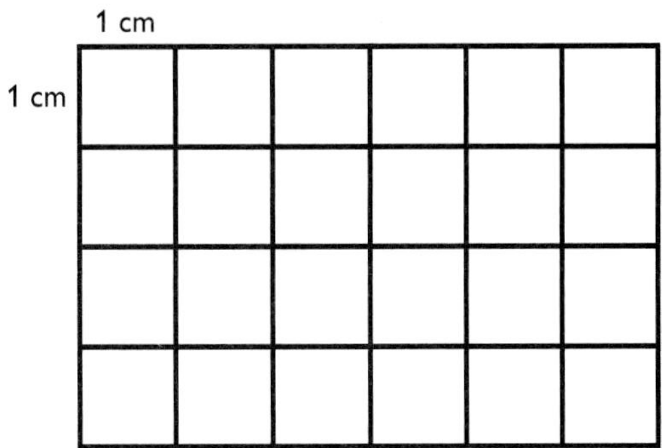

Hay 24 cuadrados y cada cuadrado uno de ellos mide 1 centímetro cuadrado. Por lo tanto, el área del rectángulo mide 24 cm^2.

Asimismo, puedes usar la fórmula para calcular el área de un rectángulo: $A = l \times w$ o bien $A = lw$. El rectángulo anterior mide 6 cm de largo y 4 cm de ancho. Si usas la fórmula, encontrarás que $A = 6 \text{ cm} \times 4 \text{ cm}$

$= 24 \text{ cm}^2$

CÓMO CALCULAR EL ÁREA DE UN RECTÁNGULO

Calcula el área de este rectángulo.

16 pulg

3 pies

- El ancho y el largo deberán estar expresados en las mismas unidades.

  3 pies = 36 pulg. Por lo tanto, $l = 36$ pulg y $w = 16$ pulg.

- Usa la fórmula para calcular el área de un rectángulo.

$$\begin{aligned} A &= l \times w \\ &= 36 \text{ pulg} \times 16 \text{ pulg} \\ &= 576 \text{ pulg}^2 \end{aligned}$$

El área del rectángulo mide 576 $pulg^2$.

Si el rectángulo es un cuadrado, su longitud y su ancho son iguales. Por lo tanto, para un cuadrado cuyos lados miden s unidades, puedes usar la fórmula $A = s \times s$ o $A = s^2$.

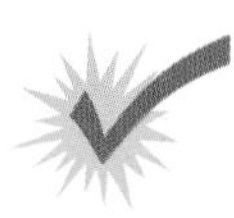

Practica tus conocimientos

2. Calcula el área de un rectángulo si $l = 40$ pulg y $w = 2$.
3. Calcula el área de un cuadrado cuyos lados miden 6 cm.

Área de un paralelogramo

Para calcular el área de un paralelogramo multiplica la **base** por la **altura.**

Área = base × altura

$A = b \times h$,

o sea, $A = bh$

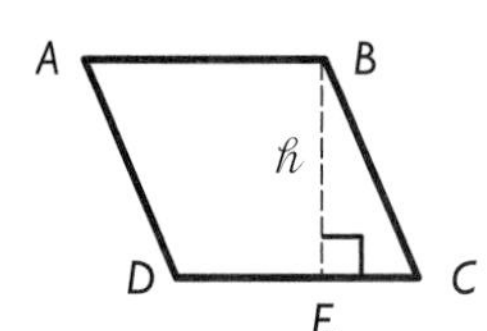

La altura de un paralelogramo es siempre **perpendicular** a la base. Esto quiere decir que en el paralelogramo *ABCD*, la altura, *h*, es igual a *BE*, en lugar de *BC*. La base, *b*, es igual a *DC*.

CÓMO CALCULAR EL ÁREA DE UN PARALELOGRAMO

Calcula el área de un paralelogramo cuya base mide 12 pulg y cuya altura mide 7 pulg.

$$A = b \times h$$
$$= 12 \text{ pulg} \times 7 \text{ pulg}$$
$$= 84 \text{ pulg}^2$$

El área del paralelogramo mide 84 pulg^2 u 84 pulgadas cuadradas.

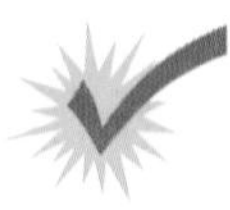

Practica tus conocimientos

4. Calcula el área de un paralelogramo si $b = 9$ m y $h = 6$ m.
5. Calcula el largo de la base de un paralelogramo que tiene un área de 32 m^2 y cuya altura mide 4 m.

Área de un triángulo

Si cortas un paralelogramo a lo largo de una de sus diagonales, obtienes dos triángulos con bases iguales, b, y con la misma altura, h.

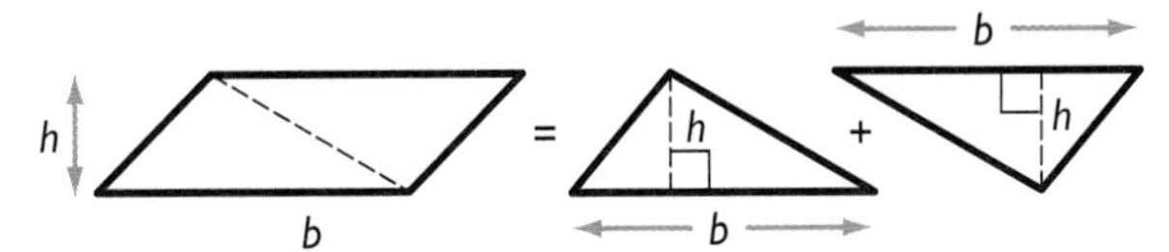

El área de un triángulo equivale a la mitad del área de un paralelogramo con la misma base y la misma altura. El área de un triángulo es igual a $\frac{1}{2}$ de la base por la altura. Por consiguiente, la fórmula es $A = \frac{1}{2} \times b \times h$, o $A = \frac{1}{2}bh$.

$A = \frac{1}{2} \times b \times h$

$A = \frac{1}{2} \times 13.5 \text{ cm} \times 8.4 \text{ cm}$

$= 0.5 \times 13.5 \text{ cm} \times 8.4 \text{ cm}$

$= 56.7 \text{ cm}^2$

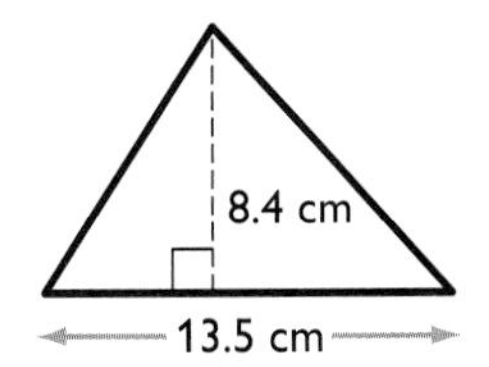

El área del triángulo mide 56.7 cm^2.

CÓMO CALCULAR EL ÁREA DE UN TRIÁNGULO

Calcula el área de $\triangle PQR$. Observa que en el triángulo rectángulo los dos **catetos** sirven de base y de altura.

$A = \frac{1}{2}bh$

$= \frac{1}{2} \times 5 \text{ m} \times 3 \text{ m}$

$= 0.5 \times 5 \text{ m} \times 3 \text{ m}$

$= 7.5 \text{ m}^2$

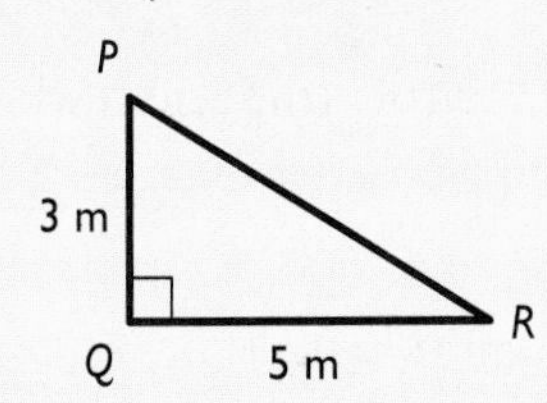

El área del triángulo mide 7.5 m^2.

Para repasar sobre *triángulos rectángulos* consulta la página 394.

Practica tus conocimientos

6. Calcula el área de un triángulo donde $b = 20$ pulg y $h = 6$ pulg.
7. Calcula el área de un triángulo rectángulo cuyos lados miden 24 cm, 45 cm y 51 cm.

Área de un trapecio

Un trapecio tiene dos bases que se designan como b_1 y b_2, respectivamente. b_1 se lee como "*b* subíndice uno". El área de un trapecio equivale al área de dos triángulos.

Ya sabes que la fórmula para calcular el área de un triángulo es $A = \frac{1}{2}bh$ por lo tanto, tiene sentido que la fórmula para calcular el área de un trapecio sea $A = \frac{1}{2}b_1h + \frac{1}{2}b_2h$, o en forma reducida, $A = \frac{1}{2}h(b_1 + b_2)$.

CÓMO CALCULAR EL ÁREA DE UN TRAPECIO

Calcula el área del trapecio *WXYZ*.

$$\begin{aligned} A &= \tfrac{1}{2}h(b_1 + b_2) \\ &= \tfrac{1}{2} \times 4\,(5 + 11) \\ &= 2 \times 16 \\ &= 32 \text{ cm}^2 \end{aligned}$$

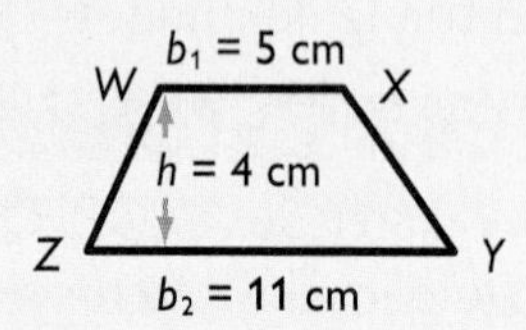

El área del trapecio mide 32 cm^2.

Dado que $\frac{1}{2}h(b_1 + b_2)$ es igual a $h \times \frac{b_1 + b_2}{2}$, quizás te sería más fácil recordar la fórmula de esta manera:

A = la altura multiplicada por el promedio de las bases

Para repasar cómo se calcula la *media* o *promedio*, consulta la página 222.

Practica tus conocimientos

8. La altura de un trapecio es de 3 pies. Las bases miden 2 pies y 6 pies. ¿Cuánto mide su área?
9. La altura de un trapecio es de 4 pies. Las bases miden 8 pies y 7 pies. ¿Cuánto mide su área?

7·5 EJERCICIOS

1. Estima el área de la siguiente figura.

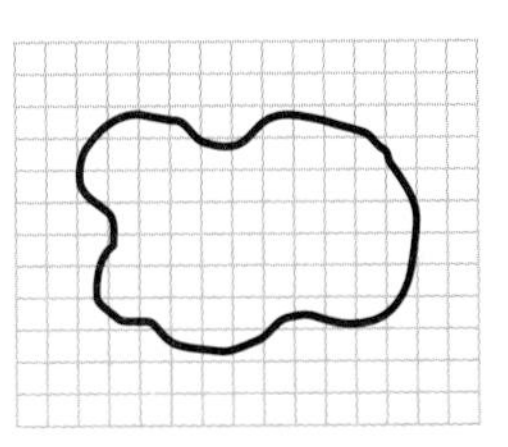

2. Si cada cuadrado de la región mide $\frac{1}{16}$ pulg, estima el área en pulgadas.

Calcula el área de cada rectángulo, dados su largo, *l*, y su ancho, *w*.

3. $l = 3$ m, $w = 2.5$ m
4. $l = 200$ cm, $w = 1.5$ m

Calcula el área de cada paralelogramo.

5.

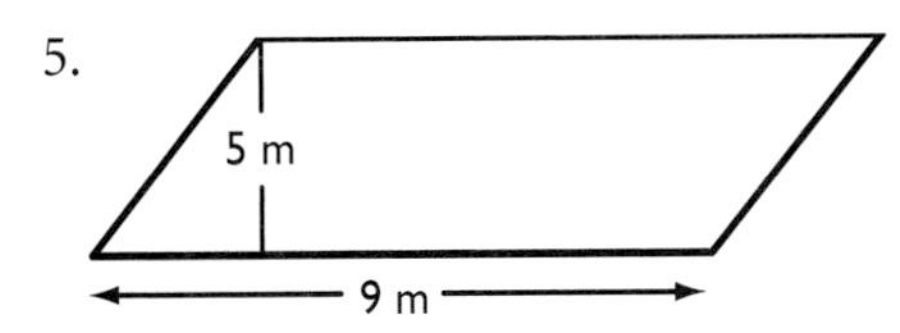

6.

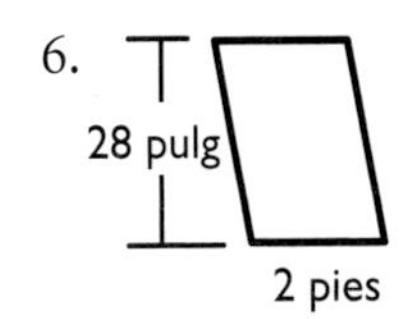

Calcula el área de cada triángulo, dadas la base *b* y la altura *h*.

7. $b = 5$ pulg, $h = 4$ pulg
8. $b = 6.8$ cm, $h = 1.5$ cm

9. Calcula el área de un trapecio cuyas bases miden 7 pulg y 9 pulg y que tiene un altura de 1 pie.
10. El señor López piensa regalar a sus dos hijas la parcela que muestra el dibujo siguiente. ¿Cuántas yardas cuadradas de terreno recibirá cada hija, si el terreno se reparte por partes iguales entre ellas?

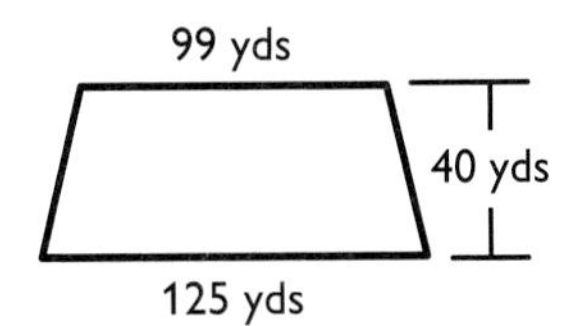

7·6 Área de superficie

El **área de superficie** de un sólido es el área total de su superficie exterior. Te puedes imaginar el área de superficie como si fueran las diferentes partes de un sólido que te gustaría pintar. Al igual que el área, el área de superficie de un sólido se expresa en unidades cuadradas. Para que entiendas por qué, "desdobla" un prisma rectangular.

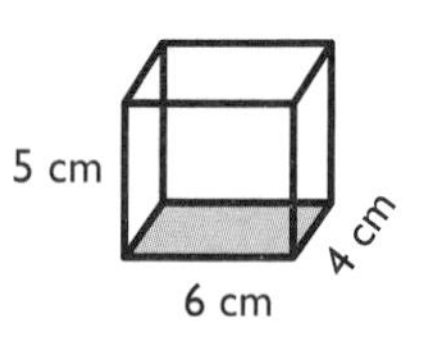

Los matemáticos llaman **red** a un prisma desdoblado. Una red es un **patrón** que se puede doblar para construir una figura tridimensional.

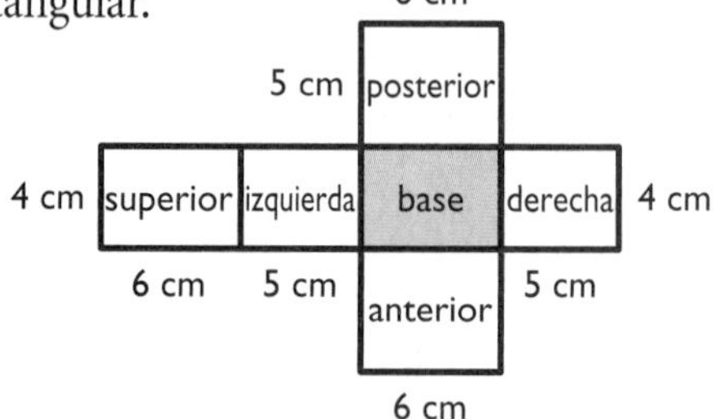

Área de superficie de un prisma rectangular

Un prisma rectangular tiene seis caras rectangulares. Para calcular el área de un prisma rectangular debes sumar las áreas de sus seis caras o rectángulos. *Recuerda:* Las caras opuestas son iguales. Para repasar *poliedros* y *prismas*, consulta la página 356.

CÓMO CALCULAR EL ÁREA DE SUPERFICIE DE UN PRISMA RECTANGULAR

Usa la red para calcular el área del prisma anterior.

- Usa la fórmula $A = lw$ para calcular el área de cada cara.
- Después, suma las seis áreas.
- Expresa la respuesta en unidades cuadradas.

$$
\begin{aligned}
\text{Área} &= \text{superior + base} + \text{izquierda + derecha} + \text{anterior + posterior} \\
&= 2 \times (6 \times 4) + 2 \times (5 \times 4) + 2 \times (6 \times 5) \\
&= 2 \times 24 + 2 \times 20 + 2 \times 30 \\
&= 48 + 40 + 60 \\
&= 148 \text{ cm}^2
\end{aligned}
$$

La superficie del prisma rectangular mide 148 cm^2.

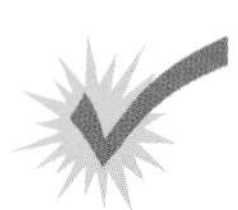

Practica tus conocimientos

Calcula el área de superficie de cada figura.

1.

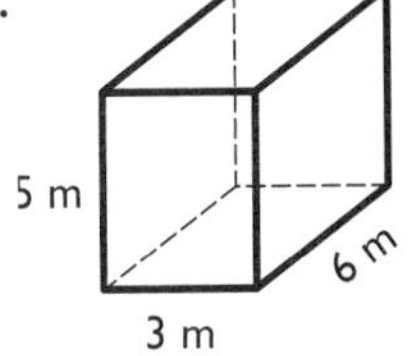

2.

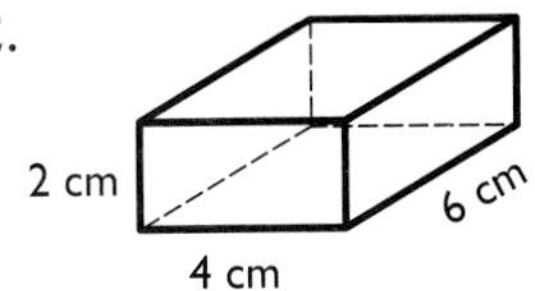

Área de superficie de otros sólidos

La técnica de desdoblar un poliedro se puede usar para calcular el área de superficie de cualquier poliedro. Observa el siguiente **prisma triangular** y su red.

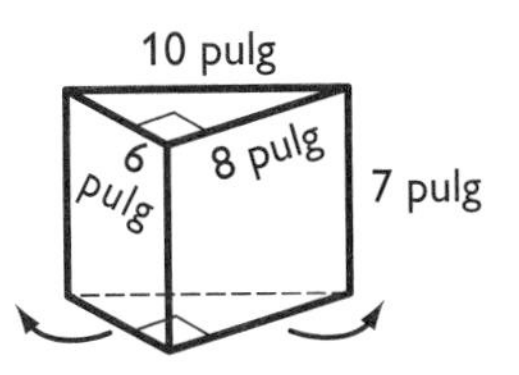

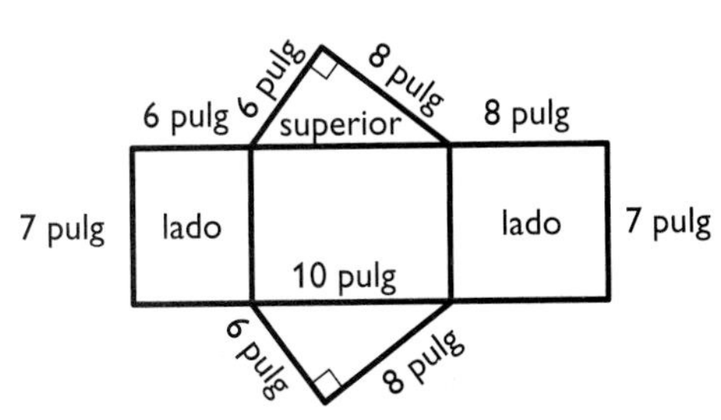

Para calcular el área de este sólido, primero usa las fórmulas para calcular el área de un rectángulo ($A = lw$) y de un triángulo ($A = \frac{1}{2}bh$). Con estas fórmulas obtendrás las áreas de las cinco caras y luego podrás sumar las áreas obtenidas.

A continuación, se muestran dos pirámides y sus respectivas redes. En estos casos, también puedes usar las fórmulas para calcular el área de un rectángulo ($A = lw$) y de un triángulo ($A = \frac{1}{2}bh$) para obtener las áreas de las caras y después sumar las áreas que obtuviste.

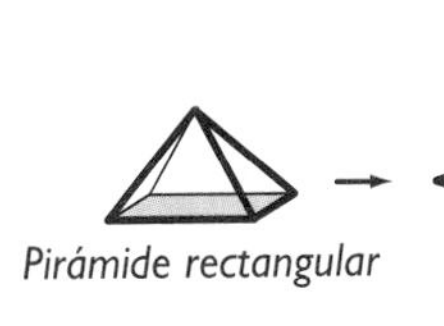

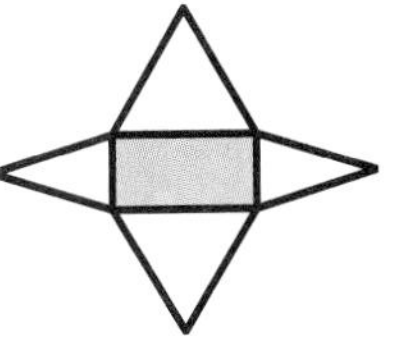

Pirámide rectangular

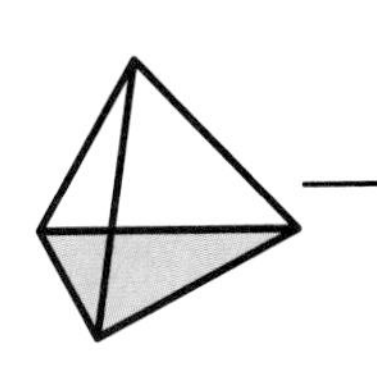

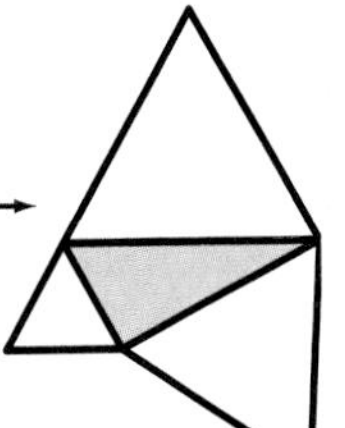

Tetraedro (pirámide triangular)

El área de superficie de un **cilindro** es igual a la suma de las áreas de dos **círculos** más el área de un rectángulo.

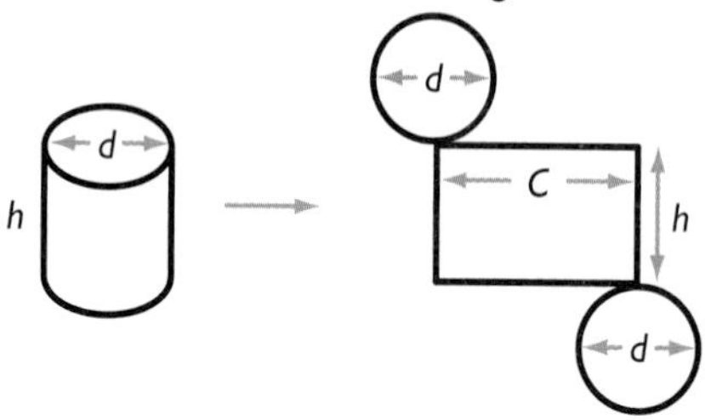

Las dos bases de un cilindro tienen la misma área. La altura del rectángulo es igual a la altura del cilindro. El largo del rectángulo es igual a la **circunferencia** del cilindro.

Para calcular el área de superficie de un cilindro:

- Usa la fórmula para el área de un círculo para calcular el área de las bases.

  $A = \pi r^2$

- Calcula el área del rectángulo usando la fórmula $h \times (2\pi r)$.

Si quieres repasar tus conocimientos sobre *círculos*, consulta la página 388.

Practica tus conocimientos

3. Desdobla el prisma triangular y calcula el área de su superficie.

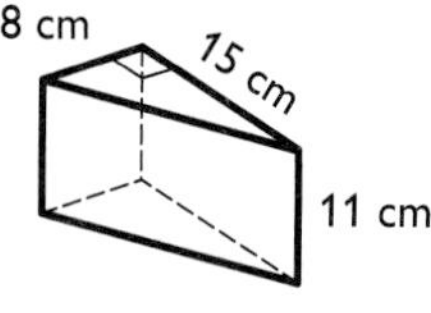

4. ¿Cuál de las siguientes figuras desdobladas representa una pirámide?

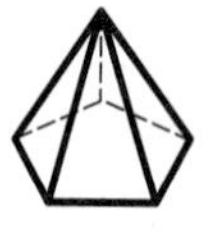

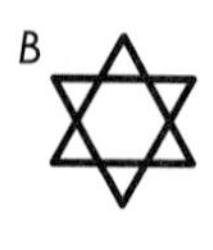

5. Calcula el área de superficie del cilindro. Usa $\pi = 3.14$.

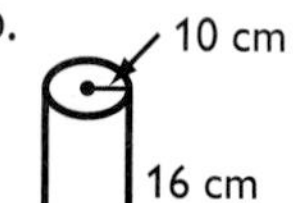

7·6 EJERCICIOS

Calcula el área de superficie de las siguientes figuras. Redondea en décimas.

1.

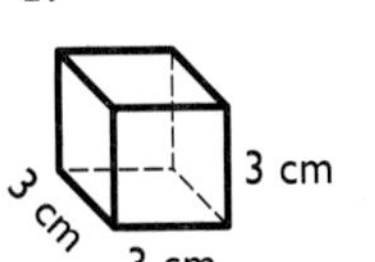

2.

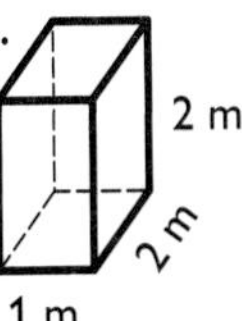

3.

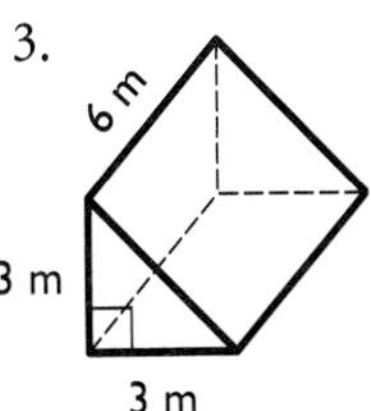

4.

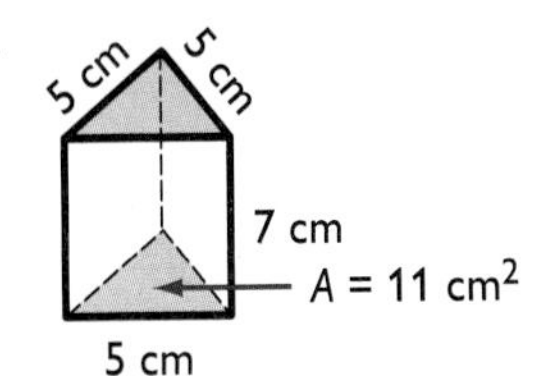

5.

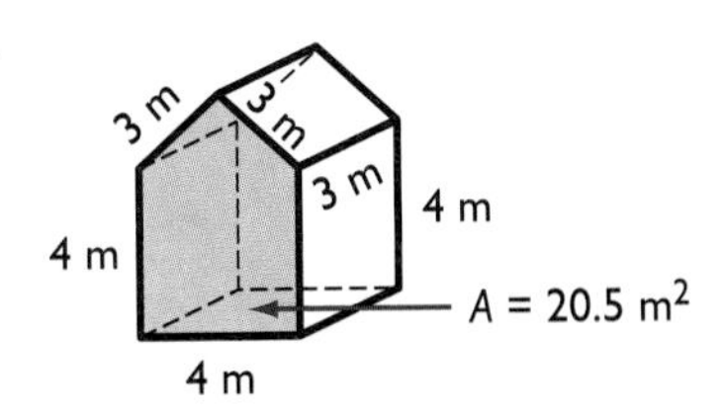

6. Un prisma rectangular mide 8 pulg por 6 pulg por 2 pulg. Calcula el área de su superficie.
7. La superficie de un cubo mide 294 pies^2. ¿Cuál es la longitud de una de sus aristas?

   A. 5 pies B. 6 pies C. 7 pies D. 8 pies

Calcula el área de superficie de cada cilindro. Redondea en décimas.

8.

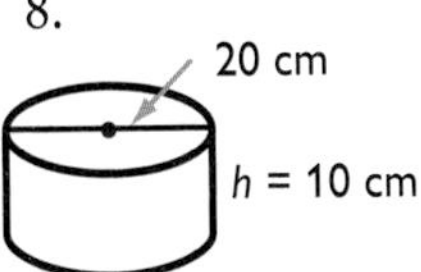

9.

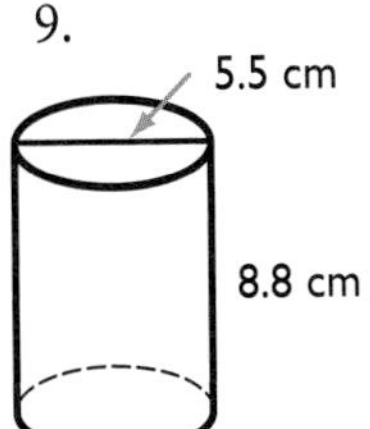

10. Rita y Derrick están construyendo una plataforma de 3 pies por 3 pies por 6 pies, para practicar con sus patinetas. Quieren impermeabilizar los seis lados de la plataforma con un sellador que permite impermeabilizar 50 pies cuadrados por cada cuarto de galón. ¿Cuántos cuartos de galón de sellador necesitarán?

7•7 Volumen

¿Qué es el volumen?

El **volumen** es el espacio dentro de una figura. Una manera de medir el volumen es contar el número de unidades cúbicas que llenan el espacio dentro de la figura.

El volumen de este pequeño cubo es de 1 **pulgada cúbica.**

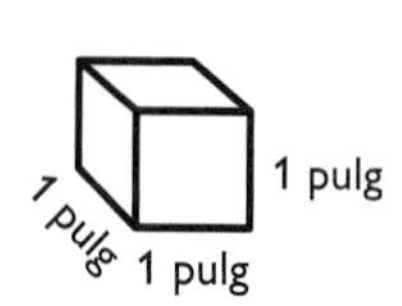

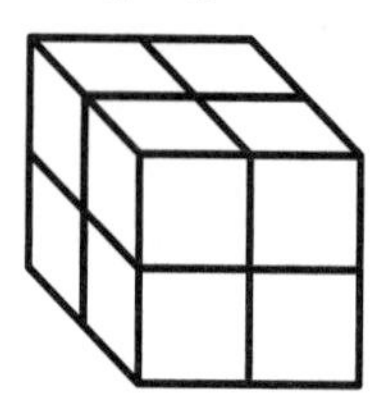

El número de cubos pequeños que se requieren para llenar el cubo más grande es igual a 8. Por lo tanto, el volumen del cubo más grande es de 8 pulgadas cúbicas.
El volumen de la figura se mide en unidades *cúbicas.* Por ejemplo, 1 pulgada cúbica se escribe como 1 $pulg^3$ y 1 **metro cúbico** se escribe como 1 m^3.
Para repasar sobre *cubos,* consulta la página 356.

Practica tus conocimientos

¿Cuál es el volumen de cada figura?

1. 1 cubo = 1 cm^3

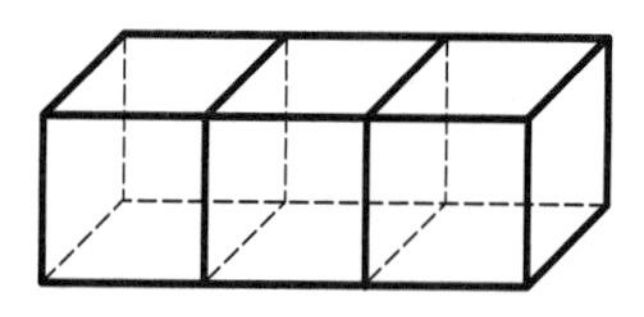

2. 1 cubo = 1 pie^3

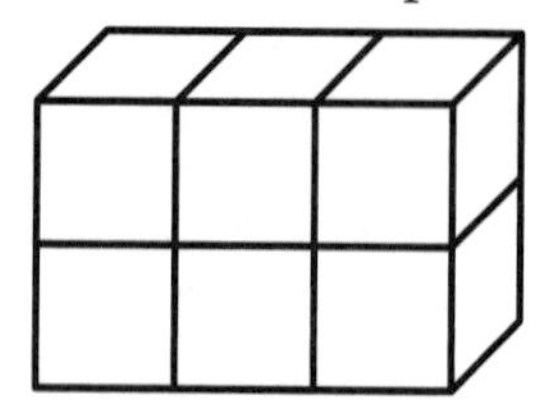

Volumen de un prisma

El volumen de un prisma se puede calcular multiplicando el *área* (págs. 372–377) de la *base,* B por la *altura,* h.

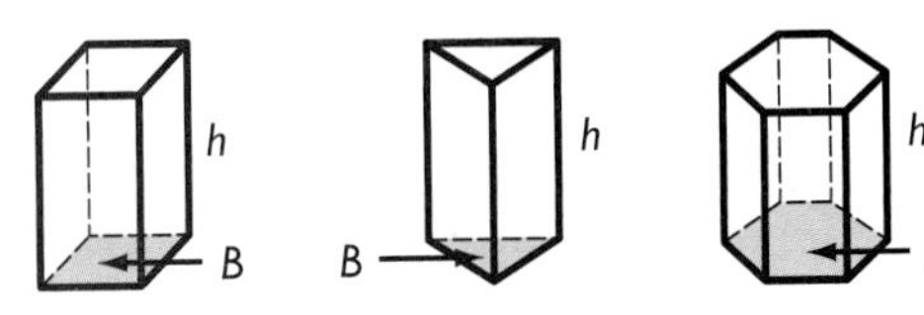

Volumen = Bh

Ver *fórmulas* en las páginas 62 y 63.

CÓMO CALCULAR EL VOLUMEN DE UN PRISMA

Calcula el volumen del prisma rectangular. Su base mide 12 pulg de largo y 10 pulg de ancho. El prisma tiene una altura de 15 pulg.

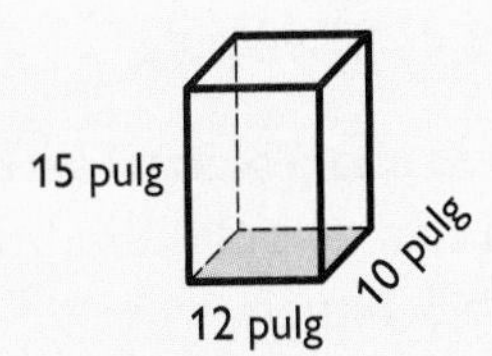

base $A = 12 \text{ pulg} \times 10 \text{ pulg}$ • Calcula el área de la base.

$= 120 \text{ pulg}^2$

$V = 120 \text{ pulg}^2 \times 15 \text{ pulg}$ • Multiplica la base por la altura.

$= 1{,}800 \text{ pulg}^3$

El volumen del prisma mide 1,800 pulg^3.

Practica tus conocimientos

Calcula el volumen de cada figura.

3.

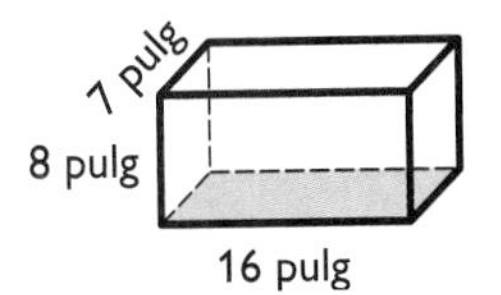

4.

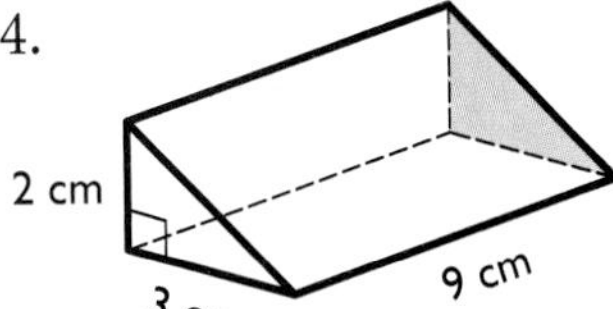

Volumen de un cilindro

Puedes calcular el volumen de un cilindro de la misma manera que calculas el volumen de un prisma, utilizando la fórmula $V = Bh$. *Recuerda:* La base de un cilindro es un círculo (pág. 388).

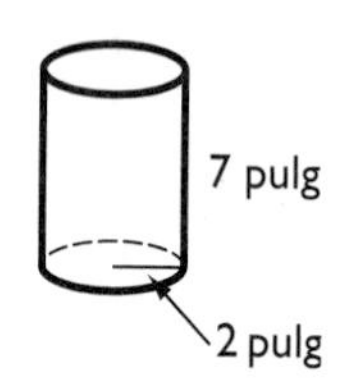

La base tiene un radio de 2 pulg. Si estimas el valor de **pi** (π) usando 3.14, encontrarás que el área de la base mide aproximadamente 12.56 pulg^2. Dado que conoces la altura, puedes usar la $V = Bh$.

$$V = 12.57 \text{ pulg}^2 \times 7 \text{ pulg}$$
$$= 87.99 \text{ pulg}^3$$

El volumen del cilindro es de 87.92 pulg^3.

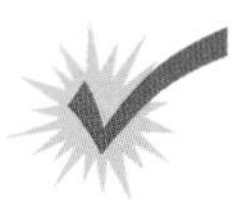

Practica tus conocimientos

Calcula el volumen de cada cilindro. Redondea en centésimas. Usa 3.14 para π.

5. 2 pulg; 9 pulg

6. 8 cm; 3 cm

Volumen de una pirámide y un cono

La fórmula para calcular el volumen de una pirámide o un cono es $V = \frac{1}{3}Bh$.

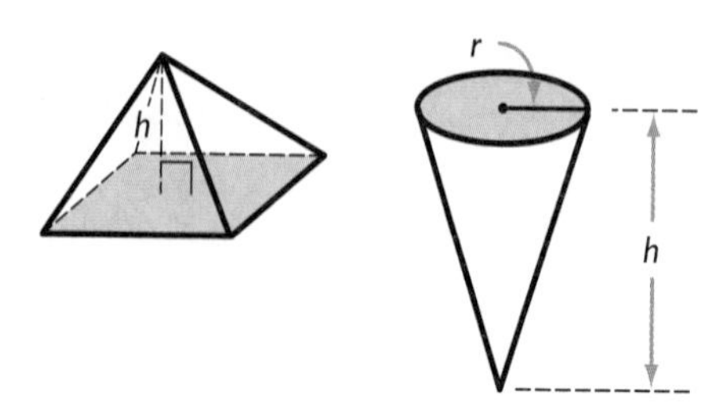

CÓMO CALCULAR EL VOLUMEN DE UNA PIRÁMIDE

Calcula el volumen de la pirámide. La base mide 175 cm de largo y 90 cm de ancho. La pirámide tiene una altura de 200 cm.

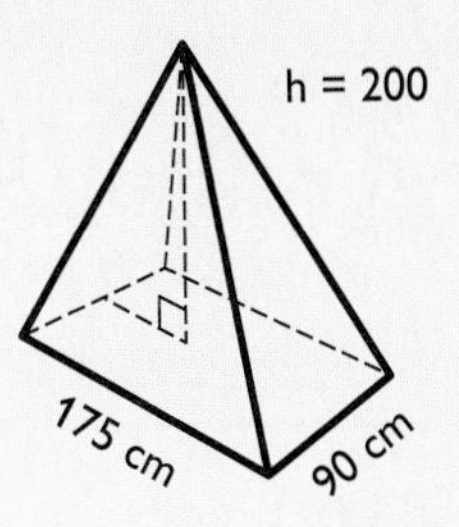

base $A = (175 \times 90)$	• Calcula el área de la base.
$= 15{,}750 \text{ cm}^2$	
$V = \frac{1}{3}(15{,}750 \times 200)$	• Multiplica la base por la altura y por $\frac{1}{3}$.
$= 1{,}050{,}000$	

El volumen es igual a 1,050,000 cm^3.

Para calcular el volumen de un cono, sigue el mismo procedimiento anterior. Aunque quizás prefieras usar una calculadora para calcular la base del cono. Por ejemplo, un cono tiene una base con radio de 3 cm y una altura de 10 cm. ¿Cuál es el volumen del cono? Redondea en décimas.

Eleva el radio al cuadrado y multiplica por π para obtener el área de la base. Después, multiplica por la altura y divide entre 3 para obtener el volumen. El volumen del cono es igual a 94.2 cm^3.

Oprime [π] [×] 9 [=] [28.27433] [×] 10 [÷] 3 [=] [94.24778]

Para consultar otras *fórmulas* de volumen, consulta la página 62.

Practica tus conocimientos

Calcula el volumen de las siguientes figuras. Redondea en décimas.

7.

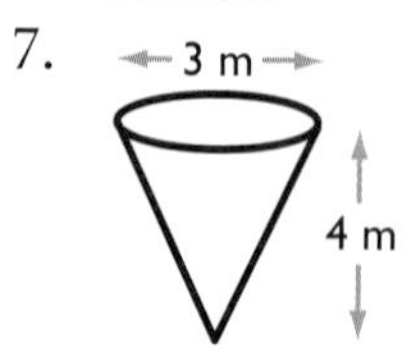

8.

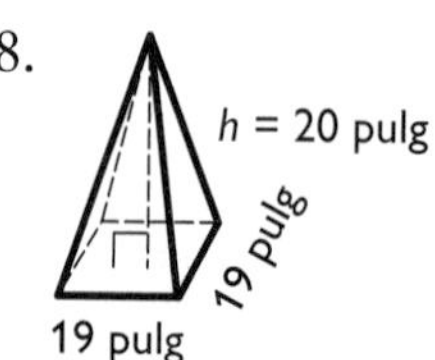

Buenas noches, T. Rex

¿Por qué desaparecieron los dinosaurios? Pruebas recientes encontradas en el fondo del océano, indican que un gigantesco asteroide chocó contra la Tierra hace cerca de 65 millones de años.

El asteroide, cuyo diámetro debe haber medido entre 6 y 12 millas de diámetro, se desplazaba a una velocidad de miles de millas por hora y chocó contra la Tierra en algún lugar del golfo de México.

El choque levantó billones de toneladas de polvo en la atmósfera. La lluvia de polvo que siguió, oscureció la luz del Sol, haciendo que las temperaturas del planeta descendieran bruscamente. El registro fósil muestra que la mayoría de las especies que existían antes de la colisión, desaparecieron.

Supón que el cráter producido por el asteroide tenía la forma de un hemisferio con un diámetro de 165 millas. ¿Cuántas millas cúbicas de polvo produjo el choque del asteroide? Consulta la pág. 62 para obtener la fórmula del volumen de una esfera. Consulta la respuesta en el Solucionario al final del libro.

7•7 EJERCICIOS

Utiliza el siguiente prisma rectangular para los ejercicios 1 al 4.

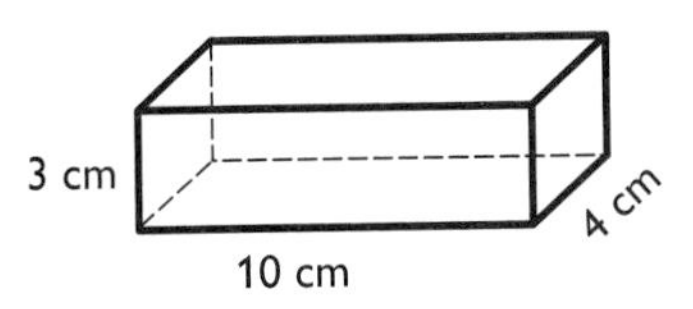

1. ¿Cuántos cubos de un centímetro cúbico se necesitarían para formar una capa en el fondo del prisma?
2. ¿Cuántas capas de cubos se necesitarían para llenar el prisma?
3. ¿Cuántos cubos se necesitarían para llenar el prisma?
4. Cada cubo tiene un volumen de 1 cm^3. ¿Cuál es el volumen del prisma?
5. Calcula el volumen de un prisma rectangular cuya base mide 10 cm por 10 cm y que tiene una altura de 8 cm.
6. Un cilindro tiene una base de 5 cm^2 de área y una altura de 7 cm. ¿Cuál es su volumen?
7. Calcula el volumen de un cilindro que mide 8.2 m de altura y cuya base tiene un radio de 2.1 m. Redondea en décimas.
8. Calcula el volumen de una pirámide que tiene una altura de 4 pulg y una base rectangular que mide 6 pulg por 3.5 pulg.
9. Observa el cono y la pirámide triangular siguientes. ¿Cuál tiene mayor volumen? ¿Cuántas pulgadas cúbicas de diferencia tienen?

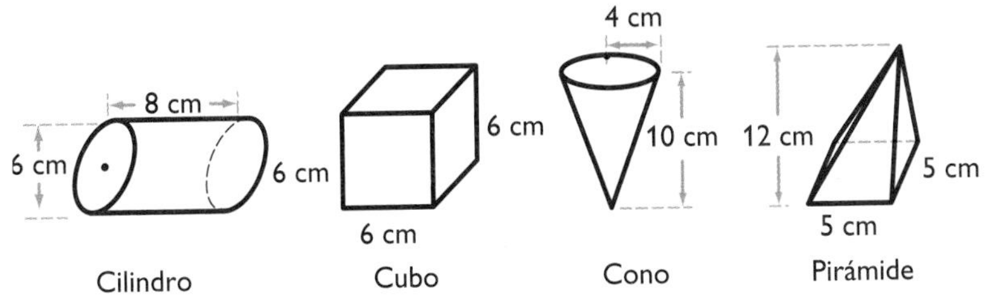

10. Haz una lista de las figuras anteriores ordenadas de menor a mayor volumen.

7·8 Círculos

Partes de un círculo

El círculo es una de las figuras con características más peculiares que puedes encontrar en geometría. Difiere de las otras figuras de varias maneras. Por ejemplo, los polígonos tienen formas diferentes, pero todos los círculos tienen la misma forma. Los círculos no tienen lados, mientras que los polígonos se clasifican y se nombran según el número de lados. La *única* característica que difiere en los círculos es el tamaño.

Un círculo es un conjunto de puntos equidistantes de un punto dado llamado **centro del círculo.** Un círculo se designa según su punto central.

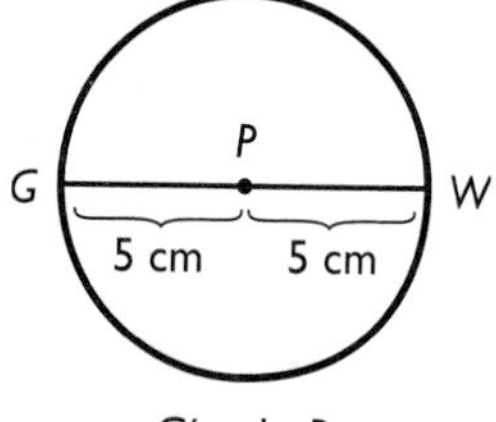

Círculo *P*

Un **radio** es un **segmento** de recta con un extremo en el centro y otro sobre el círculo. En el círculo *P*, $\overline{PW}$, es un *radio* y $\overline{PG}$.

Un **diámetro** es un segmento de recta que atraviesa el centro y cuyos extremos están sobre el círculo. $\overline{GW}$ es el diámetro del círculo *P*. Observa que la longitud del diámetro $\overline{GW}$ es igual a la suma de $\overline{PW}$ más $\overline{PG}$. Por lo tanto, el diámetro equivale al doble de la longitud del radio. Si d representa el diámetro y r el radio, d es igual al doble del radio r. Por lo tanto, el diámetro del círculo *P* mide 2(5) ó 10 cm.

Practica tus conocimientos

1. Calcula el radio de un círculo cuyo diámetro mide 18 pulg.
2. Calcula el radio de un círculo cuyo diámetro mide 3 m.
3. Calcula el radio de un círculo en el cual $d = x$.
4. Calcula el diámetro de un círculo que mide 6 cm de radio.
5. Calcula el diámetro de un círculo que mide un radio de 16 m.
6. Calcula el diámetro de un círculo en el cual $r = y$.

Circunferencia

La circunferencia de un círculo es la distancia alrededor del círculo. La **razón** (pág. 308) entre la circunferencia de un círculo cualesquiera y su diámetro es siempre igual. Esta razón es un número cercano a 3.14. En otras palabras, en todo círculo la circunferencia mide aproximadamente 3.14 veces su diámetro. El símbolo π, que se lee *pi*, se usa para representar la razón $\frac{C}{d}$.

$\frac{C}{d} = 3.141592\ ...$

Circunferencia = pi × diámetro o $C = \pi d$

Observa la siguiente ilustración. La circunferencia del círculo mide cerca de tres diámetros. Esta relación es verdadera para cualquier círculo.

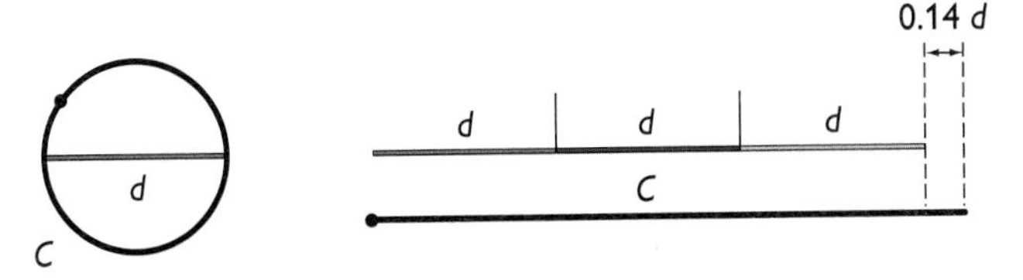

Como $d = 2r$, la circunferencia = dos × pi × radio o $C = 2\pi r$.

Si tienes una calculadora con la tecla π, presiónala y obtendrás una aproximación de π con varios decimales más: $\pi = 3.141592\ ...$. Por razones prácticas, sin embargo, al calcular la circunferencia de un círculo, se redondea el valor de π a 3.14 ó simplemente se expresa la respuesta en términos de π.

CÓMO CALCULAR LA CIRCUNFERENCIA DE UN CÍRCULO

Calcula la circunferencia de un círculo con 8 m de radio.

- Usa la fórmula $C = \pi d$. Recuerda que si multiplicas el diámetro por 2, obtienes la medida del diámetro. Redondea en décimas.

$$d = 8 \times 2 = 16$$
$$C = 16\pi$$

La circunferencia mide exactamente 16π m.

$$C = 16 \times 3.14$$
$$= 50.24$$

Si redondeas la respuesta en décimas, la circunferencia mide 50.2 m.

Puedes calcular el diámetro de un círculo, si conoces su circunferencia. Divide ambos lados entre π.

$$C = \pi d$$
$$\frac{C}{\pi} = \frac{\pi d}{\pi}$$
$$\frac{C}{\pi} = d$$

Practica tus conocimientos

7. Calcula la circunferencia de un círculo con diámetro de 5 pulg. Expresa la respuesta en términos de π.
8. Calcula la circunferencia de un círculo con un radio de 3.2 cm. Redondea la respuesta en décimas.
9. Calcula el diámetro de un círculo con una circunferencia de 25 m. Redondea la respuesta en centésimas.
10. Usando la tecla π de tu calculadora, o el valor de $\pi = 3.141592$, calcula el radio de un círculo con una circunferencia de 35 pulg. Redondea la respuesta a la media pulgada más cercana.

Ángulos centrales

Un ángulo central es un ángulo cuyo vértice se localiza en el centro de un círculo. La suma de los ángulos centrales de cualquier círculo es igual a 360°. Para repasar sobre *ángulos*, consulta la página 343.

La parte del círculo que **interseca** un ángulo central se conoce como **arco.** La medida del arco en **grados,** es igual a la medida del ángulo central.

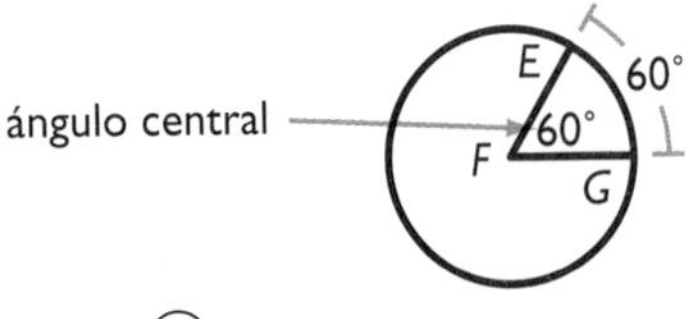

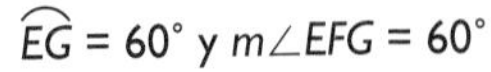

Practica tus conocimientos

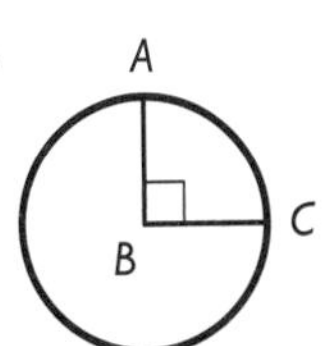

11. Identifica un ángulo central del círculo *B*.
12. ¿Cuánto mide $\widehat{AC}$?
13. ¿Cuánto mide $\angle LMN$?

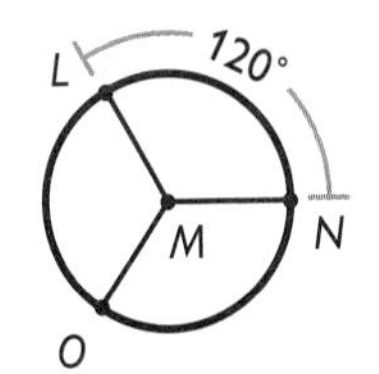

Alrededor del mundo

Tus vasos sanguíneos son una red de arterias y venas que llevan oxígeno a todo el cuerpo y que recogen la sangre con dióxido de carbono y la transportan a los pulmones. Si se toman en cuenta las arterias y las venas, el cuerpo humano tiene aproximadamente 60,000 millas de vasos sanguíneos.

¿Cuánto es 60,000 millas? La circunferencia de la Tierra mide cerca de 25,000 millas. Si se extendieran los vasos sanguíneos de un cuerpo humano, ¿cuántas vueltas darían alrededor del ecuador de la Tierra? Consulta la respuesta en el Solucionario.

Área de un círculo

Para calcular el área de un círculo usa la fórmula Área = pi × radio^2, o sea, $A = \pi r^2$. Al igual que el área de un polígono, el área de un círculo se expresa en unidades cuadradas.

Para repasar los conceptos de *área* y *unidad cuadrada*, consulta la página 372.

CÓMO CALCULAR EL ÁREA DE UN CÍRCULO

Calcula el área del círculo Q. Redondea al entero más cercano.

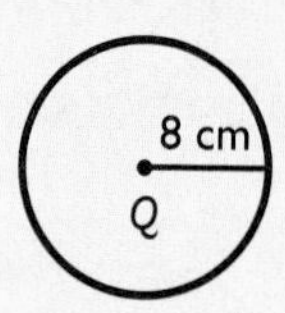

$A = \pi \times 8^2$	• Usa la fórmula $A = \pi r^2$.
$= 64\pi$	• Eleva el radio al cuadrado.
≈ 200.96	• Multiplica por 3.14 o usa la tecla para π en una calculadora para obtener una respuesta más exacta.
$\approx 201 \text{ cm}^2$	

El área del círculo *Q* mide aproximadamente 201 cm^2.

Si tienes la información sobre el diámetro, en lugar de la del radio, divide el diámetro entre dos.

Practica tus conocimientos

14. El diámetro de un círculo mide 9 pulg. Expresa el área del círculo en términos de π. Después, multiplica y redondea el resultado en décimas.
15. Usa una calculadora para obtener el área de un círculo con diámetro de 15 cm. Usa la tecla π de la calculadora o usa $\pi = 3.14$ para obtener el resultado. Redondea al centímetro cuadrado más cercano.

7•8 EJERCICIOS

Dado el radio de cada círculo, calcula su diámetro.

1. $r = 11$ pies
2. $r = 7.2$ cm
3. $r = x$

Dado el diámetro de cada círculo, calcula su radio.

4. $d = 7$ pulg
5. $d = 2.6$ m
6. $d = y$

Dado r o d, calcula su circunferencia. Redondea en décimas.

7. $d = 1$ m
8. $d = 7.9$ cm
9. $r = 18$ pulg

La circunferencia de un círculo mide 47 cm. Calcula lo siguiente. Redondea en décimas.

10. el diámetro
11. el radio

Calcula la medida de cada arco del círculo.

12. Arco AB
13. Arco CB
14. Arco AC

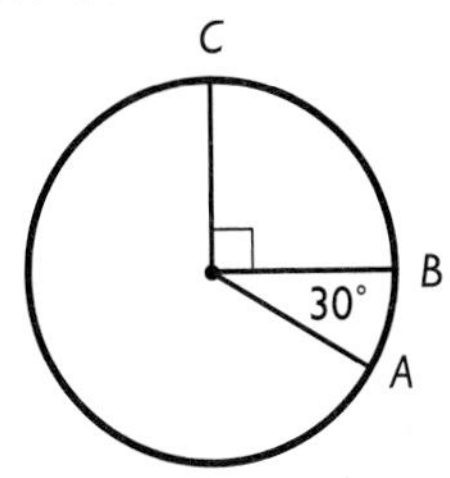

Dado r o d, calcula el área de cada círculo. Redondea al entero más cercano.

15. $r = 2$ m
16. $r = 35$ pulg
17. $d = 50$ cm
18. $d = 10$ pies

19. Un perro está atado a una estaca. Debido a que la cuerda mide 20 m de largo, el perro sólo se puede alejar 20 m de la estaca. Calcula el área que puede recorrer el perro. (Si usas una calculadora, redondea al entero más cercano.)

20. Tony's Pizza Palace vende una pizza grande cuyo diámetro mide 14 pulg. Pizza Emporium vende por el mismo precio una pizza grande de 15 pulg de diámetro. ¿Cuánta pizza adicional se recibe al comprar una pizza en Pizza Emporium?

7•9 El teorema de Pitágoras

Triángulos rectángulos

La primera figura a la izquierda muestra un triángulo rectángulo en un geotablero. El triángulo mide $\frac{1}{2}$ unidad cuadrada de superficie y cada cateto mide una unidad de largo.

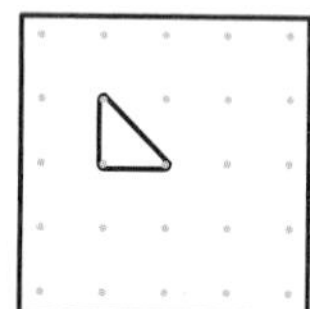

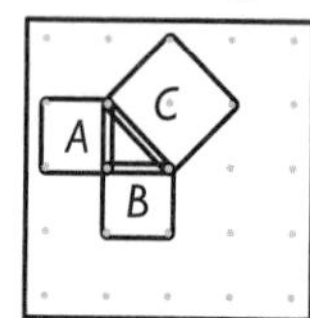

Ahora observa los cuadrados *A*, *B* y *C* que están colocados en los tres lados del triángulo.

Área $A = 1 \times 1 = 1$ unidad cuadrada
Área $B = 1 \times 1 = 1$ unidad cuadrada

Si observas los huecos del geotablero no es posible determinar directamente el área del cuadrado *C*. Sin embargo, se puede ver claramente que su área equivale al área de cuatro de los triángulos originales.

Área $C = 4 \times \frac{1}{2}$

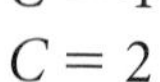

$C = 2$

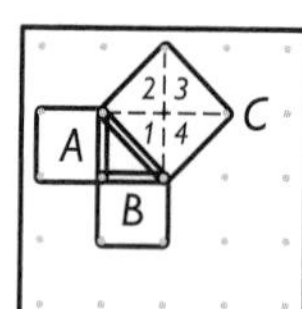

El área de *C* es igual a 2 unidades cuadradas.

Observa la relación entre las tres áreas:

Área A + Área B = Área C

Está relación se aplica en todos los triángulos rectángulos.

Practica tus conocimientos

1. ¿Cuál es el área de cada uno de los cuadrados?
2. ¿Es la suma de las áreas de los dos cuadrados más pequeños, igual al área del tercer cuadrado?

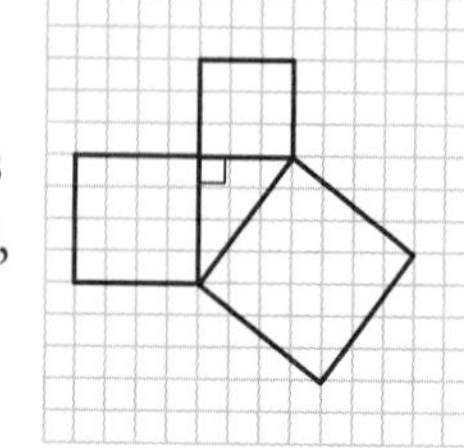

El teorema de Pitágoras

Si observas el área de los cuadrados de los lados del triángulo que se muestran en el geotablero, puedes ver la relación del área del cuadrado de la **hipotenusa,** nombre con el que se conoce el lado opuesto al **ángulo recto,** con el área de los cuadrados de los catetos. Esta relación, o patrón, está basada en la longitud de los tres lados. Un matemático griego llamado Pitágoras identificó esta relación hace 2,500 años y obtuvo una conclusión. Esta conclusión se conoce con el nombre de teorema de Pitágoras y su enunciado es el siguiente: en un triángulo rectángulo el cuadrado de la longitud de la hipotenusa es igual a la suma de los cuadrados de la longitud de los catetos.

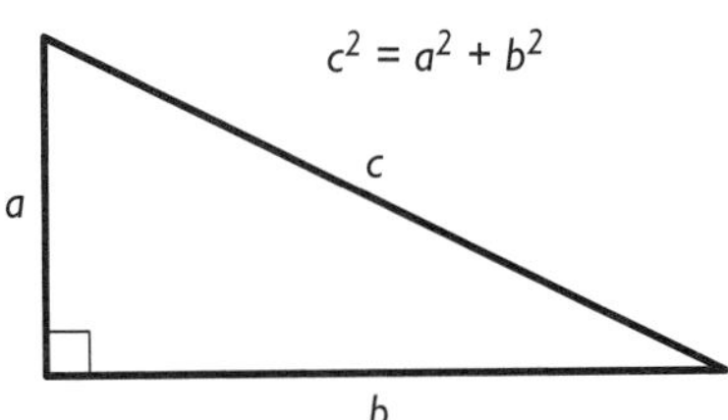

Puedes usar el teorema de Pitágoras para calcular el lado desconocido en un triángulo rectángulo, si conoces la longitud de los otros dos lados.

CÓMO USAR EL TEOREMA DE PITÁGORAS PARA CALCULAR LA HIPOTENUSA

Usa el teorema de Pitágoras para calcular la longitud de la hipotenusa, c, de $\triangle EFG$.

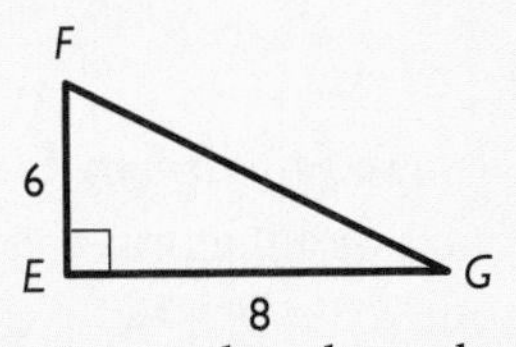

$c^2 = a^2 + b^2$	• Reemplaza los valores conocidos en
$c^2 = 6^2 + 8^2$	*a* y *b*.
$c^2 = 36 + 64$	• Eleva los valores conocidos al cuadrado.
$c^2 = 100$	• Calcula la suma de los cuadrados de los dos catetos.
$c = 10$	• Calcula la raíz cuadrada de la suma.

CÓMO USAR EL TEOREMA DE PITÁGORAS PARA CALCULAR LA LONGITUD DE UN CATETO

Usa el teorema de Pitágoras, $c^2 = a^2 + b^2$, para calcular la longitud del cateto b de un triángulo rectángulo cuya hipotenusa mide 14 pulg. El otro cateto mide 5 pulg.

14^2	$= 5^2 + b^2$	• Usa $c^2 = a^2 + b^2$.
196	$= 25 + b^2$	• Eleva los valores conocidos al cuadrado.
$196 - 25$	$= (25 - 25) + b^2$	• Resta para aislar la incógnita.
171	$= b^2$	
$13.076696...$	$= b$	• Usa una calculadora para calcular la raíz cuadrada. Redondea en décimas.

El cateto desconocido mide 13.1 pulg.

Practica tus conocimientos

3. Calcula la longitud de la hipotenusa de un triángulo rectángulo cuyos catetos miden 9 cm y 11 cm. Redondea al entero más cercano.
4. Calcula la longitud de $\overline{SR}$. Redondea al entero más cercano.

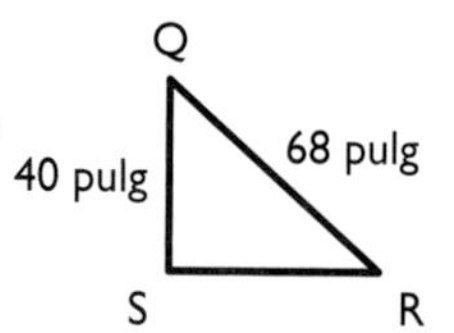

Triplete de Pitágoras

Los números 3, 4 y 5 forman un **triplete de Pitágoras** porque $3^2 + 4^2 = 5^2$. Los tripletes de Pitágoras están formados por números enteros tales que $a^2 + b^2 = c^2$. Existen muchos tripletes de Pitágoras. A continuación se muestran tres ejemplos:

5, 12, 13   8, 15, 17   7, 24, 25

Si multiplicas cada número de un triplete de Pitágoras por un mismo número, obtienes otro triplete de Pitágoras. 6, 8, 10 es un triplete porque es igual a 2(3), 2(4), 2(5).

7•9 EJERCICIOS

Cada lado del triángulo de la siguiente figura es también el lado de un cuadrado. Los cuadrados están designados como regiones I, II y III.

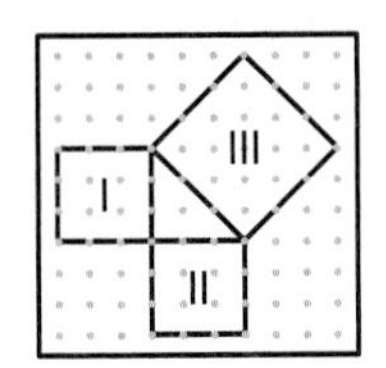

1. Calcula las áreas de las regiones I, II y III.
2. ¿Qué relación existe entre las áreas de las regiones I, II y III?

Calcula la longitud desconocida de cada triángulo rectángulo. Redondea en décimas.

3.
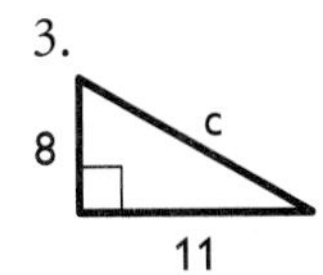

4.
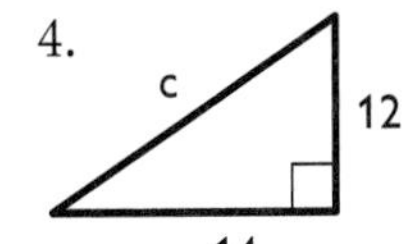

5.
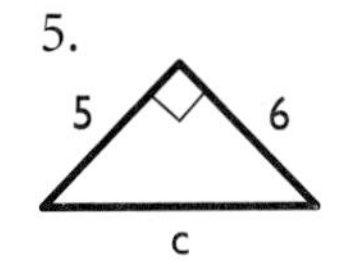

¿Son las siguientes series de números tripletes de Pitágoras? Escribe sí o no.

6. 3, 4, 5
7. 4, 5, 6
8. 24, 45, 51
9. Calcula la longitud desconocida del cateto de un triángulo rectángulo cuya hipotenusa mide 16 pulg y cuyo otro cateto mide 9 pulg. Redondea en décimas.
10. Calcula la longitud desconocida de la hipotenusa de un triángulo rectángulo cuyos catetos miden 39 cm y 44 cm.

7•10 La razón tangente

Los lados y los ángulos de un triángulo rectángulo

Todos los triángulos rectángulos tienen un ángulo recto y dos **ángulos agudos.** La hipotenusa, el lado más largo, es opuesta al ángulo recto. Los otros dos lados se conocen como *catetos del triángulo.*

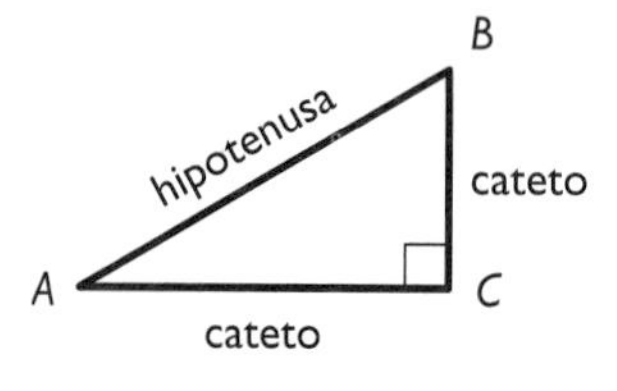

$m\angle A$ y $m\angle B < 90°$

Algunas veces los lados de un triángulo se nombran cateto *opuesto* y cateto *adyacente* para describir su posición con respecto a uno de los ángulos agudos del triángulo rectángulo.

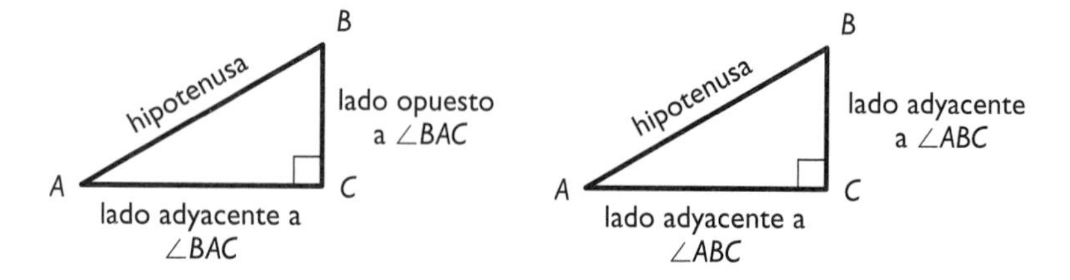

La tangente de un ángulo

En todo ángulo agudo de un triángulo rectángulo, la razón entre la longitud del cateto opuesto y el cateto adyacente se conoce como la **tangente** del ángulo.

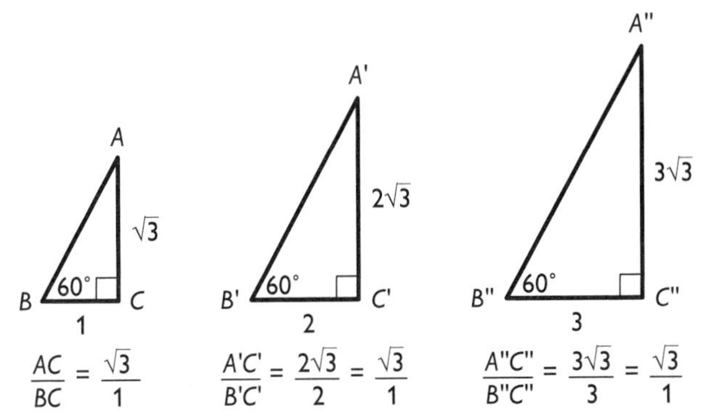

Esta razón se conoce como la tangente de un ángulo agudo de un triángulo rectángulo y se abrevia como *tan A*. La razón se calcula de la siguiente manera:

$$\tan A = \frac{\text{longitud del lado opuesto a } \angle A}{\text{longitud del lado adyacente a } \angle A}$$

CÓMO SE CALCULA LA TANGENTE DE UN ÁNGULO

Calcula tan *P*.

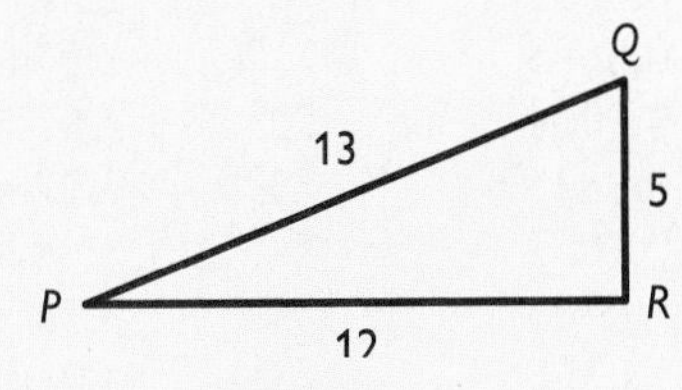

$$\tan P = \frac{\text{lado opuesto}}{\text{lado adyacente}}$$
$$= \frac{5}{12}$$
$$= 0.42$$

- Identifica los lados opuesto y adyacente al ángulo.
- Expresa la razón tangente en forma de fracción, usando la longitud de los lados opuesto y adyacente.
- Expresa la razón tangente en forma decimal.

Practica tus conocimientos

1. Calcula tan *Q* para $\triangle PQR$ (triángulo en la figura anterior).
2. Calcula tan *M*.

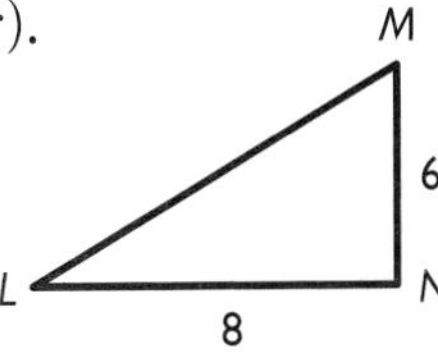

Tabla de tangentes

Debido a que la **razón tangente** siempre es igual para cada medida de un ángulo, a continuación encontrarás una tabla de valores de tangentes que te puede ayudar a resolver problemas relacionados con triángulos rectángulos.

Para encontrar la tangente de un ángulo, busca la medida del ángulo en la columna titulada Ángulo y lee la razón correspondiente en la columna titulada Tangente.

Ángulo	Tangente	Ángulo	Tangente	Ángulo	Tangente
1°	0.0175	31°	0.6009	61°	1.8040
2°	0.0349	32°	0.6249	62°	1.8807
3°	0.0524	33°	0.6494	63°	1.9626
4°	0.0699	34°	0.6754	64°	2.0503
5°	0.0875	35°	0.7002	65°	2.1445
6°	0.1051	36°	0.7265	66°	2.2460
7°	0.1228	37°	0.7536	67°	2.3559
8°	0.1405	38°	0.7813	68°	2.4751
9°	0.1584	39°	0.8098	69°	2.6051
10°	0.1763	40°	0.8391	70°	2.7475
11°	0.1944	41°	0.8693	71°	2.9042
12°	0.2126	42°	0.9004	72°	3.0777
13°	0.2309	43°	0.9325	73°	3.2709
14°	0.2493	44°	0.9657	74°	3.4874
15°	0.2679	45°	1.0000	75°	3.7321
16°	0.2867	46°	1.0355	76°	4.0108
17°	0.3057	47°	1.0724	77°	4.3315
18°	0.3249	48°	1.1106	78°	4.7046
19°	0.3443	49°	1.1504	79°	5.1446
20°	0.3640	50°	1.1918	80°	5.6713
21°	0.3839	51°	1.2349	81°	6.3138
22°	0.4040	52°	1.2799	82°	7.1154
23°	0.4245	53°	1.3270	83°	8.1443
24°	0.4452	54°	1.3764	84°	9.5144
25°	0.4663	55°	1.4281	85°	11.4301
26°	0.4877	56°	1.4826	86°	14.3007
27°	0.5095	57°	1.5399	87°	19.0811
28°	0.5317	58°	1.6003	88°	28.6363
29°	0.5543	59°	1.6643	89°	57.2900
30°	0.5774	60°	1.7321		

7·10 EJERCICIOS

Calcula el valor de cada tangente. Redondea en centésimas.

1. tan A
2. tan B
3. tan D
4. tan E

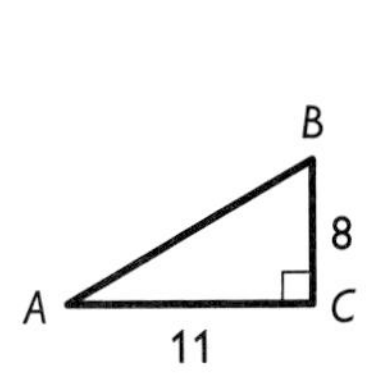

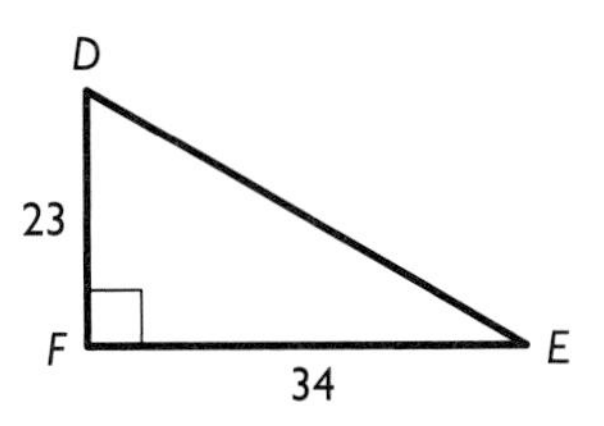

5. tan 45°
6. tan 30°
7. tan 74°
8. tan 17°
9. tan 53°

10. Calcula la medida del $\angle J$. Redondea al grado más cercano.

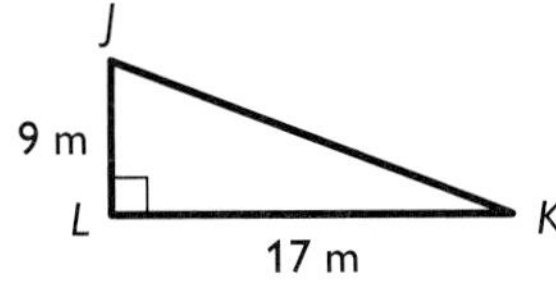

11. Un asta mide 6 m de altura. El extremo de un cable se amarra a la punta del asta y el otro extremos se fija al suelo, a 15 m de distancia del asta. ¿Cuál es la medida del ángulo que forma el alambre con el suelo?

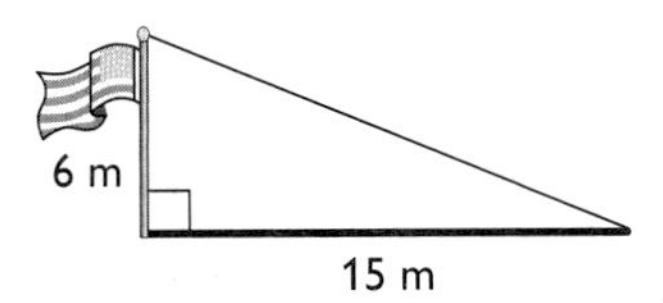

Usa el $\triangle MNO$ para responder las preguntas 12 a la 15.

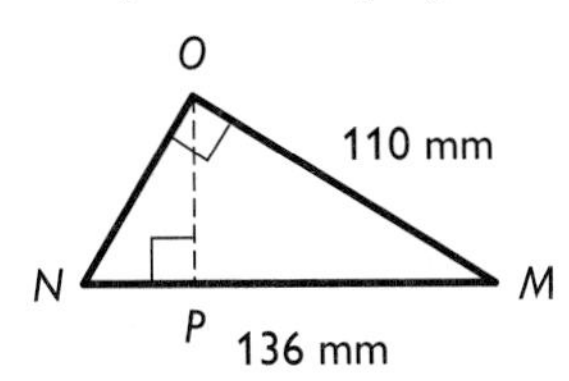

12. ¿Cuál es la longitud de $\overline{NO}$?
13. ¿Cuánto mide $\angle M$?
14. ¿Cuánto mide $\angle N$?
15. ¿Cuál es la longitud de $\overline{OP}$?

¿Qué has aprendido?

Puedes utilizar los siguientes problemas y la lista de palabras para averiguar lo que has aprendido en este capítulo. Puedes aprender más acerca de un problema o palabra en particular, al consultar el número de tema en negrilla (por ejemplo, **7•2**).

Serie de problemas

Usa la siguiente figura para contestar las preguntas 1 a la 3. **7•1**

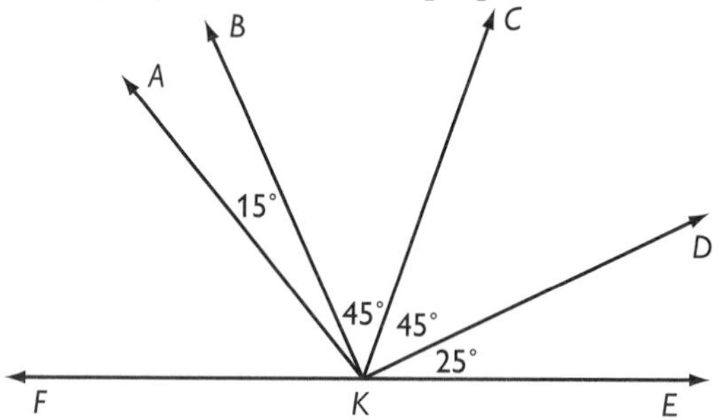

1. Identifica el ángulo adyacente a $\angle BKE$.
2. Identifica el ángulo recto que aparece en la figura.
3. $\angle FKE$ es un ángulo recto. ¿Cuánto mide $m\ \angle FKA$?
4. Calcula la medida de los ángulos de un hexágono regular. **7•2**
5. Toda figura que sea un cuadrado, ¿también es un rombo? **7•2**
6. Una figura sólida tiene una base de 12 lados y caras triangulares que se unen en un punto. ¿Es un prisma o una pirámide? **7•3**
7. Los catetos de un triángulo rectángulo miden 3 cm y 4 cm, respectivamente. ¿Cuál es el perímetro del triángulo? **7•4**
8. ¿Cuál es el perímetro de un octágono regular cuyos lados miden 16 cm de largo? **7•4**
9. Calcula el área de un triángulo rectángulo cuyos catetos miden 20 m y 5 m, respectivamente. **7•5**
10. Un rectángulo mide 18 pies por 6 pies. ¿Cuál es su área? **7•5**
11. Las bases de un trapecio miden 12 pies y 20 pies. La distancia entre esas bases es de 6 pies. ¿Cuál es el área del trapecio? **7•5**
12. Cada cara de un prisma hexagonal mide 10 cm por 12 cm. El área de cada una de sus bases mide 45 cm^2. Calcula la superficie total del prisma. **7•6**
13. Calcula la superficie de un cilindro cuya altura mide 10 pies y cuya circunferencia es de 4.5 pies. Redondea al pie cuadrado más cercano. **7•6**

14. Calcula el volumen de un cilindro que mide 8 pulg de diámetro y 6 pulg de altura. Redondea a la pulgada cúbica más cercana. **7•7**
15. Un cono, un prisma rectangular y un cilindro tienen la misma altura, y el área de sus bases es igual. ¿Cuál de estas figuras tiene un volumen menor? **7•7**
16. ¿Cuáles son la circunferencia y el área de un círculo que tiene un radio de 30 m? Redondea en metros y en metros cuadrados, respectivamente. **7•7**
17. Los lados de un triángulo miden 15 cm, 16 cm y 23 cm. Usa el teorema de Pitágoras para determinar si es un triángulo rectángulo. **7•9**
18. Calcula la longitud del cateto desconocido de un triángulo rectángulo cuya hipotenusa mide 18 m, si el otro cateto mide 10 m. **7•9**
19. En el triángulo rectángulo RST, $\overline{RS}$ es la hipotenusa y el $\angle T$ es el ángulo recto. ¿Cuál es el lado opuesto a $\angle S$? ¿Cuál es el lado adyacente a $\angle S$? ¿Cuál es la razón tangente de $\angle S$? **7•10**
20. En el triángulo rectángulo del problema 19, si TS mide 15 m y RT mide 11.3 m, ¿cuánto mide $\angle S$? **7•10**

ESCRIBE LAS DEFINICIONES DE LAS SIGUIENTES PALABRAS.

palabras importantes

ángulo **7•1**
ángulo agudo **7•10**
ángulo opuesto **7•2**
ángulo recto **7•1**
arco **7•8**
área de superficie **7•6**
base **7•5**
cara **7•2**
catetos de un triángulo **7•5**
cilindro **7•6**
círculo **7•6**
circunferencia **7•6**
congruentes **7•1**
cuadrilátero **7•2**
cubo **7•2**
diagonal **7•2**
diámetro **7•8**
figura regular **7•2**
grado **7•1**
hexágono **7•2**
hipotenusa **7•9**
paralelo **7•2**
paralelogramo **7•2**
pentágono **7•2**
perímetro **7•4**
perpendicular **7•5**
pi **7•7**
pirámide **7•2**
poliedro **7•2**
polígono **7•1**
prisma **7•2**
prisma rectangular **7•2**
prisma triangular **7•6**
punto **7•1**
radio **7•8**
rayo **7•1**
recta **7•1**
reflexión **7•3**
rombo **7•2**
rotación **7•3**
segmento **7•8**
simetría **7•3**
tangente **7•10**
teorema de Pitágoras **7•4**
tetraedro **7•2**
transformación **7•3**
trapecio **7•2**
traslación **7•3**
triángulo isósceles **7•4**
triángulo rectángulo **7•4**
triplete de Pitágoras **7•9**
vértice **7•1**
volumen **7•7**

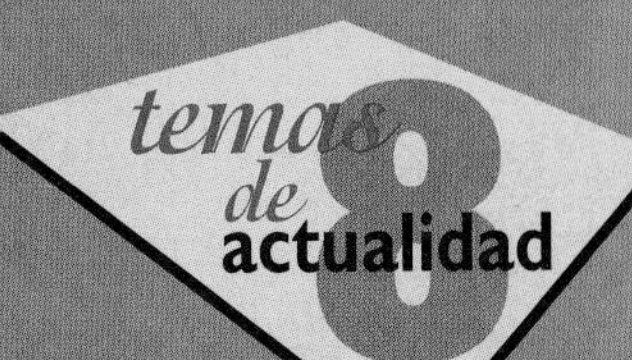

La medición

¿Qué sabes ya?

Puedes usar los siguientes problemas y la lista de palabras para averiguar lo que ya sabes sobre este capítulo. Las respuestas a los problemas se encuentran en el Solucionario, ubicado al final del libro y puedes consultar las definiciones de las palabras en la sección Palabras importantes ubicada al comienzo del libro. Puedes averiguar más acerca de un problema o palabra en particular al consultar el número de tema en negrilla (por ejemplo, **8•2**).

Serie de problemas

Indica el significado de cada prefijo del sistema métrico. **8•1**

1. centi-
2. kilo-
3. mili-

Completa las siguientes conversiones de unidades. Redondea en centésimas. **8•2**

4. 800 mm = ? m
5. 5,500 m = ? km
6. 3 mi = ? pies
7. 468 pulg = ? yd

Usa el siguiente rectángulo para contestar las preguntas 8 a 13. Redondea a unidades enteras.

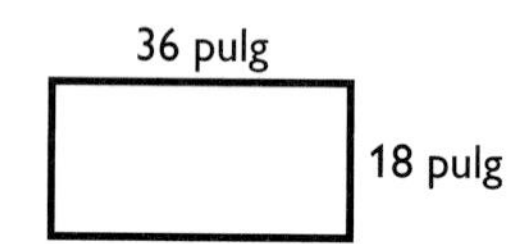

8. Calcula el perímetro de la figura en pulgadas. **8•2**
9. Calcula el perímetro de la figura en yardas. **8•2**
10. Calcula el perímetro de la figura en centímetros. **8•2**
11. Calcula el perímetro aproximado en metros. **8•2**
12. Calcula el área de la figura en pulgadas cuadradas. **8•3**
13. Calcula el área de la figura en centímetros cuadrados. **8•3**

Convierte las siguientes medidas de área y volumen. **8•3**

14. $5\ m^2 = ?\ cm^2$
15. $10\ yd^2 = ?\ pies^2$
16. $3\ pies^3 = ?\ pulg^3$
17. $4\ cm^3 = ?\ mm^3$
18. Si viertes 6 pintas de agua en un recipiente de un galón, ¿qué fracción del recipiente se llenará? **8•3**
19. Un frasco de perfume contiene $\frac{1}{2}$ oz fl. ¿Cuántos frascos necesitarías para llenar 1 taza? **8•3**
20. Una lata de jugo contiene 385 mL. ¿Aproximadamente cuántas latas se necesitarán para llenar un recipiente de 5 litros? **8•3**
21. En un pequeño aeroplano en África, sólo te permiten llevar una maleta de 20 kg. ¿Aproximadamente cuántas libras pesará tu maleta? **8•4**
22. Una receta de galletas requiere 4 oz de mantequilla. Si vas a preparar 12 tandas de galletas para vender, ¿cuántas libras de mantequilla deberás comprar? **8•4**
23. ¿Cuántos segundos hay en 2 días? **8•5**

Una fotografía de 5 pulg de altura y 8 pulg de ancho se amplió para hacer un afiche. El afiche mide 1.5 pies de ancho.

24. ¿Cuál es la razón entre el ancho del afiche y el ancho de la fotografía original? **8•6**
25. ¿Cuál es el factor de escala? **8•6**

CAPÍTULO 8

palabras importantes

área **8•1**
cuadrado **8•1**
distancia **8•2**
exactitud **8•1**
factor de escala **8•6**
factores **8•1**
figuras semejantes **8•6**
fracciones **8•1**
lado **8•1**
longitud **8•2**
perímetro **8•1**
potencia **8•1**
razón **8•6**
rectángulo **8•1**
redondear **8•1**
sistema inglés de medidas **8•1**
sistema métrico **8•1**
tiempo **8•5**
volumen **8•3**

8•1 Sistemas de medidas

Si alguna vez has seguido los Juegos Olímpicos, te habrás dado cuenta que las distancias se miden en metros o en kilómetros y que el peso se mide en kilogramos. Esto ocurre porque el sistema de medidas más común en el mundo es el **sistema métrico.** En Estados Unidos se utiliza el **sistema inglés de medidas.** Es conveniente que sepas convertir unidades dentro de un mismo sistema de medidas y que sepas hacer conversiones entre los dos sistemas.

El sistema métrico y el sistema inglés de medidas

El sistema métrico de medidas está basado en **potencias** de diez, como por ejemplo 10, 100 y 1,000. La conversión de unidades dentro del sistema métrico es sencilla porque es fácil multiplicar y dividir potencias de diez.

El significado de los prefijos del sistema métrico es consistente.

Prefijo	Significado	Ejemplo
mili-	una milésima parte	1 *mili*litro equivale a 0.001 de litro.
centi-	una centésima parte	1 *centí*metro equivale a 0.01 de metro.
kilo-	mil	1 *kilo*gramo equivale a 1,000 gramos.

MEDIDAS BÁSICAS

sistema métrico		sistema Inglés
distancia:	metro	pulgada, pie, yarda, milla
capacidad:	litro	taza, cuarto, galón
peso:	gramo	onza, libra, tonelada

El sistema inglés de medidas no se basa en potencias de diez. Se basa en números como 12 y 16, números que tienen numerosos **factores.** Esta característica facilita el cálculo de cantidades como $\frac{2}{3}$ de pie ó $\frac{3}{4}$ de lb. En mediciones realizadas con el sistema inglés, a menudo encuentras **fracciones,** mientras que en las realizadas con el sistema métrico encuentras decimales.

Desafortunadamente, en el sistema inglés no se usan prefijos como los que se usan en el sistema métrico, por lo tanto tendrás que memorizar las equivalencias básicas: 16 oz = 1 lb; 36 pulg = 1 yd; 4 ct = 1 gal; y así sucesivamente.

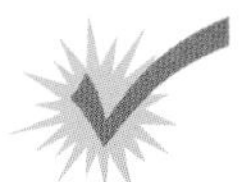

Practica tus conocimientos

1. ¿Cuál sistema se basa en múltiplos de 10?
2. ¿Cuál sistema utiliza fracciones?

De rechiflas a halagos

Se necesitaron 200 gatos hidráulicos, 2 años y 2.5 millones de remaches para armar la torre Eiffel. Cuando se terminó de contruir, en 1899, los críticos de arte de París la consideraron una desgracia para el paisaje. Hoy en día, la torre Eiffel es uno de los monumentos más famosos y admirados en el mundo.

La torre alcanza una altura de 300 metros, sin contar las antenas de TV, una distancia que equivale aproximadamente a 330 yardas ó 3 campos de fútbol americano. Durante un día despejado, la vista se puede extender 67 km. Los visitantes pueden tomar ascensores hasta las plataformas o pueden usar escaleras: ¡1,652 escalones en total!

Exactitud

La **exactitud** está relacionada con la sensatez y con el **redondeo.** La longitud de los **lados** del siguiente **cuadrado** está medida con una exactitud de una décima de metro. Esto quiere decir que su longitud real equivale a un valor entre 12.15 m y 12.24 m. (Todos estos números se redondean a 12.2.)

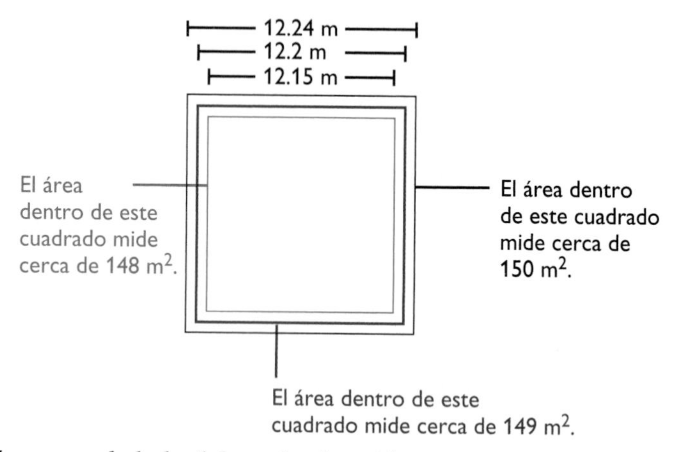

Dado que cada lado del cuadrado mide entre 12.15 m y 12.24 m, su **área** real equivale a un valor entre 148 m^2 y 150 m^2. ¿Es sensato en este caso elevar al cuadrado la longitud del lado $(12.2)^2$ y obtener un área de 148.84 m^2? No, no lo es. La explicación es que cada lado mide entre 12.15 m y 12.24 m y el área mide entre 148 m^2 y 150 m^2. Por consiguiente, 149 m^2 es una respuesta razonable, pero los dos últimos dígitos en 148.84 no tienen ningún sentido.

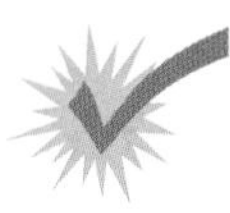

Practica tus conocimientos

3. Calcula el **perímetro** del cuadrado de 12.2 m × 12.2 m del cuadrado anterior y comenta acerca de la exactitud de tu respuesta. (Supón que 12.2 está redondeado a la décima más cercana.)
4. Si el auto de tu amigo recorre alrededor de 300.5 mi con 17 gal de gasolina, ¿qué exactitud tendría decir que el auto rinde 17.67 mi/gal? ¿Por qué?

8·1 EJERCICIOS

Indica el significado de cada prefijo.

1. centi-
2. kilo-
3. mili-

¿Qué sistema de medidas usa las siguientes medidas?

4. Pulgadas y libras
5. Cuartos de galón y galones
6. Litros y gramos
7. ¿Qué sistema de medidas se basa en potencias de diez?

Las medidas de cada **rectángulo** están redondeadas en décimas. Calcula el perímetro de cada figura y comenta su grado de exactitud.

8.
8.1 m
12.8 m

9.
30.1 pies
4.4 pies

10.
30.8 cm
7.4 cm

8•2 Longitud y distancia

¿Cuál es su longitud aproximada?

Si aprendes a medir con la vista, te será más fácil estimar la longitud y la distancia. A continuación, se muestran algunos objetos cotidianos que te ayudarán a aprender el significado de las unidades del sistema métrico y del sistema inglés.

UNIDADES DEL SISTEMA MÉTRICO	UNIDADES DEL SISTEMA INGLÉS
centímetro 1 cm aproximadamente el ancho de un clip pequeño	pulgada 1 pulg aproximadamente el largo de un clip pequeño
milímetro 1 mm un poco menos que el ancho de una moneda de 10¢	pie 1 pie un poco más grande que una carpeta
metro 1 m aproximadamente la altura hasta la manija de una puerta	yarda 1 yd aproximadamente la altura de un banco alto

Practica tus conocimientos

1. Mide objetos cotidianos usando una regla con escala del sistema métrico. Anota el nombre de un objeto que mida aproximadamente un milímetro, otro que mida más o menos un centímetro y otro que mida cerca de un metro.
2. Mide objetos usando una regla con escala del sistema inglés. Nombra un objeto que mida aproximadamente una pulgada, otro que mida más o menos un pie y otro que mida cerca de una yarda.

Las unidades del sistema métrico y del sistema inglés de medidas

Al calcular **longitud** y **distancia**, te puedes encontrar con dos *sistemas de medida* diferentes (pág. 408). Uno de ellos es el sistema métrico y el otro es el sistema inglés de medidas. Las unidades para medir longitud y distancia de uso común en el sistema métrico son: milímetro (mm), centímetro (cm), metro (m) y kilómetro (km). En el sistema inglés de medidas se usan: pulgada (pulg), pie (pie), yarda (yd) y milla (mi).

Equivalencias del sistema métrico

1 km	=	1,000 m	=	100,000 cm	=	1,000,000 mm
0.001 km	=	1 m	=	100 cm	=	1,000 mm
		0.01 m	=	1 cm	=	10 mm
		0.001 m	=	0.1 cm	=	1 mm

Equivalencias del sistema inglés

1 mi	=	1,760 yd	=	5,280 pies	=	63,360 pulg
$\frac{1}{1{,}760}$ mi	=	1 yd	=	3 pies	=	36 pulg
		$\frac{1}{3}$ yd	=	1 pie	=	12 pulg
		$\frac{1}{36}$ yd	=	$\frac{1}{12}$ de pie	=	1 pulg

8•2 LONGITUD Y DISTANCIA

CONVERSIÓN DE UNIDADES DENTRO DE UN SISTEMA

¿Cuántas pulgadas hay en $\frac{1}{4}$ de milla?

unidades iniciales

1 mi = 63,360 pulg

factor de conversión para las unidades nuevas

$\frac{1}{4} \times 63{,}360 = 15{,}840$

- En la tabla de equivalencias, identifica el lugar donde la unidad inicial equivale a 1.
- Halla el factor de conversión.
- Multiplica para obtener las nuevas unidades.

Hay 15,840 pulgadas en $\frac{1}{4}$ de milla.

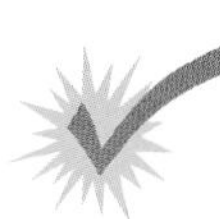

Practica tus conocimientos

3. 8 m = cm
4. 3,500 m = km
5. 48 pulg = pies
6. 2 mi = pies

Conversiones entre sistemas de medidas

De vez en cuando, tendrás que hacer conversiones entre el sistema métrico y el sistema inglés de medidas. Puedes usar la siguiente tabla para hacer las conversiones.

TABLA DE CONVERSIONES

1 pulgada	=	25.4 milímetros	1 milímetro	=	0.0394 de pulgada
1 pulgada	=	2.54 centímetros	1 centímetro	=	0.3937 de pulgada
1 pie	=	0.3048 de metro	1 metro	=	3.2808 pies
1 yarda	=	0.914 de metro	1 metro	=	1.0936 yardas
1 milla	=	1.609 kilómetro	1 kilómetro	=	0.621 de milla

Para hacer la conversión, localiza en la tabla el lugar donde la unidad inicial tiene un valor de 1. Multiplica el número de unidades iniciales por el factor de conversión de las nuevas unidades.

Un amigo tuyo de Costa Rica dice que puede saltar 127 cm. ¿Te debería impresionar eso? 1 cm = 0.3937 pulg. Por lo tanto, 127×0.3937 = unas 50 pulg. ¿Qué distancia puedes saltar tú?

Muchas veces, al convertir de un sistema en otro, sólo necesitas estimar para tener una idea de la longitud o la distancia dada. Redondea los números de la tabla de conversión para facilitar tus cálculos. Piensa que un metro es apenas un poco más que una yarda; una pulgada mide entre 2 y 3 cm; y una milla mide cerca de $1\frac{1}{2}$ kilómetros. Entonces, si un argentino te dice que pescó un pez de cerca de 60 cm, ya sabes que el pez mide entre 20 y 30 pulg.

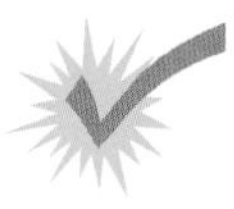

Practica tus conocimientos

Realiza conversiones exactas. Usa una calculadora y redondea en décimas.

7. Convierte 28 pulg en centímetros.
8. Convierte 82 m en yardas.
9. 9 km equivalen a unos: A. 9 mi; B. 6 mi; C. 15 mi
10. 66 pulg equivalen a unos: A. 140 cm; B. 210 cm; C. 167.6 cm
11. 100 m equivalen a unos: A. 100 yd; B. 110 yd; C. 360 pies

8·2 EJERCICIOS

Haz las siguientes conversiones.

1. 10 cm = ____ mm
2. 200 mm = ____ m
3. 3,000 mm = ____ cm
4. 2.4 km = ____ m
5. 11 yd = ____ pulg
6. 7 mi = ____ pies
7. 400 pulg = ____ pies
8. 3,024 pulg = ____ yd
9. 0.5 yd = ____ pies
10. 520 yd = ____ mi

Realiza conversiones exactas. Usa una calculadora y redondea en décimas.

11. Convierte 6 pulg a cm.
12. Convierte 215 cm a pulg.
13. Convierte 2 pies a cm.
14. Convierte 4 pies a m.
15. Convierte 200 mm a pulg.
16. Convierte 3 km a mi.

Selecciona la mejor estimación.

17. 5 mm son aproximadamente
    A. 5 pulg B. 2 pulg C. 5 yd D. $\frac{1}{4}$ pulg
18. Un pie es aproximadamente
    A. 30 cm B. 1 m C. 50 cm D. 35 mm
19. 25 pulg son aproximadamente
    A. 25 cm B. 1 m C. 0.5 m D. 10 cm
20. 300 m son aproximadamente
    A. $\frac{1}{2}$ mi B. 300 yd C. 600 pies D. 100 yd
21. 100 km son aproximadamente
    A. 200 mi B. 1,000 yd C. 60 mi D. 600 mi
22. 36 pulg son aproximadamente
    A. 1 cm B. 1 mm C. 1 km D. 1 m
23. 6 pies son aproximadamente
    A. 6 m B. 200 cm C. 600 cm D. 60 cm
24. 1 cm es aproximadamente
    A. $\frac{1}{2}$ pulg B. 1 pulg C. 2 pulg D. 1 pie
25. 2 mi son aproximadamente
    A. 300 m B. 2,000 m C. 2 km D. 3 km

8·3 Área, volumen y capacidad

Área

El área es la medida de una superficie. Las paredes de tu cuarto son superficies. La extensa superficie de los Estados Unidos tiene un área de 3,787,319 millas cuadradas. El área de la superficie de una llanta en contacto con un camino mojado es la diferencia entre una patinada y el poder mantener el auto bajo control. El área se expresa en unidades cuadradas.

El área se puede medir en unidades del sistema métrico o del sistema inglés. A veces, es necesario hacer conversiones de medidas dentro del mismo sistema. Tú mismo puedes obtener los factores de conversión si utilizas las *dimensiones* básicas (pág. 413). La siguiente tabla contiene las conversiones más comunes.

Métrico	Inglés
$100 \text{ mm}^2 = 1 \text{ cm}^2$	$144 \text{ pulg}^2 = 1 \text{ pie}^2$
$10{,}000 \text{ cm}^2 = 1 \text{ m}^2$	$9 \text{ pies}^2 = 1 \text{ yd}^2$
	$4{,}840 \text{ yd}^2 = 1 \text{ acre}$
	$640 \text{ acres} = 1 \text{ mi}^2$

Para convertir a una unidad nueva, primero multiplica la unidad que tienes por el valor de conversión para las nuevas unidades. Multiplica el número de unidades iniciales por el factor de conversión de la nueva unidad. Si el área de los Estados Unidos mide cerca de 3,800,000 mi^2, ¿a cuántos acres equivale?

$1 \text{ mi}^2 = 640$ acres, por lo tanto,

$3{,}800{,}000 \text{ mi}^2 = 3{,}800{,}000 \times 640 = 2{,}432{,}000{,}000$ acres

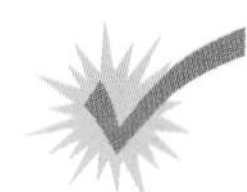

Practica tus conocimientos

1. ¿A cuántos milímetros cuadrados equivalen 16 cm^2?
2. ¿A cuántas pulgadas cuadradas equivalen 2 pies^2?

Volumen

El **volumen** se expresa en unidades cúbicas. A continuación se muestran las relaciones básicas entre las unidades de volumen.

Métrico	Inglés
$1{,}000 \text{ mm}^3 = 1 \text{ cm}^3$	$1{,}728 \text{ pulg}^3 = 1 \text{ pie}^3$
$1{,}000{,}000 \text{ cm}^3 = 1 \text{ m}^3$	$27 \text{ pies}^3 = 1 \text{ yd}^3$

CONVERSIÓN DEL VOLUMEN DENTRO DEL MISMO SISTEMA DE MEDIDAS

Expresa el volumen de la caja en metros cúbicos.

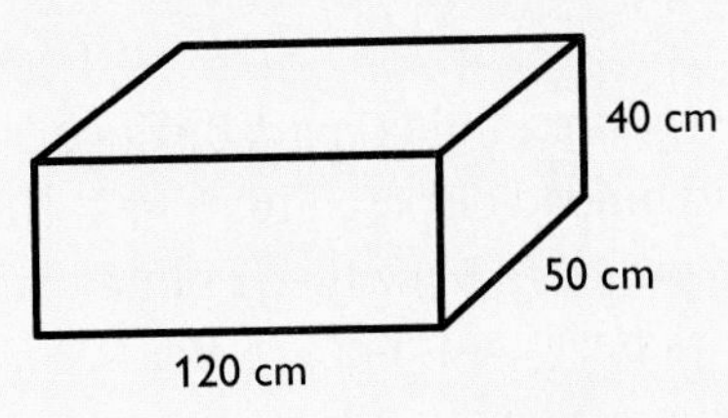

$V = lhw$
$= 120 \times 40 \times 50$
$= 240{,}000 \text{ cm}^3$

- Usa la fórmula para calcular el *volumen* (pág. 62). Emplea las unidades de las dimensiones.

$1{,}000{,}000 \text{ cm}^3 = 1 \text{ m}^3$

- Halla el factor de conversión.

$240{,}000 \div 1{,}000{,}000 = 0.24 \text{ m}^3$

- Multiplica si quieres convertir en unidades más pequeñas. Divide si quieres convertir en unidades más grandes.

Por lo tanto, el volumen de la caja mide 0.24 m^3.

- Incluye la unidad de medida en la respuesta.

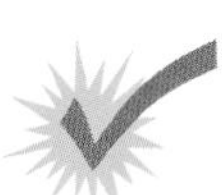

Practica tus conocimientos

3. Calcula el volumen de una caja que mide 9 pies × 6 pies × 6 pies. Convierte tu respuesta a yardas cúbicas.
4. Calcula el volumen de un cubo que mide 8 cm por lado. Convierte tu respuesta a milímetros cúbicos.

Capacidad

La capacidad está muy relacionada con el volumen, pero existe una diferencia. Un trozo de madera tiene volumen, pero no tiene capacidad porque no puede contener líquidos. La capacidad de un recipiente mide la cantidad de líquido que contiene.

Métrico	Inglés
1 litro (L) = 1,000 mililitros (mL)	8 oz fl = 1 taza (t)
1 L = 1.057 ct	2 t = 1 pinta (pt)
	2 pt = 1 cuarto de galón(ct)
	4 ct = 1 galón (gal)

En la tabla se usa *oz fl* (onza fluida) para distinguirla de la *oz* (onza) que se emplea como unidad de peso (16 oz = 1 lb). La onza fluida es una unidad de capacidad (16 oz fl = 1 pinta). Sin embargo, hay una relación entre las onzas y las onzas fluidas. Una pinta de agua pesa cerca de una libra y una onza fluida de agua pesa más o menos una onza. Para el agua, así como para la mayoría de los líquidos que se usan para cocinar, las *onzas fluidas* y las *onzas* son equivalentes y a veces se omite el signo "fl" (por ejemplo, "8 oz = 1 taza"). Sin embargo, se debe usar *onza* para medir peso y *onza fluida* para medir capacidad. Para los líquidos que pesan significativamente más o menos que el agua, la diferencia puede ser considerable.

En el sistema métrico, las unidades básicas de capacidad están relacionadas.

1 litro (L) = 1,000 mililitros (mL)
Un litro y un cuarto de galón son casi equivalentes.
1 L = 1.057 ct

El precio de la gasolina es de \$0.39/L. ¿Cuánto cuesta el galón de gasolina? Cada galón tiene 4 cuartos de galón, por lo tanto, hay 4 × 1.057 ó 4.228 litros en un galón. De modo que un galón de gasolina cuesta \$0.39 × 4.228 ó \$1.649 por galón.

Practica tus conocimientos

5. ¿Cuál es una mejor compra: un litro de gaseosa de soda de cola que cuesta \$.69 o una lata que sirve para preparar un galón de juego y que cuesta \$2.49?

8·3 EJERCICIOS

Indica si las siguientes unidades se usan para medir: distancia, área o volumen.

1. cm 2. $pulg^3$ 3. acre 4. mm^2

Calcula el volumen de cada caja en las unidades siguientes.

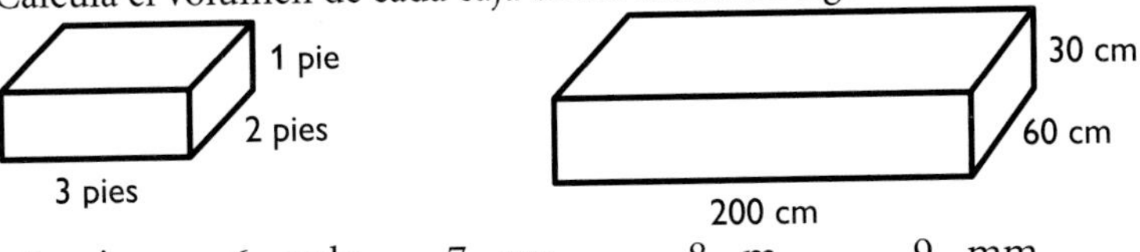

5. pies 6. pulg 7. cm 8. m 9. mm

Haz las siguientes conversiones.

10. 1 gal = ? t
11. 2 ct = ? oz fl
12. 160 oz fl = ? ct
13. 4 gal = ? ct
14. 3 pt = ? gal
15. 4 oz fl = ? pt
16. 8 L = ? mL
17. 24,500 mL = ? L
18. 10 mL = ? L
19. Krutika tiene un estanque para peces con una capacidad de 15 L de agua y del cual ya se ha evaporado 1 L. Asimismo, tiene una taza de medidas que puede contener un máximo de 200 mL. ¿Cuántas veces tendrá que llenar la taza para volver a llenar el tanque?
20. Estima hasta la moneda de 10 centavos más próxima, el precio por litro de la gasolina que se vende a $1.20/gal.

¡Hasta en la sopa!

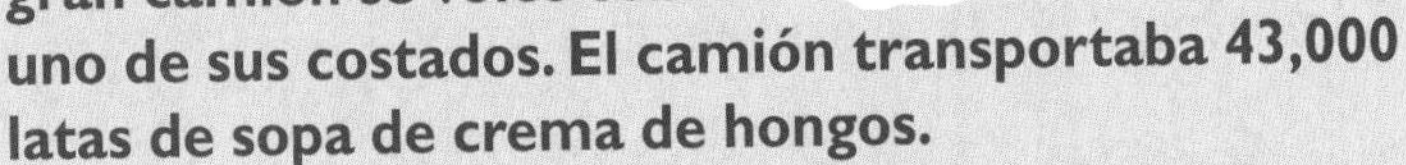

Una mañana, en una carretera de California, un gran camión se volcó sobre uno de sus costados. El camión transportaba 43,000 latas de sopa de crema de hongos.

Si cada caja de cartón que transportaba el camión contenía 24 latas, ¿cuántas cajas de sopa transportaba? Si cada caja media 11 pulg de ancho, 16 pulg de largo y 5 pulg de altura, ¿cuál era la capacidad de carga aproximada del camión (en pies cúbicos)? **Consulta la respuesta en el Solucionario al final del libro.**

8·4 Masa y peso

En términos técnicos, la masa y el peso son diferentes. La masa es una cantidad de materia dada, mientras que el peso es el efecto de la fuerza de gravedad sobre esa misma cantidad de materia. En la Tierra, la masa y el peso son iguales a nivel del mar y casi iguales a otras elevaciones. Pero en la Luna, la masa y el peso son muy diferentes. Tu masa sería la misma en la Luna que en la Tierra, pero si pesas 100 libras en la Tierra, pesarías cerca de $16\frac{2}{3}$ libras en la Luna porque la atracción gravitatoria de la Luna es sólo $\frac{1}{6}$ de la atracción gravitatoria de la Tierra.

El sistema inglés mide el peso mientras que el sistema métrico mide la masa.

Métrico	Inglés
1 kg = 1,000 g = 1,000,000 mg	1 T = 2,000 lb = 32,000 oz
0.001 kg = 1 g = 1,000 mg	0.0005 T = 1 lb = 16 oz
0.000001 kg = 0.001 g = 1 mg	0.0625 lb = 1 oz

1 libra $\approx$ 0.4536 del peso de un kilogramo al nivel del mar

1 kilogramo de masa pesa $\approx$ 2.205 libras

Para convertir de una unidad de masa o peso a otra, primero tienes que encontrar en la tabla el valor equivalente a 1 unidad y después, debes multiplicar el número de unidades que tienes por el factor de conversión de las nuevas unidades.

¿A cuántas libras equivalen 64 oz de mantequilla de maní? 1 oz = 0.0625 lb; por lo tanto, 64 oz = 64 $\times$ 0.0625 lb = 4 lb. Tienes 4 libras de mantequilla de maní.

Practica tus conocimientos

Haz las siguientes conversiones.

1. 5 lb = ? oz
2. 7,500 lb = ? T
3. 8 kg = ? mg
4. 375 mg = ? g

8•4 EJERCICIOS

Haz las siguientes conversiones.

1. 1.2 kg = ? mg
2. 250 mg = ? g
3. 126,500 lb = ? T
4. 24 oz = ? lb
5. 8,000 mg = ? kg
6. 2.3 T = ? lb
7. 8 oz = ? lb
8. 250 mg = ? oz
9. 100 kg = ? lb
10. 25 lb = ? kg
11. 200 oz = ? lb
12. 880 oz = ? kg
13. 880 g = ? lb
14. 8 g = ? oz
15. 16 oz = ? kg
16. 1.5 T = ? kg
17. Una receta requiere 12 oz de mantequilla por cada tanda de galletas. Para tu fiesta necesitas 4 tandas de galletas, ¿cuántas libras de mantequilla debes comprar?
18. Dos marcas de detergente para ropa están en oferta. Una caja de 2 lb de la marca A cuesta $12.50. Una caja de 20 oz de la marca X cuesta $7.35. ¿Cuál es el mejor precio?
19. Unos chocolates franceses cuestan $18.50 por kilogramo, mientras que una caja de chocolates de 10 oz cuesta $7.75. ¿Cuál es el mejor precio?
20. Si un elefante pesa aproximadamente 3,500 kg en la Tierra, ¿cuántas libras pesaría en la Luna? ¿Podrías cargarlo? Redondea tu respuesta a la libra más cercana.

Pobre SID

SID es un muñeco que se usa para las pruebas de choques de autos. Después de cada choque, SID se lleva al laboratorio para reajustar sus sensores y reemplazar la cabeza u otras partes rotas. Debido a las fuerzas que actúan durante un choque, las diferentes partes del cuerpo llegan a pesar hasta 20 veces más que su peso normal.

El peso del cuerpo cambia durante un choque. ¿Cambia también su masa? **Consulta la respuesta en el Solucionario.**

8•5 Tiempo

El **tiempo** mide el intervalo que transcurre entre dos o más eventos. Puedes medir el tiempo en unidades muy pequeñas como el segundo, en unidades muy grandes como el milenio, o en cualquier otra unidad intermedia.

1,000,000 de segundos antes de las 12:00 A.M. del 1 de enero de 2000, son las 10:13:20 A.M. del 20 de diciembre de 1999.
1,000,000 de horas antes de las 12:00 A.M. del 1º de enero del 2000, son las 8:00 A.M. del 8 de diciembre de 1885.

60 segundos (seg)	=	1 minuto (min)	365 días	=	1 año
60 min	=	1 hora (hr)	10 años	=	1 década
24 hr	=	1 día (día)	100 años	=	1 siglo
7 días	=	1 semana (sem)	1,000 años	=	1 milenio

Usa unidades de tiempo

Como con otras unidades de medidas, puedes hacer conversiones entre las diferentes unidades de tiempo usando la información de la tabla anterior.

Hulleah tiene 13 años de edad. Su edad en meses es 13×12 ó 156 meses.

Años bisiestos

Cada cuatro años el mes de febrero tiene un día extra. Los años con 366 días se conocen como *años bisiestos.* Los años bisiestos son divisibles entre 4, pero no entre 100. Sin embargo, los años divisibles entre 400 son años bisiestos. El año 1996 fue un año bisiesto, pero el año 1900 no fue bisiesto. El año 2000 también fue un año bisiesto.

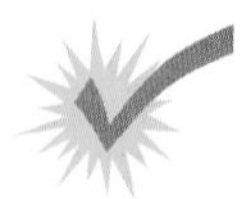

Practica tus conocimientos

1. ¿Cuántos meses de edad tendrás cuando cumplas 16 años?
2. ¿Cuál será la fecha 5,000 días a partir del 1º de enero de 2000?

8·5 EJERCICIOS

Haz las siguientes conversiones.

1. 4 min = ? seg
2. 72 h = ? días
3. 2 años = ? días
4. 400 seg = ? min
5. 500 años = ? siglos
6. 20 siglos = ? milenios
7. Cuando cumplas 14 años de edad, ¿aproximadamente cuántos minutos habrás vivido (sin incluir años bisiestos)?
8. ¿Cuántos segundos hay en un siglo?
9. ¿Cuántos años hay en 94,608,000 segundos?
10. ¿Cuántas horas hay en un mes de 30 días?

El reptil más pesado del mundo

¿Te sorprendería saber que el reptil más pesado del mundo es una tortuga? La tortuga laúd puede llegar a pesar hasta 2,000 libras. Un cocodrilo adulto, por ejemplo, pesa cerca de 1,000 libras.

La tortuga laúd ha existido en su forma actual por más de 20 millones de años, pero este gigante prehistórico se encuentra en peligro de extinción en la actualidad. Si después de 20 millones de años de existencia la tortuga laúd se extingue, ¿cuánto tiempo más que el Homo sapiens habrá existido en este planeta? Presume que Homo sapiens han existido alrededor de 4,000 milenios. Consulta la respuesta en el Solucionario, en la parte posterior del libro.

8•6 Tamaño y escala

Figuras semejantes

Las **figuras semejantes** tienen la misma forma. Cuando dos figuras son semejantes, una de ellas puede tener un mayor tamaño.

CÓMO DETERMINAR LA SEMEJANZA ENTRE DOS FIGURAS

¿Son semejantes estos dos rectángulos?

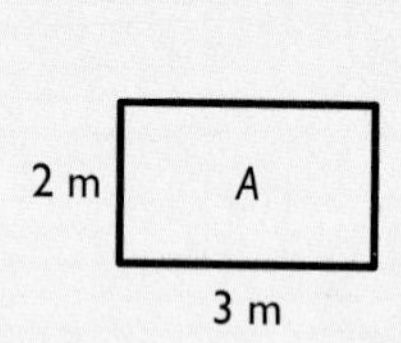

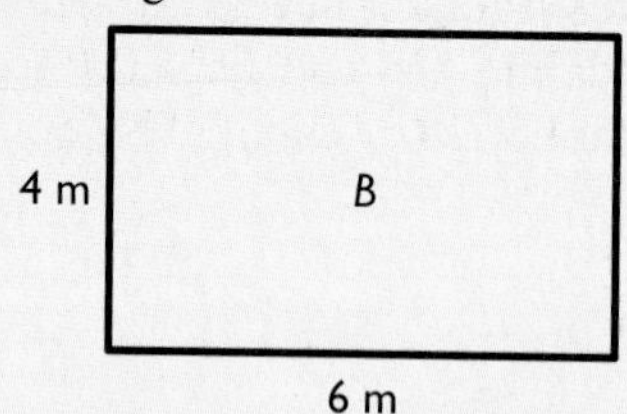

$\frac{3}{6} \stackrel{?}{=} \frac{2}{4}$

$12 = 12$

Por lo tanto, los rectángulos son semejantes.

- Plantea las **razones:** $\frac{\text{largo } A}{\text{largo } B} \stackrel{?}{=} \frac{\text{ancho } A}{\text{ancho } B}$
- Obtén los productos cruzados y determina si son iguales.
- Si todos los lados tienen razones iguales, entonces las figuras son semejantes.

Practica tus conocimientos

1. ¿Qué figuras son semejantes entre sí?

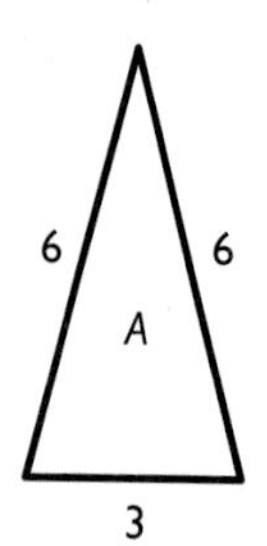

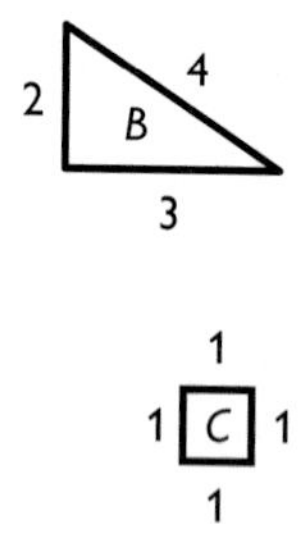

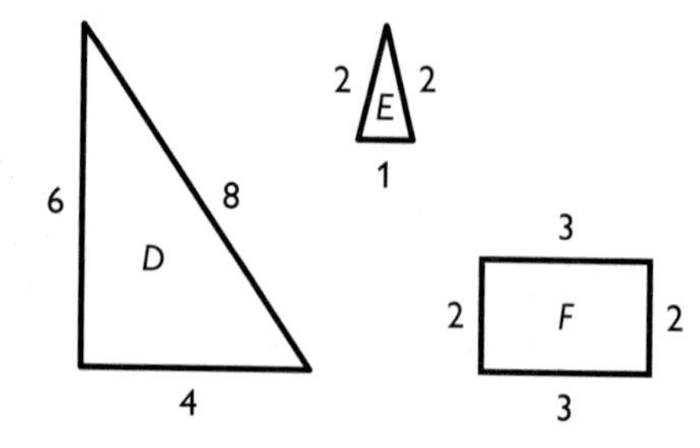

Factores de escala

El **factor de escala** indica la razón entre el tamaño de dos figuras semejantes.

El triángulo A es semejante al triángulo B. $\triangle B$ es 3 veces más grande que $\triangle A$. El factor de escala es 3.

CÓMO DETERMINAR EL FACTOR DE ESCALA

¿Cuál es el factor de escala de estos dos pentágonos semejantes?

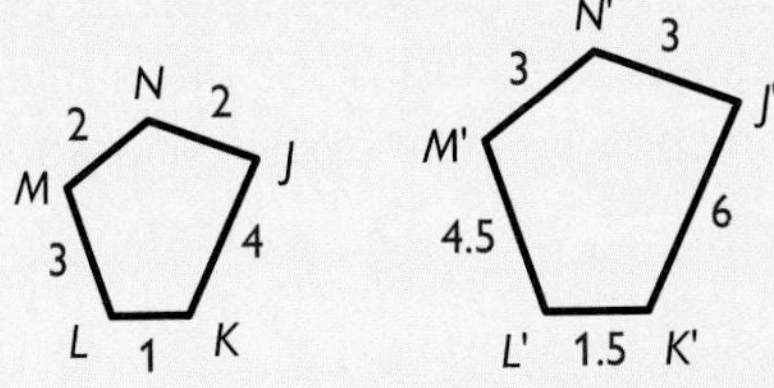

- Determina cuál es la "figura original".
- Establece las razones entre los lados correspondientes: $\frac{\text{nueva figura}}{\text{figura original}}$ — $\frac{K'J'}{KJ} = \frac{6}{4}$
- Reduce, si es posible. — $= \frac{3}{2}$

El factor de escala de los pentágonos semejantes es $\frac{3}{2}$.

Cuando se amplía una imagen, el factor de escala es mayor que 1. Si dos figuras semejantes son del mismo tamaño, el factor de escala es 1. Al reducir una imagen, el factor de escala es menor que 1.

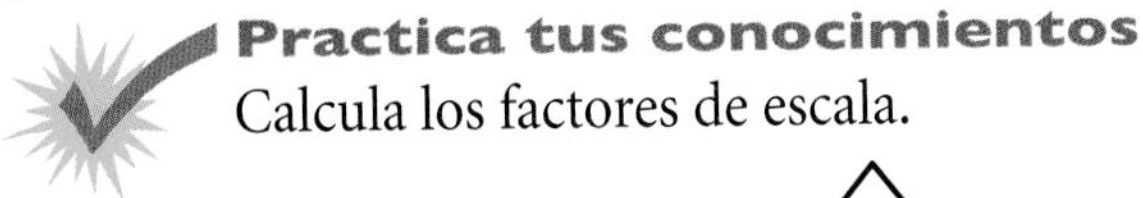

Practica tus conocimientos

Calcula los factores de escala.

2.

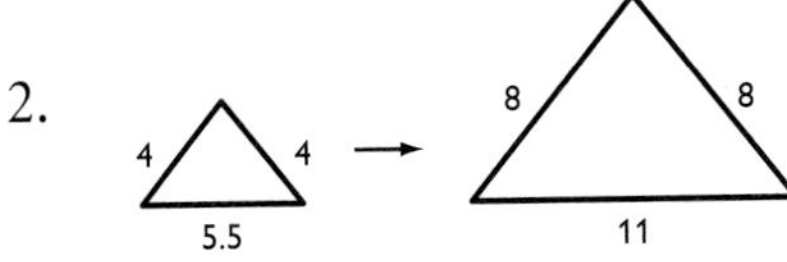

3.

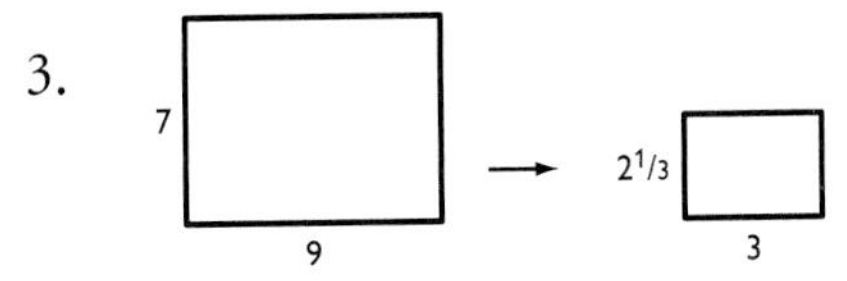

Factores de escala y área

El factor de escala indica solamente la razón entre los lados de dos figuras semejantes, no la razón entre las áreas.

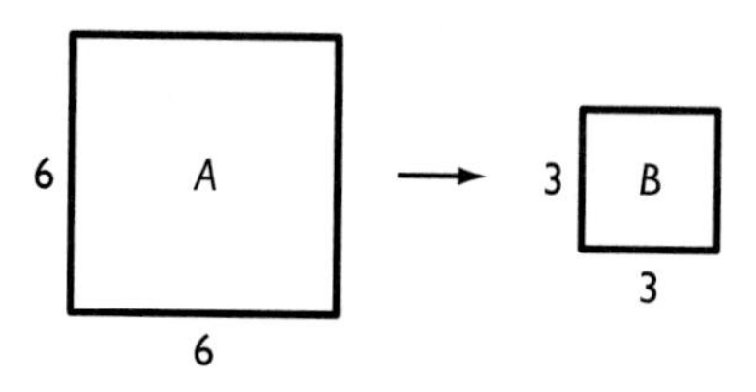

El factor de escala entre los cuadrados anteriores es $\frac{1}{2}$, porque la razón entre sus lados es $\frac{3}{6} = \frac{1}{2}$. Observa que aunque el factor de escala es $\frac{1}{2}$, la razón entre las áreas de los cuadrados es $\frac{1}{4}$.

$$\frac{\text{Área de } B}{\text{Área de } A} = \frac{3^2}{6^2} = \frac{9}{36} = \frac{1}{4}$$

El factor de escala de los siguientes cuadrados es $\frac{1}{3}$. ¿Cuál es la razón de sus áreas?

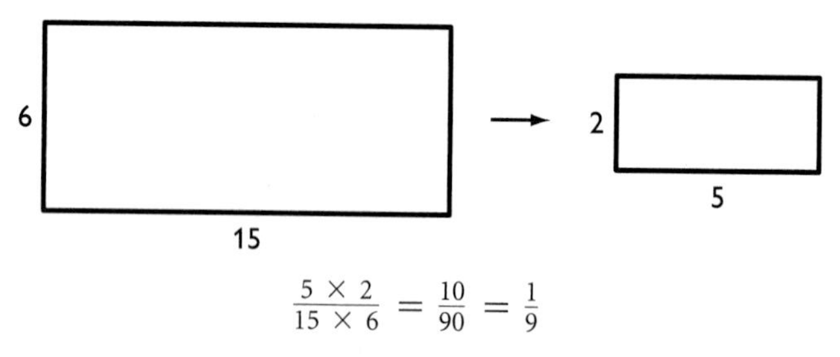

$$\frac{5 \times 2}{15 \times 6} = \frac{10}{90} = \frac{1}{9}$$

La razón de las áreas es $\frac{1}{9}$.

En general, la razón de las áreas de dos figuras semejantes es igual al *cuadrado* del factor de escala.

Practica tus conocimientos

4. El factor de escala de dos figuras semejantes es $\frac{3}{2}$. ¿Cuál es la razón de sus áreas?
5. La escala de unos planos para una cochera es 1 pie = 4 pies. ¿Qué área del piso de la cochera representa 1 pie^2 en los planos?

8•6 EJERCICIOS

Determina el factor de escala.

1. 12.5 × 5 → 5 × 2

2. radio 6 → radio 8

3. Una fotografía de 3 pulg × 5 pulg se amplía según un factor de escala de 3. ¿Cuál es el tamaño de la foto ampliada?
4. Un documento de 11 pulg de largo y $8\frac{1}{2}$ pulg de ancho es reducido. El documento reducido mide $5\frac{1}{2}$ pulg de largo. ¿Cuánto mide de ancho?
5. Los siguientes triángulos son semejantes. Si el factor de escala es 4, ¿cuáles son las dimensiones del triángulo más grande?

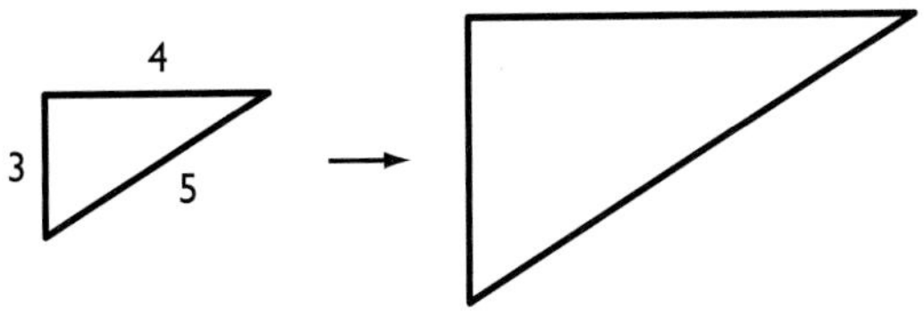

6. La escala de un mapa es 1 cm = 20 km. Si la distancia real entre dos ciudades es de 50 km, ¿a qué distancia aparecerán en el mapa?
7. Si la escala de un mapa es 1 pulg = 5 mi, y el mapa es un rectángulo que mide 12 pulg × 15 pulg, ¿cuánto mide el área que representa el mapa?
8. Una fotografía se amplió un factor de escala de 1.5. ¿Cuántas veces más grande es el área de la fotografía mayor que el área de la fotografía menor?
9. En un mapa cuya escala indica: $\frac{1}{2}$ pulg = 10 mi, una carretera mide alrededor de $2\frac{3}{4}$ pulg de largo. ¿Cuántas millas mide esta carretera?
10. Los siguientes triángulos son semejantes y el factor de escala es 2. Calcula el valor de *x* y *y*.

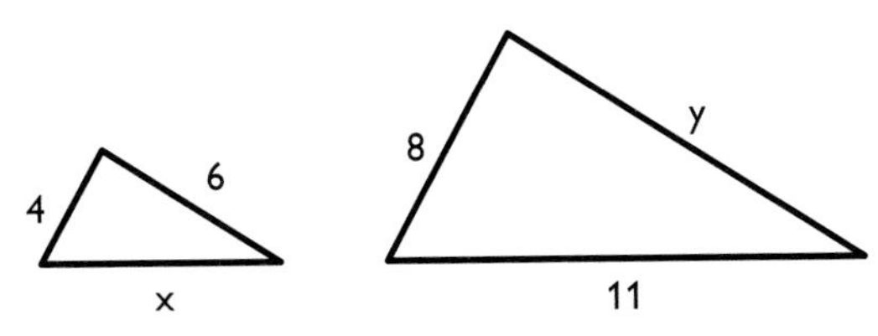

¿Qué has aprendido?

Puedes utilizar los siguientes problemas y la lista de palabras para averiguar lo que has aprendido en este capítulo. Puedes aprender más acerca de un problema o palabra en particular, al consultar el número de tema en negrilla (por ejemplo, **8•1**).

Serie de problemas

Indica el significado de cada prefijo del sistema métrico. **8•1**

1. centi-
2. kilo-
3. mili-

Completa las siguientes conversiones de unidades. Redondea en centésimas. **8•2**

4. 600 mm = ? m
5. 367 m = ? km
6. 2.5 mi = ? pies
7. 288 pulg = ? yd

Usa el siguiente rectángulo para contestar las preguntas 8 a la 13. Redondea a unidades enteras.

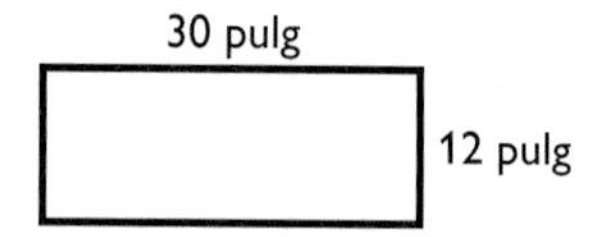

8. ¿Cuál es el perímetro de la figura en pulgadas? **8•2**
9. ¿Cuál es el perímetro de la figura en yardas? **8•2**
10. ¿Cuál es el perímetro de la figura en centímetros? **8•2**
11. Calcula el perímetro aproximado en metros. **8•2**
12. Calcula el área de la figura en pulgadas cuadradas. **8•3**
13. Calcula el área de la figura en centímetros cuadrados. **8•3**

Convierte las siguientes medidas de área y volumen. **8•3**

14. 42.5 m^2 = ? cm^2
15. 7 yd^2 = ? $pies^2$
16. 10 $pies^3$ = ? $pulg^3$
17. 6.5 cm^3 = ? mm^3

18. Si viertes 3 pintas de agua en un recipiente de un galón, ¿qué fracción del recipiente se llenará? **8•3**
19. Un frasco de perfume contiene $\frac{1}{2}$ oz fl. ¿Cuántos frascos necesitarás para llenar $\frac{1}{2}$ taza? **8•3**
20. Una lata de jugo contiene 1,250 mL. ¿Aproximadamente cuántas latas se necesitarán para llenar un recipiente de 15 litros? **8•3**
21. ¿Aproximadamente a cuántos kilogramos equivalen 17 lb? **8•4**
22. ¿A cuántas onzas equivalen 8 lb? **8•4**
23. Si contaras un número por segundo, ¿cuántos días tardarías en contar hasta 1,000,000? **8•5**

Una fotografía de 5 pulg de altura y 3 de ancho fue ampliada para hacer un afiche. El afiche mide 1 pie de ancho.

24. ¿Cuál es la razón entre el ancho del afiche y el ancho de la fotografía original? **8•6**
25. ¿Cuál es el factor de escala? **8•6**

ESCRIBE LAS DEFINICIONES DE LAS SIGUIENTES PALABRAS.

palabras importantes

área **8•1**
cuadrado **8•1**
distancia **8•2**
exactitud **8•1**
factor de escala **8•6**
factores **8•1**
figuras semejantes **8•6**
fracciones **8•1**
lado **8•1**
longitud **8•2**
perímetro **8•1**
potencia **8•1**
razón **8•6**
rectángulo **8•1**
redondear **8•1**
sistema inglés de medidas **8•1**
sistema métrico **8•1**
tiempo **8•5**
volumen **8•3**

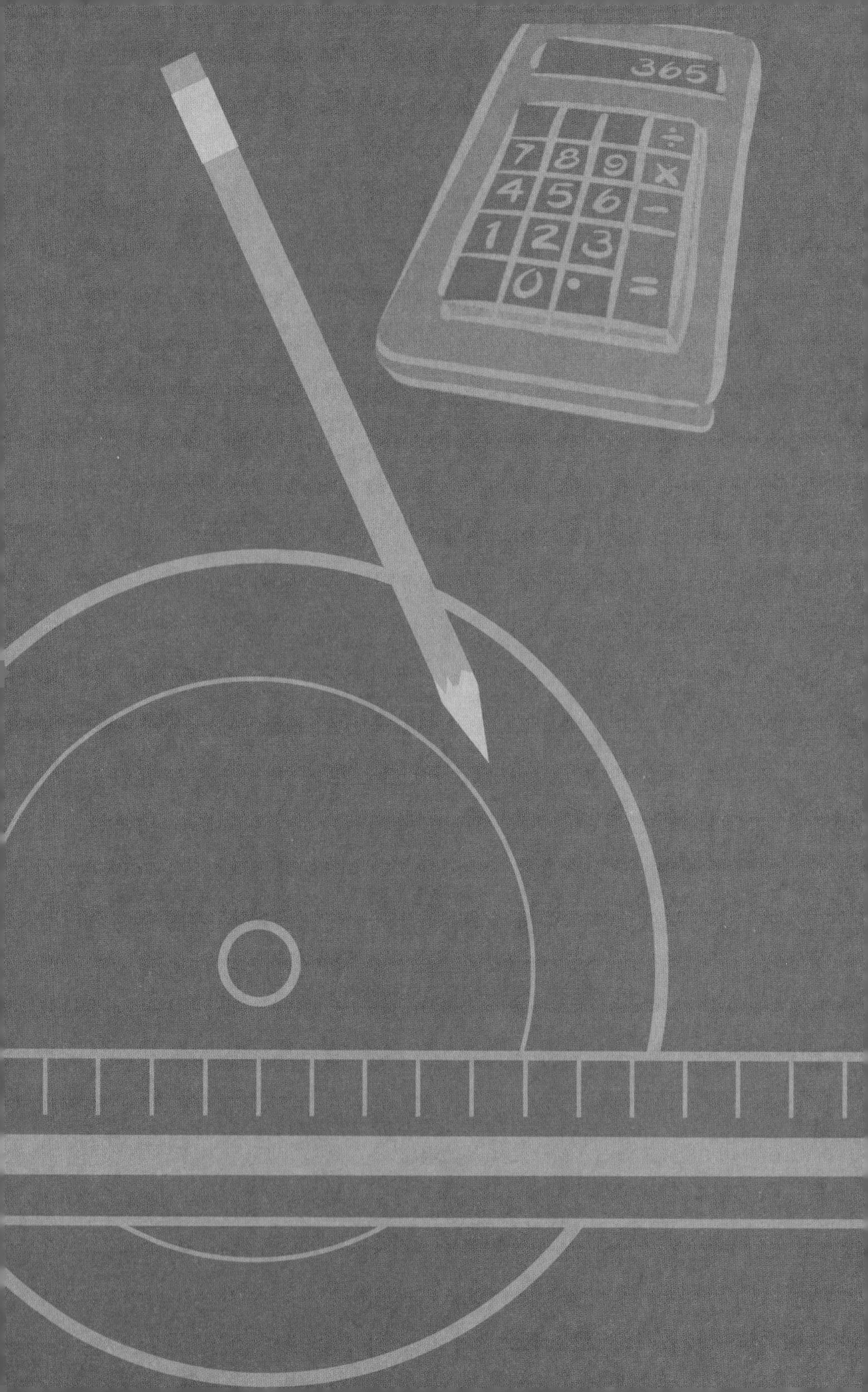
365
÷
7 8 9 x
4 5 6 –
1 2 3
0 . =

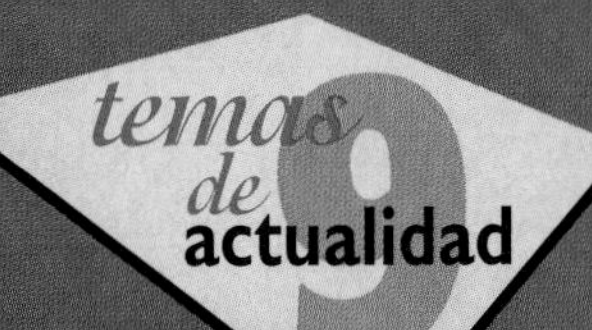

El equipo

¿Qué sabes ya?

Puedes usar los siguientes problemas y la lista de palabras para averiguar lo que ya sabes sobre este capítulo. Las respuestas para los problemas se encuentran en el Solucionario, ubicado al final del libro y puedes consultar las definiciones de las palabras en la sección Palabras importantes ubicada al comienzo del libro. Puedes averiguar más acerca de un problema o palabra en particular al consultar el número de tema en negrilla (por ejemplo, **9•2**).

Serie de problemas

Usa tu calculadora para contestar los ejercicios 1 al 6. **9•1**

1. $82 + 67 \times 14$
2. 225% de 3,500

Redondea las respuestas en décimas.

3. $42 \times \sqrt{33} + 27.25$
4. $2 \times \pi - \sqrt{.036}$

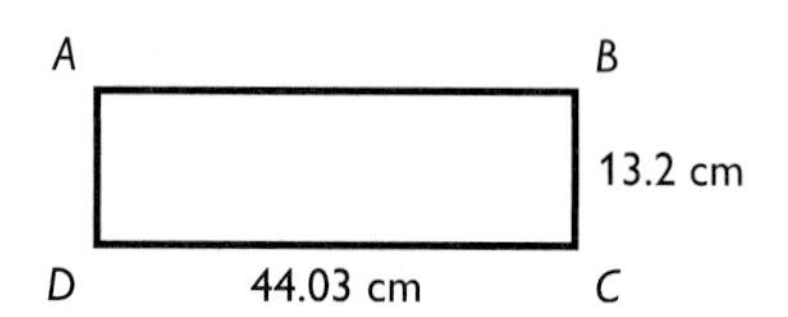

5. Calcula el perímetro del rectángulo *ABCD*.
6. Calcula el área del rectángulo *ABCD*.

Usa una calculadora científica para contestar los ejercicios 7 al 12. Redondea las respuestas en centésimas. **9•2**

7. 8.9^5
8. Halla el recíproco de 3.4.
9. Obtén el cuadrado de 4.5.
10. Saca la raíz cuadrada de 4.5.
11. $(8 \times 10^4) \times (4 \times 10^8)$
12. $0.7 \times (4.6 + 37)$

13. ¿Cuánto mide $\angle VRT$? **9•3**
14. ¿Cuánto mide $\angle VRS$? **9•3**
15. ¿Cuánto mide $\angle SRT$? **9•3**
16. ¿Divide el rayo $\overrightarrow{RT}$ al $\angle VRS$ en dos ángulos iguales? **9•3**

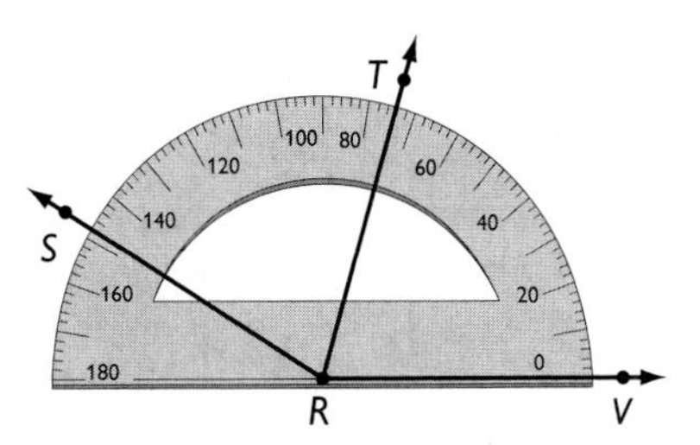

17. ¿Cuáles son los instrumentos básicos de construcción en geometría? **9•3**

Usa la siguiente hoja de cálculos para contestar los ejercicios 18 al 20. **9•4**

	A	B	C	D
1	34	68	100	66
2	14	28	200	
3	20	40	300	
4				

18. Identifica la celda con el número 14.
19. Una fórmula para la celda C3 es 3 × C1. Identifica otra fórmula para la celda C3.
20. La celda D1 no contiene ninguna fórmula y contiene el número 66. Si usas el comando *Fill down*, ¿qué número aparecería en la celda D10?

CAPÍTULO 9

palabras importantes

ángulo **9•2**
arco **9•3**
celda **9•4**
círculo **9•1**
columna **9•4**
cuadrado **9•2**
cubo **9•2**
decimal **9•1**
distancia **9•3**
factorial **9•2**
fórmula **9•4**
grado **9•2**
hilera **9•4**
hoja de cálculos **9•4**
horizontal **9•4**
número negativo **9•1**
paréntesis **9•2**
perímetro **9•4**
pi **9•1**
porcentaje **9•1**
potencia **9•2**
punto **9•3**
radio **9•1**
raíz **9•2**
raíz cuadrada **9•1**
raíz cúbica **9•2**
rayo **9•3**
recíproco **9•2**
tangente **9•2**
vertical **9•4**
vértice **9•3**

9·1 Calculadora de cuatro funciones

La gente usa calculadoras para facilitar los cálculos matemáticos. Tal vez hayas observado a tus padres calcular el saldo de su cuenta corriente con una calculadora. Sin embargo, el uso de la calculadora no es siempre la manera más rápida de realizar un cálculo matemático. Si no requieres una respuesta exacta, puede ser más fácil y rápido obtener un estimado. A veces, es más rápido resolver mentalmente un problema o es mejor usar lápiz y papel. Las calculadoras son muy útiles para resolver problemas con muchos números o con números que tienen muchos dígitos.

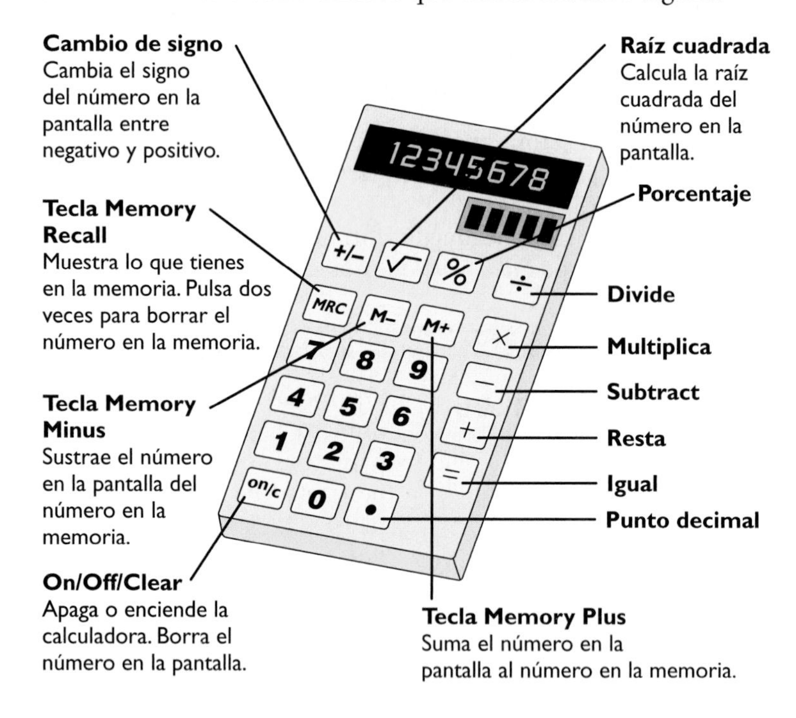

La calculadora sólo puede resolver el problema que ingresas a ella. Antes de ingresar los datos, estima el resultado. Después, compara el resultado obtenido con tu estimado para asegurarte que ingresaste correctamente los datos del problema.

Operaciones básicas

La adición, la sustracción, la multiplicación y la división son operaciones muy fáciles de realizar con una calculadora.

Operación	Problema	Teclas de la calculadora	Pantalla
Adición	55 + 49.7	55 [+] 49.7 [=]	104.7
Sustracción	30 − 89	30 [−] 89 [=]	59.
Multiplicación	7.4 × 31.6	7.4 [×] 31.6 [=]	233.84
División	4 ÷ 30	4 [÷] 30 [=]	0.1333333

Números negativos

Para ingresar un **número negativo** en la calculadora, pulsa la tecla [+/−] después de ingresar el número.

Problema	Teclas de la calculadora	Pantalla
−35 + 24	35 [+/−] [+] 24 [=]	-11.
56 −(−.5)	56 [−] .5 [+/−] [=]	56.5
−42 × 13	42 [+/−] [×] 13 [=]	-546.
−12 ÷ (−3)	12 [+/−] [÷] 3 [+/−] [=]	4.

Practica tus conocimientos

Resuelve cada operación con una calculadora.

1. 16.1 + 28.9 − 43.7
2. 21 × (−0.75)
3. −7 ÷ 14.8

Memoria

Usa la memoria de la calculadora para resolver problemas complejos o que requieren pasos múltiples para su solución. La memoria se opera con tres teclas diferentes. La manera en que funcionan muchas calculadoras se muestra a continuación. Si la tuya no funciona de este modo, consulta el manual de tu calculadora.

Tecla	Función
MRC	Al pulsar una vez, la pantalla muestra el número en la memoria. Si se pulsa dos veces, se borra la memoria.
M+	Suma el número en la pantalla al número en la memoria.
M−	Sustrae el número en la pantalla al número en la memoria.

Si la memoria de la calculadora contiene un número diferente de cero, la pantalla mostrará [M] junto al número que se tenga en ese momento en la pantalla. Las operaciones que realices no van a afectar el número en la memoria, a menos que uses algunas de las teclas de memoria.

Resuelve $35 + 82 + 72 \times 4 + 35 - 16^2$ con tu calculadora, siguiendo estas instrucciones.

Teclas	Pantalla
MRC MRC C	0.
16 × 16 M−	M 256.
72 × 4 M+	M 288.
35 + 82 M+	M 117.
35 M+	M 35.
MRC	M 184.

Observa el orden de las operaciones (pág. 82).

Practica tus conocimientos

Usa la memoria de tu calculadora para calcular lo siguiente.

4. $7 + 14 \times 5 - 73^3$
5. $8 + 42^4 - (-8) \times 35$

Teclas especiales

Algunas calculadoras tienen funciones especiales que te ahorran tiempo.

Tecla	Función
$\sqrt{x}$	Extrae la **raíz cuadrada** del número en la pantalla.
%	Transforma el número en la pantalla de **porcentaje** a decimal.
π	Entra automáticamente el valor de **pi** en tantos lugares como pueda manejar tu calculadora.

El misterio de la memoria

Juega con un amigo este juego de memoria con la calculadora. Enciende una calculadora de cuatro funciones y borra el contenido de la memoria. Altérnate con tu amigo para ingresar números menores que 50 y presionando la tecla M+. Cuando uno de los jugadores crea que el resultado de la memoria de la calculadora es mayor que o igual a 200, verifiquen presionando la tecla MR. ¿Pudiste sumar correctamente los números en tu memoria?

Las teclas [%] y [π] te ahorran tiempo porque no tienes que pulsar muchas teclas. La tecla [√] te permite calcular raíces cuadradas con mayor precisión que cuando usas lápiz y papel. Observa cómo se usan estas teclas en los siguientes ejemplos.

Problema: $7 + \sqrt{21}$
Teclas: 7 [+] 21 [√] [=]
La pantalla muestra: 11.582575

Si tratas de extraer la raíz cuadrada de un número negativo, tu calculadora mostrará un mensaje de error, como por ejemplo: 9 [+/-] [√] [E 3.]. No existe la raíz cuadrada de −9 porque ningún número multiplicado por sí mismo produce un número negativo.

Problema: Calcula el 5% de 30.
Teclas: 30 [×] 5 [%]
La pantalla muestra: 1.5

La tecla [%] convierte un porcentaje en decimal. Si sabes cómo convertir porcentajes en decimales, probablemente no usarás mucho la tecla [%].

Problema: Calcula el área de un **círculo** cuyo **radio** es igual a 3. (Usa la fórmula $A = \pi r^2$.)
Teclas: [π] [×] 3 [×] 3 [=]
La pantalla muestra: 28.274333

Si tu calculadora no tiene la tecla [π] usa 3.14 ó 3.1416 como una aproximación de π.

Practica tus conocimientos

6. Sin usar la calculadora, indica cuál sería el resultado final en la pantalla si ingresaras 20 [M+] 3 [×] 5 [+] [MRC] [=] en la calculadora.
7. Usa la memoria de la calculadora para resolver $458 - 5^3 + 8 \times -56$.
8. Saca la raíz cuadrada de 7,225.
9. Calcula el 85% de 125.
10. Calcula el 25% de la raíz cuadrada de 34.

9•1 EJERCICIOS

Usa la calculadora para averiguar el valor de cada expresión.

1. $29.75 + 88.4$
2. $26.44 - 11.93$
3. $-14.9 - 17.684$
4. $28 + 47 \times 50$
5. $17 + 25 \times (-22)$
6. $35 - 15 \times 78$
7. $-225 - 17 \times 33$
8. $17 + \sqrt{8100}$
9. $15 \div 50 + 13$
10. $1 \div (-400)$
11. 7% de 200
12. 140% de 800
13. $125 - \sqrt{47}$
14. $\sqrt{804} \div 17.35 + 620$
15. $\sqrt{68} \times 7 + 4$
16. $210 - \sqrt{5} + 16.8$

Usa la calculadora para resolver los ejercicios 17 al 25.

17. Calcula el perímetro, si $x = 11.9$ cm.
18. Calcula el área, si $x = 9.68$ cm.

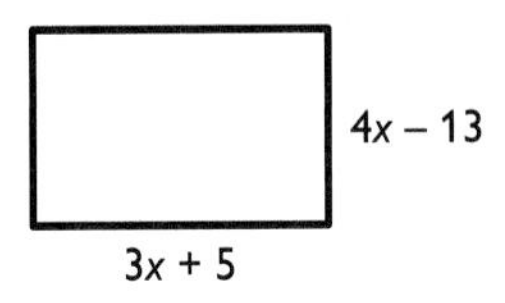

19. Calcula la circunferencia, si $a = 3.7$ pulg.
20. Calcula el área si $a = 2$ pulg.

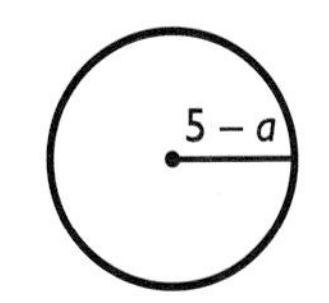

21. Calcula el área de $\triangle PQR$.
22. Calcula el perímetro de $\triangle PQR$. (*Recuerda:* $a^2 + b^2 = c^2$, pág 395.)
23. Calcula la circunferencia del círculo Q.
24. Calcula el área del círculo Q.
25. Calcula el área sombreada del círculo Q.

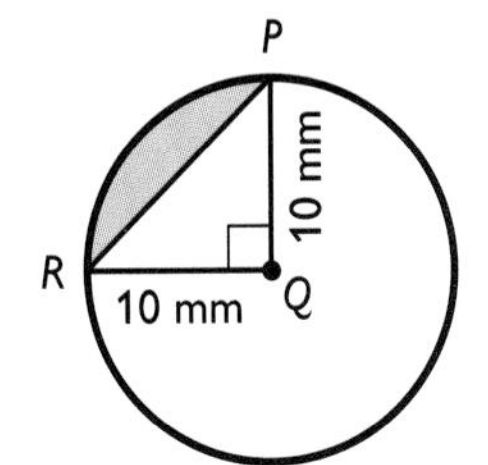

9·2 Calculadora científica

Todo matemático y científico tiene una calculadora científica que le ayuda a resolver rápidamente y con exactitud ecuaciones complejas. Existe una gran variedad de calculadoras científicas; algunas tienen sólo algunas funciones, mientras que otras tienen una gran cantidad de ellas. Es posible incluso programar algunas calculadoras con funciones de tu interés. La siguiente calculadora muestra algunas funciones que puedes encontrar en una calculadora científica.

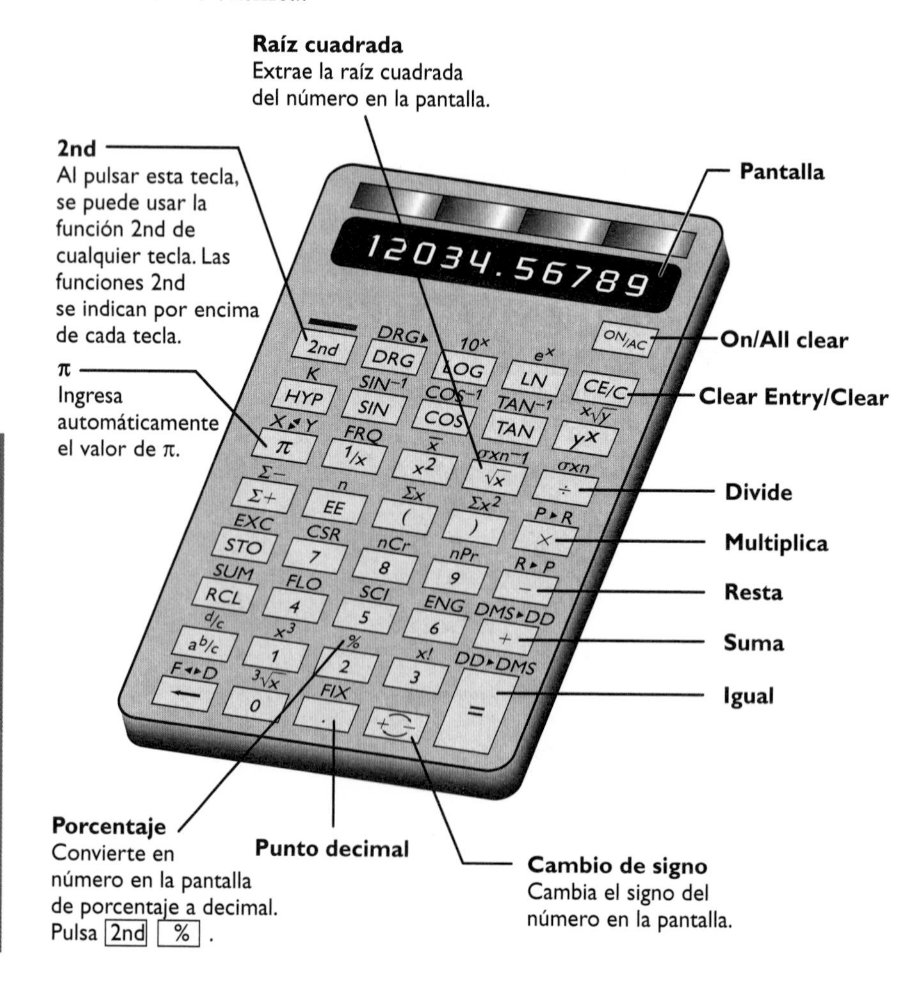

Funciones de uso frecuente

Dado que cada calculadora es diferente, es probable que tu calculadora no funcione como se explica a continuación. Estas teclas funcionan con la calculadora que se muestra en la página 440. Usa el manual o la tarjeta con instrucciones de tu calculadora para efectuar operaciones similares. Consulta el índice para obtener más información sobre las matemáticas relacionadas con estas funciones.

Función	Problema	Teclas
Raíz cúbica [$\sqrt[3]{x}$] Extrae la raíz cúbica del número en la pantalla.	$\sqrt[3]{343}$	343 [2nd] [$\sqrt[3]{x}$] [7.]
Cubo [x^3] Eleva al cubo el número en la pantalla.	17^3	17 [2nd] [x^3] [4913.]
Factorial [$x!$] Calcula el factorial del número en la pantalla.	7!	7 [2nd] [$x!$] [5040.]
Fija el número de **lugares decimales** [FIX] Redondea el número en la pantalla al número de decimales dados.	Redondea 3.046 en décimas.	3.046 [2nd] [FIX] 2 [3.05]
Paréntesis [(] [)] Sirve para agrupar cálculos.	$12 \times (7 + 8)$	12 [×] [(] 7 [+] 8 [)] [=] [180.]
Potencias [y^x] Eleva el número en la pantalla a la potencia x.	56^5	56 [y^x] 5 [=] [550731776.]
Potencias de 10 [10^x] Eleva 10 a la potencia indicada por el número en la pantalla.	10^5	5 [2nd] [10^x] [100000.]

Función	Problema	Teclas
Recíproco [1/x] Halla el recíproco del número en la pantalla.	Halla el recíproco de 8.	8 [1/x] [0.125]
Raíz [$\sqrt[x]{y}$] Extrae la raíz x del número en la pantalla.	$\sqrt[4]{852}$	852 [2nd] [$\sqrt[x]{y}$] 4 [=] [5.402688131]
Cuadrado [x^2] Eleva al cuadrado el número en la pantalla.	17^2	17 [x^2] [289.]

Practica tus conocimientos

Resuelve con tu calculadora.

1. 12!
2. 14^4

Usa tu calculadora para resolver los ejercicios. Redondea en milésimas.

3. el recíproco de 27
4. $(10^3 + 56^5 - \sqrt[3]{512}) \div 7!$

La tangente

Usa la tecla [TAN] para calcular la **tangente** de un **ángulo** (págs. 398–400). Los ángulos pueden ser expresados en **grados** o en radianes. Usa la tecla "Degree" o "DRG" o "DR" para poner la calculadora en el modo de *grados.*

Despeja x. Redondea en décimas.

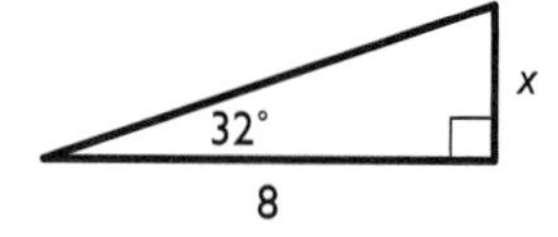

$\tan 32° = \frac{x}{8}$ $\quad x = 8 \times \tan 32°$

Para calcular x, ingresa 8 [×] 32 [TAN] [=]. $\quad x \approx 5.0$

Practica tus conocimientos

5. ¿Cuál es la tangente de 48° redondeada en décimas?
6. ¿Cuál es la tangente de 69° redondeada en décimas?

9•2 EJERCICIOS

Resuelve los siguientes ejercicios con una calculadora científica.

1. 69^2
2. 44^2
3. 13^3
4. 0.1^5

Redondea tu respuesta en centésimas.

5. $\frac{60}{\pi}$
6. $9(\pi)$
7. $\frac{1}{9}$
8. $\frac{1}{\pi}$
9. $(15 - 4.4)^3 + 6$
10. $25 + (8 \div 6.2)$
11. $5! \times 4!$
12. $9! \div 4!$
13. $11! + 6!$
14. 5^{-3}
15. $\sqrt[4]{1{,}336{,}336}$
16. recíproco de 0.0625
17. recíproco de 25

Calcula la tangente de los siguientes ángulos. Redondea en centésimas.

18. 55°
19. 88°

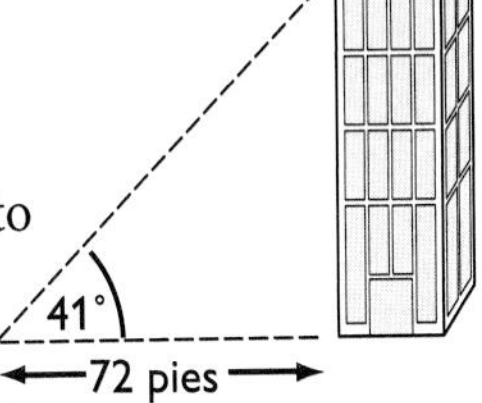

20. El ángulo de la línea de mira, desde una distancia de 72 pies del edificio hasta el punto más alto del edificio, es 41°. ¿Cuál es la altura del edificio? Redondea al pie más cercano.

Números mágicos

Pulsa tres veces la misma tecla de cualquier número de la calculadora para obtener en la pantalla un número de tres dígitos, como por ejemplo 333. Luego divide el número entre la suma de los tres dígitos y pulsa la tecla =. ¿Obtuviste 37 como resultado?

Intenta el mismo proceso con otro número de tres dígitos. Escribe una expresión algebraica que demuestre por qué el resultado es siempre el mismo. Consulta la respuesta en el Solucionario, al final del libro.

9•3 Instrumentos de geometría

La regla

Si necesitas medir las dimensiones de un objeto o si necesitas medir **distancias** pequeñas, usa una regla.

Una regla del sistema métrico

pulg 0 1 2 3

Una regla del sistema inglés

Para obtener una medición precisa, asegúrate de que uno de los extremos del objeto que quieres medir se alinea con el cero de la regla.

El lápiz que se muestra a continuación se mide en décimas de centímetro y en octavos de pulgada.

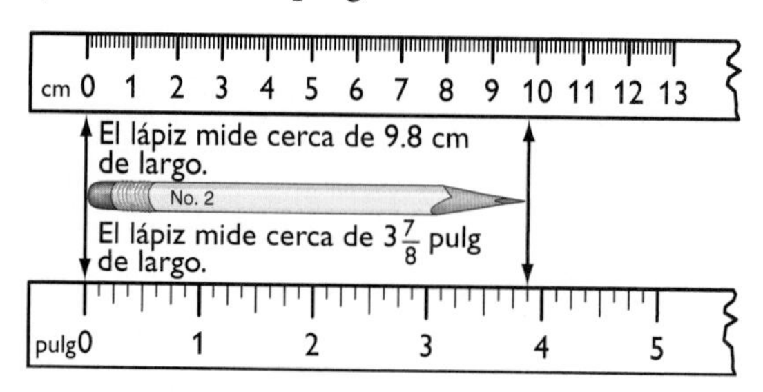

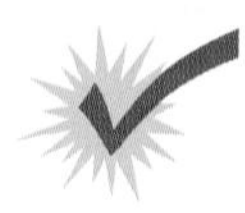

Practica tus conocimientos

Mide con una regla cada segmento de recta, en décimas de centímetro o en octavos de pulgada.

1.
2.

El transportador

Mide ángulos con un *transportador.* Hay muchos tipos de transportadores. La clave es encontrar el punto del transportador sobre el cual se debe fijar el **vértice** del ángulo.

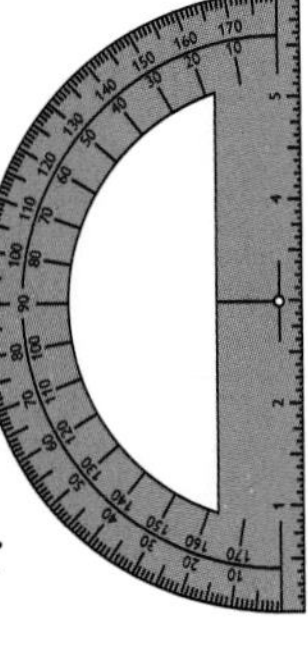

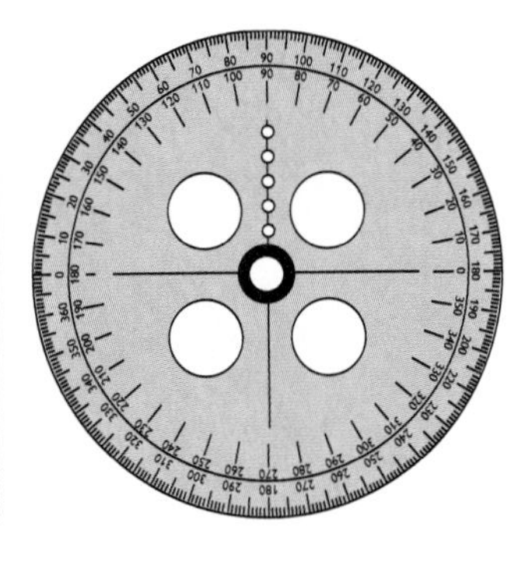

CÓMO MEDIR ÁNGULOS CON UN TRANSPORTADOR

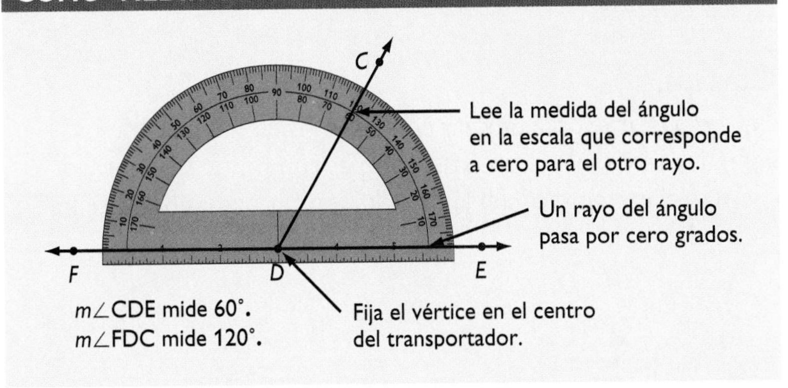

Para dibujar un ángulo de una medida dada, dibuja primero un **rayo** y fija el centro del transportador en el extremo del rayo. Después, marca con un punto la medida del ángulo deseado (45°, en el ejemplo).

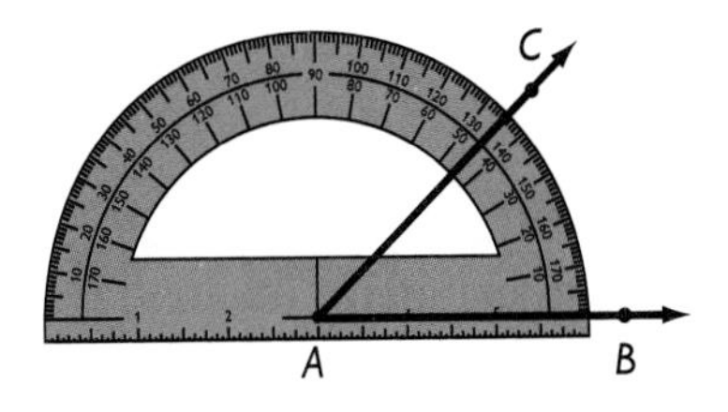

Une A y C. Entonces $\angle BAC$ es un ángulo de 45°.

Practica tus conocimientos

Mide cada ángulo con un transportador. Redondea al grado más cercano.

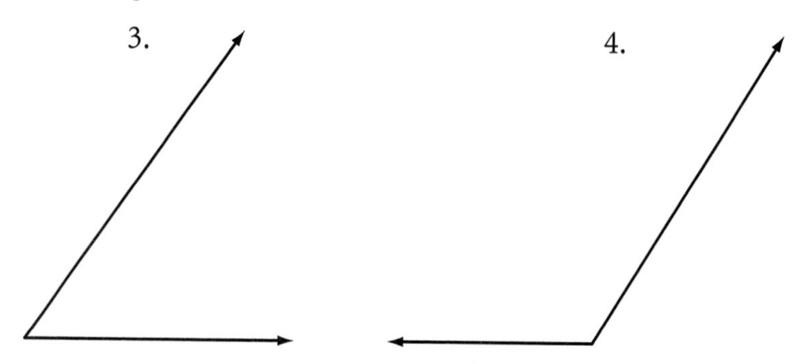

Compás

Un *compás* sirve para dibujar círculos o secciones de círculos llamadas **arcos.** El extremo del compás con **punta** se coloca en el centro y el extremo con el lápiz se hace girar para dibujar el arco o el círculo.

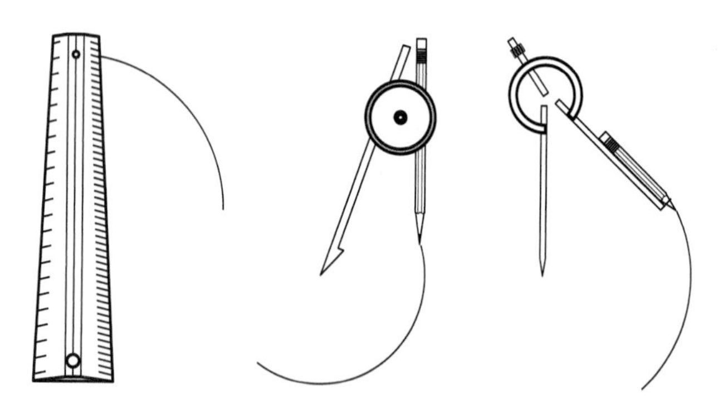

La distancia entre el punto estacionario (centro) y el lápiz es igual al radio. Algunos compases permiten fijar la magnitud del radio con exactitud.

Para repasar *círculos* consulta la página 388.

Para dibujar un círculo con un radio de $1\frac{1}{2}$ pulg, fija la distancia entre el punto estacionario del compás y el lápiz en $1\frac{1}{2}$ pulg. Después, dibuja el círculo.

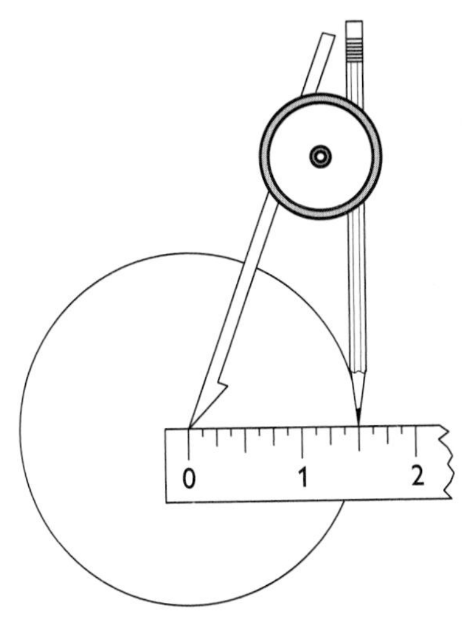

Practica tus conocimientos

5. Dibuja un círculo con un radio de 1 pulg ó 2.5 cm.
6. Dibuja un círculo con un radio de 2 pulg ó 5.1 cm.

Problema de construcción

En geometría, un problema de construcción es aquel en que sólo se permite el empleo de la regla y el compás. Para resolver un problema de construcción empleando sólo regla y compás, tienes que hacer uso de tus conocimientos de geometría.

Sigue los pasos siguientes para dibujar un triángulo equilátero inscrito en un círculo.

- Dibuja un círculo con centro en *K*.
- Dibuja el diámetro ($\overline{SJ}$).
- Usando *S* como centro y $\overline{SK}$ como radio, dibuja un arco que interseque el círculo en *L* y *P*.
- Une *L*, *P* y *J* para formar el triángulo.

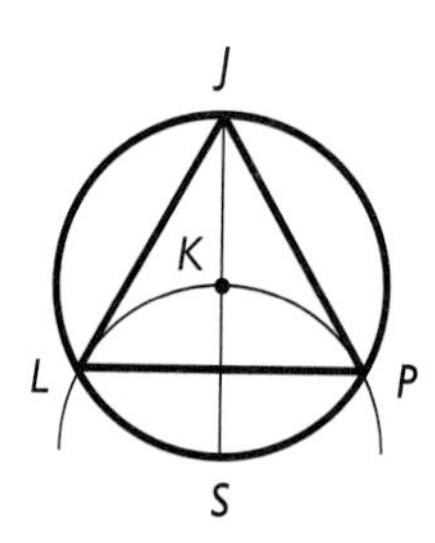

Puedes crear diseños más complejos si inscribes otro triángulo en el círculo, usando *J* como centro para dibujar otro arco.

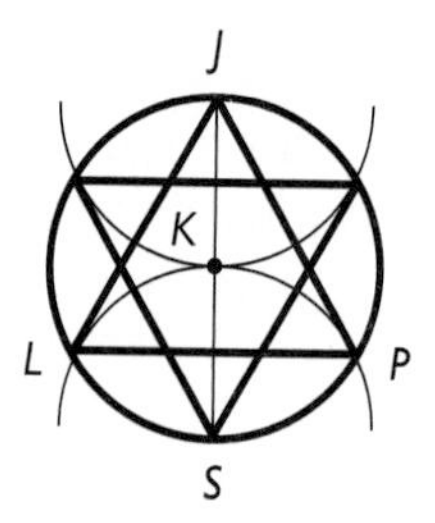

Una vez que tienes la estructura básica, puedes sombrear diferentes secciones y crear una gran variedad de diseños basándote en construcciones.

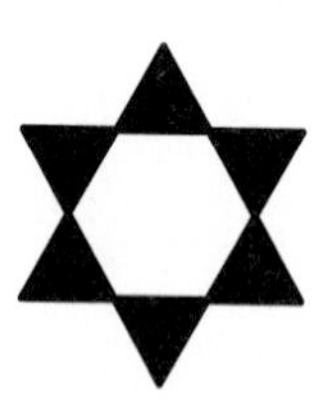

Practica tus conocimientos

7. Dibuja una estructura básica usando dos triángulos inscritos en un círculo. Después, llena las secciones pertinentes para que obtengas el siguiente diseño.

8. Crea tu propio diseño con basa en uno o dos triángulos inscritos en un círculo.

Mandalas

Un mandala es un diseño formado por figuras geométricas y símbolos cuyo significado es importante para el artista. La palabra *mandala* significa "círculo" en sánscrito y el diseño de un mandala generalmente está contenido dentro de un círculo.

En el hinduismo y el budismo los mandalas se usan para ayudar en la meditación y a menudo incorporan símbolos que representan dioses o el universo. Los artistas occidentales crean mandalas para simbolizar sus propias vidas o las vidas de personajes famosos. Dentro de los patrones geométricos aparecen a menudo símbolos que representan animales, los elementos (tierra, aire, fuego y agua), el Sol y las estrellas, además de símbolos personales.

9·3 EJERCICIOS

Mide con una regla los lados de $\triangle ABC$. Anota tu respuesta en pulgadas o en centímetros, redondeando al $\frac{1}{8}$ de pulg o a la $\frac{1}{10}$ de cm más cercano.

1. AB
2. BC
3. AC

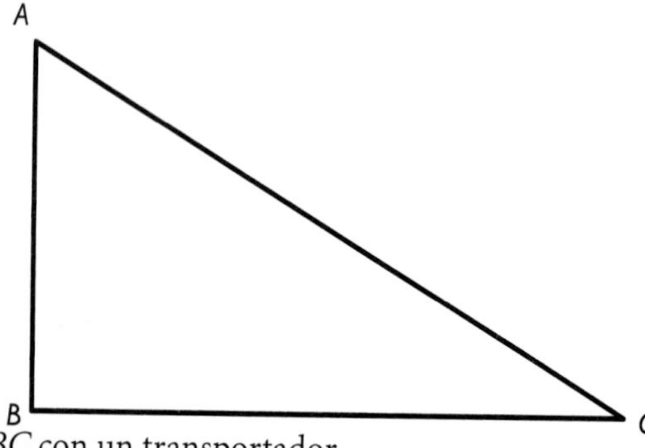

Mide los ángulos de $\triangle ABC$ con un transportador.

4. $\angle A$
5. $\angle B$
6. $\angle C$

7. Cuando usas un transportador para medir un ángulo, ¿cómo sabes cuál de las dos escalas debes leer?

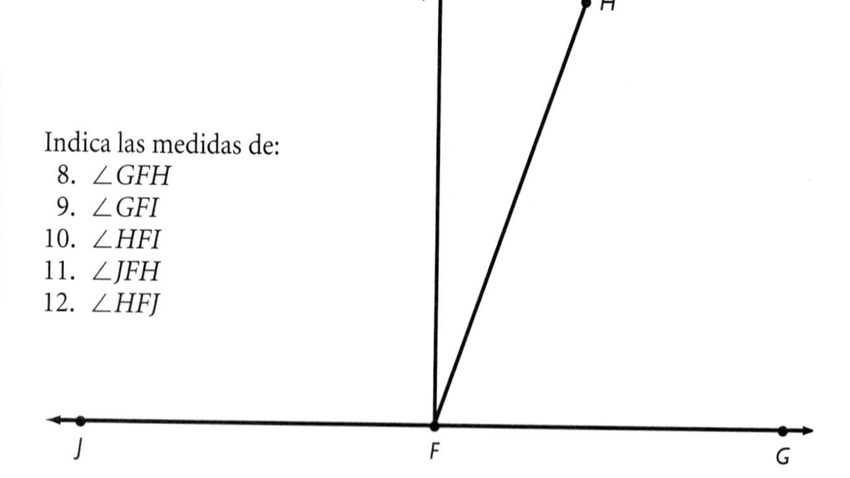

Indica las medidas de:

8. $\angle GFH$
9. $\angle GFI$
10. $\angle HFI$
11. $\angle JFH$
12. $\angle HFJ$

Relaciona la función correspondiente con cada instrumento.

Instrumento	Función
13. compás	A. mide distancias
14. transportador	B. mide ángulos
15. regla	C. dibuja círculos o arcos

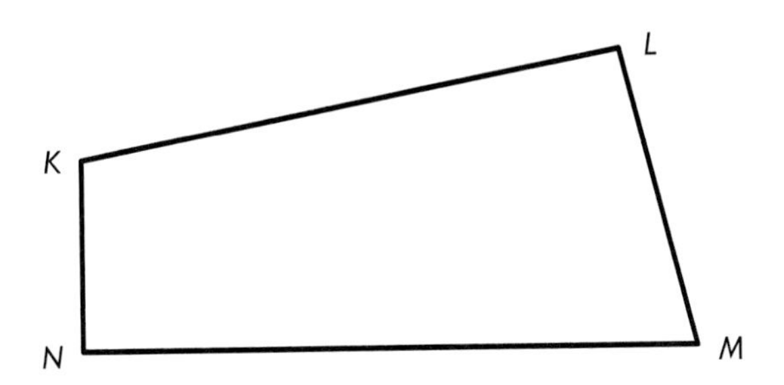

Indica las medidas de:

16. $\angle KLM$
17. $\angle LMN$
18. $\angle MNK$
19. $\angle NKL$
20. Copia $\angle LMN$ usando un transportador.

Copia las siguientes figuras usando un transportador, un compás y una regla.

21. 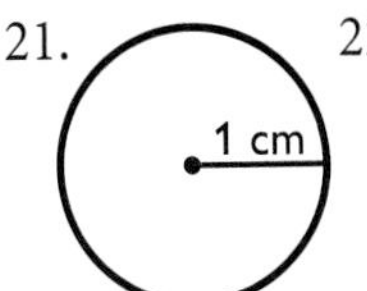

22. 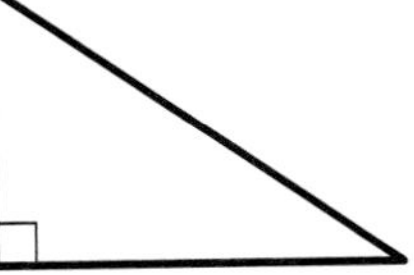

23. 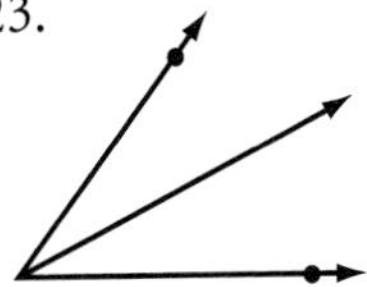

24. 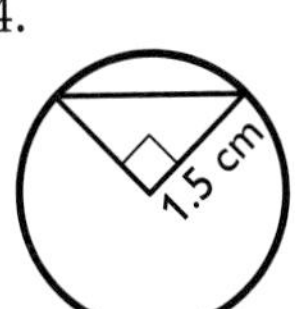

25. 

9•4 Hojas de cálculos

¿Qué es una hoja de cálculos?

Las **hojas de cálculos** se usan como herramientas para llevar la cuenta de la información, por ejemplo, las finanzas, a lo largo de un período de tiempo. Las primeras hojas de cálculos eran herramientas matemáticas formadas por lápiz y papel, antes de convertirse en instrumentos computarizados. Es posible que estés familiarizado con los programas de hojas de cálculos.

Una hoja de cálculos es una herramienta computarizada que ordena la información en **celdas** dentro de una matriz y en la que se realizan cálculos dentro de las celdas. Al cambiar el contenido de una celda, todas las celdas relacionadas con dicha celda cambian automáticamente.

Las hojas de cálculos están organizadas en **hileras** y **columnas.** Las hileras son **horizontales** y están numeradas. Las columnas son **verticales** y se identifican con letras mayúsculas. Cada celda se identifica según su hilera y su columna.

File Edit

	A	B	C	D
1	1	3	1	
2	2	6	4	
3	3	9	9	
4	4	12	16	
5	5	15	25	
6				
7				
8				

La celda A3 está en la Columna A, Hilera 3. En esta hoja de cálculos hay un 3 en la celda A3.

Practica tus conocimientos

¿Qué números aparecen en las siguientes celdas de la hoja de cálculos anterior?

1. A2 2. B1 3. C5

Indica si los siguientes enunciados son verdaderos o falsos.

4. Las hileras se identifican con números.
5. Una columna es horizontal.

Fórmulas en hojas de cálculos

Una celda puede contener un número o la información necesaria para generar un número. Una **fórmula** genera un número de acuerdo con los números en otras celdas de la hoja de cálculos. La manera de escribir las fórmulas depende del programa que use tu hoja de cálculos. Cuando ingresas una fórmula aparece el valor generado, no la fórmula.

CÓMO CREAR UNA FÓRMULA EN UNA HOJA DE CÁLCULOS

	A	B	C	D
1	Artículo	Precio	Cantidad	Total
2	suéter	$25	2	$50
3	pantalón	$20	3	
4	camisa	$15	2	
5				
6				

Expresa el valor de la celda dependiendo de su relación con otras celdas.

Total = Precio × Cantidad

$D2 = B2 \times C2$

Si cambias el valor de una celda y la fórmula depende de esa celda, el resultado de la fórmula se modifica.

En la hoja de cálculos anterior, si entras 3 suéteres en vez de 2 ($C2 = 3$), la columna de Total cambiará automáticamente a $75.

Practica tus conocimientos

Usa la hoja de cálculos anterior. Escribe la fórmula para:

6. D3
7. D4
8. Si D5 fuera el total de la columna D, escribe la fórmula adecuada para D5.

Fill down y Fill right

Ahora que ya tienes los conocimientos básicos sobre una hoja de cálculos, podemos ver otras maneras en que las hojas de cálculos te facilitan el trabajo. Los comandos *Fill down* y *Fill right* de las hojas de cálculos te pueden ahorrar mucho tiempo y esfuerzo.

Para usar *Fill down* selecciona una parte de una columna. El comando *Fill down* toma la celda superior seleccionada y la copia en las celdas inferiores. Si la celda superior del rango seleccionado contiene un número, como el 5, *Fill down* genera una columna con números 5.

Si la celda en la hilera superior del rango seleccionado contiene una fórmula, el comando *Fill down* hará automáticamente los ajustes necesarios en la fórmula de cada celda.

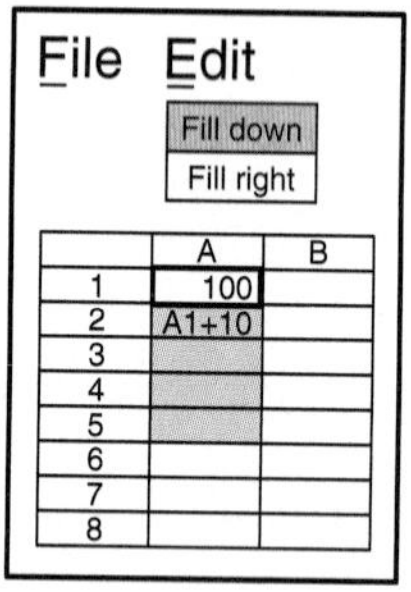

File Edit

Fill down
Fill right

	A	B
1	100	
2	A1+10	
3		
4		
5		
6		
7		
8		

La columna seleccionada está realzada.

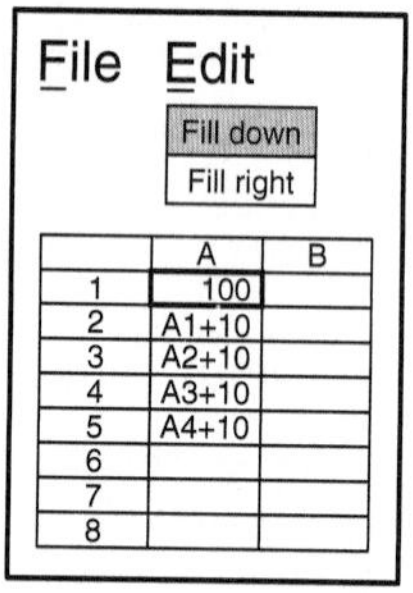

File Edit

Fill down
Fill right

	A	B
1	100	
2	A1+10	
3	A2+10	
4	A3+10	
5	A4+10	
6		
7		
8		

La hoja de cálculos llena la columna y ajusta la fórmula.

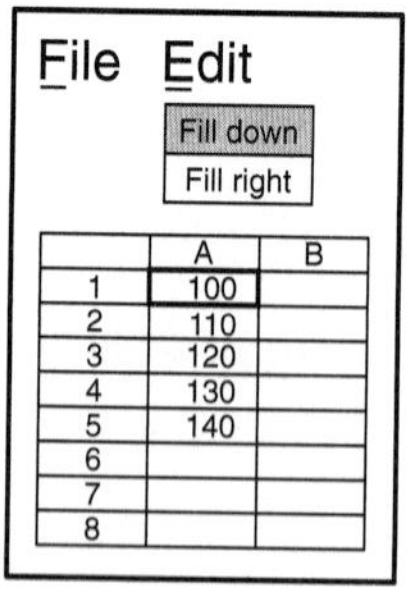

File Edit

Fill down
Fill right

	A	B
1	100	
2	110	
3	120	
4	130	
5	140	
6		
7		
8		

Estos son los valores que aparecerán en la hoja de cálculos.

Fill right funciona de manera similar, excepto que copia en sentido horizontal la celda situada más a la izquierda del rango seleccionado en una hilera.

File Edit

Fill down

Fill right

	A	B	C	D	E
1	100				
2	A1+10				
3	A2+10				
4	A3+10				
5	A4+10				
6					
7					
8					

Se selecciona la hilera 1.

File Edit

Fill down

Fill right

	A	B	C	D	E
1	100	100	100	100	100
2	A1+10				
3	A2+10				
4	A3+10				
5	A4+10				
6					
7					
8					

El número 100 se copia a la derecha.

Si seleccionas las celdas A1 a E1 y usas *Fill right*, las celdas se llenan con el número 100. Si seleccionas de A2 a E2 y usas *Fill right*, "copiarás" de la fórmula A1 + 10 de la siguiente manera:

File Edit

Fill down

Fill right

	A	B	C	D	E
1	100	100	100	100	100
2	A1+10				
3					
4					
5					
6					
7					
8					

Se selecciona la hilera 2.

File Edit

Fill down

Fill right

	A	B	C	D	E
1	100	100	100	100	100
2	A1+10	B1+10	C1+10	D1+10	E1+10
3	A2+10				
4	A3+10				
5	A4+10				
6					
7					
8					

La hoja de cálculos llena la hilera y ajusta la fórmula.

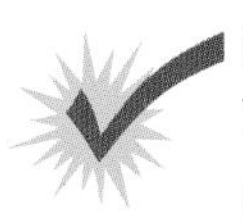

Practica tus conocimientos

Usa la ilustración inferior derecha de la hoja de cálculos anterior.

9. Selecciona las celdas A2 a A8 y aplica el comando *Fill down.* ¿Qué fórmula aparecerá en la celda A7? ¿Qué número?
10. Selecciona las celdas A3 a E3 y aplica el comando *Fill right.* ¿Qué fórmula aparecerá en la celda D3? ¿Qué número?

Gráficas en la hoja de cálculos

Es posible hacer gráficas con hojas de cálculos. Usemos la siguiente hoja de cálculos como ejemplo para comparar el **perímetro** de un cuadrado con la longitud de un lado.

File Edit

	A	B	C	D	E
1	lado	perímetro			
2	1	4			
3	2	8			
4	3	12			
5	4	16			
6	5	20			
7	6	24			
8	7	28			
9	8	32			
10	9	36			
11	10	40			

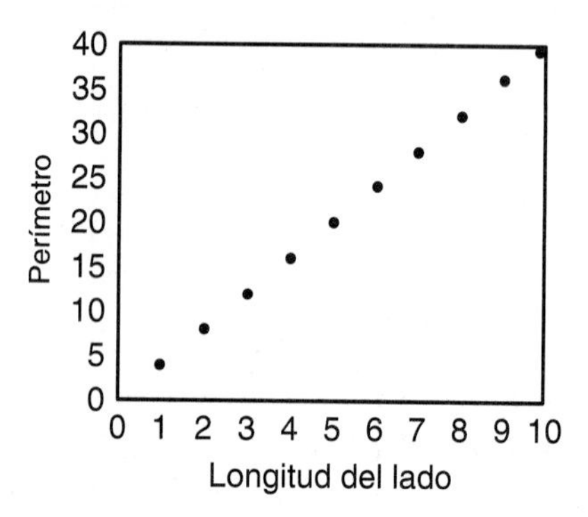

La mayoría de las hojas de cálculos tiene una función que crea tablas a partir de gráficas. Consulta el manual de tu hoja de cálculos para obtener más información.

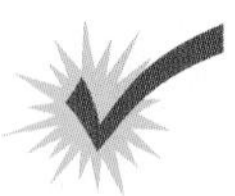

Practica tus conocimientos

11. ¿Qué celdas dieron el punto (4, 16)?
12. ¿Qué celdas dieron el punto (8, 32)?

9•4 EJERCICIOS

Identifica los números que aparecen en las siguientes celdas de la hoja de cálculos de la derecha.

1. B3
2. C1
3. A2

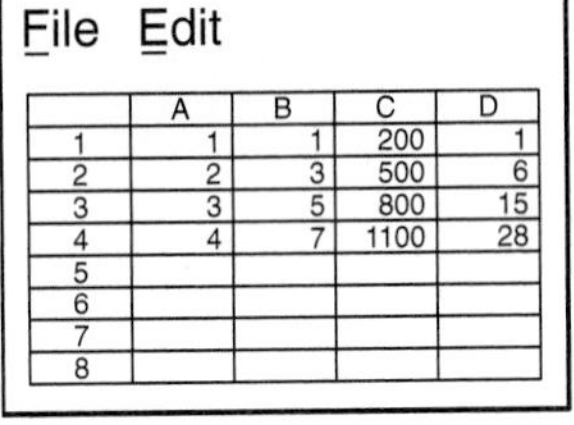

File Edit

	A	B	C	D
1	1	1	200	1
2	2	3	500	6
3	3	5	800	15
4	4	7	1100	28
5				
6				
7				
8				

¿En qué celda aparece cada número?

4. 15
5. 7
6. 800
7. Si la celda A2 contiene la fórmula es A1 + 1 y se copia la fórmula hacia abajo, ¿qué fórmula contendrá la celda A3?
8. Cada celda de la columna B contienen una fórmula que depende de la celda superior, ¿qué fórmula puede contener la celda B4?
9. La fórmula que contiene la celda D2 es A2 × B2. ¿Qué fórmula puede contener la celda D4?
10. Si se incluyera la hilera 5 en la hoja de cálculos, ¿qué números habría en dicha hilera?

Usa la siguiente hoja de cálculos para contestar los ejercicios 11 al 15.

File Edit

Fill down
Fill right

	A	B	C	D
1	5	10		
2	A1+6	B1×2		
3				
4				
5				
6				
7				
8				

11. Si seleccionas las celdas A2 a A5 y usas *Fill down*, ¿qué fórmula aparecerá en A3?
12. Si seleccionas las celdas A3 a A5 y usas *Fill down*, ¿qué números aparecerán en A3 a A5?
13. Si seleccionas las celdas B1 a E1 y usas *Fill right*, ¿qué aparecerá en las celdas C1, D1 y E1?
14. Si seleccionas las celdas B2 a E2 y usas *Fill right*, ¿qué fórmula aparecerá en D2?
15. Si usas el comando *Fill right*, del modo indicado en las preguntas 13 y 14, ¿qué números aparecerán en las celdas B2, C2 y D2?

¿Qué has aprendido?

Puedes utilizar los siguientes problemas y la lista de palabras para averiguar lo que has aprendido en este capítulo. Puedes aprender más acerca de un problema o palabra en particular, al consultar el número de tema en negrilla (por ejemplo, **9•2**).

Serie de problemas

Usa tu calculadora para resolver los ejercicios 1 al 6. **9•1**

1. $25 + 37 \times 12$
2. 3,425% de 2,300

Redondea las respuestas en décimas.

3. $12 \times \sqrt{225} + 17.25$
4. $3 \times \pi - \sqrt{.49}$

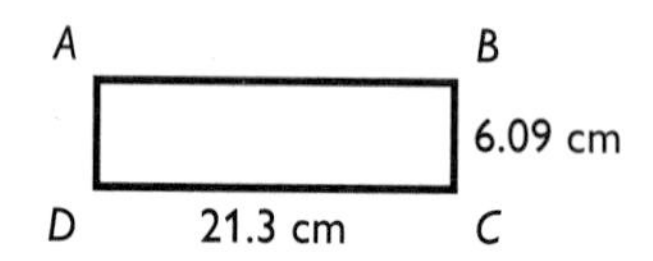

5. Calcula el perímetro del rectángulo *ABCD*.
6. Calcula el área del rectángulo *ABCD*.

Usa una calculadora científica para contestar los ejercicios 7 al 12. Redondea las respuestas en centésimas. **9•2**

7. 2.027^5
8. Halla el recíproco de 4.5.
9. Calcula el cuadrado de 4.5.
10. Saca la raíz cuadrada de 5.4
11. $(4 \times 10^3) \times (7 \times 10^6)$
12. $0.6 \times (3.6 + 13)$

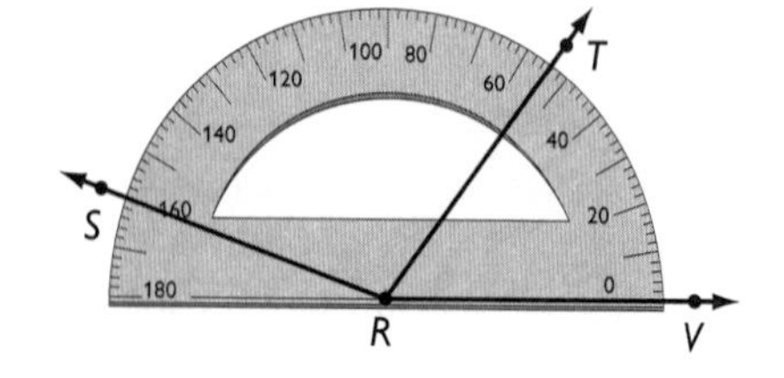

13. ¿Cuánto mide $\angle VRT$? **9•3**
14. ¿Cuánto mide $\angle VRS$? **9•3**
15. ¿Cuánto mide $\angle SRT$? **9•3**
16. ¿Divide $\overrightarrow{RT}$ el $\angle VRS$ en 2 ángulos iguales? **9•3**

17. ¿Qué parte de la regla se debe alinear siempre con el extremo del objeto que se va a medir? **9•3**

Consulta la siguiente hoja de cálculos para contestar los ejercicios 18 al 20. **9•4**

File Edit

Fill down
Fill right

	A	B	C	D
1	3	6	40	240
2	6	12	90	
3	9	18	140	
4				

18. ¿Qué celda contiene el número 28?
19. Una fórmula que podría contener la celda C3 is 3 × C1. Menciona otra fórmula posible para dicha celda.
20. La celda D1 contiene el número 77 y ninguna fórmula. Después de usar Fill down, ¿qué número aparecerá en la celda D10?

ESCRIBE LAS DEFINICIONES DE LAS SIGUIENTES PALABRAS.

palabras importantes

ángulo **9•2**
arco **9•3**
celda **9•4**
círculo **9•1**
columna **9•4**
cuadrado **9•2**
cubo **9•2**
decimal **9•1**
distancia **9•3**
factorial **9•2**
fórmula **9•4**
grado **9•2**
hilera **9•4**
hoja de cálculos **9•4**
horizontal **9•4**
número negativo **9•1**
paréntesis **9•2**
perímetro **9•4**
pi **9•1**
porcentaje **9•1**
potencia **9•2**
punto **9•3**
radio **9•1**
raíz **9•2**
raíz cuadrada **9•1**
raíz cúbica **9•2**
rayo **9•3**
recíproco **9•2**
tangente **9•2**
vertical **9•4**
vértice **9•3**

1
1 2 3 5

solucionario

solucionario

Solucionario

Índice

SOLUCIONARIO

Capítulo 1: Números y cálculos

pág. 72

1. 600 **2.** 60,000,000

3. $(2 \times 10{,}000) + (4 \times 1{,}000) + (7 \times 100) + (3 \times 10) + (5 \times 1)$

4. 406,758; 396,758; 46,758; 4,678

5. 52,534,880; 52,535,000; 53,000,000

6. 0 **7.** 12 **8.** 5,889 **9.** 0

10. 600 **11.** 1,700

12. $(4 + 7) \times 3 = 33$ **13.** $(30 + 15) \div 5 + 5 = 14$

14. No **15.** No **16.** Sí **17.** No

18. $2^3 \times 5$ **19.** $2 \times 5 \times 11$ **20.** $2 \times 5 \times 23$

21. 4 **22.** 5 **23.** 9

24. 60 **25.** 120 **26.** 90

pág. 73

27. 60

28. 7, 7 **29.** 15, −15 **30.** 12, 12 **31.** 10, −10

32. 2 **33.** −4 **34.** −11 **35.** 16 **36.** 0 **37.** 6

38. 42 **39.** −4 **40.** 7 **41.** 24 **42.** −36
43. −50

44. Será un número negativo.

45. Será un número positivo.

1•1 Valor de posición de números enteros

pág. 74

1. 40,000 **2.** 4,000,000 **3.** Cuarenta millones, tres cientos setenta y seis mil, quinientos

4. Cincuenta y siete trillones, tres cientos veinte billones, cien millones

pág. 75

5. $(9 \times 10{,}000) + (8 \times 1{,}000) + (2 \times 10) + (5 \times 1)$

6. $(4 \times 100{,}000) + (6 \times 100) + (3 \times 10) + (7 \times 1)$

pág. 76

7. $<$ **8.** $>$

pág. 76 **9.** 7,520; 72,617; 77,302; 740,009
10. 37,300 **11.** 490,000 **12.** 2,000,000
13. 800,000

1•2 Propiedades

pág. 78 **1.** Sí **2.** No **3.** No **4.** Sí

pág. 79 **5.** 28,407 **6.** 299 **7.** 0 **8.** 4.8
9. $(3 \times 2) + (3 \times 5)$ **10.** $6 \times (8 + 4)$

1•3 El orden de las operaciones

pág. 82 **1.** 12 **2.** 87

1•4 Factores y múltiplos

pág. 84 **1.** 1, 2, 4, 8 **2.** 1, 2, 3, 4, 6, 8, 12, 16, 24, 48

pág. 85 **3.** 1, 2 **4.** 1,5
5. 2 **6.** 6

pág. 86 **7.** Sí **8.** No **9.** Sí **10.** Sí

pág. 88 **11.** Sí **12.** No **13.** Sí **14.** No **15.** 17 y 19 ó 29 y 31 ó 41 y 43 ó...
16. $2^4 \times 5$ **17.** $2^3 \times 3 \times 5$

pág. 89 **18.** 6 **19.** 8

pág. 90 **20.** 18 **21.** 140

1•5 Operaciones con enteros

pág. 92 **1.** −6 **2.** +200

pág. 93 **3.** 12, 12 **4.** 5, −5 **5.** 9, 9 **6.** 0, 0
7. −2 **8.** 0 **9.** −5 **10.** −3

pág. 94 **11.** 10 **12.** −3 **13.** 3 **14.** −48

¿Como? Si a es solo positiva, $2 + a > 2$ es siempre verdadero. Si a puede ser positiva, cero o negativa, $2 + a > 2$ es a veces verdadero, pero $2 + a$ también puede ser igual a o menor que 2.

SOLUCIONARIO

Capítulo 2: Fracciones, decimales y porcentajes

pág. 100 **1.** El segundo, porque $\frac{1}{2} > \frac{3}{7}$.
2. Alrededor de 9 días **3.** 10 porciones **4.** 85%
5. C. $\frac{8}{11}$
6. $1\frac{1}{6}$ **7.** $1\frac{3}{4}$ **8.** $3\frac{1}{4}$ **9.** $8\frac{3}{10}$
10. B. $\frac{4}{3} = 1\frac{1}{3}$
11. $\frac{2}{5}$ **12.** $\frac{1}{2}$ **13.** $\frac{3}{4}$ **14.** 3
15. Centenas **16.** 3.0 + 0.003

pág. 101 **17.** 400.404 **18.** 0.165; 1.065; 1.605; 1.650
19. 16.154 **20.** 1.32 **21.** 30.855 **22.** 7.02
23. 30% **24.** 27.83 **25.** 55

2·1 Fracciones y fracciones equivalentes

pág. 103 **1.** $\frac{5}{8}$ **2.** $\frac{3}{8}$ **3.** Las respuestas variarán.
pág. 105 **4–7.** Las respuestas variarán.
pág. 106 **8.** $\neq$ **9.** = **10.** $\neq$
pág. 108 **11.** $\frac{4}{5}$ **12.** $\frac{3}{4}$ **13.** $\frac{2}{5}$
pág. 110 **14.** $7\frac{1}{6}$ **15.** $11\frac{1}{3}$ **16.** $6\frac{2}{5}$ **17.** $9\frac{1}{4}$
18. $\frac{37}{8}$ **19.** $\frac{77}{6}$ **20.** $\frac{49}{2}$ **21.** $\frac{98}{3}$

2·2 Compara y ordena fracciones

pág. 113 **1.** $>$ **2.** $>$ **3.** = **4.** $<$
5. $>$ **6.** $<$ **7.** $<$
pág. 114 **8.** $\frac{1}{4}; \frac{2}{5}; \frac{1}{2}; \frac{3}{5}$ **9.** $\frac{2}{3}; \frac{13}{18}; \frac{7}{9}; \frac{5}{6}$ **10.** $\frac{1}{2}; \frac{4}{7}; \frac{5}{8}; \frac{2}{3}; \frac{11}{12}$

2·3 Suma y resta fracciones

pág. 116 **1.** $1\frac{1}{5}$ **2.** $1\frac{3}{34}$ **3.** $\frac{1}{2}$ **4.** $\frac{1}{2}$
pág. 118 **5.** $1\frac{2}{5}$ **6.** $1\frac{3}{14}$ **7.** $\frac{1}{20}$ **8.** $\frac{11}{24}$
9. $9\frac{5}{6}$ **10.** $34\frac{5}{8}$ **11.** 61

pág. 119 **12.** $23\frac{39}{40}$ **13.** $20\frac{1}{24}$ **14.** $22\frac{7}{15}$
pág. 120 **15.** $7\frac{1}{2}$ **16.** $3\frac{37}{70}$ **17.** $11\frac{1}{8}$

2•4 Multiplica y divide fracciones

pág. 123 **1.** $\frac{1}{3}$ **2.** $\frac{1}{12}$ **3.** 2
4. $\frac{1}{10}$ **5.** $\frac{8}{15}$ **6.** 2
7. $\frac{7}{3}$ **8.** $\frac{1}{3}$ **9.** $\frac{5}{22}$
pág. 124 **10.** $1\frac{1}{2}$ **11.** $\frac{1}{14}$ **12.** $\frac{1}{4}$

2•5 Nombra y ordena decimales

pág. 127 **1.** 1.50 **2.** 0.32 **3.** 16.63 **4.** 0.03
5. Trescientos sesenta y cinco milésimas
6. Una con ciento dos milésimas
7. Cincuenta y cuatro milésimas
pág. 129 **8.** Cinco unidades; cinco con trescientas seis milésimas
9. Ocho milésimas; cincuenta y ocho milésimas
10. Una milésima; seis con quince diezmilésimas
11. Seiscientas milésimas; doscientas seis cienmilésimas
12. < **13.** > **14.** <
pág. 130 **15.** 0.753; 0.7539; 0.754; 0.759
16. 12.00427; 12.0427; 12.427; 12.4273
17. 2.12 **18.** 38.41

2•6 Operaciones decimales

pág. 132 **1.** 7.1814 **2.** 96.674 **3.** 38.54 **4.** 802.0556
pág. 133 **5.** 13 **6.** 1 **7.** 15 **8.** 280
pág. 134 **9.** 59.481 **10.** 80.42615
pág. 135 **11.** 900 **12.** 4
13. 0.072 **14.** 0.0028231

pág. 136 **15.** 21.6 **16.** 5.23 **17.** 92 **18.** 25.8

pág. 137 **19.** 10.06 **20.** 24.8

pág. 138 **21.** 0.07 **22.** 0.65

¿Lujos o necesidades? Aproximadamente 923,000,000

2•7 El significado de porcentaje

pág. 140 **1.** 44% **2.** 33%

pág. 141 **3.** 150 **4.** 100 **5.** 150 **6.** 250

pág. 142 **7.** $1.00 **8.** $6

La honradez paga 20%

2•8 Usa y calcula porcentajes

pág. 144 **1.** 60 **2.** 665 **3.** 11.34 **4.** 27

pág. 145 **5.** 665 **6.** 72 **7.** 130 **8.** 340

pág. 146 **9.** $33\frac{1}{3}\%$ **10.** 450% **11.** 400% **12.** 60%

pág. 147 **13.** 104 **14.** 20 **15.** 25 **16.** 1,200

pág. 148 **17.** 25% **18.** 95% **19.** 120% **20.** 20%

pág. 149 **21.** 11% **22.** 50% **23.** 16% **24.** 30%

pág. 150 **25.** Descuento: $162.65, precio de oferta: $650.60

26. Descuento: $5.67, precio de oferta: $13.23

pág. 151 **27.** 100 **28.** 2 **29.** 15 **30.** 30

pág. 152 **31.** $I = \$1,800$, $A = \$6,600$

32. $I = \$131.25$, $A = \$2,631.25$

2•9 Relaciones entre fracciones, decimales y porcentajes

pág. 155 **1.** 80% **2.** 65% **3.** 45% **4.** 38%

5. $\frac{11}{20}$ **6.** $\frac{29}{100}$ **7.** $\frac{17}{20}$ **8.** $\frac{23}{25}$

SOLUCIONARIO

pág. 156 **9.** $\frac{89}{200}$ **10.** $\frac{44}{125}$

pág. 157 **11.** 8% **12.** 66% **13.** 39.8% **14.** 74%
15. 0.145 **16.** 0.0001 **17.** 0.23 **18.** 0.35

pág. 158 **Altibajos de la bolsa de valores** 1%

pág. 160 **19.** 0.8 **20.** 0.55 **21.** 0.875 **22.** $0.41\overline{6}$
23. $2\frac{2}{5}$ ó $\frac{12}{5}$ **24.** $\frac{7}{125}$ **25.** $\frac{7}{50}$ **26.** $1\frac{1}{5}$ ó $\frac{6}{5}$

Capítulo 3: Potencias y raíces

pág. 166 **1.** 5^7 **2.** a^5
3. 4 **4.** 81 **5.** 36
6. 8 **7.** 125 **8.** 343
9. 1,296 **10.** 2,187 **11.** 512
12. 1,000 **13.** 10,000,000 **14.** 100,000,000,000
15. 4 **16.** 7 **17.** 11
18. 5 y 6 **19.** 3 y 4 **20.** 8 y 9

pág. 167 **21.** 3.873 **22.** 6.164
23. 2 **24.** 4 **25.** 7
26. Muy pequeño **27.** Muy grande
28. 7.8×10^7 **29.** 2×10^5 **30.** 2.8×10^{-3}
31. 3.02×10^{-5}
32. 8,100,000 **33.** 200,700,000
34. 4,000 **35.** 0.00085 **36.** 0.00000906
37. 0.0000007
38. 12 **39.** 13 **40.** 18

3•1 Potencias y exponentes

pág. 168 **1.** 4^3 **2.** 6^9 **3.** x^4 **4.** y^6

pág. 169 **5.** 25 **6.** 100 **7.** 9 **8.** 49

pág. 170 **9.** 64 **10.** 1,000 **11.** 27 **12.** 512

pág. 171 **El futuro del universo** $10^4 \times (10^{12})^8 = 10^{100}$

pág. 172 **13.** 128 **14.** 59,049 **15.** 81 **16.** 390,625

pág. 173 **17.** 1,000 **18.** 1,000,000 **19.** 1,000,000,000
20. 100,000,000,000,000

pág. 174 **21.** 324 **22.** 9,765,625 **23.** 33,554,432
24. 20,511,149

3•2 Raíces cuadradas y cúbicas

pág. 176 **1.** 4 **2.** 7 **3.** 10 **4.** 12

pág. 177 **5.** Entre 7 y 8 **6.** Entre 4 y 5
7. Entre 2 y 3 **8.** Entre 9 y 10

pág. 179 **9.** 1.414 **10.** 7.071 **11.** 8.660 **12.** 9.950
13. 4 **14.** 7 **15.** 10 **16.** 5

pág. 180 **La cuadratura del triángulo** 21, 28; es la sucesión de cuadrados.

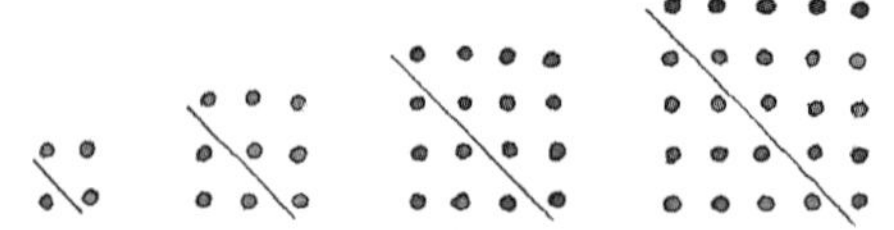

3•3 Usa la notación científica

pág. 182 **1.** Muy pequeño **2.** Muy grande
Insectos 1.2×10^{18}

pág. 183 **3.** 6.8×10^{4} **4.** 7×10^{6} **5.** 3.05×10^{10}
6. 7.328×10^{7}

pág. 184 **7.** 3.8×10^{-3} **8.** 4×10^{-7} **9.** 6.03×10^{-11}
10. 7.124×10^{-4}

pág. 185 **11.** 53,000 **12.** 924,000,000 **13.** 120,500
14. 8,840,730,000,000

pág. 186 **15.** 0.00071 **16.** 0.000005704 **17.** 0.0865
18. 0.000000000030904

3•4 Las leyes de los exponentes

pág. 188 **1.** 23 **2.** 17 **3.** 18 **4.** 19

SOLUCIONARIO

Capítulo 4: Datos, estadística y probabilidad

pág. 194 **1.** Tarde por la mañana **2.** El séptimo **3.** No
4. 75% **5.** No, los porcentajes no muestran cantidades.
6. Histograma

pág. 195 **7.** Positiva **8.** 34 **9.** Moda
10. 4 **11.** 21
12. 3, 5; 3, 7; 5, 7
13. $\frac{3}{5}$ **14.** 0 **15.** $\frac{2}{15}$

4•1 Recopila datos

pág. 197 **1.** Adultos mayores de 45 años; 150,000
2. Renos en el bosque nacional Roosevelt; 200

pág. 198 **3.** No, la encuesta se limita a amigos de los padres de la alumna, quienes pueden tener creencias parecidas.
4. Sí, si la población es la clase. Cada alumno tiene la misma posibilidad de ser elegido.

pág. 199 **5.** Ésta presume que te gusta la pizza.
6. Ésta no presume que ves TV después de las clases.
7. ¿Recicla Ud. los periódicos?
8. 2 **9.** Roscas de pan **10.** Pizza; los alumnos eligen pizza más que otra comida.

4•2 Presenta los datos

pág. 202 **1.** Una palabra tiene 11 letras.

2. JUEGOS OLÍMPICOS DE INVIERNO DE 1994

No. medallas de oro	0	1	2	3	4	5	6	7	8	9	10	11
No. de países	8	4	2	2	1	0	1	1	0	1	1	1

SOLUCIONARIO

pág. 203 **3.** 25 g **4.** 11.5 g **5.** 50%

pág. 205 **6.** Aproximadamente la mitad

7. Aproximadamente un cuarto

8.

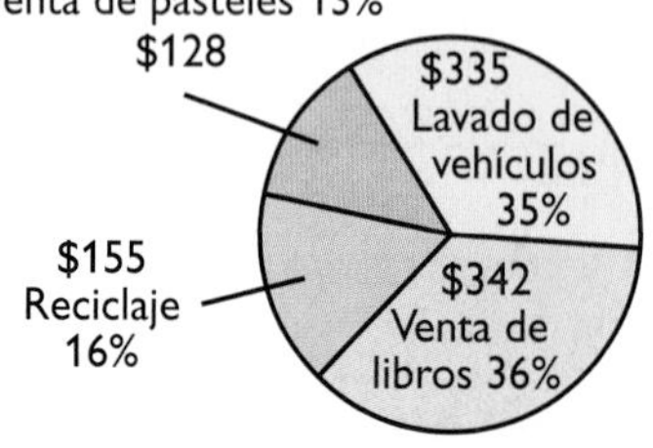

INGRESOS DE LA CLASE

Y el ganador es... Las ventas mejoraron; semanalmente; gráfica de barras

pág. 206 **9.** 8 A.M. **10.** 6

11.

pág. 207 **12.** Gabe **13.** Gabe

pág. 208 **14.** 7 **15.** 37.1; 27.2

pág. 210 **16.** Septiembre **17.** Las respuestas variarán.

18.

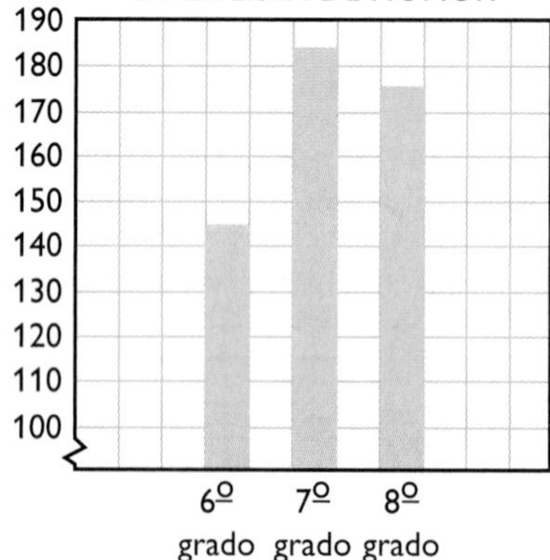

SOLUCIONARIO

pág. 211 **19.** $120,000,000,000 **20.** Las respuestas variarán. Respuesta posible: Aumentó un poco durante los primeros tres años y luego permaneció constante.

pág. 212 **21.** 16

22.

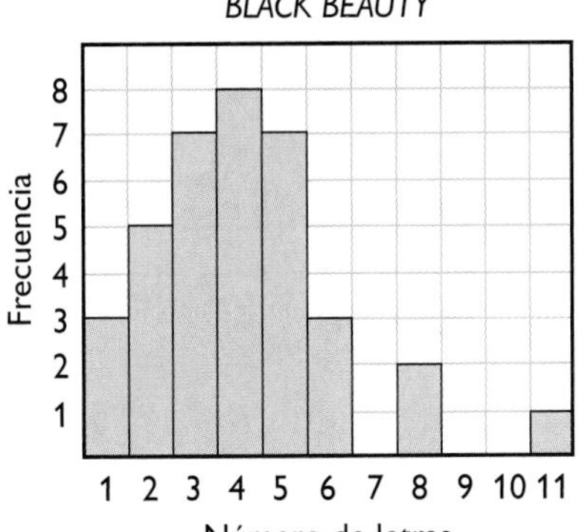

4•3 Analiza los datos

pág. 215

1. **2.**

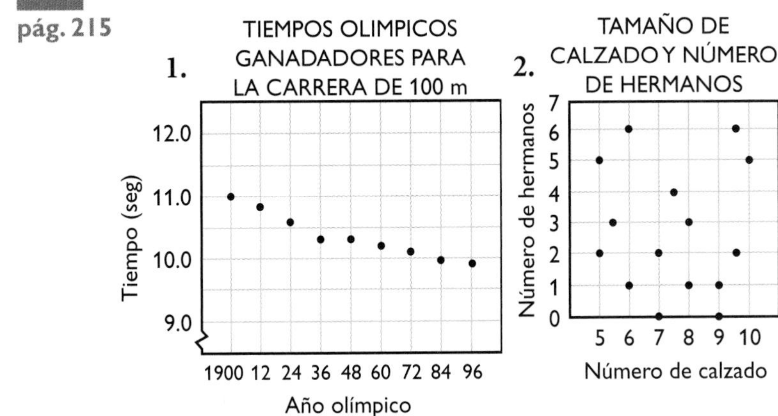

pág. 217 **3.** Edad y letras en el nombre **4.** Negativa
5. Millas en bicicleta y horas

pág. 218 **6.** TEMPERATURA SEGÚN LA LATITUD **7.** Unos 32°F

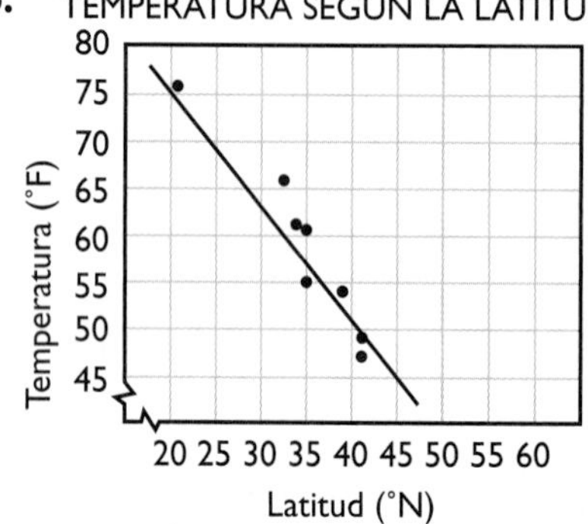

pág. 220 **8.** Plana **9.** Normal **10.** Alabeada hacia la derecha
11. Bimodal **12.** Alabeada hacia la izquierda

4•4 Estadísticas

pág. 223 **1.** 8 **2.** 84 **3.** 197 **4.** 27° **5.** 92 puntos

Impresiones gráficas Las respuestas pueden variar. Respuestas posibles: que una araña es 4 veces más grande que una olomina y un cocodrilo es 3 veces más largo que una araña, en lugar de que sus expectativas de vida tengan esa relación; la gráfica de barras representa mejor las diferencias.

pág. 225 **6.** 11 **7.** 2.1 **8.** 18 **9.** 23,916

pág. 227 **10.** 7 **11.** 1.6 **12.** 10 **13.** 49

Decimales olímpicos Mérito técnico 9.52, composición y estilo 9.7

pág. 228 **14.** 750 **15.** 5.1 **16.** 52° **17.** 34 puntos

pág. 229 **18.** 37 **19.** 6.8

pág. 230 **¿Cuánta fuerza tiene el Mississippi?** 2,949.5 mi; 2,620 mi; 1,830 mi

4•5 Combinaciones y permutaciones

pág. 234 **1.** 216 números de tres dígitos **2.** 36 rutas

Monogramas 17,576 monogramas

pág. 236 **3.** 210 **4.** 720 **5.** 40,320 **6.** 1,190 **7.** 362,880

pág. 238 **8.** 84 **9.** 91 **10.** 220 **11.** Dos veces más permutaciones que combinaciones

4-6 Probabilidad

pág. 241 **1.** $\frac{1}{2}$ **2.** $\frac{1}{20}$ **3.** Las respuestas variarán.

pág. 242 **4.** $\frac{3}{4}$ **5.** 0 **6.** $\frac{1}{6}$ **7.** $\frac{4}{11}$

pág. 243 **8.** $\frac{1}{4}$, 0.25, 1:4, 25% **9.** $\frac{1}{8}$, 0.125, 1:8, 12.5%
10. $\frac{1}{8}$, 0.125, 1:8, 12.5% **11.** $\frac{1}{25}$, 0.04, 1:25, 4%

pág. 244 **12.** Los números 2, 5, 4, 2, 3, 1, 6, 3
13–14. Las respuestas variarán.

pág. 245 **Fiebre de lotería** Caerle un rayo; $\frac{260}{260{,}000{,}000}$ es alrededor de 1 en 1 millón, comparado con la posibilidad de 1 en 16 millones de ganar una lotería de 6 entre 50.

pág. 247 **15.**

Segundo giro (columnas); Primer giro (filas)

	R	Az	V	Am
R	RR	RAz	RV	RAm
Az	AzR	AzAz	AzV	AzAm
V	VR	VAz	VV	VAm
Am	AmR	AmAz	AmV	AmAm

16. $\frac{7}{16}$

pág. 248 **17.** Recta numérica de 0 a 1 con un punto en $\frac{1}{2}$

18. Recta numérica: 0, $\frac{1}{3}$, $\frac{1}{2}$, $\frac{2}{3}$, 1; punto en $\frac{1}{3}$

19. Recta numérica: 0, $\frac{1}{4}$, $\frac{1}{2}$, 1; punto en $\frac{1}{4}$

20. Recta numérica: 0, $\frac{1}{4}$, $\frac{1}{2}$, 1; punto en $\frac{1}{4}$

pág. 250 **21.** $\frac{1}{4}$; independiente **22.** $\frac{91}{190}$; dependiente
23. $\frac{1}{16}$ **24.** $\frac{13}{204}$

Capítulo 5 La lógica

pág. 256 **1.** Verdadero **2.** Falso **3.** Falso **4.** Verdadero
5. Verdadero **6.** Verdadero **7.** Verdadero
8. Falso **9.** Verdadero

Continúa

pág. 256 (cont.)

10. Si es martes, entonces el avión vuela a Bélgica.

11. Si es domingo, entonces el banco está cerrado.

12. Si $x^2 = 49$, entonces $x = 7$. **13.** Si un ángulo es agudo, entonces mide menos de 90°.

14. El campo de juegos no cerrará al anochecer.

15. Estas dos rectas no forman un ángulo.

pág. 257

16. Si no apruebas todos los cursos, entonces no podrás graduarte. **17.** Si dos rectas no se intersecan, entonces no forman cuatro ángulos.

18. Si no compras entrada de adulto, entonces no eres mayor de 12 años. **19.** Si un pentágono no es equilátero, entonces no tiene cinco lados iguales.

20. Miércoles **21.** Cualquier trapecio no isósceles

22. $\{a, c, d, e, 3, 4\}$ **23.** $\{e, m, 2, 4, 5\}$

24. $\{a, c, d, e, m, 2, 3, 4, 5\}$ **25.** $\{e, 4\}$

5•1 Enunciados si...entonces

pág. 259

1. Si son perpendiculares, entonces las rectas forman ángulos rectos en las uniones. **2.** Si un entero termina en 0 ó 5, entonces es múltiplo de 5.

3. Si un entero es impar, entonces termina en 1, 3, 5, 7 ó 9.

4. Si Jacy es demasiado joven para votar, entonces él tiene 15 años de edad.

pág. 260

5. Un rectángulo no tiene cuatro lados.

6. No se comieron las donas antes del mediodía.

7. Si un entero no termina en 0 ó 5, entonces no es un múltiplo de 5. **8.** Si no estoy en Seattle, entonces no estoy en el estado de Washington.

pág. 261

9. Si un ángulo no es un ángulo recto, entonces no mide 90°. **10.** Si $2x = 6$, entonces $x = 3$.

pág. 262

Verdezuela, Verdezuela, suéltame tu cabellera
Si hay más de 150,001 personas en tu comunidad, el mismo argumento tiene validez.

5•2 Contraejemplos

pág. 264

1. Verdadero; falso; contraejemplo: rectas alabeadas

2. Verdadero; verdadero

5•3 Conjuntos

pág. 266 **1.** Falso **2.** Verdadero **3.** Verdadero

4. {1}, {4}, {1, 4}, Ø

5. {m}, Ø

6. {a}, {b}, {c}, {a, b}, {b, c}, {a, c}, {a, b, c}, Ø

pág. 267 **7.** {1, 2, 9, 10} **8.** {m, a, p, t, h}

9. {9} **10.** Ø

pág. 268 **11.** [1, 2, 3, 4, 5, 6] **12.** {1, 2, 3, 4, 5, 6, 9, 12, 15}

13. {6, 12} **14.** {6}

Capítulo 6: Álgebra

pág. 274 **1.** $2x - 3 = x + 9$ **2.** $4(n + 2) = 2n - 4$

3. $6(x + 5)$ **4.** $3(4n - 5)$

5. $a + 3b$ **6.** $11n - 10$ **7.** 20 mi

8. $x = 7$ **9.** $y = -20$ **10.** $x = 9$ **11.** $y = 54$

12. $n = 3$ **13.** $y = -3$ **14.** $n = 4$ **15.** $x = 6$

16. 18 niñas **17.** 6.5 cm **18.**

–3 –2 –1 0

$x < -2$

19. **20.**

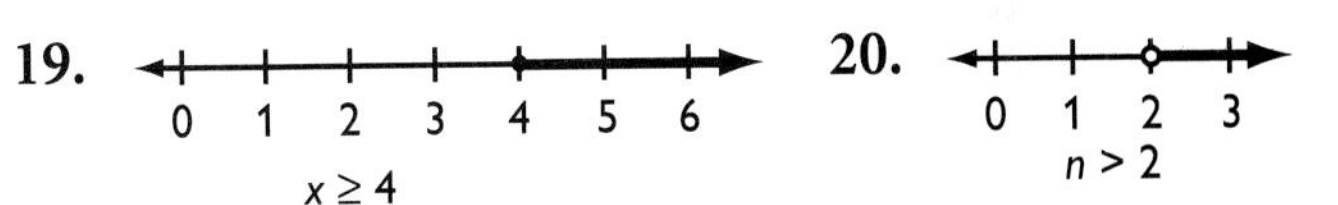

pág. 275 **21–24.**

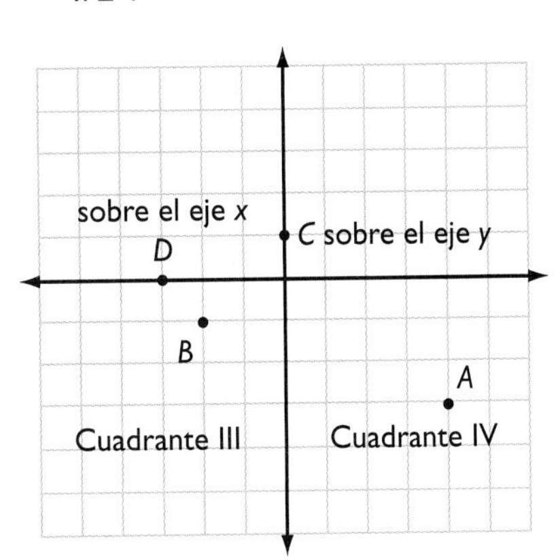

25. $-\frac{3}{5}$

Continúa

pág. 275 (cont.)

26.

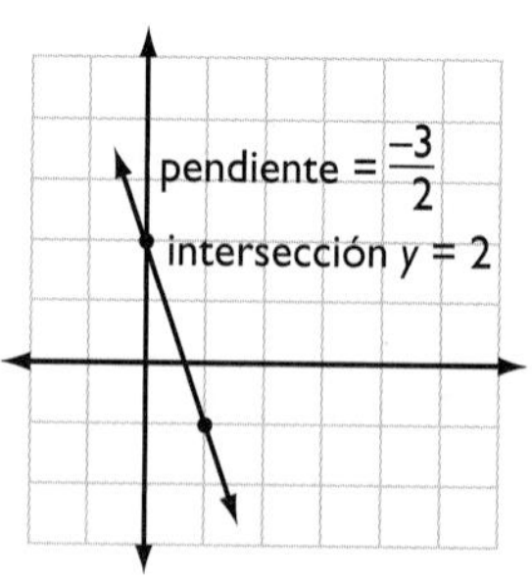

27.

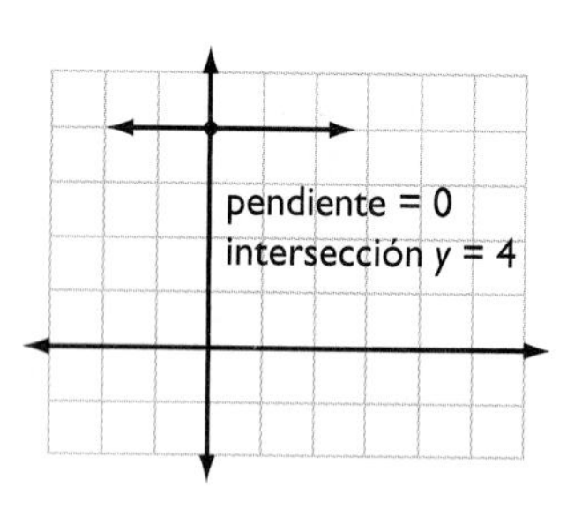

28.

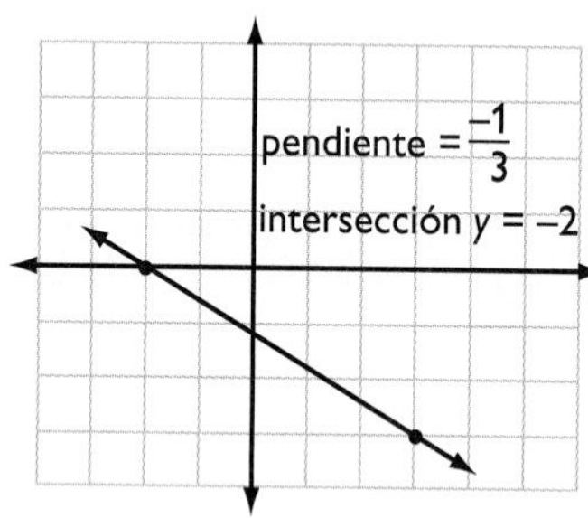

29.

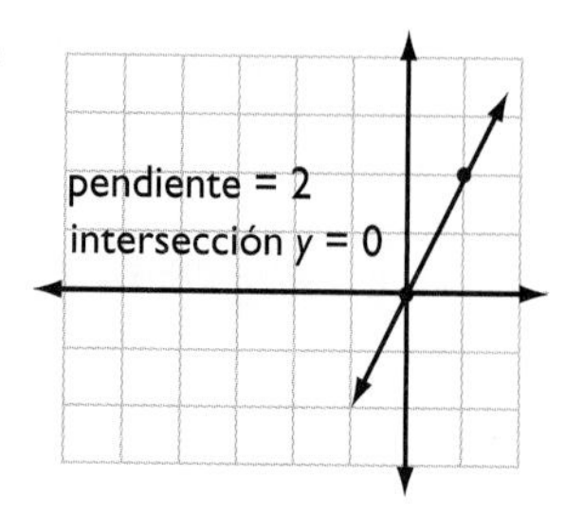

30. $y = x - 4$ **31.** $y = \frac{2}{3}x + 1$ **32.** $x = -4$
33. $y = 7$ **34.** $y = -\frac{1}{9}x + 2$ **35.** $y = \frac{1}{2}x + \frac{1}{2}$

SOLUCIONARIO

6•1 Escribe expresiones y ecuaciones

pág. 276 **1.** 2 **2.** 1 **3.** 3 **4.** 2

pág. 277 **5.** $5 + x$ **6.** $n + 10$ **7.** $y + 8$ **8.** $n + 1$

pág. 278 **9.** $14 - x$ **10.** $n - 2$ **11.** $y - 6$ **12.** $n - 4$

pág. 279 **13.** $3x$ **14.** $7n$ **15.** $0.25y$ **16.** $12n$

pág. 280 **17.** $\frac{x}{7}$ **18.** $\frac{16}{n}$ **19.** $\frac{40}{y}$ **20.** $\frac{a}{11}$

pág. 281 **21.** $8n - 12$ **22.** $\frac{4}{x} - 1$ **23.** $2(n - 6)$
Ballena huérfana rescatada $2{,}378 + 25x = 9{,}000$

pág. 282 **24.** $x - 8 = 5x$ **25.** $4n - 5 = 4 + 2n$
26. $\frac{x}{6} + 1 = x - 9$

6•2 Reduce expresiones

pág. 284 **1.** No **2.** Sí **3.** No **4.** Sí

5. $5 + 2x$ **6.** $7n$ **7.** $4y + 9$ **8.** $6 \cdot 5$

pág. 285 **Hora de mayor audiencia** $23.3a$

pág. 286 **9.** $4 + (8 + 11)$ **10.** $5 \cdot (2 \cdot 9)$ **11.** $2x + (5y + 4)$

12. $(7 \cdot 8)n$

13. $6(100 - 2) = 588$ **14.** $3(100 + 5) = 315$

15. $9(200 - 1) = 1{,}791$ **16.** $4(300 + 10 + 8) = 1{,}272$

pág. 287 **17.** $14x + 8$ **18.** $24n - 16$ **19.** $-7y + 4$
20. $9x - 15$

pág. 288 **21.** $7(x + 5)$ **22.** $3(6n - 5)$ **23.** $15(c + 4)$
24. $20(2a - 5)$

pág. 290 **25.** $13x$ **26.** $4y$ **27.** $10n$ **28.** $-4a$

29. $3y + 8z$ **30.** $13x - 20$ **31.** $9a + 4$ **32.** $9n - 4$

6•3 Evalúa expresiones y fórmulas

pág. 292 **1.** 22 **2.** 1 **3.** 23 **4.** 20

pág. 293 **5.** 34 cm **6.** 28 pies

Maglev $1\frac{1}{4}$ hr, $2\frac{1}{4}$ hr, $3\frac{3}{4}$ hr

pág. 294 **7.** 36 mi **8.** 1,500 km **9.** 440 mi **10.** 8 pies

6•4 Resuelve ecuaciones lineales

pág. 296 **1.** -4 **2.** x **3.** 35 **4.** $-10y$

pág. 297 **5.** Verdadero, falso, falso **6.** Falso, verdadero, falso

7. Falso, verdadero, falso

8. Falso, falso, verdadero

9. Sí **10.** No **11.** No **12.** Sí

pág. 298 **13.** $x + 3 = 12$ **14.** $x - 3 = 6$ **15.** $3x = 27$
16. $\frac{x}{3} = 3$

pág. 299 **17.** $x = 9$ **18.** $n = 16$ **19.** $y = -7$ **20.** $a = 9$

pág. 301 **21.** $x = 7$ **22.** $y = 32$ **23.** $n = -3$ **24.** $a = 36$

pág. 302 **25.** $x = 3$ **26.** $y = 50$ **27.** $n = -7$ **28.** $a = -6$

pág. 303 **29.** $n = 4$ **30.** $x = -2$

pág. 305 **31.** $n = 5$ **32.** $x = -6$
33. $w = \frac{A}{l}$ **34.** $y = \frac{3x + 8}{2}$

pág. 306 **¿Qué grado de peligro existe?** Sí; expectativa de vida en aumento; menos peligro

6•5 Razones y proporciones

pág. 308 **1.** $\frac{3}{9} = \frac{1}{3}$ **2.** $\frac{9}{12} = \frac{3}{4}$ **3.** $\frac{12}{3} = \frac{4}{1} = 4$

pág. 309 **4.** Sí **5.** No

pág. 310 **6.** 5.5 gal **7.** $450 **8.** 970,000 **9.** 22,601,000

6•6 Desigualdades

pág. 313 **1.** –2 –1 0 1 2 3 **2.** –5 –4 –3 –2 –1 0

3. –4 –3 –2 –1 0 1 **4.** –2 –1 0 1 2 3

pág. 314 **5.** $x > -3$ **6.** $n \leq -2$ **7.** $y < 3$ **8.** $x \geq 1$

6•7 Grafica en el plano de coordenadas

pág. 316 **1.** eje y **2.** Cuadrante II **3.** Cuadrante IV
4. eje x

pág. 317 **5.** $(-2, 4)$ **6.** $(1, -3)$ **7.** $(-4, 0)$ **8.** $(0, 1)$

pág. 318

9. *H* está en el cuadrante II.
10. *J* está en el cuadrante IV.
11. *K* está en el cuadrante III.
12. *L* está sobre el eje x.

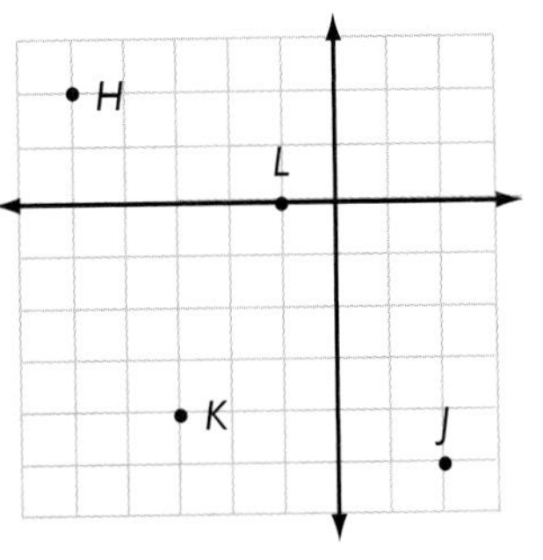

pág. 320

13.

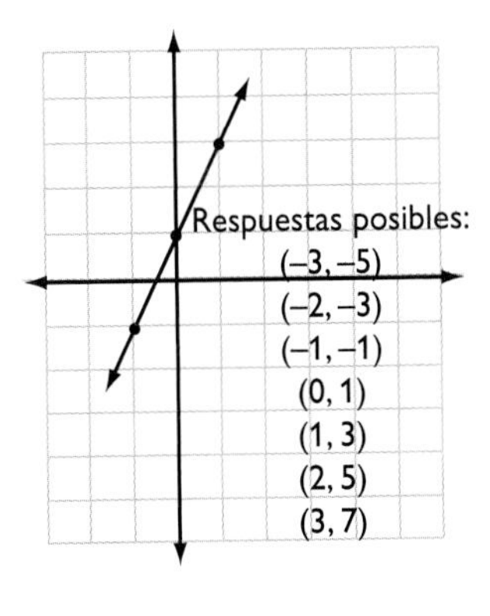

14.

Respuestas posibles:
(–3, –5)
(–2, –3)
(–1, –1)
(0, 1)
(1, 3)
(2, 5)
(3, 7)

15.

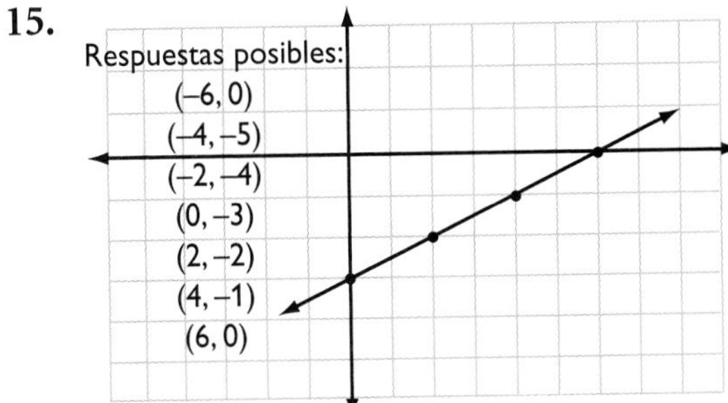

SOLUCIONARIO

Continúa

pág. 320 (cont.) **16.**

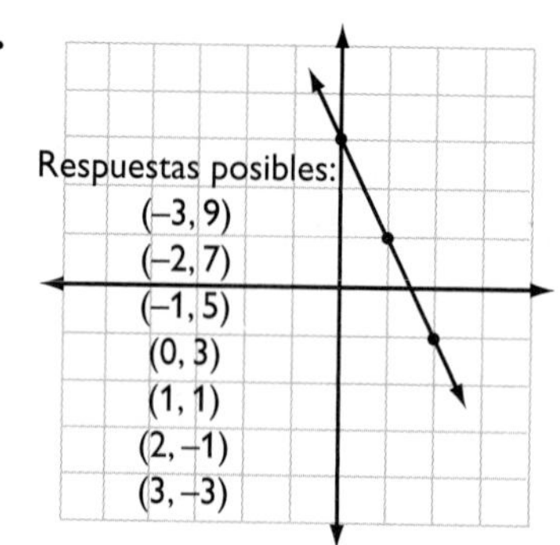

pág. 321 **17.**

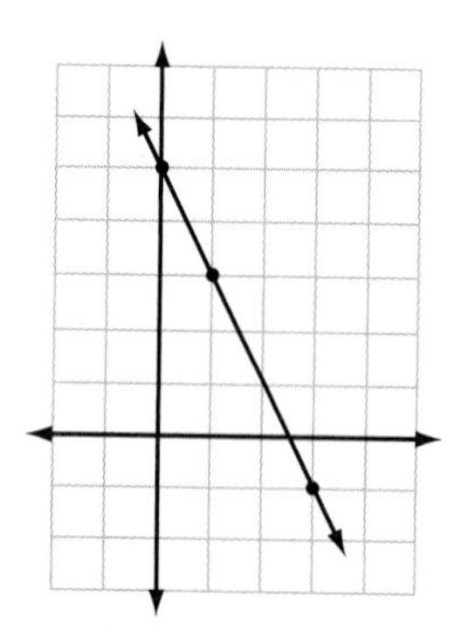

18.

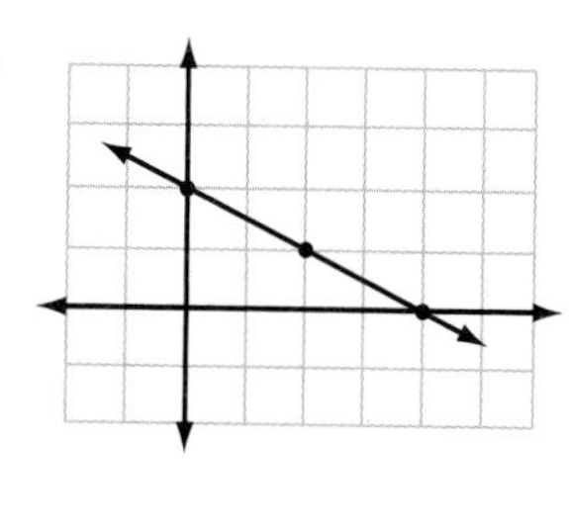

19.

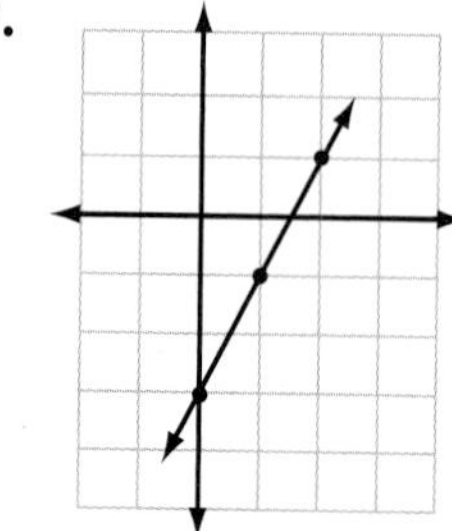

20.

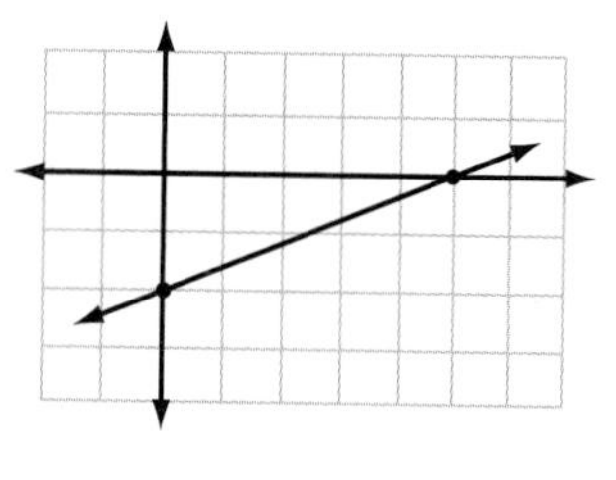

pág. 322 **21.**

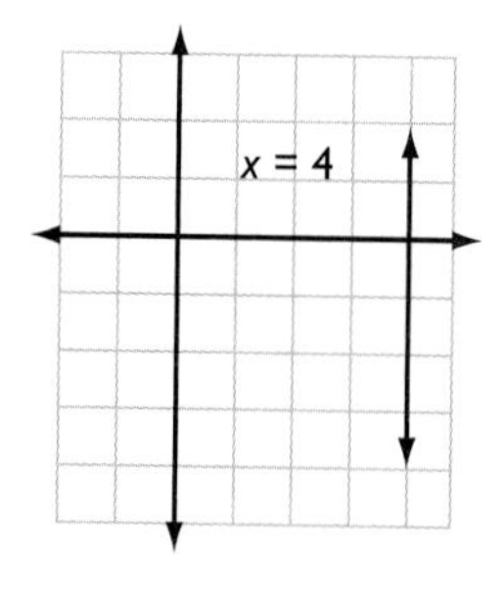

22.

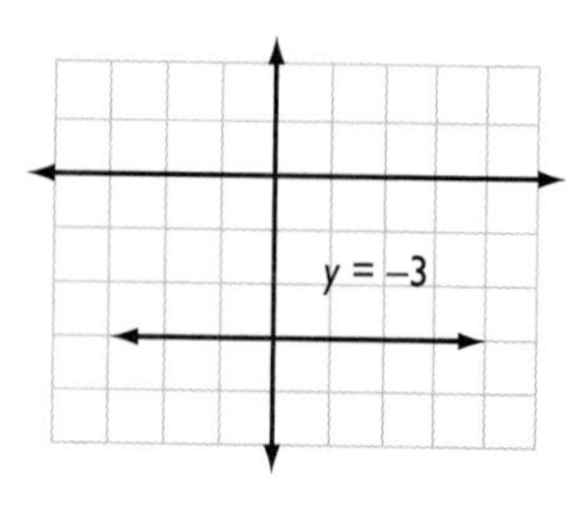

pág. 322 23.

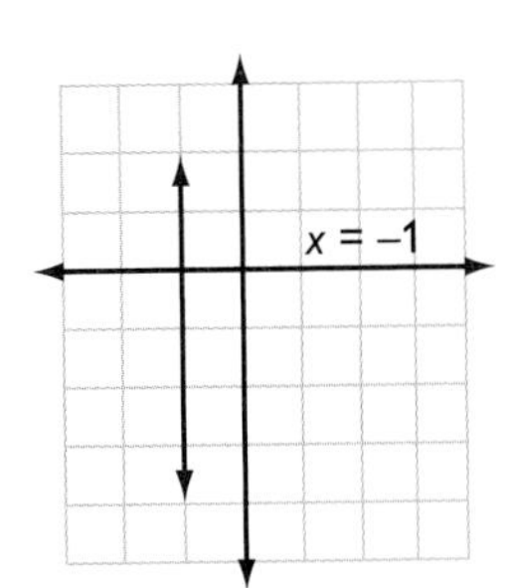

24.

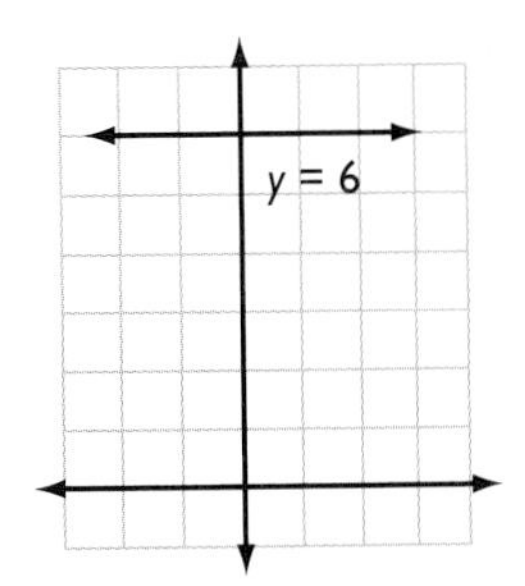

6•8 Pendiente e intersección

pág. 325 **1.** $\frac{2}{3}$ **2.** $\frac{-5}{1} = -5$

pág. 326 **3.** -1 **4.** $\frac{3}{2}$ **5.** $-\frac{1}{2}$ **6.** 5

pág. 327 **7.** 0 **8.** No tiene pendiente **9.** No tiene pendiente **10.** 0

pág. 328 **11.** 0 **12.** -3

pág. 329 **13.**

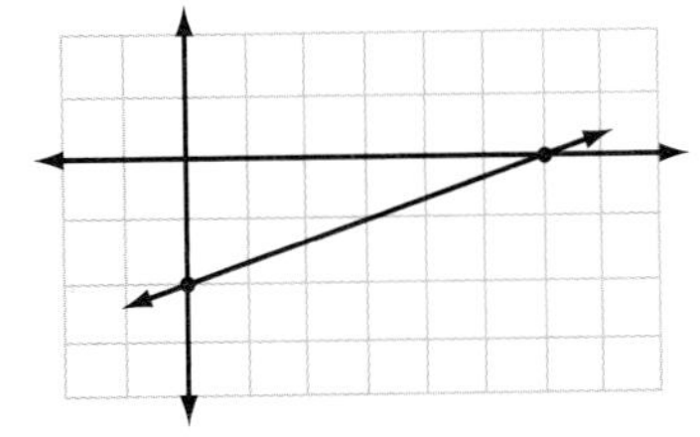

15.

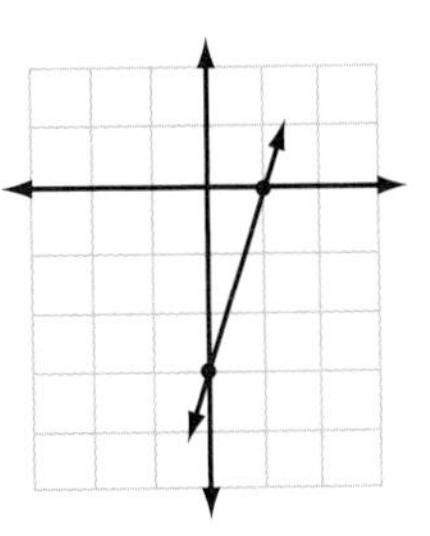

14.

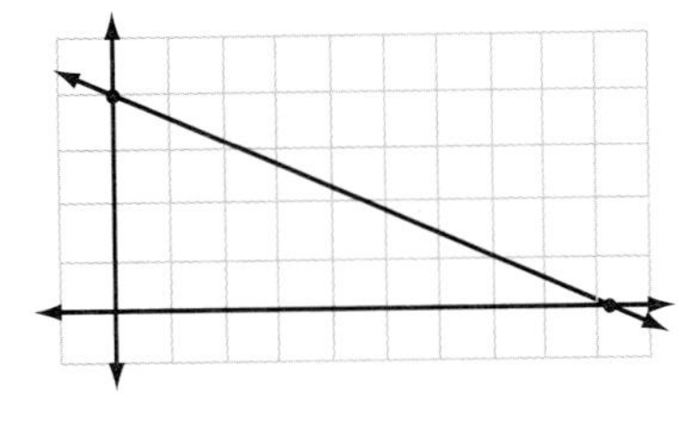

16.

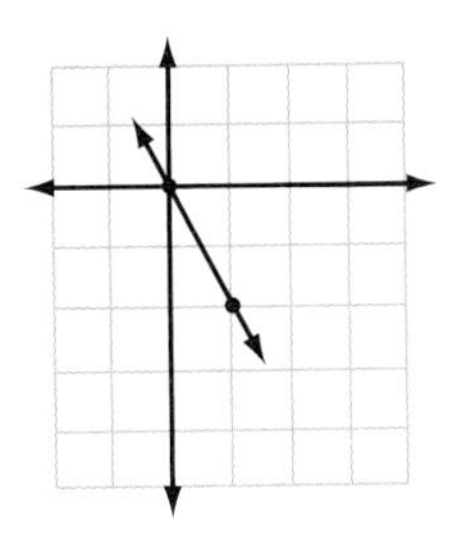

pág. 330 **17.** Pendiente $= -2$, intersección y de 3

18. Pendiente $= \frac{1}{5}$, intersección y de -1

19. Pendiente $= -\frac{3}{4}$, intersección y de 0

20. Pendiente $= 4$, intersección y de -3

pág. 331 **21.**

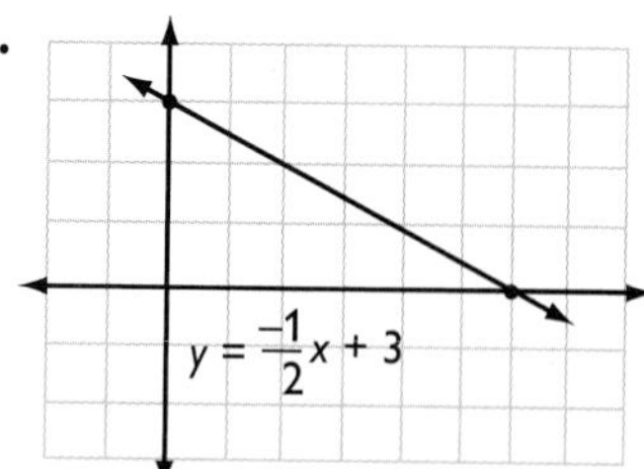

22.

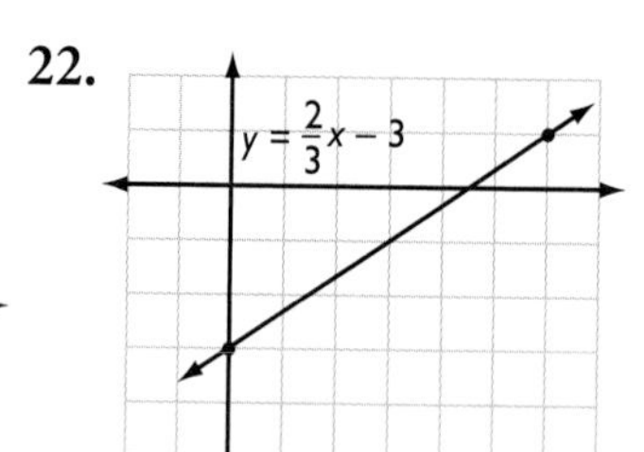

23.

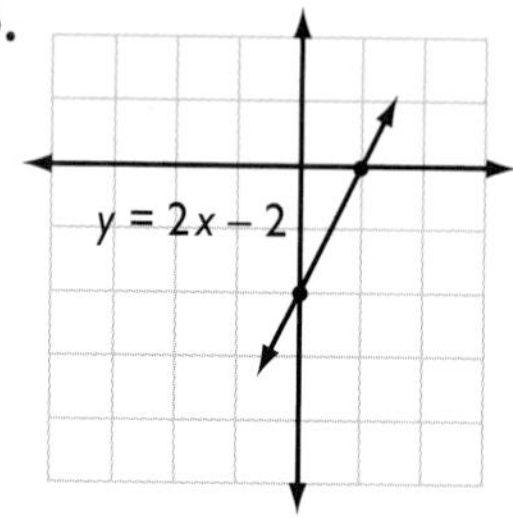

24.

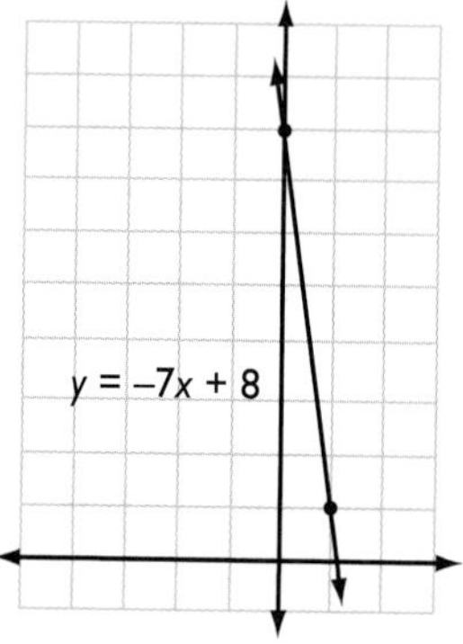

pág. 332 **25.**

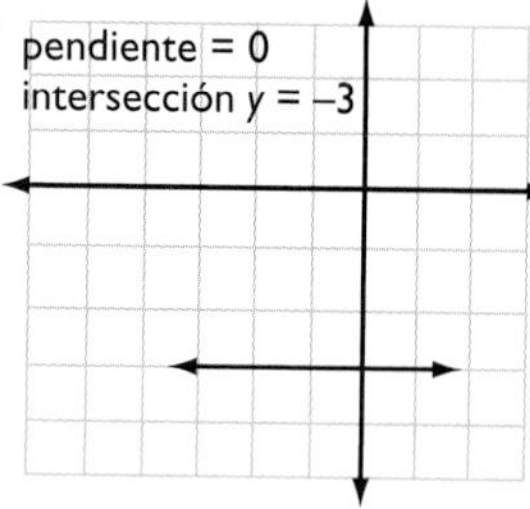

26.

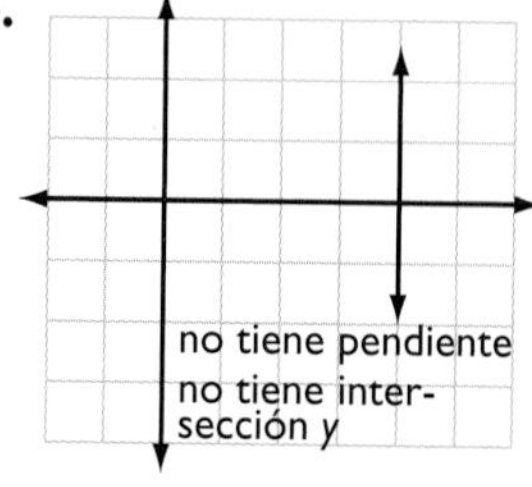

27.

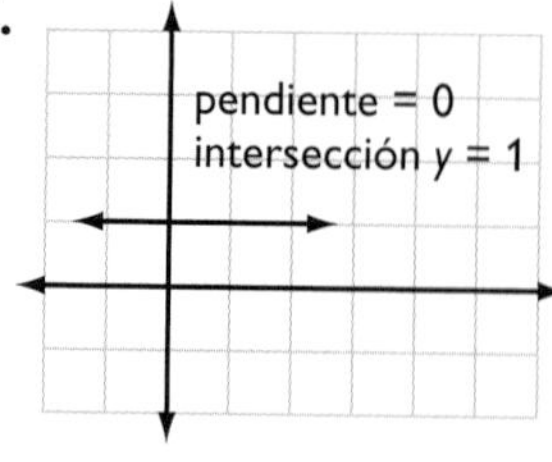

28.

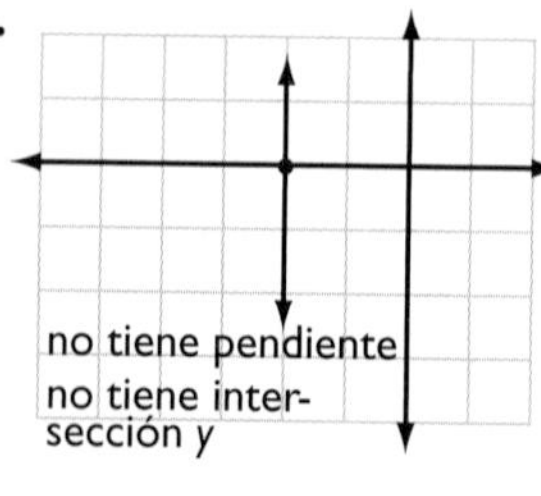

pág. 333 **29.** $y = -2x + 4$ **30.** $y = \frac{2}{3}x - 2$ **31.** $y = 3x - 4$

pág. 334 **32.** $y = x - 2$ **33.** $y = -2x + 5$ **34.** $y = \frac{3}{4}x - 3$
35. $y = 2$

Capítulo 7: Geometría

pág. 340 **1.** ∠CBA **2.** ∠ABD **3.** ∠CBD **4.** 52°
5. 108° **6.** Cuadrado **7.** 30 cm **8.** 48 pulg
9. 48 m² **10.** 96 pulg² **11.** 65 pies²
12. 386.6 cm² **13.** 82 pies²

pág. 341 **14.** 118 pulg³ **15.** Prisma y cilindro
16. 157 pies y 1,963 pies²
17. No es un triángulo rectángulo **18.** 13.6 pulg
19. $\overline{BC}$, $\overline{BA}$, $\frac{BC}{BA}$
20. Aproximadamente 25°

7•1 Nombra y clasifica ángulos y triángulos

pág. 342 **1.** $\overleftrightarrow{PQ}$, $\overleftrightarrow{QP}$ **2.** P

pág. 344 **3.** G **4.** $\angle DGE$ o $\angle EGD$, $\angle EGF$ o $\angle FGE$, $\angle DGF$ o $\angle FGD$

pág. 345 **5.** 20° **6.** 115° **7.** 135°

pág. 346 **8.** $m\angle DBC = 120°$; ángulo obtuso
9. $m\angle ABC = 180°$; ángulo llano
10. $m\angle ABD = 60°$; ángulo agudo

pág. 348 **11.** $m\angle Z = 90°$ **12.** $m\angle M = 60°$
13. D **14.** B y D

7•2 Nombra y clasifica polígonos y poliedros

pág. 351 **1.** Respuestas posibles: *RSPQ; QPSR; SPQR; RQPS; PQRS; QRSP; PSRQ; SRQP* **2.** 360° **3.** 105°

pág. 352 **4.** No; sí; no; sí; no **5.** Sí; tiene cuatro lados que tienen la misma longitud y los lados opuestos son paralelos.

pág. 354 **6.** Sí; cuadrilátero **7.** No **8.** Sí; hexágono

¡Oh, obelisco! 50°

pág. 356 **9.** 1,440° **10.** 108°

pág. 357 **11.** Prisma triangular
12. Pirámide triangular o tetraedro

7•3 Simetría y transformaciones

pág. 361

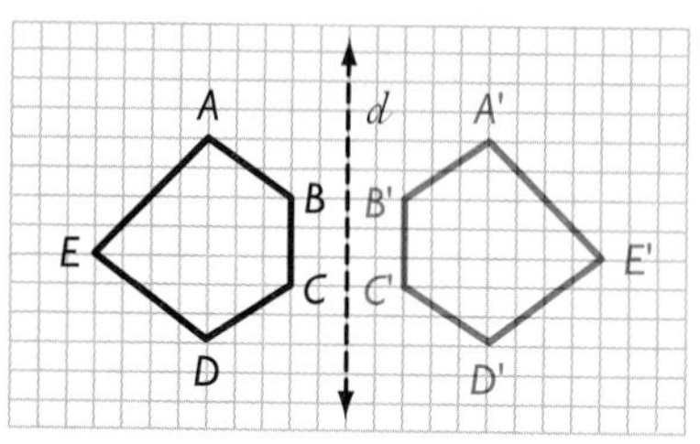

Piscicultura 15,000 m^2

pág. 362 **2.** No **3.** Sí, dos **4.** No **5.** Sí, uno

pág. 363 **6.** 180° **7.** 270°

pág. 364 **8.** Sí **9.** No **10.** No

7•4 Perímetro

pág. 367 **1.** 29 cm **2.** 39 pulg **3.** 6 m **4.** 20 pies

pág. 368 **5.** 60 cm **6.** 48 cm

El Pentágono 924 pies

pág. 369 **7.** 40 pulg **8.** 48 m

7•5 Área

pág. 372 **1.** Aproximadamente 40 cm^2

pág. 374 **2.** $6\frac{2}{3}$ $pies^2$ ó 960 $pulg^2$ **3.** 36 cm^2

4. 54 m^2 ó 54 metros cuadrados **5.** 8 m

pág. 375 **6.** 60 $pulg^2$ **7.** 540 cm^2

pág. 376 **8.** 12 $pies^2$ **9.** 30 $pies^2$

7•6 Área de superficie

pág. 379 **1.** 126 m^2 **2.** 88 cm^2

pág. 380 **3.** 560 cm^2 **4.** A **5.** 1,632.8 cm^2

7•7 Volumen

pág. 382 **1.** 3 cm^3 **2.** 6 $pies^3$

pág. 383 **3.** 896 $pulg^3$ **4.** 27 cm^3

pág. 384 **5.** 113.09 $pulg^3$ **6.** 56.55 cm^3

pág. 386 **7.** 9.4 m^3 **8.** 2,406.7 $pulg^3$

Buenas noches, T. Rex Alrededor de 2,352,000 mi^3

7•8 Círculos

pág. 388 **1.** 9 pulg **2.** 1.5 m **3.** $\frac{x}{2}$ **4.** 12 cm
5. 32 m **6.** $2y$

pág. 390 **7.** 5π pulg **8.** 20.1 cm **9.** 7.96 m **10.** $5\frac{1}{2}$ pulg pág. 391 **11.** $\angle ABC$ **12.** 90° **13.** 120°

Alrededor del mundo $2\frac{2}{5}$ veces

pág. 392 **14.** 20.25π pulg^2; 63.6 pulg^2 **15.** 177 cm^2

7•9 El teorema de Pitágoras

pág. 394 **1.** 9, 16, 25 **2.** Sí

pág. 396 **3.** 14 cm **4.** 55 pulg

7•10 Razón de la tangente

pág. 399 **1.** 2.4 **2.** 1.33

Capítulo 8: La medición

pág. 406 **1.** Una centésima **2.** Una milésima

3. Una milésima

4. 0.8 **5.** 5.5 **6.** 15,840 **7.** 13

8. 108 pulg **9.** 3 yd **10.** 274 cm **11.** 3 m

12. 684 pulg^2 **13.** 4,181 cm^2

pág. 407 **14.** 50,000 **15.** 90 **16.** 5,184 **17.** 4,000

18. $\frac{6}{8}$ ó $\frac{3}{4}$ **19.** 16 botellas **20.** Unas 13 latas

21. Aproximadamente 44 lb **22.** 3 lb

23. 172,800 seg **24.** 9:4 **25.** 2.25 ó $\frac{9}{4}$

8•1 Sistemas de medidas

pág. 409 **1.** métrico **2.** inglés

pág. 410 **3.** Entre 48.6 y 49, de modo que no puedes dar la respuesta en décimas. Sólo podemos decir, unos 49 metros.

4. No; la respuesta se da a más lugares decimales que los datos aproximados. La respuesta en sí puede estar entre 17.6 y 17.7 mi/gal.

8•2 Longitud y distancia

pág. 412 **1.** Las respuestas variarán. **2.** Las respuestas variarán.

pág. 413 **3.** 800 **4.** 3.5 **5.** 4 **6.** 10,560

pág. 414 **7.** 71.1 cm **8.** 89.7 yd **9.** B **10.** C **11.** B

8•3 Área, volumen y capacidad

pág. 416 **1.** 1,600 mm^2 **2.** 288 $pulg^2$

pág. 417 **3.** 12 yd^3 **4.** 512 cm^3 = 512,000 mm^3

pág. 418 **5.** El jugo

pág. 419 **¡Hasta en la sopa!** 1,792 cajas; 912.6 $pies^3$

8•4 Masa y peso

pág. 420 **1.** 80 **2.** 3.75 **3.** 8,000,000 **4.** 0.375

pág. 421 **Pobre SID** No, la masa es siempre la misma.

8•5 Tiempo

pág. 422 **1.** 192 meses **2.** 10 de septiembre de 2013

pág. 423 **El reptil más grande del mundo** 5 veces más grande

8•6 Tamaño y escala

pág. 424 **1.** *A* y *E* son semejantes. *B* y *D* son semejantes.

pág. 425 **2.** 2 **3.** $\frac{1}{3}$

pág. 426 **4.** $\frac{9}{4}$ **5.** 16 $pies^2$

Capítulo 9: El equipo

pág. 432 **1.** 1,020 **2.** 7,875

3. 268.5 **4.** 6.1

5. 114.46 cm **6.** 581.196 cm^2

7. 55,840.59 **8.** 0.29 **9.** 20.25 **10.** 2.12

11. 3.2×10^{13} **12.** 29.12

SOLUCIONARIO

pág. 433 **13.** 74° **14.** 148° **15.** 74° **16.** Sí
17. Regla y compás
18. A2 **19.** C1 + C2 **20.** 66

9•1 Calculadora de cuatro funciones

pág. 435 **1.** 1.3 **2.** −15.75 **3.** −0.4729729

pág. 436 **4.** −388,940 **5.** 3,111,984

pág. 438 **6.** 35 **7.** −115 **8.** 85 **9.** 106.25 **10.** 1.4577379

9•2 Calculadora científica

pág. 442 **1.** 479,001,600 **2.** 38,416 **3.** 0.037
4. 109,272.375 **5.** 1.1 **6.** 2.6

pág. 443 **Números mágicos** $\frac{100a + 10a + 1a}{a + a + a} = \frac{111a}{3a} = 37$

9•3 Instrumentos de geometría

pág. 444 **1.** 2 pulg ó 5.1 cm **2.** $2\frac{3}{4}$ pulg ó 7 cm

pág. 446 **3.** 40° **4.** 122°

pág. 447 **5.**

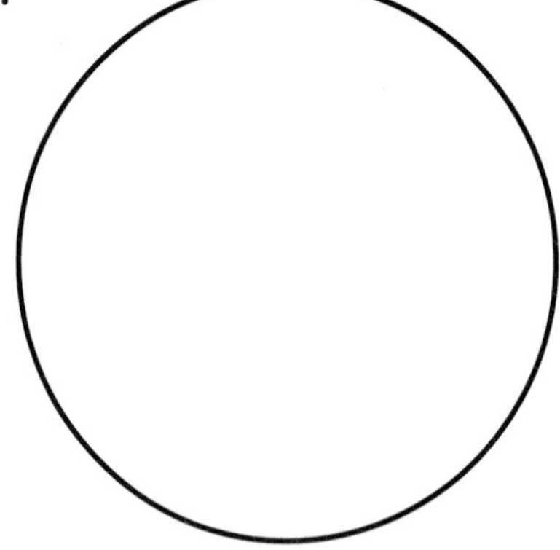

pág. 447 **6.**

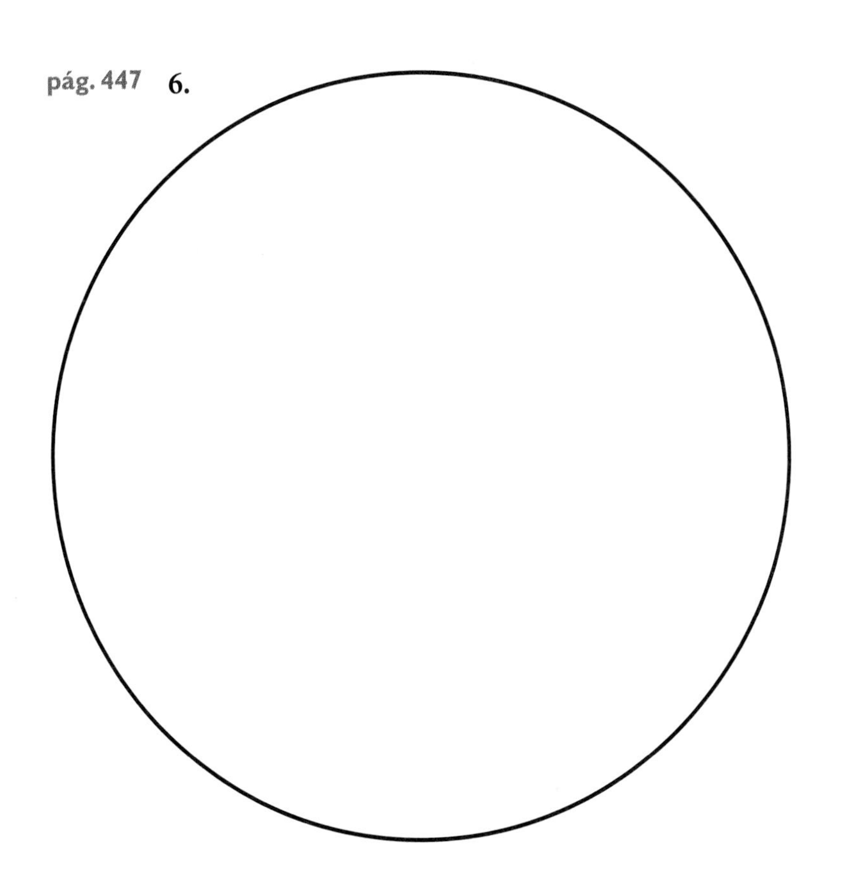

pág. 449 **7.**

Comparar los dibujos con la figura del libro.

8. Las respuestas variarán.

9•4 Hojas de cálculos

pág. 452 **1.** 2 **2.** 3 **3.** 25 **4.** Verdadero **5.** Falso

pág. 453 **6.** B3 × C3 **7.** B4 × C4 **8.** D2 + D3 + D4

pág. 455 **9.** A6 + 10; 160 **10.** D2 + 10; 120

pág. 456 **11.** A5, B5 **12.** A9, B9

ÍNDICE

U–V

Navigatio certainly knew the correct geography, and he lived in the early 900's before anyone is claimed to have discovered America.

Only one clue is still missing in the solution of this mystery: Some relics must be found on the North American continent, objects that can be clearly identified by scholars as being Irish and from the proper period. It was in this way that another history mystery was solved. For years there were stories that the Vikings had come to America about the year 1000, but no one could be sure until 1960, when an archaeologist dug up the site of a Viking community in Newfoundland. The remains of two houses and a forge were found, a spindle and a bronze pin—all dating from the proper period and made in the proper style. So the Viking stories were based on truth and perhaps the Irish stories are too.

And perhaps Irish relics will also turn up. If they do, they will be found in the northern part of the continent. Timothy Severin proved that a leather boat does not do well or last long in warm waters.

About the Author

JEAN FRITZ became so interested in the legend of St. Brendan that she did some exploring of her own. First she talked to Timothy Severin, the man who was trying to duplicate Brendan's trip. Then she went to Brendan country, looked up the craftsmen who had built the boat and, at the Dingle Peninsula, the point from which both St. Brendan and Severin set sail, she interviewed fishermen and farmers, schoolchildren and teachers.

It is this kind of enthusiasm for historical figures and events—and pleasure in recounting them—that have made Jean Fritz's books so popular. *Brendan the Navigator* joins a long, distinguished (and delightful!) list of titles published by Coward, McCann & Geoghegan.

The author lives with her husband, Michael, in Dobbs Ferry, New York.

About the Artist

ENRICO ARNO was born in Germany and studied art in Berlin. He has worked for many publishers in both Europe and the United States, and is well known for his graphic style. Mr. Arno currently lives in Sea Cliff, New York.